建筑设计作品选录

大连渔人码头模型

两代石宝寨

长江畔石宝寨

大连现代石宝寨

辽宁工学院中心广场上的阶梯教学楼与综合教学楼

阶梯教学楼正面外观

阶梯教学楼背面局部 1

阶梯教学楼背面局部 2

综合教学楼南面透视

综合教学楼北面透视

综合教学楼水上建筑

综合教学楼半露天的内庭

中共满洲省委旧址陈列馆鸟瞰图

中共满洲省委旧址陈列馆立面图

恢复后的胡同墙与象征已拆房屋的钢架

内 院

巷 门

“现代胡同”

建成后的中共满洲省委旧址陈列馆

兴京历史街区鸟瞰图

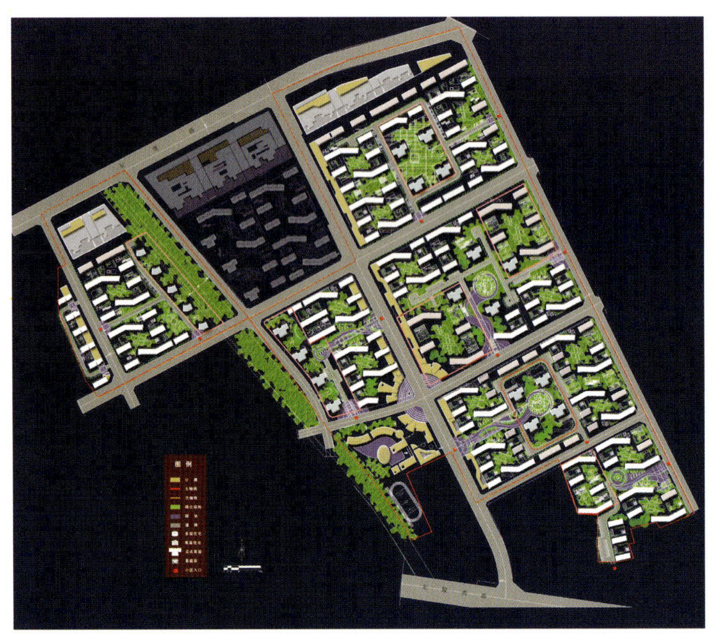

27度空间住区设计总平面图

南方小学校设计

地域性建筑的理论与实践

DIYUXING JIANZHU DE LILUN YU SHIJIAN

陈伯超 著

中国建筑工业出版社

图书在版编目(CIP)数据

地域性建筑的理论与实践/陈伯超著. —北京：中国建筑工业出版社，2007
ISBN 978-7-112-00235-1

Ⅰ. 地… Ⅱ. 陈… Ⅲ. 建筑-文化-研究 Ⅳ. TU-8

中国版本图书馆 CIP 数据核字(2007)第 025074 号

责任编辑：唐 旭 李东禧
责任校对：孟 楠 关 健

地域性建筑的理论与实践
陈伯超 著
*
中国建筑工业出版社出版、发行（北京西郊百万庄）
各地新华书店、建筑书店经销
北京天成排版公司制版
北京中科印刷有限公司印刷
*
开本：880×1230 毫米 1/16 印张：20½ 插页：4 字数：635 千字
2007 年 3 月第一版 2011 年 8 月第三次印刷
定价：**55.00** 元
ISBN 978-7-112-00235-1
(14501)

本社网址：http://www.cabp.com.cn
网上书店：http://www.china-building.com.cn

作者简介

陈伯超：

男，1948年生，广东南海人。沈阳建筑大学教授、中国科学院沈阳应用生态研究所兼职研究员、西安建筑科技大学兼职教授，博士生导师。

1982年1月毕业于哈尔滨工业大学（原哈尔滨建筑工程学院）建筑学专业。毕业后到沈阳建筑大学（原沈阳建筑工程学院）工作至今。此间，曾在重庆大学（原重庆建筑工程学院）完成了研究生学习，并以高级访问学者的身份在瑞典斯德哥尔摩皇家美术学院和瑞典国家建筑研究所从事科研工作。

曾任沈阳建筑工程学院院长、建筑系主任等职。出于对建筑学专业的追求与热爱，于2001年主动辞去了院长职务，并组建了建筑研究所，专心于专业工作。

在科研方面，主持完成有国家级等纵、横向科研课题几十项，其中多项获科研成果奖项；出版学术著作20部，发表学术论文100余篇。在工程方面，主持完成建筑、规划、景观等工程设计项目几十项，其中多项获国际、国内建筑设计奖。在教学方面，培养出众多建筑学领域的毕业生，包括硕士、博士研究生几十名；完成教学研究课题多项，其中有获国家级、省级优秀教学成果奖等奖项；曾获全国优秀教师等称号。

序

一本好书，有着许多许多闪光的亮点，有着长盛不衰的生命力。陈伯超教授的《地域性建筑的理论与实践》就是这样的一本好书。建筑界的朋友、政府官员、建筑院校的师生，读到它定会从中受到启迪，了解新的信息，扩大视野，深受其益。

我与伯超教授相识于20世纪80年代初。那时，一批风华正茂、学业有成的年轻人跻身于建筑高等教育事业的行列，并初露锋芒。90年代初他即带领年轻教师开辟了“地域性建筑”研究的先河，在沈阳建筑大学创建了“地域性建筑研究中心” （即现在的建筑研究所）。1999年国际建协在《北京宪章》中指出：“……现代建筑的地区化，乡土建筑的现代化，殊途同归，推动世界和地区的进步与丰富多彩。”它成为指引建筑研究所对地域性建筑研究的航标。本着这一理论，沈阳建筑大学建筑研究所(地域性建筑研究中心)培养了一批又一批具有强烈事业心与敬业精神的学术团队。该所成绩卓著，成果丰富，为城市建设与发展，为地域性建筑的研究，为历史建筑的保护与申报世界遗产工作做出了积极的贡献。陈伯超教授受到了学生的尊重、社会的赞誉、政府的嘉奖。

他的研究方向为：建筑设计及其理论以及历史建筑的保护，特别对满族建筑具有独到和深入的研究。

东北是满族的发祥地，有着悠久的历史与文化。沈阳的“一宫两陵”和众多历史建筑凸显满族建筑的辉煌与神韵。满族建筑在漫长的发展史中，兼容并蓄，吸纳了多民族特别是汉族传统的构架形式，融入了丰富的建筑技术与艺术。然而，满族建筑在其自身的发展过程中始终保留了本民族的精华，形成了满族建筑独自的建筑体系、风格与特色，创造了满民族辉煌的建筑文化与建筑历史，为中华民族留下了大量的宝贵遗产。马克思主义社会学认为，任何民族都有它自己的特性，都有它带给世界文化宝库的，并使之充实和丰富起来的贡献。陈伯超教授为了探索满族建筑发展的脉络，查阅了大量的文献，进行了艰苦地考察、测绘、调研，积累了大量的资料，进行了深入地研究。这些在此书中均有所表述。其中包括对古建筑的考证与保护、为“沈阳一宫两陵”列入世界文化遗产名录的申报、对具有满族特点的纪念性建筑的保护与开发、对民居建筑的调查与采风等。这是一项具有开创性的研究工作，填补了我国满族建筑领域研究的空白。陈伯超教授作为一名学者，始终站在时空的制高点对待建筑历史的研究，对少数民族建筑及其发展轨迹进行着客观的发掘、考证与分析，为着它的传播、继承与保护而呕心沥血，奔走呼号，实属难能可贵。其学者风范令人敬佩。

他的论文内容翔实，观点明确，见解独到，发人深省。他的“中国近代建筑的中国观”一文，对中国近代建筑发展的观点鲜明，批评了某些片面的认识。

“对待近代建筑，西方学者也包括迄今为止尚未建立起完整认识的中外同仁，被一种‘欧洲中心论’的片面思潮所左右。认为近代建筑根植于欧洲，散落于世界各地的近代建筑皆是欧洲近代建筑的‘泊来品’”。他从多角度、多层面分析了近代建筑导入过程的特殊背景、特点、发展与文脉，批评了近代建筑的欧洲中心论，令人信服地提出了中国近代建筑中国观的思想。

城市是社会先进生产力的聚焦点，是物质文明、精神文明的载体。对城市发展与建设的研究，具有十分重要的意义。特别是正当迎来振兴中国东北老工业基地的契机之时，如何给老工业基地以鲜活的生命力，同时又要注重环保、气候、资源、生态……如何使老工业基地迅速崛起又能够保持可持续地发展和不断改善人民的生活环境，又如何建设中国国际化的大都市，这是许多建筑工作者、教授、专家、学者关注的焦点。陈伯超教授对此可谓倾注心血、努力为城市规划与发展献计献策，提出了大量有价值的思考与设想，提供给领导作为决策参考。

收录在《地域性建筑的理论与实践》一书中的文章共62篇，涉及建筑历史与历史建筑保护、城市建设与建筑设计以及建筑教育三大领域，对建筑理论研究与实际城市建设很有价值。

陈伯超教授所嗜唯书，笔耕不辍，深入实践，精于设计，思维敏捷，兢兢业业，夜以继日，不知倦息。其严谨的治学态度、谦恭的为人品格、对事业的执着追求，给人印象深刻。在建筑这一广阔的领域里，对于勤耕的学者，今后定会在学术研究与实践中取得更加丰盛的成果，创造更加辉煌的业绩，为建筑事业的繁荣与发展作出新的贡献。

祁国颐

2007年2月

目录 CONTENTS

建筑历史与历史建筑保护

中国近代建筑的中国观

2006年 ——以沈阳近代建筑为例

一、连续的历史与间断的研究

中国建筑是世界上历史连续性最长、而且从未间断过的独立体系。特别是中国的古代建筑，以其独特且完备的木构系统在世界上独树一帜。只是在近代和现代，随着科学技术的发展，随着国际间日益频繁与广泛的相互交流，中国建筑中更多地融入了来自国外的理念、技术与文化。但是，由于中国自身的地域条件，以及成熟与完整的思想和建筑体系，使得这种融入过程主要体现为对外来文化与技术的消化、嫁接和吸纳，对中国建筑起到一种完善与推动的积极作用。而中国建筑发展的历史连续性从未中断和被打破。然而，我们的认识和研究却曾经对中国建筑发展的全过程出现了间断——主要反映在对近代部分的忽略与片面的理解。

间断的原因主要来源于政治方面：文革前以及文革中左倾的政治思潮将意识形态上的封闭与排外引申到学术领域——认为中国的近代史是屈辱的历史，中国的近代建筑是这一段不堪回首的政治与历史的副产品，是西方强势文化侵入中国的产物，而非中国建筑的一部分。对中国近代建筑的研究也成为一个人们不得介入也不愿介入的学术禁区。

十一届三中全会精神使中国各个领域中被扭曲的思想得到了澄清，对中国近代建筑的认识也得到了拨乱反正。主要体现在四个方面：

(1) 正确面对近代西方建筑文化的导入，不应采取回避态度。以历史唯物主义对待历史的积淀过程，积极面对历史的客观事实。

(2) 正确和全面地面对西方文化的强入，不回避从另一个视角去看问题——在看到中国近代受到外来势力欺辱与掠夺的同时，也应看到这一过程在客观上为我们带来先进技术与文化的副作用。这与反对外来列强侵入的爱国思想并不对立。

(3) 应看到西方建筑进入中国过程中被吸收、被改造的本土化现实。这是中国建筑文化吸纳外来文化的重要程序，是中国建筑历史的重要组成部分。

(4) 建立起正确对待近代建筑的认识，才可能正确确立当今中国积极引入外来文明，为我所用，丰富和发展中国建筑，使之不断成长并融入世界之林的建筑观与宽阔胸怀。既反对夜郎自大、拒绝接受外来文化的关门主义；也反对不顾具体条件，照抄照搬，低级模仿的拿来主义。

中国建筑界从20世纪80年代起，开始了对中国近代建筑的系统研究。20余年的探索成果，已使这段历史的研究空缺得到了填充。

二、中国近代建筑中国观的建立

对待近代建筑，西方学者也包括迄今为止一些尚未建立起完整认识的中外同仁，被一种“欧洲中心论”的片面思潮所左右。认为近代建筑根植于欧洲，散落于世界各地的近代建筑皆是欧洲近代建筑的“舶来品”。由于它们在传播过程中各种因素的影响，已发生了不同程度的变异，甚至变得“不伦不类”。真正的、纯粹的近代建筑只有到它的发源地——欧洲去寻找，其他地区的近代建筑既不如欧洲集中，也不如欧洲“正统”，也就谈不上价值。

事实上，“欧洲中心论”在强调近代建筑产生于欧洲这个历史客观的同时，忽略了近代建筑的发育、成长过程，忽略了它导入不同地区，为适应当地条件而经历的本土化的变异，甚至发生某些本质上异化的过程，而这个过程是建立起某种建筑体系实质性过程的重要部分。忽略或否认这一点，就不可避免得出片面以致错误的结论。恰似如果只看到出生地和血统关系，就不会有美国这个国家和美国人民。

所谓“中国近代建筑的中国观”，就是以中国建筑的发展观去看待中国近代建筑。它包括两个方面的内涵：

(1) 既承认中国近代建筑中外来文化的主流作用，也承认它在中国大陆植地过程中的本土化——结合于地域条件和地域文化的环节，承认它在这个过程中发生变异的结果。其实，这种变化恰是外来文化在导入过程中积极适应当地条件而得以生存、被注入生命力的结果。它才能够以强势基因继续影响着本土文化，被本土文化所进一步吸收、改造并相互结合。

(2) 建立起以“外来文化本土化水平高者为上品”的评判准则。反对所谓“正统论”及其评价标准。中国近代建筑的价值，恰恰在于外来文化的导入及其适应于本地条件的变异过程与结果。评价中国的近代建筑，不仅要看它是否带来了先进的文化与技术，更要看它是否有所改进与再创造，还是仅仅作为洋风建筑的“克隆版”。尽管不可否认对少量纯正洋风建筑的引入有其作用和意义，但只有摆脱了全盘照搬的羁绊，纳入与本地条件相结合的正确轨道，注入了再创作的因素，才真正具有建筑的艺术品质。从某种意义上说，这种结合的水平越高，建筑的品位也才越高。

三、以“中国观”看双重强势作用下的沈阳近代建筑

1. 沈阳近代建筑导入过程的特殊背景

在中国近代历史上，沈阳是一个具有特殊背景的城市。中国近代，由于清政府的没落与懦弱，也由于军阀混战，政局如同一片散沙，面对西方列强的入侵，毫无还手之力，只能一再退让。中国很快落至面对西方列强的一方强势，任其肆虐之颓势。于是在意识形态上，也由清末政府主张新政、推行洋务运动的积极方面，转变为消极地盲目崇尚西洋文明，麻木接受其政治与文化渗透，甚至为虎作伥，自我压制抵抗思想和力量。因此，为外来的近代建筑文化强行地长驱直入打开了门户。相形之下，本土文化的势力和作用被局限和削弱。这种情况又在不同地区力量对比的强度有所不同。沈阳的特殊性表现在两个方面：一是，在侵入势力之中，日本相对于其他各国占据了绝对的优势。从政治、经济到文化上的强行入侵，在较大比例上主要来自日本方面，西方文化借日本之手的间接导入也占据了相当的比重。二是，自1858年(清咸丰八年)辽宁牛庄口岸开放，首先由传教士所带来的外来文化开始波及到沈阳，至1931年沈阳完全沦为日本殖民地之前的一段时期，沈阳是处于两大强势相互抗争、共同作用的背景之下。强势之一是以日本为首的以及俄国和西方各列强共同构成的外来势力，另一强势则是以奉系军阀为主的本土势力。二者在政治、军事、经济、文化等各方面你来我往，各据一方。于是，外来的近代建筑文化在进入沈阳的过程中，并非得以居高临下、独往独来的势态，而是受到了本土势力的强力阻抗，更多地体现为被本土文化吸纳和与本土文化相互结合的过程。

政治上两大强势的对垒，对于沈阳近代建筑的发展和演变过程来说，则体现为外来文化势力和本土文化势力之间的矛盾与融合过程——沈阳近代建筑中的外来文化势力，并非仅仅来自外国人的强制性输入，也包括中国人的主动吸纳；而本土文化势力也不仅局限于地方文化的自我禁锢与壁垒作用，同时也来自外来文化的主动适应。

外来文化势力的构成：

(1) 通过日本建筑师之手带来的日本近代建筑文化和西方近代建筑文化(日本明治维新之后，大批留洋建筑师学成归来，在日本本土找不到用武之地，将沈阳作为他们职业能量展示与释放的试验场，见图1、图2。

图1-大和宾馆。(日)小野木. 横井共同建筑事务所太田宗太郎设计(1924年)。模仿19世纪末20世纪初美国商业建筑和办公建筑中常用的连续拱券廊立面

图2-朝鲜银行奉天支店。(日)中村与资平建筑事务所设计(1922年)。立面上带有人字山花和列柱的西洋古典样式

(2) 西方建筑师直接将西方文化传到沈阳，在沈阳建起一批具有异国风情的建筑(图 3)。

(3) 在清末政府新政和洋务运动的主张下，主动对西方近代建筑的学习与模仿(图 4)。

(4) 奉系军阀、政要出于对“新文化”的崇尚，主动对外来文化的引入与效仿(图 5)。

图 3- 东北大学理工楼。魏德公司(E. WITTIG & CO. BUILD & ENG. CORP)设计(1924 年)

图 4- 奉天省咨议局(1910 年)。浓烈的洋风形式出现在沈阳的市政中心建筑之中，反映出当局的“新政”主张和对洋风的崇尚

图 5- 大青楼(1922 年)。奉系首领张作霖率先在自己的传统四合院旁修建了这座洋楼式的新府邸

(5) 一批留洋建筑师归国之后对西洋建筑思想与样式的积极导入(图 6)。

(6) 以梁思成、陈植、童寯等中国近代建筑精英一手操办的东北大学建筑系所带来的新古典主义思潮对沈阳当时以及此后的间接影响和作用。

本土文化势力的构成：

(1) 日本人将沈阳作为其国土的一部分，致力于在导入日本和西洋近代建筑之时，努力与当时、当地环境和文化的适应(图 7)。

(2) 西方建筑师结合当地具体条件的设计(图 8、图 9)。

(3) 有志向的中国海归建筑师(如杨廷宝、穆继多等人)在引入西方建筑的同时，致力于对中国近代建筑创作之路的探索(普遍选用欧洲近代建筑中较有条件与中国本土文化相结合的英国都铎哥特式作为改造性尝试的模板，并在结构、构造、材料和建筑艺术等方面寻找对本土文化表达的途径，图 10、图 11)。

(4) 土生土长的中国建筑师凭着自己对西洋建筑的理解，并结合对本土文化与技术的自觉体现，所进行的具有一定模仿性质的创造(图 12)。

图 6- 吉顺丝房。由多小建筑公司留洋归来的中国新派建筑师穆继多设计(1924 年)。这座被人们称为“中华巴洛克”式的商店建筑在沈阳最古老的商业街上掀起了一股洋风潮

图 7- 满铁社宅。满铁奉天地方事务所建筑课设计(1933 年)。既吸收了赖特草原住宅的设计手法，又将日本的习惯融入其中，并结合沈阳当地的气候、材料、生活方式等具体条件和对城市规划与城市环境的综合考虑，所形成的标准化住宅系列

图 8- 沈阳耶稣圣心堂。是一座由(法)梁亨利设计(1912 年)的十分精彩的哥特式建筑。为适应当地的建造技术与建筑材料等客观条件，简化了飞扶壁等做法，并用中式的青砖，以发券、叠涩和内外清水不施饰面等传统手法，造就了这座东西方文化交融的经典之作

图 9- 东关礼拜堂。(英)罗约翰设计(1889 年)。设计者以西洋教堂的体量关系、中式的入口门廊和简化的装饰作为建筑地方化的标志与设计意向

图 10- 京奉铁路沈阳总站。基泰工程司杨廷宝设计(1931 年)。对欧式的半圆拱和西方古典装饰做了大胆的简化，充分体现了本地区对建筑技术、建筑形式和候车功能与建筑空间的特殊需要

图 11- 张氏帅府红楼群。基泰工程司杨廷宝设计(1929 年)。在为张学良兄弟设计的这组建筑中，以英国都铎哥特式为模板，结合中国的具体情况进行了创造性的设计。比如，在 2 号楼大厅的吊顶上，应用了中式斗栱的造型，使中西文化在这幢建筑中相生相融

图 12- 东三省官银号(1929 年)。这座由中国人自行设计的洋风建筑，不免会做得不够“地道”，也难免要揉合进以往习惯的传统做法

(5) 根深蒂固的中国传统文化在引进西洋文化过程中的倔强表现(图 13)。

(6) 本土的建筑工匠凭借自身纯熟与精湛的传统工艺技术，紧密结合本土条件，对西洋建筑创造性的学习与实践(图 14)。

图 13- 小青楼(1916 年)。当年张作霖为其五姨太建造的“小洋楼”。尽管其本意欲追求洋风时尚，却从房间的空间布局、建筑的结构形式、外观的细部处理等方面，仍然散发出浓烈的地方建筑味道

2. 沈阳近代建筑的特点

沈阳近代建筑与其他的城市相比较，具有两个突出的特点：

(1) 洋门脸——这是当地老百姓对沈阳近代建筑的一种俗称，却一语道出了它的突出特点。建筑的影响总是先外后内。人们接受一种建筑形式也总是最先注意到它表层的、直观的外部形象。所以沈阳洋风建筑传入的早期，除少数直接由西洋建筑师亲手完成者外，相当部分只在外观上模仿，甚至只是在建筑正面所做的门脸式

图 14- 东关模范小学堂(周恩来少年读书旧址)(1909 年)。匠师们以纯熟的青砖砌筑技术和木工表现手法，使洋风设计与传统工艺在这座建筑中取得统一与协调

的西洋装饰，而建筑的其他部分、建筑的内部结构和空间组合方式仍旧是传统做法的延续。对设计者来说，传统的做法更为得心应手，对使用者来说也更符合本地长期以来的生活习惯。既使是外部形象，也常常是在原来砖墙木构的外墙表面，以石材或混凝土作一层洋式表皮。这种表面装饰在西洋化的程度上也有所不同，有的搬用得“地道”些；有的仅用一些符号；有的用在建筑的某一面；更有的仅仅是将西洋装饰点缀在院墙上。当然，这类建筑也不乏优秀者，它们对于引进外来信息与文化，对于后人了解当时的历史、了解当时的建筑与生活，都有其独特的意义和价值。因此，今天我们对它们的保护，既在于其外观形象，也要注意保护它们的内部结构与空间，其内部与外部同样重要。因为这才是沈阳近代建筑不同于其他地方的特殊之处，如此才能使后人对此类建筑和此段历史全面理解，才能真实地表达出沈阳近代建筑的重要特点。

(2) 引进中的“土洋结合”与再创造。对洋风建筑原封不动引进的实例并不占很大的比重，大多建筑在引进过程中都揉入了本土精神、本土习惯和本土技术。实为一种“再创造”的过程。人们并不在乎是否“正统”。所关注的在于是否符合自己的“口味”，是否满足使用的需要，是否具有技术保障的可操作性。中西方不同的思维、不同的手段、不同的技术和不同的艺术搅在一起，出现在建筑的空间组合、结构系统、内部装饰，以至建筑的外观形象之中。有人称之为“不伦不类”，也有人说是“洋为中用”、“尽为我用”。当然，这种再创造的水平不尽相同，有的使二者在一栋建筑之中结合得体，甚至比完全照搬更为合理而颇具创意。也有较为生硬，给人以拼凑之感，并不成功，这只是设计者的水平

的一种体现。若从宏观上来评价它们，尽管在一座城市中适当地搬来少量经典之洋风建筑也是可以的，但从总体上说来，创造性的引进应属于建筑创作更高的一个层次。

沈阳近代建筑具有较高的本土化程度，同时它又是中国近代建筑的一个节点和侧面。从对它的分析，我们应该看到西方建筑文化在进入中国过程中被吸收、被改造的本土化现实。这是中国建筑文化吸纳外来文化的重要程序，是中国建筑历史的重要组成部分。以中国近代建筑的中国观去看待和评价近代建筑，是在中国近代建筑研究中所应确立起来的基本观点和立场。建立起正确对待近代建筑的认识，才可能正确确立当今中国积极引入外来文明，为我所用，丰富和发展中国建筑，使之不断成长并融入世界之林的建筑观与宽阔胸怀。我们应当从历史的经验和教训当中得知，在当今的建设过程中既要反对夜郎自大、拒绝接受外来文化的关门主义；也必须反对不顾具体条件，照抄照搬和低级模仿的拿来主义；或盲目崇尚洋人、洋风，以洋人压自己，盲目摒弃中华文明的愚见和愚为。只有以改革开放的宽宏心态，积极引进国外的先进文化和技术，积极弘扬优秀的自我文明，从我国的具体情况出发，实事求是、古今中外之精华尽为我用，才是客观对待历史、对待现实的正确途径。

辽宁建筑设计思想五十年

1999年

1999年，我们伟大的祖国迎来了她50周年的华诞，我国的各项事业都取得了令世界瞩目的成就。回顾历史，在这些辉煌成果之中，都闪烁着党和政府正确领导的光辉业绩，都饱浸着人民辛勤的汗水和聪明的才智，都记载着艰辛的创业与发展的过程，都凝聚着无数的经验与教训，辽宁省的建筑设计工作，正是各项事业的一个缩影。它的发展历经曲折与坎坷，也为今天和将来留下了宝贵的经验与传世的佳作，让我们从辽宁省建筑设计思想的发展历程中汲取经验和教训，从而为明天的事业描绘出更加绚丽的图画。

新中国成立初期，百业待兴，辽宁的城市建设也亟待发展。在当时的技术队伍中，仅少数人具有建筑设计的专业素质，迫切需要培养大批的建筑设计专业人才；在技术管理上，既无明确的政策条文，也无系统的设计标准和设计规范。因此，当时的设计思想具有较大的盲目性和随意性，总体设计能力较低。一方面，为数很少的建国前曾受过专业训练的建筑师，在效仿西方古典主义的基础上，已开始寻找和摸索与当时中国国情和中国文化相适应的建筑模式，留下了一些很不错的作品，如原东北工学院(现东北大学)建筑馆等四座教学楼、旅大市人民俱乐部等。另一方面，由于设计力量的不足和国力的薄弱，比较成功的作品有限，建筑业的发展困难很大。在这种情况下，国家着力于培养新一代的建筑设计工作者，并提出了“设计工作应向苏联学习”的要求。于是，辽宁省聘请了一批前苏联专家，引进了前苏联的建筑设计方法和设计思想，经过几年的努力，初步建立起一套比较系统的设计管理程序和制度；初步掌握了城市规划以及工业与民用建筑设计的理论和方法；培养出一支能够胜任建筑设计工作的专业队伍；完成了大批工业建筑的改建、扩建和新建工程以及城市规划、小区规划与民用建筑设计项目，如沈阳市铁西区大规模的工业厂区建设工程，在全国率先推出的住宅标准设计，创造出多年来常用不衰的北方单元住宅的“老五二”布局方式等等。

20世纪50年代中期，按照“社会主义内容、民族形式”的设计要求，辽宁省建筑设计工作者又投入到对新中国建筑的新一轮的探索之中。最初的思路集中于将中国传统建筑中最有代表性的“大屋顶”形式搬用到用砖或钢筋混凝土建成的现代建筑上面，形成了一种普遍流行的建筑模式，如沈阳体育宫和中苏友谊宫就是其中比较有代表性的作品。应该说，这不失为一种十分可贵的创造与尝试。但是，由于其不适合国情的高昂建筑造价，使得它被卷入到具有政治色彩的批判运动之中，而被全盘否定。但探索并未因此中止，建筑师们经过反思，又尝试着利用新型建筑材料和做法，对中国传统建筑中一些具有代表性的局部和片段进行减化、抽象与重组，作为一种建筑符号运用到现代建筑之中，比如坡屋顶、混凝土斗栱、透花窗、三段式立面……特别把对立面处理的注意力放在对尺度、比例、色彩和建筑细部处理方面，如当时建成的东北建筑设计院办公楼等建筑，在现代建筑与中国传统形式相结合方面取得了卓有成效的进展。20世纪50年代末，在建国十周年北京十大建筑的影响下，这种设计思想愈发明晰、设计手法愈发成熟。辽宁省出现了一批规模大、功能复杂、水平较高的建筑作品，如辽宁工业展览馆、辽宁大厦、大连棒棰岛宾馆和中途下马的沈阳市人民大会堂等。这些建筑的出现标志着对“社会主义内容、民族形式”的探索取得了十分显著的成效，进入了高峰期和成熟期。当然，由于

“社会主义内容、民族形式”口号所冠以的政治标签，使得这一探索在设计思路上受到局限，在建筑形式上表现为比较单一。

在20世纪60年代的“设计革命”和“文化大革命”时期，设计单位被削减、撤销，设计人员“靠边站”，辽宁省的建筑设计工作陷入万马齐喑的停滞局面之中。随着“文化大革命”的结束，辽宁省的城市建设形势逐渐好转，建筑业面临复苏与振兴。广大设计人员摆脱了思想枷锁的桎梏，表现出强烈的创作欲望，经济的振兴又为他们带来了空前的创作机遇。他们在一批大型建设项目中努力追逐世界建筑发展的大潮，引进了现代主义思想和现代建筑技术，并使其迅速发展起来。现代派的主张和严谨的创作态度揉和在一起，当时建成的大部分建筑之中，如最具代表性的辽宁体育馆、沈阳新乐遗址展览馆、辽阳石油化纤工业总公司居住区规划及其主要公共建筑等大型建设项目，虽然由于“文化大革命”余波仍在工程中造成了一些历史性的缺憾，但这些建筑在设计思想和建筑技术上都取得了突破性的进展，连续获得多项国家或部级设计奖。标志着辽宁省建筑设计水平已进入到一个新的历史阶段，一些新型建筑技术如大板、砌块、滑模、框架轻板、南斯拉夫体系等等，当时在研究、试验和试建方面都曾在全国居于领先地位。

党的十一届三中全会以后，改革开放的政策和经济发展的形势进一步解放了设计人员的思想，激发了他们的使命感，为他们创造了历史上最佳的创作环境与条件。设计思想空前活跃，出现了多元化发展的趋向，各种风格、流派兼容并蓄；计算机的广泛应用，使设计手段迅速增强；建设项目和建设规模都达到了历史最高水平。这个时期的建筑设计具有如下特点：其一，一大批体现着较高设计水准和现代设计思想的建筑作品如雨后春笋拔地而起，城市面貌发生了巨大的变化。如1995年在全省评出的锦州辽沈战役纪念馆、沈阳新北站、大连富丽华大酒店、大连市体育馆、中兴—沈阳商业大厦、沈阳夏宫、辽宁广播电视塔、沈阳“九一八”纪念碑、鞍山国际大酒店、辽阳翰林府大市场十大优秀建筑，展现出辽宁省几年来建筑设计工作的兴盛与风采。近几年，又一批具有时代水准的大型建设项目已完成了建筑设计，进入到施工阶段，如辽宁省艺术剧场和博物馆、沈阳国际会展中心、沈阳桃仙机场扩建工程、“九一八”纪念馆等建筑建成后将在辽宁省建筑设计发展史上书写上更为辉煌的一页。其二，对地域性建筑理论和实践的关注。在敞开大门，努力学习国外和国内先进地区设计思想和设计经验的同时，逐渐意识到建立地域性建筑文化的必要性和迫切性。由政府部门牵头，多次立专题研究辽宁省各城市的建筑风格与特色问题，一大批建筑设计工作者从理论上和设计实践上对这一问题进行着不懈探索的同时，对经济发展时期如何做好历史建筑保护和注重延续与发展城市文化的问题也赋予了极大的关注。这些思想在沈阳、大连、兴城、辽阳等城市建设中已得到体现，并将在今后的建筑设计中起到较为重要的影响和导向作用。其三，高层建筑与智能技术的迅猛发展。日益紧张的城市用地对高层建筑提出了要求，日益发展的技术和材料为高层建筑创造了条件。近年来，高层建筑在全省各个城市发展很快，“城市长高了”成为辽宁的一个普遍现象。高新技术也越来越多地出现在建筑之中，建筑智能化成为一种新的要求和新的设计课题摆到了设计工作者的面前，智能建筑的推出和普及工作已在辽宁省迅速铺开，它也标示着21世纪建筑发展的一个重要趋向。其四，对建筑环境质量的要求日益提高的今天，建筑设计已不仅仅局限于建筑本身，对高质量的建筑内外环境的塑造和美化，因愈来愈被社会所重视而成为建筑设计的重要组成部分。生态观念、城市空间和城市景观思想已体现在今天的城市设计和环境改造的具体工程之中。沈阳、大连、葫芦岛等辽宁许多城市的面貌都产生了巨大的变化，与此同时，建筑室内设计与装饰亦得到了使用者和设计者的广泛重视。室内、外环境设计的观念、水平和质量正在迅速提高，建筑设计的内容正在向着更大的范围扩展，向着更高的要求深化。感怀历史，总结当代，展望未来，辽宁的建筑设计将再创辉煌。

城市改造过程中的经济价值与文化价值

2003年

——沈阳铁西工业区的文化品质问题

素有“中国鲁尔”之称的沈阳铁西工业区曾为共和国作出了巨大的贡献，成为中国重工业的代名词(图1)，沈阳也因此作为国家经济发展的顶梁柱。其中不可估量的价值主要地体现在它的经济方面。然而，今天铁西的许多大、中型企业却已辉煌不再，面临资产重组、经济与产业结构的调整和脱胎换骨的改造，这片工业区也将被赋予其他的城市功能。这引起了从中央到地方的极大关注。所以说，铁西工业区的改造，主要源于其经济方面的原因，在以经济建设为中心的时代，这是一种必然的结果和趋势。然而，我们必须看到的是问题的另一个方面——铁西的文化价值。当年在它因经济位置的显赫而受到人们极大关注的同时，它其中所蕴含的文化品质也在不断地攀升，并且一直达到了与经济价值齐肩的高度，尽管这一点往往呈现为一种潜在因素，而未受到普遍的认识和理解。其实，当这个饱经七十余年沧桑的老工业基地当年那种令人眩目的经济价值已经黯然失色，它的文化价值并没有随之而去，反倒呈现出一种呼之欲出从内在转化为外在的可能。只要给它以表现的条件，这种转化就会得以实现。摆在我们面前的，则是一种抉择——是促成这种转化；还是简单地、不假思索地按老规矩办事：对原有建筑与环境一平了之，使它的文化价值追随着它的经济价值而令人痛心地消逝掉。它的经济品质可以重塑，而历史在其中沉淀下来所铸成的文化品质却不可再生。

铁西工业区的文化品质主要体现在两个方面：

首先，体现在旧建筑与老环境之中。工业建筑有它自己的形象和空间组成特点，它往往以“工业语言”表述着它自身所具备的“工业美”。工业味道越足，它的特点就越突出，也就越能引起人的侧目与关注。由于工艺过程的需要，工业厂房往往可以提供一些建筑体量相当大的空间，这些空间又具有很大的可塑性，不仅可以改作他用而满足许多不同的需要，在其中进行有创意的分划，还可以带来其他建筑常常是想要而不可得的空间条件。原沈阳冶炼厂、玻璃厂、化工厂等厂区，建筑的工业形象鲜明、特色充分，而且可重塑性极强(图2、图3、图4)。尽管它们的外观现状是那样惨不忍睹，但若在它们原来的基础上进行改造和再创作，加上精心的策划与设计，定会出现一些时代感浓烈、兼备文化与经济价值的城市精品。具备这种条件的厂区和建筑在铁西工业区为数之众，使得铁西如一座巨大的宝库，蕴藏着诸多珍贵的、待发掘的宝藏。

其次，铁西工业区的文化品质也存在于人们的记忆之中。这里，曾经被沈阳人引以为骄傲，多少人一代接一代地在这里奉献出自己的青春和一生。老年人向年轻人、向他们的后代讲述铁西的故事，实际上就是在讲述他们自己的历史、家史。沈阳人与铁西甚至分不清你我，存在着一种不解之缘。可想而知，当他们面对眼前一座座残破的厂房，心中的痛楚和仍深深地留在心中难以抹去的当年的自豪感交织在一起，建设新城区的抱负与对传统工业文化的深切眷恋交织在一起，这是人们所固有的那种难以割舍的情怀。人们希望在未来的城区中，仍能够感受到当年隆隆的机床交响曲、沸腾的大干场景和豪迈的工人气魄。这是一种工人阶级的、新时代的人情味。

蕴含在建筑与环境之中的文化价值不仅具有从隐性向显性转化的内因，在一定的条件下，建筑的文化价值又能够转化为经济价值。尽管文化与经济是两个完全不同的概念，但它们之间的这种关联是不容置疑的，也是

图1　沈阳铁西工业区

图2　锯齿形天窗的厂房

图3　冶炼厂令人振憾的工业景观

经常地为我们所利用的。比如像故宫一类建筑景观，它们的经济价值绝对地取决于其文化价值。只有使它们的文化品质得到精心的保护，其经济价值才能够经久不衰。倘若一旦因某种短视性的经济行为动摇了它们的文化根基，其经济价值就可能遭受永久的、甚至是毁灭性

图4　玻璃厂的老厂房

的损失。这个道理显而易见，这种教训却也不胜枚举。上海新天地的成功，又带给我们另一层启示。一个本无多少经济价值的上海民居群——石库门地区，经过一番改造，特别是注意保留和强化石库门的文化特征，变成了一处“火得不能再火”的商业文化区。不仅创造出这一地区前所未有的经济效益，甚至使周围地区的地价也大幅度地得到提升。它的经济价值从何而生？这里有成功的策划与经营、有巧妙的设计与运作等多方面因素的催生作用，但从根本上说，是由这一地区的文化价值物化而来。

可以肯定地说，上海新天地建设的过程中，花在对旧建筑和老环境保护与再创造上的费用与精力，不比把原有的一切统统拆掉更省钱、省力。但恰恰是这些财力与智力的投入，激活了那些潜在的文化因子，使老文化转移到新的建筑与环境之中。这种在建筑中所形成的新的经济价值与老的文化价值的总和，大大地超过了单纯经济运作所带来的回报。同样道理，在铁西工业区的改造过程中，对其文化品质的关注与传承，对旧建筑与老环境的再利用与再改造，并不应绝对地指望经济投入的降低，而应把目标对准投入与产出的相对指数，对准未来的经济回报和文化品位的提升，对准沈阳和人类文明水平的提升。

道理似乎更容易讲通，真正运作起来，却可能与理论脱节。问题更多的是出现在招商引资的环节上。借助外界力量开展经济建设，是一条符合我们国情的成功途径。招商引资是保证建设顺利进行的重要工作之一。但引资不是目的，更不是我们工作的全部。引资是为了建设，是为了按照我们的意图和规划去实现我们的目标。因此，引进投资要以宏观控制作为前提，而不是把建设的蓝图交给投资商去绘制，或由投资商肆意打乱我们的

总体部署或冲击总体规划中的关键环节。投资引进工作中的“狭视性”，恰恰是被“钱”而障目。为了引进建设用款，误把“为投资者创造宽松的投资环境”，当成“一切为投资者让路”，甚至把宏观控制权拱手让给了投资商。使得城市规划可以轻易地为投资者所改动，或者干脆按投资者的要求，从局部的、个体的利益出发去制定事关全局的、整体的规划。其结果，变成了一场有政府形式下的无政府运动。城市规划的本质是有政府，是对城市建设进行宏观的控制。同时它也应是科学的结晶。引进投资工作中的一个误区，又恰恰在于对其科学性的怀疑与否定。我们有时虽然承认应按规划办事，但遇到具体项目、具体操作时，又习惯于省略引资工作的科学过程，或者拍着脑袋定项目，或者被牵着鼻子跟钱跑。其原因是对规划的非科学认识，不了解规划也讲经济规律，不相信规划的科学性和经济性。当然，也不能排除非科学性的规划因素。因此，在制定铁西工业区的改造规划时，必须包括对保护、改造、利用等问题的经济性和市场情况的充分思考与论证，包括对按规划引资可行性的科学分析，为科学引资，为提升铁西区城市建设的文化品位，为把铁西区的改造工作真正地纳入宏观控制之中，打下可靠的基础。

虽然国内国外对于如何保护与利用旧建筑的做法有许多成功的经验，也有许多可借鉴的资料，但是为了使我们的工作更有针对性和可操作性，我们把前期研究的触角直接深入到铁西工业区之中。沿着以上思路，我们对在铁西改造过程中如何招商引资、又如何保持原有的工业文化特征，作了一些具体的尝试。首先，根据我们广泛的调查摸底，了解到沈阳低压开关厂是一个面临资产重组、准备卖地搬迁的单位。其厂区位于铁西兴工街与北二路的交口处，占地约 7 万 m^2，属铁西改造规划中的公共建筑用地。该厂区的厂房建筑形象虽算不上工业特色非常突出，并不是最理想的研究对象，但它包括有 3 座锯齿形天窗的厂房，其中一座的建筑面积近万平方米，其建筑外观和巨大的内部空间还是基本具备了保留和改造的条件。为此，我们把它确定为改造与开发的试点目标。然后，经过进一步的调研和充分的思考，初步形成了我们的策划理念和概念性的规划方案。在取得市规划管理部门的支持后，把它展示给开发商，以征求投资与经营合作者。没费多少周折，很快就找到了志同道合的投资商。我们共同进行了深入的探讨并形成了共识，又在此基础上进一步深化我们的设计。针对该项目的具体情况，我们主要建立起这样几点构想：

(1) 考虑到该厂于 1936 年由日本住友株式会社创办的历史，考虑到东北地区改革开放最直接的目标是东北亚各国的政治与经济背景，也考虑到沈阳已有韩国城(正在建设)却无日本城的现状，为挖掘今后进一步利用日资的机会，将其经营内容、服务特色和建筑风格定格为“日本城”(图 5)：日式商业街、歌舞伎、茶道馆、儿童梦工厂、日式料理……应有尽有。形成一处有浓郁的异域风情、有强烈市场吸引力的商业文化景观。

(2) 仅保留原厂区中具有形象特色的 3 座主要车间和锅炉房(图 6、图 7)，延续原锯齿形天窗所构造的工业文化特色，在对此作进一步艺术夸张的同时，又以现代造型手法与技术手段对它进行了再创作和再塑造，以适应现代城市、现代生活和现代审美观的物质与精神需要(图 8、图 9)。

(3) 充分发挥原厂房锯齿形天窗所提供的明亮的大进深空间优势，塑造“房中城”。在巨大的厂房中，建造日本风情的小街，形成“室内的室外”效果(图 10)，也由于原厂房天窗为室内带来了充分的日光和宜人的室温，在这些“室内街道”和“室内广场”上可以像室外一样种植绿化，从而一改寒冷地区冬季无绿的不足，形成一处四季常青的“绿城”。

图 5　日式廊下空间

图 6　低压开关厂鸟瞰

图 7　锅炉房

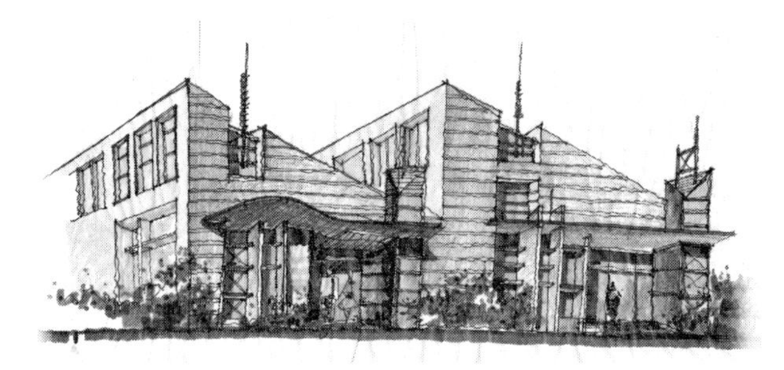

图 8　厂房立面改造方案一

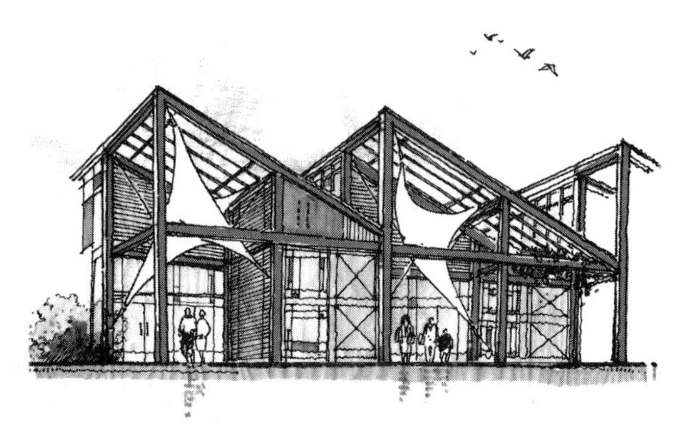

图 9　厂房立面改造方案二

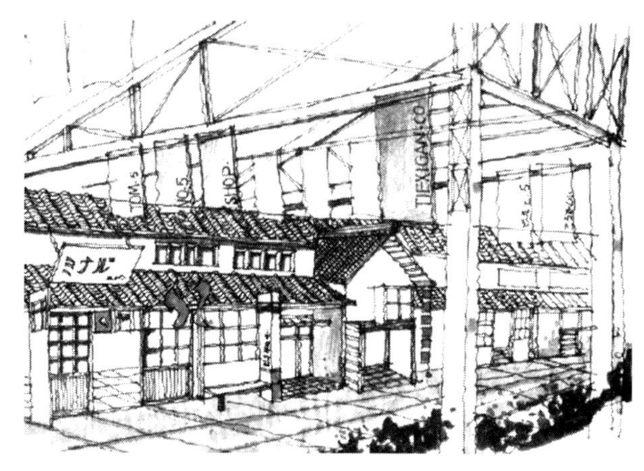

图 10　“房中街市”

作为一种尝试，我们将对铁西工业区改造过程中如何强调其文化品质的思想转化为建筑语言，渗透在设计之中。在此，原有的工业文化被保留下来并得到进一步的强化，城市面貌得到了改观。我们的投资伙伴(如包括来自日本的投资商)对其未来的经济回报都持十分乐观的估计。

我们希望以此说明我们所提观点的可行性。当然，我们认为，它并不是一种可以随处套用的模式，也不会是一个完美的方案，仅是一种思路、一种示例，做法会是多种多样的，但重视和传承铁西工业区的文化品质，则是一条不应被忽视的原则。

沈阳工业遗产的历史源头

2006年

每年的4月18日为世界遗产日，2006年世界遗产日的主题确定为“世界工业遗产保护日”。这一天，在中国由文化部、文物总局召集，由ICOMOS(China)和无锡市文化局出面举办了“中国工业遗产保护论坛”，并在会上发表了《无锡建议》——向世界宣告：中国的工业遗产保护工作正式拉开了帷幕。即将在2008年由ICOMOS在加拿大魁北克举行的会议主题，也将确定为“世界工业遗产保护问题”。因此，对工业遗产的保护与利用已经成为一个世界性的重要课题，也是中国所面临的现实而急迫的问题。由近代开始发展起来的中国工业，经过百余年的成长，壮大了，成熟了，令世界所瞩目。今天，在时代需求和近代科技的冲击下，进入了全面的转型期。工业产品，生产程序，生产规模，生产方式……都面临着脱胎换骨式的转变。大量的工厂和各种工业设施，特别是位于城市市区之内的部分，随着城市建设的需要，将相继发生功能转变、厂址迁移等变化，于是大量原来的工业设施变成了工业遗存。这一过程是工业现代化过程的必然经历，发达国家都曾先后走过同样的路程。

工业遗产问题的提出，对中国来说，是适时的也是及时的——早了不行，晚了也不行：这需要一个对“历史瞬间”的精确把握：

(1) 只有工业发展到了一个特殊的阶段，面临工业结构的调整、工业设施的全面改造，提出这个问题才有价值。而当前的工业发展恰恰处于这一历史时刻。

(2) 当前中国现代工业转型的步骤将是急速的，中国城市建设速度与节奏之快，旧建筑的拆迁、新城区的建设，日新月异。这个转型期的时段将十分短暂。随着工厂的搬迁，那些残旧的厂址，或被夷为平地成为抢手的开发目标，或经过评价被保留下来，成为某一时代的遗存物。我们身边的这种选择与变化，也许就发生在“历史的瞬间”。在这种工业发展与城市建设同时处于时代性转变的当口，稍有行动上的懈怠与认识上的偏颇，就会造成历史性的遗憾。

沈阳是中国重要的工业基地，特别以机械装备业和军事工业为主的重工业地位十分突出。今天的沈阳工业面临经济产业的结构性调整，面临体制和资产的重大重组，面临产品结构的更新换代，面临一个历史性的改造、转变和发展的时段与过程。面对这一历史形势和对它们如何进行保护、改造和再利用的研究与设计任务，不可避免地要涉及到它们的历史背景——这是我们分析与判定其历史与文化价值的一个重要方面，也是我们在对它们进行改造、利用和保护过程中，能够充分发挥它们经济与文化价值的关键问题之一。

一、沈阳工业与工业遗产

(一) 双重强势作用下的沈阳近代史

1. 屈辱的中国近代史

外国列强的肆虐——由于清政府的没落与懦弱，也由于军阀混战，政局如同一盘散沙。面对西方列强的入侵，毫无还手之力，只能一再退让。中国很快落至面对西方列强的一方强势，任其肆虐之颓势。于是在意识形态上，也由清末政府主张新政、推行洋务运动的积极方面，转变为消极地盲目崇尚西洋文明，麻木接受其政治与文化渗透，甚至为虎作伥，自我压制抵抗思想和力量。因此，为外来的近代建筑文化强行地长驱直入打开了门户。相形之下，本土文化的势力和作用被局限和削弱。这种情况又在不同地区力量对比的强度有所不同。

2. 沈阳近代史中的特殊性

(1) 沈阳近代史中体现着双重强势的作用——外来势力、外来文化与本土势力、本土文化共存。

(2) 以奉系为代表的本土势力——特别是在 1931 年沈阳沦陷之前，奉系作为沈阳近代政治、军事、经济力量的统领，一方面依附于日本，寻求他们的支持与庇护，另一方面又不甘心于他们的欺辱，与之相抗衡，以致形成强有力的竞争。在这种关系中由奉系资本建设与发展起来的军事工业和铁路系统，成为沈阳近代的早期工业和民族工业的主体。

(3) 以日本为代表的外来势力——在外来列强中呈现为日本一强"排他独霸"的局面。最早俄国在东北占据了强势地位，日本对此垂涎三尺。于是日本策划和发动了甲午战争和日俄战争，后来居上，取而代之。

第二次鸦片战争之后，外国列强将在中国开埠的范围从南沿海北上延伸，并在营口登陆。

1903 年，美国向中国提出开放奉天和安东(今丹东)的要求。中美首先修改了《通商续约》，确定开放奉天等地为商埠。随着美国取得商埠特权，日本不甘落后，随即提出要求向日开放奉天和大东沟。于是，清政府又以"美约既已允开，日约遂以照办"为由，于 1903 年 10 月，中美和中日续约在北京签字得以确认。此续约虽因日俄战争实施被拖延，但已反映出日本在诸列强中，对在沈利益要求的强烈心理。

日俄战争刚一结束，以胜利者姿态出现的日本政府立即迫使中方在北京签定了《中日会议东三省事宜条约》。于是"日人不仅继承了俄人地位，且攫取得许多额外利益"，并再次要求在沈开放商埠。

1931 年以后，沈阳沦陷为日本殖民地。日利用其特权加强排斥外国势力与资本(如"九一八"事变前，外商在沈企业共 83 家，至 1937 年仅剩 53 家，其资本总额也不过 350 万元)，形成日资独霸的局面。

(二) 沈阳近代工业中两大体系的相互作用与发展

沈阳进入近代之前，工业基础十分薄弱，但已为近代工业的发展奠定了条件。

沈阳的地理位置使得它在历史上一直作为一座重要的屯兵之城：四通八达的交通和作为联系关内外通道的咽喉，使得它的军事地位与交通作用显赫，进而它又从一座重要的军城和驿站发展为商品交换的枢纽地。特别是它成为满清都城和陪都之后，城市得到了空前的发展，沈阳的手工业和作坊十分发达，以至于这些作坊中的一部分业者成为后期兴办近代工厂的带头人。

沈阳近代的工业是按着民族资本和外国资本两大体系发展起来的，两股强势相互竞争。

1. 民族资本工业体系的发展

1) 近代中国由于洋务运动、戊戌变法的刺激作用，盛京(沈阳)地方当局曾做出修建铁路、开设矿山、兴办学堂、开设工厂的努力，形成早期工业的萌芽。沈阳近代民族工业的兴起，在时间上早于外国资本，在规模上，也远远大于外国工业，是沈阳工业的主流力量。直到 1931 年东北沦陷以后，沈阳民族工业被日本人的枪炮所摧毁和侵占。

2) 民族工业在沈阳的主要位置：分布在沈阳东和北部的大东工业区与西北工业区。

3) 民族工业的发展过程：

(1) 1895 年盛京将军依柯唐阿奏请清政府(图 1)批准，在沈阳大东边门里成立"盛京机器局"(后改名奉天机器局，见图 2)——沈阳第一次出现了官办的机械厂。该厂主要制造兵器，使用了蒸汽动力，开始了机器生产，出现了高大的厂房和轰鸣的马达声。1898 年改称"奉天机械局"，开始铸造银元，后改称"奉天银元局"。与上同期，沈阳又成立了官办的机器制砖厂。

(2) 1907 年日俄战争后，被任命为第一位东三省总督的徐世昌力主新政，在加紧"立宪"和"维新"的情况下，成立了奉天工艺传习所；1908 年又在奉天银元局内分设电灯厂(图 3)，并于 1909 年正式发电、送电；随后，电报、电话、自来水等设施在沈城出现；中日合资的马拉铁道公司开始运营(图 4)；由清政府自行建设

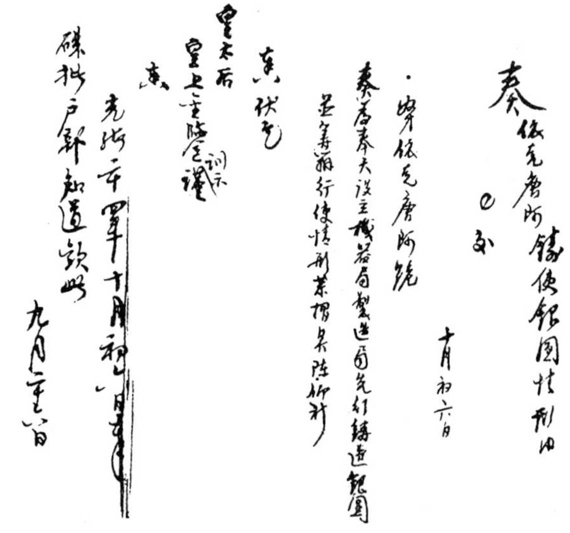

盛京将军依柯唐阿奏请清王朝在奉天筹设机器局制造银圆奏折之二部分影印件

图 1　盛京将军依柯唐阿奏折

图 2　盛京机器局

图 3　电灯厂

图 4　马拉铁道

并曾引起外国列强强烈反响的京奉铁路全线通车。

(3) 1916 年 4 月，张作霖以“奉天人治奉天”为口号，驱逐并接替了袁世凯的帮凶奉天总督段芝贵，任盛武将军(奉天督军)，兼代奉天巡按使——自此，他身披民国封疆大臣外衣，行使独占东北，争雄中原的军阀政治，沈阳进入了张作霖时代。

张作霖为发展奉系实力，大力发展工业，特别是军备工业。

① 大东工业区(大东新市区及奉海市场)的形成。

1916 年 10 月，奉天陆军被服厂(图 5)在小津桥建成，使用了机器生产，规模大，设备先进；1918 年，官办的纯益缫丝公司在大北关创立(图 6)，三年后投产；1919 年秋，张作霖在大东门外建成东三省兵工厂(今黎明机械厂，见图 7)；1922 年，奉天省陆军粮秣厂在大东关创建；1924 年，奉海铁路(奉天—吉林海龙)告竣，在大东工业区内又形成了一处“奉海市场(工业区)”；1923 年，沈阳历史上的重要民族工业领军人物杜重远从日本留学归来，在这里开办了肇新窑业公司(图 8)。此外在这里还建有启新窑业、东兴色染纺织厂、奉海铁路机械厂、东北化学皮革厂、大亨铁工厂(今矿山机械厂，见图 9)……

② 西北工业区(皇姑工业区及惠工工业区)的形成。

20 世纪 20 年代建成的京奉铁路工厂(今机车车辆

图 5　奉天陆军被服厂

图 6　纯益缫织公司

图 7　东三省兵工厂

厂，见图 10)带动了后来皇姑工业区的形成。1926 年，东北大学在北陵附近建成新校区，东北大学的附属工厂建成(图 11)，主要从事铁路机车及车辆的制造和修理；在东北大学北面建成北陵机场和飞机修理厂(今沈飞公司)；建成东北航空公司(今新光机械厂)；1923 年，张作霖以省公署名义决定在西北工业区内建惠工工业区，著名的迫击炮厂(今五三工厂，见图 12)、肇新窑业办公楼(图 13)等重要工业企业都出现在这个区域中。

图 8　肇新窑业公司大门

图 9　大亨铁工厂

图 10　京奉铁路工厂车间

图 11　东北大学附属工厂

图 12　迫击炮厂

图 13　肇新窑业办公楼

③ 商埠地的工业。

沈阳开放商埠地，在外资涌入的同时，民族资本也在这里有所发展。比如张作霖开办的三畬公司成为商埠地中规模最大的民族工业；1922 年 1 月，张惠临在皇寺后面创建惠临火柴公司；1922 年 7 月，官府与商会合办的奉天纺纱厂(图 14)在北市场开工。

4) 小结。沈阳的民族工业经历了两个发展阶段(图 15)：

(1) 1911 年辛亥革命—1923 年沈阳建市(设奉天市政公所)：

图 14　奉天纺纱厂

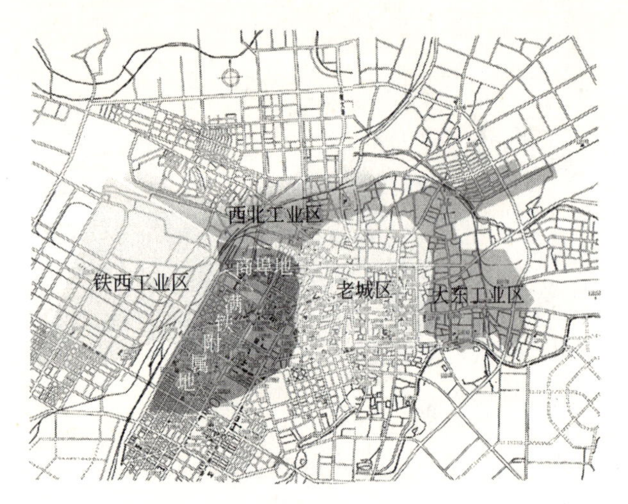

图 15　民族工业分布图：1923 年以前形成大东工业区，1923 年之后开辟西北工业区

沈阳近代工业初创后的快速发展时期，形成了大东工业区。

(2) 1923～1931 年沈阳沦陷：

形成了以机械和军事工业为主体的近代工业体系，新开辟了西北工业区。

5) 沈阳近代铁路的发展情况：

(1) 沈阳城自古以来得以发展的一个重要动因在于它的位置和交通。到了近代，交通的发展对沈阳城依然起到了至关重要的作用。沈阳近代史上两大强势的竞争与发展，在某种程度上是围绕着铁路交通的建设与经营权而展开的。

从日俄战争到“铁道竞赛”，从张作霖被炸的皇姑屯事件到日军炮轰北大营侵占东北所找的借口，无一不与铁路有关。

(2) 至 1930 年，沈阳的铁路枢纽已形成，它主要包括：

“两个系统—四条线—四个站”

- 中国系统
  - 两条线：京奉铁路(北京—奉天)、奉海铁路(奉天—海龙)
  - 三个站：皇姑屯站(图 16)、辽宁总站(老北站，见图 17)、东站(图 18)
- 日本系统
  - 两条线：南满铁路(长春—旅顺)、安奉铁路(安东—奉天)
  - 一个站：奉天驿(沈阳站)(图 19)

图 16　皇姑屯站

图 17　辽宁总站

图 18　东站

图 19 奉天驿广场

2. 外来资本工业体系的发展

外来资本强入沈阳是从“铁路附属地”开始的。围绕着对“铁路附属地”的争夺和经营，写成了沈阳近代的血腥历史。

(1) 在沈阳近代，外国列强尤其是中国东北的两个邻国——俄国和日本对东北领土垂涎三尺。

最先是俄国借鸦片战争之机，单独对东北采取行动。1896 年，在俄国的威逼和诱骗下，中俄签订了《中俄密约》，规定允许沙俄将西伯利亚铁路延伸到中国东北，在中国段为“满洲里—绥芬河”，称为“中东铁路”。此后，又进一步签订了《中俄密约补充条款》，将中东铁路向南扩展为：“哈尔滨—奉天—旅顺”，称为“中东铁路南满洲支路”。于是，沙俄的中东铁路覆盖了东北。沙俄在东北形成了“独占行动范围”。进而，沙俄在铁路两侧自行圈划出一些“铁路用地”，在沈阳的“谋克敦”(盛京站)以北地段也圈划出一块“铁路用地”。

所谓“铁路用地”，原本为修建铁路时所用的堆料场。铁路修成以后，他们非但不将之归还中国，反而非法占用并继续扩人，不付租金，却拥有行政、司法、警察、驻军等权。这里俨然成为沙俄在华的国中之国。正是这些“铁路用地”，演变成后来的“铁路附属地”。

(2) 日本对沙俄在东北的特权既羡慕又嫉妒，于是在 1905 年爆发了日俄战争，战争的目的直指在华利益。战争的结果以日本获胜而告终。日本“理所当然”地取得了沙俄在东北的利益。同时，于 1905 年 3 月 10 日以胜利者的身份占据了沈阳，他们置清政府的盛京将军等地方政权于不顾，成立了“奉天军政署”，代行军政职权。

(3) 1906 年 8 月 11 日，日军接管了沙俄控制的原中东铁路南满洲支线的大部分(长春—旅顺及其附线)。接管后，又将原沈阳的铁路附属地迅速扩大，将原范围主要向南、向东扩展。其北面和西面原以铁道线作为疆界，日方不再拘于惯例，竟跨过了铁道的界限，渗透到铁路的另一侧，并确定将铁路以东作为城市街区，西侧作为工业地带。此后，这种扩展不断地延伸，以致这片所谓的“南满铁道附属地”达到了等同于当时沈阳城区的规模(图 20)。直到 10 年后张作霖主政，日本的这种肆无忌惮的扩张才受到一定程度的制约。

(4) 外来势力在沈阳近代工业发展的概况：

① 外资工业始于日俄战争之后。从日本投资建厂开始，较大的工业企业建设要比沈阳本土的民族工业晚 10 年左右。直到 1931 年以前，外资企业的规模和水平都不及沈阳的民族工业。外资工业主要分布在商埠地、

图 20　20 世纪 30 年代的满铁附属地

满铁附属地以及后期建成的铁西工业区之中。

② 1907 年，在外国列强的压力下，沈阳“自行”开埠，建成商埠地(分为正界、北正界、副界和预备界四部分)(图 21)。外资首先在北正界建起了丝织厂、英美联合烟草公司等。此后在正界建成东亚烟草、大安烟草等。

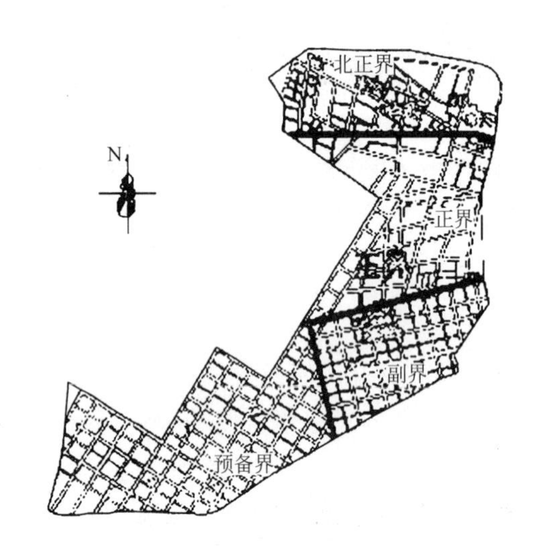

图 21　商埠地

③ 日商更集中于满铁附属地投资沈阳工业，掠夺工业原料、人力资源和工业产品。1906 年，“奉天满洲制粉会社”成立；1907 年，建立了“奉天铁道工厂”、“苏家屯铁道工厂”。日方也开始在满铁附属地铁路西侧地带开发建厂，这成为日后日本人在沈阳开发铁西工业区的前期因素。1916 年，建成“南满制糖株式会社”(“满糖”——现化工研究院处)；1919 年，建成“满蒙毛织株式会社”(“满毛”——今沈阳第一毛纺织厂，见图 22)和“满蒙纤维株式会社”(今沈阳第二纺织机械厂，见图 23)等等。

(5) 1931 年后，东北沦陷伪满统治的 14 年，沈阳

图 22　满毛

图 23　满蒙纤维株式会社

工业完全变成“殖民工业”。大体可以分为两个阶段：

① 1931～1937 年(“七七”事变前)：日本全面垄断了沈阳经济命脉，推行“经济统制”政策，建立起殖民工业体系。

② 1937～1945 年(“七七”事变后至“光复”)：进入所谓“战时经济时期”，对沈阳进行全面掠夺，经济畸形发展，产业结构严重失调，致使经济濒于崩溃。

日军于 1937 年 7 月 7 日发动了全面的侵华战争，原幻想以“速战速决”的方针取得“闪电式的胜利”，“三个月内灭亡中国”。但遭到中国军民的顽强抵抗，使日军的“闪电战”化为梦想而陷入“持久战”的泥潭。日本的国力、财力都难以维持这场战争的耗费，不得不采取了“战时经济体制”。

1936 年和 1941 年由日本军部和关东军分两次推出“满洲开发五年计划”，使沈阳经济全面纳入为支撑战争

需要的体系。为加速掠夺战争资源，虽令沈阳的工矿业发展速度惊人，却呈现出严重的畸形经济状态，产业结构比例严重失调，经济结构脆弱。

1937年为迎合战争需要，成立了“满洲重工业开发株式会社”（“满业”），重点发展供战争需要的采掘业、钢铁业和汽车、飞机制造业。改变了此前全面依靠“满铁”一家以国家资本作为投资主体的“一业一公司制”，又引进了日本财团资本为投资主体的“满业”，转而形成了由“满铁”和“满业”分工合作的“一业一公司与一业多公司并存”的体制，对沈阳展开了疯狂的掠夺。

(6) 沈阳铁西工业区的形成与拓展：

① 1932年，由日本人完成了“大奉天都邑计划”(图24)，这是立足于伪满洲国整体利益对沈阳城市的全面规划。伪满洲国把长春定位为政治、行政和居住中心，而将沈阳定位为工业中心。为弥补日本自身的国力不足，在强占沈阳民族工业的基础上，觅求拓展新的工业基地。它以现代主义的规划特征，将沈阳铁路以西的部分集中计划用作工业发展新区(图25)。这种在当时具有前卫性的现代主义规划设计与开发模式，为日本的战时经济带来了巨大的掠夺性效益，也为日后的经济发展和城市建设埋下了诸多的弊病和隐患。

② 选定铁西作为新工业区的原因：一是因为铁西紧邻满铁附属地，便于拓展与开发；二是它紧邻满铁火车线，便于运输；三是地势平坦，地下水资源丰富，是发展工业的理想用地；四是此前在这个区域内日资已有先期的投入，已建有满糖、满毛、满麻、满洲窑业、共益炼瓦组合等28家日资企业。

③ 日本将开发铁西作为“满业”落实“满洲开发五年计划”的具体条件。从1932年开始，采取了两期开发的步骤。在铁西工业区规划设计中形成了以功能分区为原则以建设大路为中界的“南宅北厂”的格局(图26)。

④ 在铁西工业区，1936年日资投入4.5亿元，1941年增加到6亿元。截止到1939年铁西已建有日资企业189家，1940年达233家，1941年达423家。拥有金属工业、机械工业、化学工业、纺织业、食品工业、电器工业、酿造业、玻璃工业……其中机械、金属、化工类工业发展较晚，但成为后期的支柱产业。“满洲矿业开发奉天制炼所”(冶炼厂)(图27)、“满洲电线”(电缆厂)(图28)、“满洲住友金属工业”(重型机器厂)、“满洲机器”(机床一厂)(图29)、“协和工业”(机床三厂)、“东洋轮胎”(橡胶四厂)(图30)等企业均达到当时的全国一流。

(7) 原分布在大东、西北工业区的民族工业企业，在日本占领时期皆被日本强行占据(图31)，直接为日军生产军火，将它们分别改为“奉天造兵厂”、“南满洲造兵厂”、“满洲航空株式会社”等。

(三) 光复后的沈阳工业

1945年东北光复，遭日本疯狂掠夺之后的沈阳工业已濒临崩溃和全面瘫痪。尽管如此，它又一再经历了致命的劫难：

(1) 日本投降前夕，有计划地破坏了全市(1800余家工厂中)40%的工厂。

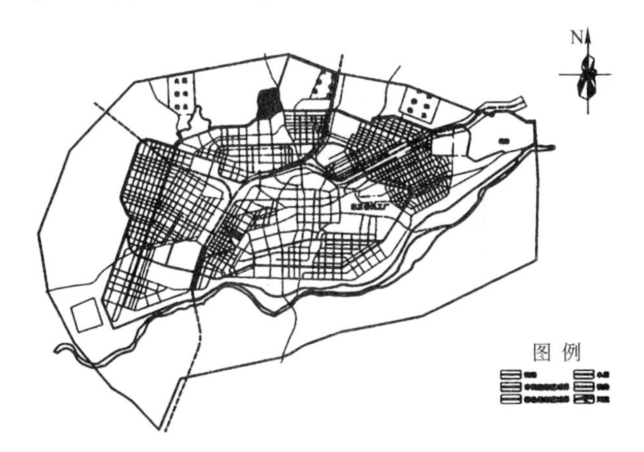

图24 奉天都邑计划

图25 铁西工业景象

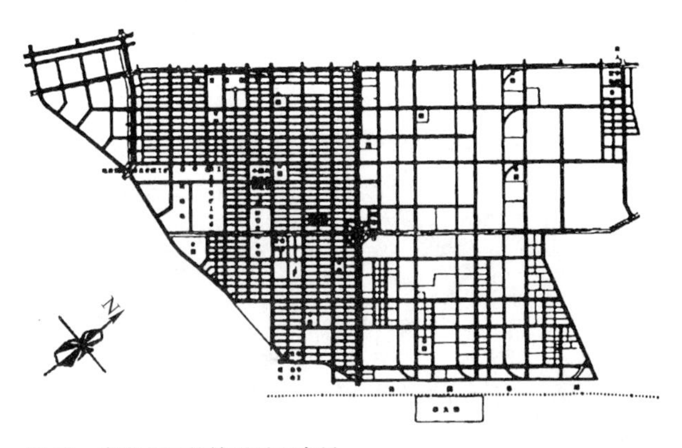

图26 南宅北厂的铁西平面布局

图 27 满洲矿业开发奉天炼制所

图 28 满洲电线

图 29 满洲机器

图 30 东洋轮胎

图 31 被日军侵占的民族工业企业

(2) 苏军占领期间，又将大型工厂中的机器设备以及其他物资，连同原材料、工业产品等作为战利品一起运走。

(3) 贫困无助的城市贫民被饥饿、失业、贫穷所迫，在乱世之中到工厂“抢洋捞”，使工厂又遭洗劫。

(4) 国民党大员则以接收为名，行瓜分、贪污之实，将设备、器材变卖，将动产、不动产掠夺一空。一些工厂又被国民党占作兵营。

(四) 解放以后，沈阳工业被注入了腾飞的活力，飞速复兴、发展、壮大，并大展雄风，成为共和国的重要工业基地。仅以铁西为例：

(1) 1948 年 11 月 2 日沈阳解放，对 435 家工厂进行了接管。

(2) 三年恢复时期，经济形态发生了根本性的变化。国营工业比例大幅提高。

(3)“一五”期间，沈阳成为国家建设的重点地区，国家将大量投资投向沈阳的工业建设，特别是将其中的 76.8% 用于发展机械工业；在前苏联援建的 156 项重点项目中，沈阳获得多项。铁西成为沈阳的工业中心。

同时，以军工和飞机制造业为主的大东、皇姑(西北)等工业区同样取得了巨大的发展。

“一五”建设确立了沈阳工业城市的基本工业构架及其地位。沈阳工业随后的发展，使它成为中外瞩目的工业之都(图 32)。

(4) 沈阳的铁西工业区具有 70 余年的历史，尤其是解放后的 50 多年，它经历了飞速的发展历程，成为国家重要的工业基地。它是以国有大中型企业为骨干、以机电工业为主体、资金与技术呈密集型布局的综合性重工业生产区。区内现有的工业企业年总产值、工业增

图 32 解放后的沈阳铁西工业区景观

加值、利税、出口供货值等主要经济指标均占全市的30%左右。其主要产品与技术代表着国内外的先进水平，主要支柱企业在全国占有优势地位。一批重要的工厂企业被确定为国家级重大技术装备国产化基地和技术开发研究中心。

相互毗邻又密集分布的巨型厂房、鳞次栉比的吊车与管架、撼人心灵的工业景观，成为这个地区的突出特点。它们以充满阳刚之气的形象向人们展示着工业之美，也向人们诉说着这座城市及其主人的历史与故事。这里构成了一处在形象、规模、气势、氛围上都难以重现的恢宏景观。

(五) 沈阳工业建筑技术的不断进步体现着历史的发展过程

沈阳工业建筑从最早的砖木结构开始，逐步引进了钢筋混凝土结构、钢结构……特别是在解放以后，苏联工业生产技术、工艺流程以及建筑技术的输入，使沈阳近代的工业建筑走向进步、完善与成熟。

20世纪60年代沈阳建筑中的新结构、新技术出现了一个快速发展的时期，建筑工业化体系的发展在全国居于前列，并被首先应用到工业建筑中。大跨度厂房、无梁楼盖结构、动荷载的承受体系、对复杂工艺的适应、对特殊空间要求的满足……工业建筑技术被提高到一个新的高度。

在沈阳的工业建筑遗存中不仅汇聚了具有高度文化价值的工业遗产，它们也记载着社会的历史、记载着沈阳工业与建筑技术的发展，并充分体现着具有丰富特色的沈阳工业文明。

二、关于沈阳铁西工业区工业遗产保护与利用的意见与建议

铁西工业区的改造与建设取得了阶段性的成果。前期工作以大刀阔斧的魄力、惊人的速度、在有限的时间和条件下，完成了一批厂区的拆迁与城市的改造建设工作。老城区的面貌和环境发生了巨大的变化与改善。

(1) 鉴于铁西工业区重大的工业遗产价值，应提高和加大对区内工业遗产的保护、保留、改造和再利用的认识与运作力度，避免普遍采用铲平式开发的建设模式。对所剩不多的具有重大遗产价值的工业建筑与工业景观，应立即采取有效的保护性措施。

(2) 在招商引资过程中，注意对各建设地段中工业遗产和工业遗存的保护与再利用的宏观控制，并以此为前提，选择和引进开发对象和资金。

(3) 严格而科学地按照铁西工业区改造规划办事。对于规划中确定的“工业文化长廊”和其他要求重点保护的街道、厂区和建筑，做进一步深入的保护性或利用性的城市设计和单体设计，使总体规划落到实处。

(4) 对已确定的保护、保留对象逐一进行分析和研究，使进一步的深化设计严格按照工业遗产保护的要求，为铁西区的改造与建设带来文化与经济的双重价值，有效地提高城市建设的品质。

(5) 认真落实规划设计、城市设计、建筑单体与景观设计关于工业遗产和工业遗存设计的有关内容，保证设计内容在实施的全过程(从招商到搬迁再到建设的全过程)中得到全面贯彻。

三、结语

在开发建设中不忘对文化遗产的保护和对工业文化的传承(图 33)，“开发建设是发展，保护改造也是发展”。设计师对工业文化的保护与传承是责任也是机会，在精心提交体现着双重价值作品的同时，也要为使那些蕴含着工业遗产潜质的建筑取得生存资格而奔走呐喊！

图 33　在现代城市中为工业遗产留下生存空间

地域性融合文化对盛京城空间格局的影响

2006年

沈阳城作为一个千年古城历经沧桑，已逐渐发展和演变为中国东北地区的重要城市。特别是在1625年，努尔哈赤率领八旗军占领沈阳以后，这里第一次成为都城。皇太极登基后对这座城市进行了大规模的建设和改造，并将其名字称为“盛京城”。扩建后的盛京城无论是建制、规模，还是城市的空间格局，都具有突出的典型性和代表性，充分反映出满民族的文化与城建理念。

满民族在短短的几十年中经历了巨大的转变，从一个远离发达地区的游猎部落骤然崛起，一步跃上了中国政治、经济与文化之巅，并成为这个泱泱大国的主宰。从这种令人瞠目的发展历程中，不难发现这个民族所具有的许多强势因素，好学与善学无疑是十分重要的民族素质。正是这种素质使满文化之中容纳了大量汉族、藏族、蒙族等文化因子。确切地说，满文化是一种融合性的文化体系，这种文化特点同样浸透在满族的城市和建筑之中。我们从盛京城及盛京建筑当中，可以非常强烈地感受到这种影响与作用。

一、盛京宫城空间的相互穿插与渗透

中国历史上是一个“墙”的国家，有墙才有城，城墙乃是构成城市的前提。“城”具有两大功能：首要在于对外防卫，其次是为了便于控制子民。按照中国传统的筑城方式，都城一般建有三道城墙(甚至四道，如明代南京和北京城)。所谓“筑城以卫君，造郭以守民”，皇宫必在内城之中，而且往往再筑一重“宫城”，将其置于“重重包围”之内——以平面上的层层围合确保君主的绝对安全。特别是汉族各朝各代的京都，无不如此。汉长安城为中国早期封建制度下的典型都城，尽管当时的宫殿分别由几代皇帝陆续建造，分散布置在城市的不同部位，却都分别以宫城环绕，宫墙内是一组组的宫房殿宇，绝大部分的城市空间五这五座宫城所占(图1)。此后的隋大兴城也包含了宫城、皇城与罗城三重城墙系统，将皇宫、官府、民宅、市场等城市功能空间分开设置，成为中国城市格局规范化实施的起始点(图2)。至于后期的唐长安、东都洛阳城、宋代东京城、元大都和明清北京城(图3)都是这种形制的发展与延续，皇宫建筑群独占宫城作为“城中城”的格局，不但从未被冲击和更改，反而日益得到完善与强化，以致成为历代都城规划必然遵循的“古制”和不可更改的定式。这种城市格局主要取决于统治者保护自我政治利益的需要。多重城墙体系既是对来自外部威胁所采取的防卫性

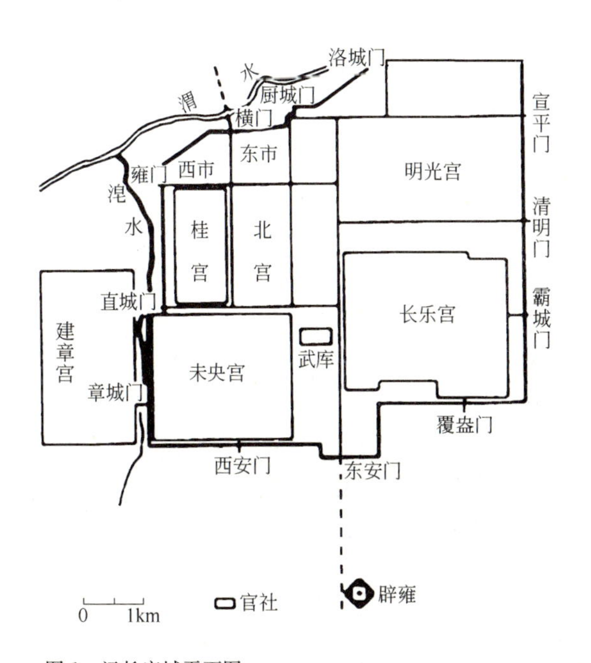

图1　汉长安城平面图

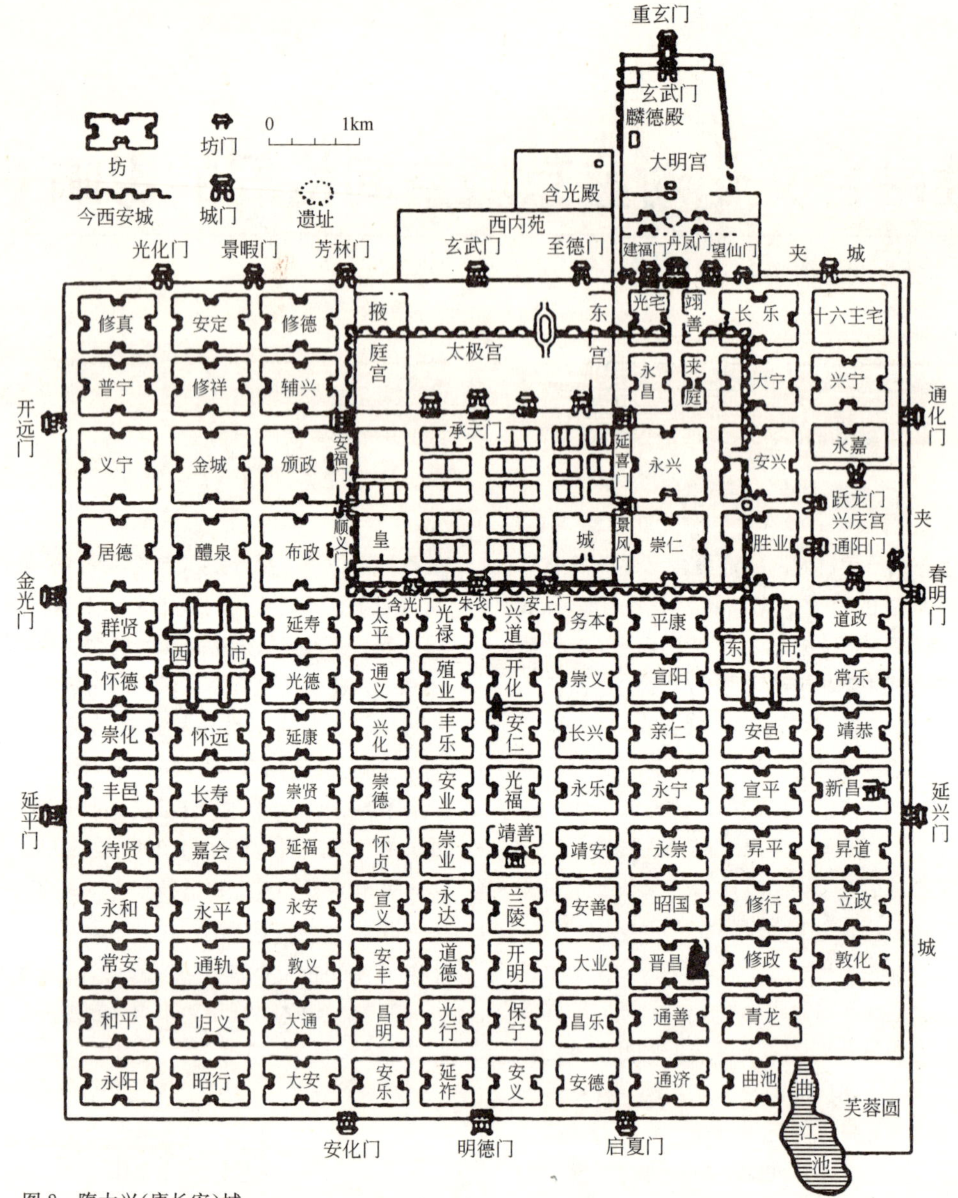

图 2　隋大兴(唐长安)城

措施在城市建筑形态上的具体体现，也包含了应对来自内部老百姓的提防措施：一方面，以宫城(紫禁城)的形式将皇宫建筑群在城中圈划起来，形成一个“与世隔绝”，“不可逾越”的皇家天地；另一方面，又以历史上的“里坊制”，对城中的百姓“隔而制之”。里坊之内再设街巷，里坊四周以高墙围圈，并设兵把守，定时启闭坊门。这种制度始自春秋，延至隋唐，到北宋时期又出现了“厢坊”、“保甲”等组织形式，而最终由元朝的“街坊胡同”系统所取代。城市建设上的一招一式的直接来源均应对于当时尖锐的社会矛盾。这是对外防御、对内制约的需要在城市空间形态上的具体体现。

然而，时值前清正在崛起时期的统治者所面对的矛盾焦点却有所不同。他们对于对外和对内两个方面矛盾的关注程度存在着很大的差别——外部矛盾激化强度远大于内部矛盾的。满人除了将明府势力视作主要的抗争目标之外，还要随时提防东自朝鲜和西自蒙古的威胁。强烈的外部压力掩盖了其内部原本并不平静的重重矛盾，以满八旗为主，加上后来为扩大内部联合与团结而成功组建起来的汉八旗、蒙八旗等军政与生产统一体，使得内部的利益目标空前一致和简化，统治者将关注点和主要力量布控于对外方面，而不必对内投以过多的注意力。因此，在这一特殊历史时期满人的城市建设，则

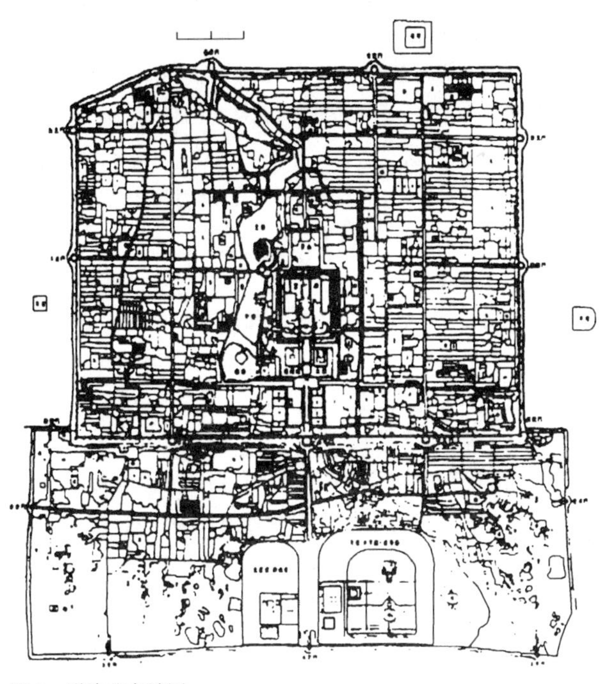

图 3　明清北京城图

十分充分地体现出这种社会实态。在盛京城的建造中，两代帝王都没有再仿照汉式“宫城”将自己的宫殿区从内城之中单独围圈起来，而是将城市空间与宫殿空间相互叠合、交相渗透、合为一体(图 4)。努尔哈赤所建的东路殿宇群，甚至不设围墙(现状红墙为后期所建)，俨然为一座城市广场。他所居住的“汗王宫”也打破历代帝王的建宫常规，令“宫殿分离”，设于城中的北门附近。皇帝登殿朝政则必须穿越城市，皇宫与城市完全交融为一体，成为中国宫殿史上一处反传统的特例。皇太极的宫殿群，虽然纳入到四合院的体系之中，但同样不设宫城。皇太极修建宫殿的同时改造了沈阳城，令构成城市井字形骨架的一条主干道(今沈阳路)穿越大内所辖朝政区，仅仅以横跨在街道上的文德、武功二座牌坊标示出皇宫大内的空间界域，成功地保证了城市空间的完整性，也有效地扩大了大内的空间感知尺度，将皇帝至上的威严与气势，彰显于整座城市之中，形成了超出皇宫自身规模的夸张效果。相比之下明清北京城的效果则

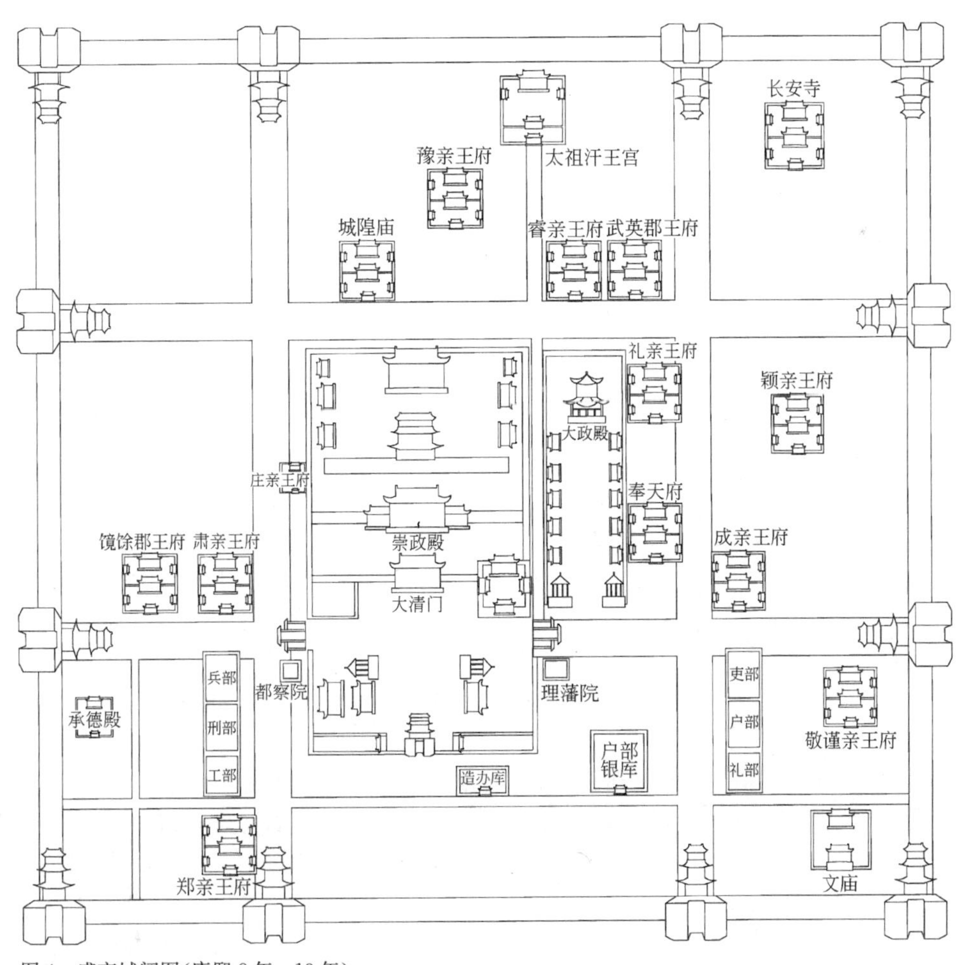

图 4　盛京城阙图(康熙 8 年～13 年)

稍逊一筹。北京故宫建筑群占地面积为 7.2km^2，是盛京宫殿建筑群占地规模的 12 倍，然而，由于北京又以宫城对大内进行了再次围合，一方面使得皇家生活从城市空间当中孤立出去，另一方面，这样做也必然极大地削弱了绝对规模庞大的宫殿建筑群在城市中的被感知强度。这正是盛京宫殿的规模虽远不及北京故宫，但在城中的视觉影响力却明显超出北京故宫的主要原因之一。

二、满汉融合文化在城市格局中的体现

尽管当年的盛京城主要是由作为满人的皇太极主持改建的，但它的城市形态却体现出较为地道的中原营城思想。早在周朝的《考工记·营国》中就对城邑的格局和形制作出了明确的规定，后来的王城图又以图示语言对遗留的形制作出更为直观的诠释(图 5)。然而事实上，即使是在中原汉地也并没有哪座都城的建设对此体现为不折不扣的遵循。历史上曾被认为最具典型性特征的战国时期的鲁国都城和元大都北京城，也与规定的形制存在着差距。历代君王和城市规划师，总是根据每座城市的具体情况及自己对城市功能的理解，适当地参考古训规制，塑造出一座座既具有中国传统城市共性、又体现着自身特点的个性城市。

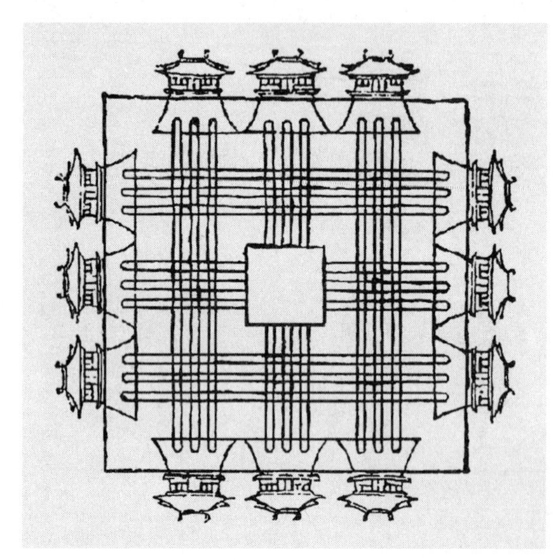

图 5　王城图

盛京城作为都城的建设是在汉人明代中期建设起来的沈阳中卫城的基础上加以改造和扩充，并经几代接替续建逐渐完成。当时的城市规模、空间格局、主体构架等对后期都城的形成与发展都起到了至关重要的制约作用。此后的建设，一方面努力效法汉人营城古训，另一方面又将满人自身的文化习俗与沈阳城具体情况相结合，聪敏而巧妙地揉入十分严谨甚至近于格律式的传统形制之中，筑就了这座虽内含满风，却又与代表汉文化宫城模式的王城图所规定的形制颇为相近的关外都城。

我们从以下几方面对盛京城的营造与中原传统营造思想加以比较：

1. 内城外郭

中原历代都城绝大多数都建有内外双城，盛京城与它们的做法完全一致，是一个完整的双重城邑体系(图 6)。官府、市场等设在内城之中，而百姓大多居于两重环城之间的外城(也称之为“关”)的界域之内。其实，在这一点上很难说盛京城是遵从汉制，还是沿袭满风。此前，由努尔哈赤所建的早期女真古城，皆有内外双城的做法。从努尔哈赤为自己所建的第一座城池——佛阿拉(图 7)，到他正式登基称“汗”的赫图阿拉(图 8)，以及此后相继建成的界藩城、萨尔浒城，无不建有内城和外城。只不过，那时的城是建在山地上，为顺应地形而建。城的外廓形状并不强调方整，城内的空间格局也不要求几何化。城墙则常常沿山脊砌筑，借助山势的自然走向和陡壁，使得城墙的建造既省去不少工料，又牢固险峻。然而，在平原上建造的沈阳城延续了内外城的旧俗，却无从借助自然的赐予，而吸纳了平原汉式城邑的方城格局，反倒更具有中原城邑的典型特征。

盛京城的外城是康熙年间补建的，内城在皇太极时代完成，当时在城墙外周还建有护城河，外城是内城格局的扩展。构成内城“九宫格”式空间布局的四条街道延伸到外城之中，于是在外城每边的城墙上形成了与内城两两相对的八个城门，分别称为东南西北的“大、小边门”(大南边门、大北边门；小南边门、小北边门……)。盛京内外城的一个显著的特点是“外圆内方”，内城平面是规整的正方形，而外城却无棱无角，浑圆而又不甚严整。有人以中国传统的“天圆地方”附会建城者的初衷；也有人依据当年满藏之间特殊的政治、文化交往和满人对喇嘛教的尊崇与接纳，将圆浑的外城解释为对“曼陀罗”思想的构思与体现。两种推测与解释虽各有道理，却又都缺乏直接而确切的依据。

2. 棋盘式的城市格局

依照《考工记》规定的“旁三门”(城每边设三个门)和“国中九经九纬”(城中南北向和东西向的街路各为九条)的营城模式，必定形成棋盘式城市的空间格局。盛京内城的“井字型”街道系统将城市空间规定为“九

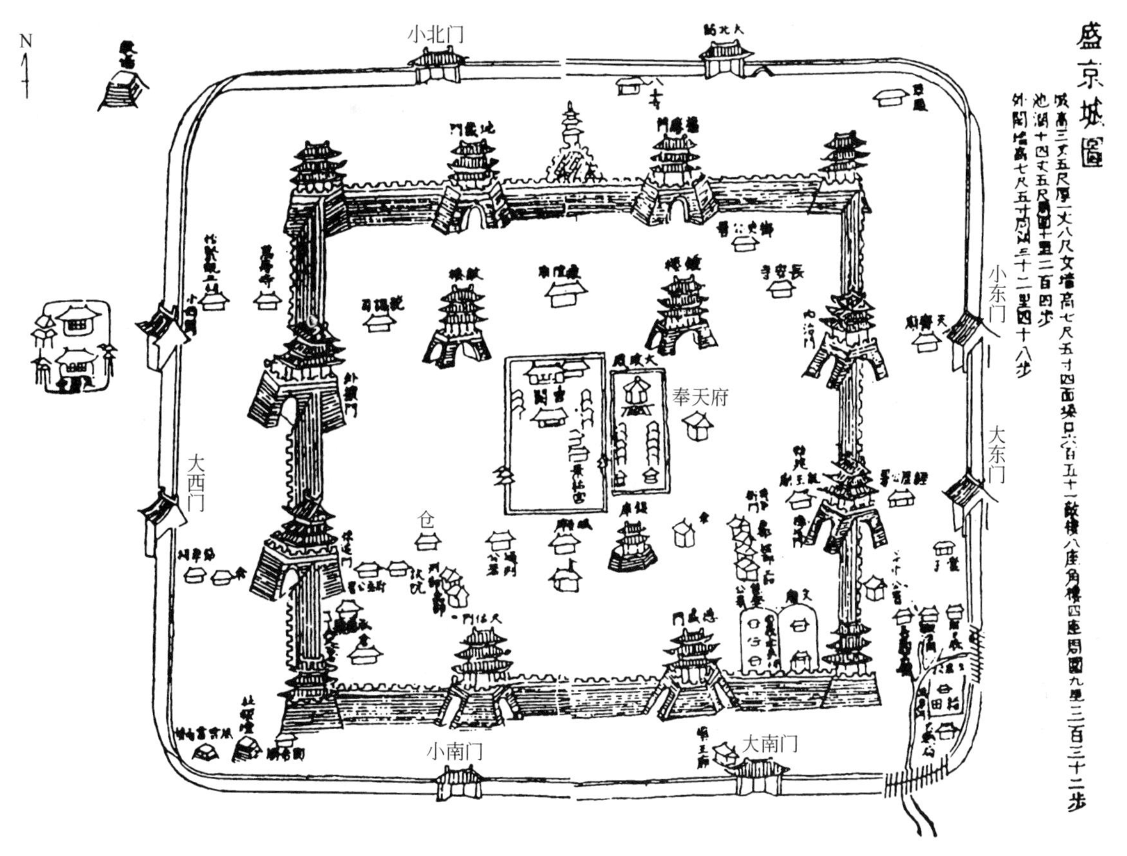

图 6　盛京城图

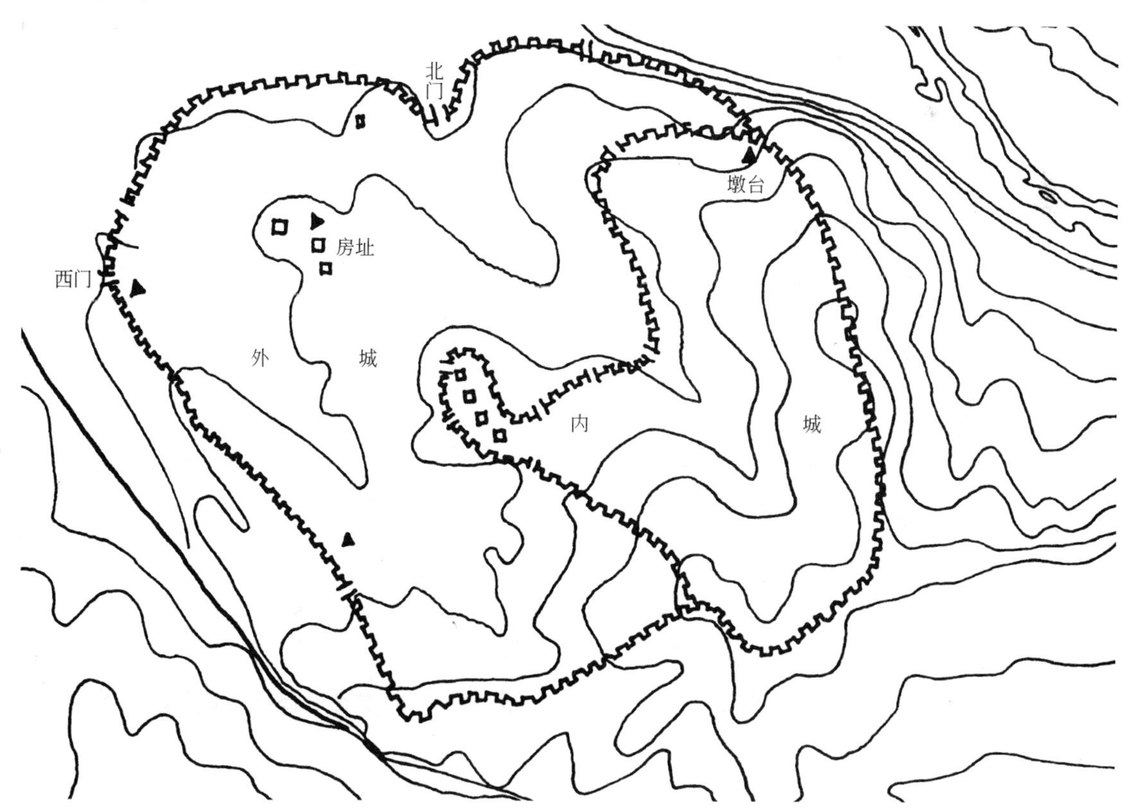

图 7　佛阿拉城平面图

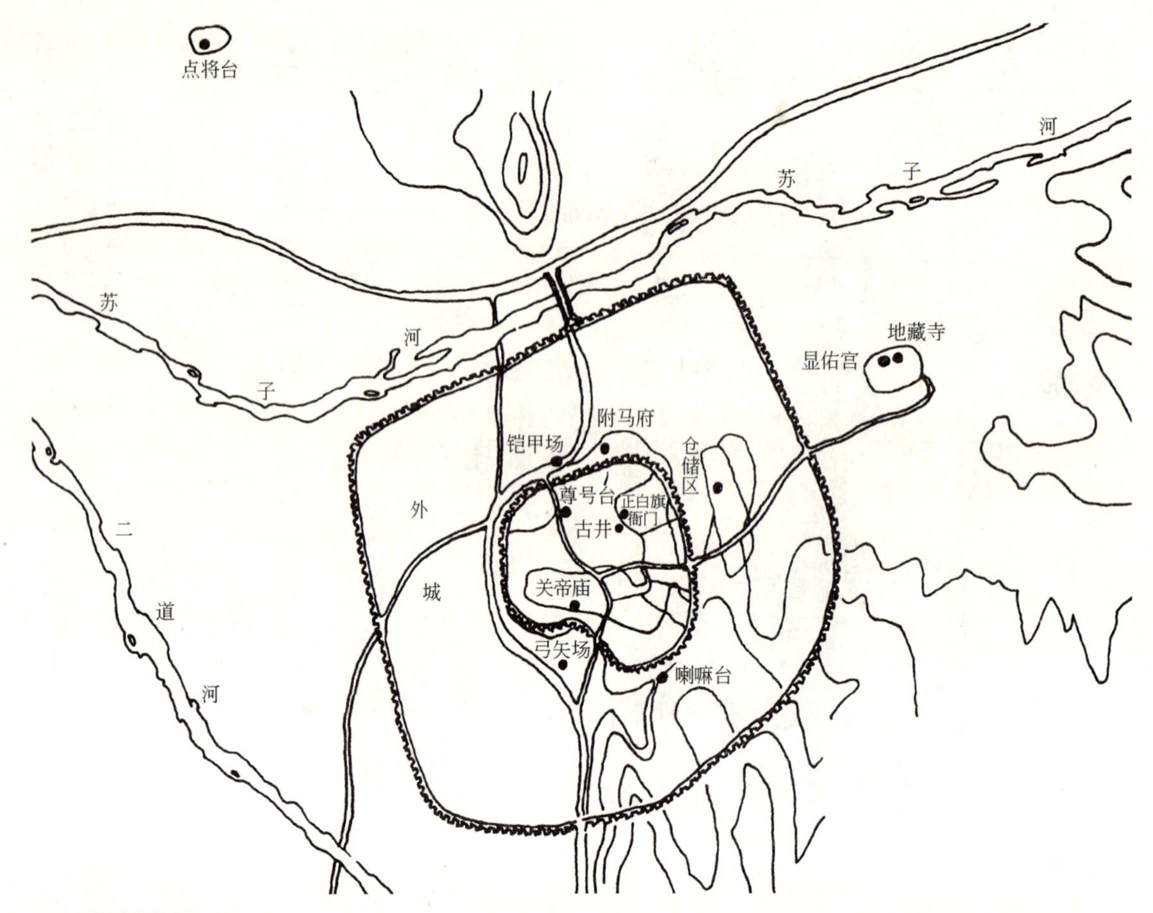

图 8　赫图阿拉城

宫格”式的棋盘状。每个格间的尺度，既取决于故宫建筑群的规模，又与适宜居住生活的街坊尺度和道路交通组织的要求相吻合。当年营造者对城市空间尺度的把握和综合处理矛盾的能力的确是相当高明的。后期在营建外郭时，又将这个系统延展到外城之中，使内外城的空间构架与街坊尺度相互呼应，而且城市功能具有整体性，并没有因内外城的分期形成而相互干扰与影响，犹如一气呵成。城内既非采用中原早期的“里坊制”，也未遵循元大都的“京式胡同”——沈阳城街坊的尺度与以北京四合院为基础构成元大都街坊尺度的依据条件不尽相同，虽然都体现为“棋盘城市”，却代表着不同的筑城理念和城市生活。

3.“左祖右社，前朝后市”的功能布局

宫殿建筑群恰恰位于盛京内城的正中央，不折不扣地套用了王城图中的模式，甚至比历史上最为接近王城图规定位置的北京紫禁城更为居中。这究竟是一种必然的选择，还是一种无意的巧合？其决策者，自然要归究到建都之初的两代帝王努尔哈赤和皇太极。其实，按照满人建城的习惯，并无将宫宅建于城内中央的“先例”，而是随山就势布城，选择自然台地建屋。沈阳位处辽河平原，地势平坦，仅仅有两条地理褶皱微微隆起的地面。一条位于方城以北——后来被选作努尔哈赤和皇太极两帝的安葬之处；另一条恰位于方城中央——山中之王努尔哈赤初到平原沈城，一眼相中了这块城中的最高点，用作他的大殿建设基址，似乎合乎情理。轮值皇太极继位并为自己建设宫阙时，却又以紧邻其父王金銮宝殿的前王府为基础扩建皇宫，使两代宫殿连为一片，因此，不一定是强求宫殿居中的结果。

从这一点上分析，皇宫居中缘于偶然。然而，这种布局却与中原典型都城形制中的王者居中思想如此严密地吻合，也无从否定这是刻意追求的结果。总之，无论先人的初衷如何，在这一点上，得出盛京城在中国历史上是最为符合典型王城模式的结论是客观的。

在此基础之上，朝廷下属的六部两院等衙署官府皆在皇宫前面的几片街坊内沿街而建，而分布于内城的东、西两侧和北部的各贝勒王府呈三面拱卫之势，围绕着宫殿建筑群。在皇宫后面时至今日仍然是城中最为繁华的街市——中街。宫殿群左面的太庙与右面的社稷坛(与宫殿略隔一段距离，后期被拆掉)一应俱全。整座城市与“左祖右社”、“前朝后市”的格局完全吻合。此外，内外城中的各方位按八旗规定分区驻防，城市功能分布严谨、明晰，既严格遵循着汉式王城的规制，又体现了满族传统的城建观念，是充分反映满民族融合式文化思想的城市形态。

4."旁三门"定式与"旁两门"规划

《考工记》和"王城图"规定的都城形制，应在方城的每边开辟三座城门，门乃开通道路之依据，因此，城内的道路构架和街坊布局已被基本框定。然而这种来自礼制上的规定，漠视了功能上的合理性，引发很多问题。问题之一：由于宫城居中，城中南北向和东西方向的交通必将受到阻隔，而构成不尽合理的城市交通系统。这种布局方式所带来的弊端给许多老城(包括古老的北京城)带来了很大的不便，甚至影响到今天的城市建设与城市生活。经皇太极动议改造的盛京城吸纳了"旁三门"的基本理念，却采用了"旁两门"的规划格局。因此，盛京城形成了八座城门、"井字型"街道和"九宫格"式的城市空间框架。当年的城市规划师将皇宫建筑群放在九宫格的中央格区中，并以此为依据，又综合城市生活中的其他因素略加调整，确定下井字形街道的基本尺度。盛京城的"旁两门"系统，不仅满足了皇宫居中的礼制要求，又有效组织了城内各向交通，也保证了其他城市功能的合理性。尤其像盛京城这类从原中卫城改造而成的都城，规模适中，"旁两门"的做法，相对同类规模的城市所形成的城市空间尺度更近合理。尽管在这一点上，沈阳城的规划与"旁三门"的形制要求存在着明显的不同，但却吸纳了其中的礼制要点，摒弃了对传统旧制的机械性套用，是从实际出发，根据具体情况塑造都城的成功范例。

事实上，中国历史上的都城完全套搬"旁三门"做法的实例几乎不存在，在城市建设上，亦不会有放之四海而皆准的定式，吸收传统中的优秀部分与合理内核，结合具体条件，进行科学、合理的定位与规划，亦是从中国城市建设史中摸索出来的成功经验。

盛京城是一座极具文化内涵和空间特色的城市，它在中国城市建设史上占有重要的地位。直至今天，沈阳城的城市格局仍然鲜明地呈现着当年盛京城的空间构架。这种地域性文化的延续，充分体现了当年满汉文化之筑城思想的长期影响与作用，它对今天的城市建设仍将具有重要的意义。

沈阳中街与中街建筑

1992年

沈阳古城至今已有两千多年的历史，中国文化的积淀使这座城市的面貌散发着浓郁的传统气息。尤其是前清高皇帝努尔哈赤于1625年迁都沈阳以后，沈阳老城区历经几百年的建设和改造，城市规划和建筑的布局与风貌犹如一气呵成，具有令人赞叹的整体性，达到了十分严谨和相当完善的"王城"形制的要求。被划定为沈阳市重点文物保护区的中街，正是位于故宫建筑群之北，按照"前朝后市"的都城规划格局所形成的沈阳城内第一条也是最主要的一条商业街。但是，由于近代西方文化的卷入和冲击，这条完全中国式的街道也发生了巨大的变化。我们今天所看到的中街，正是这样充满了中西文化交融现象，反映着近代社会历史遗痕，浓缩了沈阳建筑特色，具有典型意义的一条街道。

一、中街的形成与发展

天聪初年(1627年)皇太极将沈阳中卫城的四个城门改为八个城门，"十"字形街道改成"井"字形街道。沈阳故宫正位于这"井"字的中央。在故宫两侧街道与后面横街的交叉口处，分别建造了钟楼和鼓楼。这是两个造型均呈方形的两层门楼。在第二层设重檐，屋顶之下悬挂钟或鼓，第二层内设置碑志。一层以十字形的双向门洞跨于两条街道的交叉点上。两门楼之间是一条东西走向，长为一百七十四丈、宽三丈五尺的街道，取四季平安之意，命名为"四平街"，也称"中街"。由于它位于故宫的后面，根据中国传统都城的布局规矩，将此街辟为商业街。从此，中街之上店铺鳞次栉比，顾客交臂擦肩，日渐繁华。人称"流金的路，淌银的街"。

清代中街的中间是一条用三合土夯成的两丈多宽的道路，旁边有一尺来宽的流水明沟，没有人行道。每逢隆冬，街道地面冻成裂缝，车马行人十分不便。街道两侧设有台阶，台阶之上的各商号均为门市瓦房，檐牙相连，雨搭覆盖在台阶上空。清光绪三十二年(1906年)，经东三省总督赵尔巽奏准，在中街修筑了石子马路。清宣统元年(1909年)九月开始有了电灯照明。

当时满族的妇女擅长于手工刺绣，因此对丝线的需求甚迫。于是，经营丝线的作坊在中街应运而生。这些作坊愈发兴隆，并扩充为以商业为主的"丝房"。大批的绸缎、布匹、杂货买卖越来越兴旺，外地商贾也纷纷来此行商寻利，沈阳城内的民族工商业就在中街上大多以"丝房"为称呼，以经营百货为内容发展起来。清代中街的商号共有25家。民国年间(1912～1931年)中街的民族工商业得到了进一步的发展(图1)。从关内来到这里的金融界财东逐渐形成了"黄县帮"和"永抚帮"，相互激烈竞争，并驾齐驱的两大派势力，成为中街商业网的支柱。除各大丝房外，鞋帽、服装、钟表眼镜、文具以及其他经营品种的店铺也竞相开设。至"九一八"事变前，中街商号达71家之多。

图1　1917年中街钟楼以西的商业面貌

民族工商业的欣欣向荣，促使和要求中街建筑的发展与更新。特别是在1903年以后，清政府迫于压力，在紧邻沈阳老城区的西部开辟了面积达21.3km² 的“奉天省城商埠地”。外国人进入了沈阳，并在那里自由经商。商埠地出现了大量由洋人设计的洋行、洋宅、领事馆、西式娱乐建筑等，这给当时大一统的中国传统文化带来了巨大的冲击。但那些善于以求异取胜、以猎奇招徕顾客的商业大亨，无疑要利用这个条件，不失时机地借助洋风来装点自己的门面。于是，西方建筑的影响就不可避免地大规模渗透到这个以中国传统文化为依据所形成的老城区的中心部位——中街上来了。从此，中街建筑开始呈现为“土洋结合”的形象特色。

从1919年到1930年，仅10余年间，各商号、军阀争先在中街兴建门市楼房(图2)。先有“峻大茶庄”、“朝阳新金店”在路北盖起了二层楼。1925年“老天合丝房”(今市农业生产资料公司)建起三层大楼。先后又有“谦祥恒”(今体育乐器专业商店址)、“裕泰盛”(今省纺织工业交易中心)、“同义合”(今呢绒丝绸商店)、“吉顺昌”(今呢绒丝绸商店)、“谦祥泰”(今纺织品商店)、“兴顺西”(今沈河区邮局)、“吉顺洪”(今针织品商店)等商号盖起了三层楼房。特别是由当时留洋回来的沈阳著名建筑师穆继多设计的“吉顺丝房”(图3，今市第二百货商店)和“吉顺隆丝房”(图4，今车辆电讯商店)两座欧式大楼，给中街增添了活力。这两座建筑以巴洛克玩世不恭的态度，将西洋建筑的多种手法包罗在一起，是一种折衷主义思想的体现，有人称其为“中华巴洛克”式建筑。由于它的形象出众、动人热烈，富于商业建筑的感召力和诱惑性，建成后为老板带来了显著的经济效益，也为中街的面貌大大添彩。随后，在吉顺丝房的对面建起了一座带有地下营业厅的利民商场(图5，今沈阳春天)。军阀吴俊升又出资建造了一座规模可与吉顺丝房相媲美的四层大楼，租给了泰和商店(图6，今东风百货商店)。三层楼的萃华楼金店(图7，今中街储蓄所)、天益堂中药房、内金生鞋店(今针织品商店)等40多家商店也相继而起。这些建筑多数平面形式并无多少变化，只是在外观上模仿西洋建筑样式，又保留了一些中式传统的手法，形成了所谓“洋门脸式建筑”。

1927年，为解决中街的交通拥挤，将原三丈五尺宽的石子马路拓宽为四丈四尺，以吉顺丝房为准，留出一丈一尺宽的人行道。1929年拆除了钟楼和鼓楼，1930年铺设了柏油马路。

图2　1926至1930年沈阳中街钟楼以西的商业楼群

图3　吉顺丝房

图 4　吉顺隆丝房

图 5　利民地下商场

图 6　泰和商店

图 7　萃华楼金店

这个时期，是中街商业和建筑发展的高潮期。至此，中街与中街建筑的规模和形式已基本形成。

1931 年“九一八”事变以后，日本帝国主义占领沈阳初期，为其侵略目的，使中街又有一些发展，增加了“聚兴隆当铺”、“同义东帽店”、“德润堂中药房”、“开明合记钟表眼镜店”等，光陆电影院也于 1936 年 9 月 7 日开业。至 1939 年，中街商贾共达 104 户。1939 年以后，日伪警宪、特务横行中街，对商户敲诈勒索，民族工商业遭受严重打击。1945 年东北光复，但国民党政府强收各种苛捐杂税，物价暴涨，经济崩溃，中街商业处于萎缩状态。直到沈阳解放后，中街的商业和建筑才重新又得到了恢复和发展，焕发出新的青春。

二、富于特色的中街建筑

沈阳城内的建筑不似古老的北京城，以中国的传统建筑类型构成了城市建筑的基调；不似素有东方莫斯科之称的哈尔滨，处处散发着俄罗斯建筑的气息；不似海滨城市大连，近代建筑多为日式洋房。沈阳的近代建筑类型有如其半封建和半殖民地这种政治体制的物化形态，表现为中国传统建筑和外来建筑两大系列。它们又都奇妙地相互影响和融合在一起。这种交融不仅表现在以不同建筑类型为主调的各个区域之间，甚至还集中地表现在某些单体建筑之中。中街正是充满这种复杂渗透关系的典型地区。如前所述，它的形成与发展过程即是酿成这一地区建筑特点的根本原因。

(一) 协调的体量关系

中街是一条很有特色的街道，这不仅由于它所形成的历史背景、姿态丰富的沿街建筑及其重要的地理位置与经济地位，同样非常重要的一点，在于它两侧的建筑体量具有十分协调的整体性。

从它形成的那一天起，中街建筑体量的这种协调关系就已存在，只不过是随着街道的加宽，街侧建筑也按着恰当的比例有节制地加高。直至今日，建筑高度与街道宽度之间始终保持着宜人的尺度和比例关系。建筑多为二至三层，街道整体的轮廓线低缓而略有起伏。仅几幢商业楼，如原吉顺丝房、原吉顺隆丝房、原泰和商店等略微突破了中街的高度界限，为四至五层，其形态华丽、热烈，无论体量和造型在中街建筑中都格外引人注目。它们的位置分别靠近鼓楼和钟楼，处于中街的首、尾部位，形成了构图重点。非常巧合的是这些"重头戏"大都在道北展开，从而减少了对街道的遮挡。更在阳光的映照下，由于建筑体量本身和正立面上细部的凸凹所产生的阴影效果，使得它们十分生动。

中街建筑的低缓尺度不仅适合其商业推销与顾客购买的需要，它作为故宫群体建筑的背景也是非常恰当的。登上故宫的制高点——凤凰楼，眺望全城，中街的繁华景色尽收眼底。而且，中街建筑的体量对皇宫的中心地位又不会构成威胁，在井字形的老城中部，发挥着恰当的陪衬又具诱惑力的作用。

沈阳的老城区与中街并非是一次性规划和建设的产物，而是经历了几百年漫长的岁月而逐步形成的。特别是中街在其始建和发展过程中，各幢建筑的修建与改造又都主要依据各自的目的；但无论全城还是这条街道的整体性和协调性都如一气呵成，很令令人感叹。这也说明了当时城市建设管理部门已具有了明确的城市规划思想和相当严密的管理措施。我们在进行建筑调查、广泛查阅当时的建筑审批文件时，也对此深有感触。

(二) 中西结合的建筑形象

中街建筑处于传统中国式房屋的包围之中，但相形之下，其"洋味"尤浓。然而这里的洋味与商埠地中的洋房又不尽相同。中街建筑大多出自中国建筑师之手，除个别的设计者曾为早期留洋归来的建筑师之外，更多的并未认真学习过西方建筑理论，甚至对西方建筑知之甚少。他们主要是模仿西方建筑的式样，尽力捕捉西洋建筑外观中那些给人印象最直接、现于表面的形式构成因素。因此，在这股洋风中，明显地溶入了设计师和建造者自身的理解，溶入了对市俗文化的追求与喜好，溶入了创造性的发挥和想象。尤其在这种中心商业区，店主锐意奇异与市民要求热闹的心理缠绕在一起，那种构图严谨、风格纯正的西洋建筑若摆到这里，反倒会显得呆板和冷漠。于是，街侧建筑上，到处装饰着比例与尺度随心所欲变化的西式壁柱，流淌着欢快而热烈的装饰性曲线，布满了圆拱形的凸凹构图——"洋"倒是洋了，但与精典的西洋建筑相差甚远，体现着一种对折衷、扭曲、甚至怪诞形式的追求。

这种折衷不仅是对各类西洋样式的涉猎与拼凑，还包含了对中国建筑形式的揉合："前朝后市"封建规矩对它的制约，传统文化在时间和空间上的延续，人们长期以来所形成的生活习惯，都使这条充斥着传统字号店铺门市楼的古街形象无论如何也不可能体现为完全的西式装束。因此，中西合璧则成为中街建筑的另一个特色。

西洋建筑对沈阳传统建筑的冲击体现为不同的层次。一类是由内到外"全盘西化"的彻底追随。这些建筑有的是由中国建筑师师承洋人的作品，有的干脆就请洋人设计，它们主要集中在奉天商埠地之内。另一类虽为数不多，但很有典型性。如张氏帅府的小青楼，外观为中国传统楼房样式，内部却是按西洋近代的生活方式所进行的室内装修且采用了舒适的生活设备。这类建筑主要出现在当时某些高官显贵的宅邸。而中街的大多数建筑却是将原本地道的中式建筑外表筑成"洋门脸"。建筑的内部很多仍为木梁、木柱、木屋架所组成的木构架结构，或最为普通的砖混结构，平面形式也完全脉承于中式格局。它们的外观却不顾内部的格调、材料和结构，生硬地假以石材饰面，并将西式建筑局部和片段罗列在一起来"装点门面"，同时，其立面又仍然运用了许多中式的手法和传统文化的信码。这种中西文化的融合，不论是否为设计者的初衷，但它已成为中街建筑所共同表现出来的一个十分有趣的现象。

(三) 颇具表现力的建筑符号

也许，当年中街建筑的设计师们并非有意识地运用某些建筑符号去取得中街建筑良好的整体效果。但是，由于所处的历史与文化背景对他们的约束，在中街建筑中，特别是对立面的处理手法，反映出许多具有共性的东西。我们可以把它们进行归纳，提取出一些很富表现力的建筑符号。其表现力，一方面在于对历史与地理背景都做了十分坦率的交待，另一方面以其相互间的共性及相对其他地区建筑的特殊性，鲜明地勾画出了中街建筑的特色。

中街的建筑符号大体有这样几种：

(1) 弧形曲线装饰。类似巴洛克式的弧线在中街比比皆是。有的被用在女儿墙的高起部位；有的被用作门窗洞起券；有的被用在屋面，形成带圆拱顶的西式塔亭；还有的用在阳台的平面方向，造成圆弧状的凸凹。

(2) 大量采用阳台。在许多建筑中都以阳台作为立面造型的装饰手段。阳台栏杆一般采用西式的混凝土葫芦瓶形式，阳台和屋檐下均设有装饰性的牛腿，形成非常精致的细部处理。建筑中的阳台有的用在大门之上，作为对入口的强调；有的遍布于每个开门的外墙上。大多以单个重复出现为特点，而很少有连续起来的长阳台。

(3) 平檐口与女儿墙的重复使用。一些建筑采用了女儿墙，但更多建筑是将平檐口与女儿墙两种处理手法重复使用。也有些建筑(如原吉顺丝房、原吉顺隆丝房等)则在平檐口上设带有立柱和葫芦瓶的透空混凝土栏杆。建筑正立面的女儿墙往往做成不同高度的凸起，用来丰富立面或强调建筑的主要部位。这些凸起有的呈圆拱形(如：今长江照像馆，见图8；今工商银行等)；有的呈三角山花形(如：今龙凤百货商店、今盛京百货商场等)；有的呈阶梯状逐台凸起形(如：今中街大药店、今时光钟表眼镜店等)；还有的将这几种形式复合利用(如：今中街食品店和今沈州商场的女儿墙都是起圆又起台；今中街家电维修中心站的店面女儿墙则做成中间起圆，两侧起角的处理)。

(4) 二层以上后退形成外廊。包括上述各设计手法，凡使正立面上产生凹凸变化者，多出现在道路北侧的建筑中。因此迎光线而产生的阴影使得这些手法的效果非常显著。更有些建筑将二层以上部分后退，用由此而形成的长外廊造成了更为强烈的体量凸凹。今龙凤百货商店、今中街储蓄所和中和福茶庄(图9)等都采用了这种方式。在这些建筑中，其一层立面上的壁柱到二层与墙脱开，并与外廊相结合形成了柱廊形式，颇为别致。

(5) 应用广泛的壁柱。中街的建筑大多以壁柱作为立面处理的重要因素，但壁柱的形式却并非遵循严谨的西洋柱式规矩，而是以其中一种形式为基础，在比例上、形状上、样式上都做了大胆的变形。也有的干脆将混凝土的西式壁柱变成大红色的中国样式。当年的设计者全然不在乎诸如“不伦不类”般的指责，而是完全根据建筑和环境的需要，大胆借用，大胆改造。在这一点上，对今天的建筑创作，也不失值得借鉴的方面(图10)。

(6) 中西结合的建筑雕饰及装饰性构件。在中和福茶庄和今沈州商场正立面，原本西洋式高起的圆形女儿墙上，却分别装饰着高高凸出墙面，象征着吉祥如意的麒麟和孔雀开屏的雕饰。西洋与中式手法在这里结合得非常得体，在建筑中起到画龙点睛的作用。这种做法还出现在其他建筑中(如：今盛京百货商场正面三角形山尖上的麒麟圆雕和云形图案的浮雕等)。在今东风百货商店等以西洋形式为主的建筑中，我们又看到了二层阳台栏杆一改其他各层的葫芦瓶形装饰，而做成变形的篆书“寿”字形栏杆，十分别致；其二层阳台下面的牛腿，又做成出踩的拱形；同样有趣的是，在原吉顺丝房和原吉顺隆丝房中，将出现在沈阳故宫某些建筑斗栱位置上反映喇嘛教特点的兽头雕饰(图11)，加以简化变形用到了二层阳台的下面，代替在以上各层阳台下出现的牛腿饰件；中和福茶庄二层外廊采用了简洁的混凝土栏杆，却与带有透空雕饰楣额的大红柱子结合在一起；另外，中式的窗洞上冠以洋式的三角形山尖窗饰；红、黑色的中式牌匾配着洋式的室外灯具；西式立面上装点着中式劈雷帽……这些中西手法的结合在中街上屡见不鲜。它是时代的产物，社会的产物，是中街所具有的特殊的政治、经济和地理地位的产物。

正是以上这些极富表现力的建筑符号，令人们对中街建筑的特点产生了十分直观的印象。因此，今天的建筑师们，在中街建筑改造或新建房屋时，非常注重对它们的利用，并巧妙地进行了各种变形和处理。若仅从设计手法上来说，的确有不少十分成功的力作。如新建的文化大楼、光陆电影院、中街轻工市场、荟华商场等都有效地把这些建筑符号运用到表现新时代的建筑之中。但是，越来越多新建筑在中街上的出现，已构成对中街面貌的极大威胁。这一点在中街随着时代蓬勃发展的同时，必须引起我们的严重关切。

三、中街建筑保护

中街是在特定的历史条件下形成的。中街建筑以其特殊的风韵展示着历史留给它的痕迹。它是沈阳市惟一的一处重点文物保护区。但是它不似沈阳故宫那样被置于“绝对保护”之下(除观览之外，不再被派作其他用

图 8　长江照相馆女儿墙

图 9　中和福茶庄

图 10　吉顺丝房壁柱

图 11　原吉顺丝房细部装饰

场)。对中街的保护，属于使用中的保护层次。今天它仍发挥着巨大的经济作用，其古老的肌体中被注入了现代生活的体液。它仍不断地发展着，具有旺盛的新陈代谢机能与活力。如何保护中街的历史风貌，又如何使其适应时代的脚步，这必然成为今天中街建设的重大课题。事实上，中街正是在这种矛盾之中发展着，也面临着由发展所带来的危险。近年来，一些很有特色的中街建筑陆续“倒了下去”，被人们有意无意地夷为平地又建起新楼。一批新的建筑正如雨后春笋拔地而起(甚至本文从写作到发表的过程远远地落后于中街面貌的高速变化)，这一切都标志着中街的飞速发展。但令人焦虑的威胁也正由此而生，更随着邻近中街的现代化高层建筑(如玫瑰大酒店、盛京饭店、沈阳商业城等)的落成和改头换面的新商业街——“清代一条街”的出现，中街的环境背景和历史背景都混沌起来。它正在“保护”当中渐渐地被演变着，破坏着。因此，加强对文物保护的责任感已成为当务之急。

如何对既古老又处于发展建设之中的中街进行有效的保护呢?

首先，必须依照文物保护法办事。对中街建筑不可大拆大建，要立足于维护。尤其是对其中那些重点建筑，甚至不能允许在外观上做任何局部的改动，要使中街完整地保留其原有的风貌。同样重要的一点是，为了适应现代生活的使用规律，对其内部进行一些必要的修整和设备上的完善是完全需要的，这无可厚非。同时，还要经常地对它们进行维护，对那些已遭不同程度损坏的建筑，应采取有效的加固和修复措施。在修复过程中，必须保持建筑的原貌，而不能象建新房那样随意发挥。有些使用单位为适应发展的需要，提出扩建甚至重建的要求，这是不能允许的。作为既定的重点文物保护区的中街，首要的问题是保护，而不是发展！最近拆毁的市针织品批发公司大楼，就是一个令人十分痛心的事件。近几年被推倒重建或正在重新设计施工过程中的建筑已将近一半。而且，如不及早采取果断措施，将有更多的历史建筑会被陆续拆掉，这不是一个令人吃惊的数字和现实吗？中街的发展，不应该体现在对建筑的更新上，恰恰相反，其发展应该表现在与日新月异的城市环境的对比之中，表现在对它本来面貌的良好保护之中。尽管许多最近建成的建筑都在如何反映新旧建筑的协调关系，如何表达中街建筑特有的性格，又如何反映时代感等方面各有其长，但这些新面孔在中街建筑中占有越来越大的比例这一事实本身，却使人们痛心地看到：宝贵的文化遗产正在被蚕食，昔日的中街正面临被新的中街所取代的危险。总之，在这里，我们甚至不能去提倡新旧建筑的协调(更不是推陈出新)，而是要对古老的中街与中街建筑进行坚决的、有效的保护。

其次，中街是一条每天要接待大量顾客的商业街。目前，在此购物、游览的巨大人流与车辆交通之间已经形成了尖锐的矛盾——繁忙的过往车辆占据了街道中央的主要部位，把人们挤向两侧狭窄的人行道上；车辆的穿行将街道从中央强硬地划分为南北两部分，严重地破坏了它们之间在视觉和行为上的联系；交通噪声和尘埃极大地降低了商业环境质量。因此，将它辟为步行街也是中街保护的一个重要方面。目前穿越中街的交通流量，可改由南、北顺城街共同分担。只有如此，才能恢复中街的商业气氛和提高它的环境质量。

再者，对中街周围的建筑环境也必须采取一定的控制性措施。如前所述，中街不是孤立地存在着，它是历史和环境的产物，是散发着光彩的一个节点。只有在环境的衬托下，它才能保持其文化价值和完整的意义。在钟楼附近突兀而起的玫瑰大酒店等建筑，即造成对中街环境的一种“污染”——不仅使中街低缓的轮廓线戛然停止而缺乏必要的缓冲，大大削弱了中街的显要地位，甚至对故宫建筑群也产生了巨大的破坏性影响。因此，对中街附近的建筑无论是其体量、高度、形式、材料、色彩还是内容，都必须加以必要的限定，都必须以对中街主体的协调和衬托作为创作基调来进行现代化的建设与改造。我们应该站在城市建设的高度上，做好对中街及其周围地区的规划与建设。

女真古城的演进

2000年

沈阳是中国东北部一座有着悠久历史的古城。尽管今天的沈阳城俨然以现代化都市的面貌展现在世人面前，但是历史留下的遗痕和古老文化的积淀，依然清晰地反映在城市的底蕴之中。

沈阳的历史最早可以追溯到7200年以前原始社会的新石器时代，今天仍留存有远古时期人类在这里生息的遗址。自夏代之后，这里曾先后为古营州之地、辽东郡、侯城县、中燎郡、沈州城、沈阳路、沈阳中卫城等，由于它所处位置对于交通和军事上的重要性，这里一直被用作屯兵、驻守的军城。1625年女真首领努尔哈赤率领后金军进入沈阳，从此，揭开了沈阳作为都城的历史。女真人最早的两代皇帝——努尔哈赤和皇太极相继建都于此，城市的规模和形制发生了巨大的变化。这种变化不仅仅反映在城市的性质由军城向作为政治、经济中心的都城的转变，更反映在城市建设方面。为了适应皇城的要求，其城市面貌在总结和继承了女真人早期的营城经验和做法的基础上又结合沈阳的具体条件，进一步发展和完善，使当时的沈阳城成为女真古城由原始到完美这一演化进程的顶峰。它曾作为都城的这一段历史以及当时所形成的城市格局，对今天沈阳城的现代化建设仍然具有深刻的影响。因此，对沈阳城市历史的研究，必然要建立在对女真古城研究的基础之上。

一、来自早期女真古城的影响

女真族即满族的前身。满族的名称是在其统一了中国东北并定都沈阳之后，由皇太极于1635年才正式确定下来的。此前，这个民族被称为女真、诸申等。而女真也仅是在辽、金、宋、元、明时期的称谓。再往上溯源可以查到，秦时称为肃慎，汉和三国时为挹娄，南北朝称勿吉，随唐五代为靺鞨等。17世纪在连年不断的民族兼并和与明朝政府的军事较量中，确定了以明代女真为民族主体，以建州女真为核心，通过八旗制度而大量吸收了蒙古族、汉族和朝鲜族等民族成员而形成的新的民族共同体，改称为满族。

当明朝时期的女真人进入辽沈地区之后，出于政治、军事和经济等目的，令其都城多次搬迁，步步西移，逐渐向明廷统治的北京城逼近，最终将后金都城确定在今沈阳地区的范围之内。女真古城的建设经历了一个规模上逐步扩展、形制上逐步完善、技术上逐步成熟的演进过程。让我们简略地追溯汗王努尔哈赤曾用作都(王)城的几座女真古城的营造特点和发展过程。

(一) 佛阿拉城

这是努尔哈赤独自领军以来的第一座城池，所以也被后人称作是努尔哈赤崛起的肇兴之地。努尔哈赤从1587年到1603年在这里一共居住了16年。佛阿拉城位于今辽宁省东部山区的新宾县境内，建在一个不很高的山岗上。满语“佛阿拉”即“旧山城”之意。该城三面环山，城南是哈尔萨山，东为鸡鸣山，西有呼兰哈达山。北面是峡谷中的一片小平原。嘉哈河与硕里加河从城前流过，汇入苏子河。佛阿拉依山傍水，风光宜人，物产丰富，不仅是耕猎采集的良乡佳壤，更是征战屯兵的理想去处。这也正是努尔哈赤起兵伊始即择此岗筑城垣、建宫室的必然初衷。

佛阿拉是一座多难之城，它几经修建，多次被毁，直到努尔哈赤进居，才成为一座历史名迹。早在明正统三年(1438年)六月，时任建州卫的建州女真首领李满柱受到朝鲜军队的追杀，不得不迁移到此驻扎下来，修筑起佛阿拉城。正统五年(1440年)九月，建州左卫凡察、董山经明政府批准，搬迁到这一带，与李满柱同住于此城。成化三年(1467年)，董山等因进犯辽东，被明军诱至广宁(今北镇)监禁诛杀。明军于同年九月和成化十五年(1479年)又两次大规模攻剿佛阿拉城的建州女真余众，毁城焚舍，戮杀洗劫，山城遂成废墟。

明万历十五年(1587年)正月，再次崛起的建州女真在努尔哈赤的统领下，为着兴基立业，觅求发展，开进佛阿拉。在已废弃一百余年的城址上，重筑新城，修建宫室，开辟了他初创霸业的第一个根据地。

据《兴京县志》载："旧老城在二道河南岸，上(清太祖)未建赫图阿拉前之都城，其他尚存，土垒方里，故址宛在"。《满洲实录》以满文记载，译为汉语为："丁亥年，太祖淑勒贝勒(即努尔哈赤)在硕里口呼兰哈达东南，嘉哈河两(河)之间的山岗筑城三层，建造了行署、楼台"。

所谓"筑城三层"，实则内、外城两层，加上努尔哈赤的木栅栏院落。佛阿拉城随山势沿峰脊借助自然条件筑造城墙。城门设在低矮隐蔽的沟谷中，顺山筑路。内城布置在全城地势较高的东部(图1)。朝鲜南部主簿申忠一在《建州纪程图记》中对佛阿拉的城貌做了一番描述：

——奴酋(努尔哈赤)家在小酋(努尔哈赤之胞弟舒尔哈齐)家北，向南造排；小酋家在奴酋家南，向北造排。

——外城周仅十里，内城周二马场许。

——外城先以石筑，上数三尺许，次布椽木；又以石筑，上数三尺，又布椽木，如是而终，高可十余尺。内外皆以黏泥涂之，无雉堞、射台、隔台、壕子。

——外城以木板为主，又无锁钥，门闭后，以木横张，如我国将军木之制。上设敌楼，盖之以草。内城门与外城同，而无门楼。

——内城之筑，亦同外城，而有雉堞与隔台。自东门过南门至西门，城上设候望板屋，而无上盖，设梯上下。

——内城内，又设木栅，栅内奴酋居之。

——内城中，胡家百余；外城中，胡家才三百余；外城外四面，胡家四百余。

——内城中，亲近族类居之；外城中，诸将及族党居之，外城外居生者，皆军人云。

——外城下底，广可四五尺，上可一二尺；内城下底，广可七八尺，上广同。

——城内泉井仅四五处，而源流不长。故城中之人，伐冰于川，担曳输入，朝夕不绝。

——昏晓只击鼓三通，别无巡更、坐更之事。外城门闭，而内城不闭。胡人木栅，……。家家虽设木栅，坚固者，每部落不过三四处。

——城上不见防备器具。

在《建州纪程图记》中，还画出了"奴酋"与"小酋"的居址示意图(图2)。

努尔哈赤的宅院(即图中的"奴酋家")位于内城中的最高处，其胞弟舒尔哈齐的宅院(图中的"小酋"家)

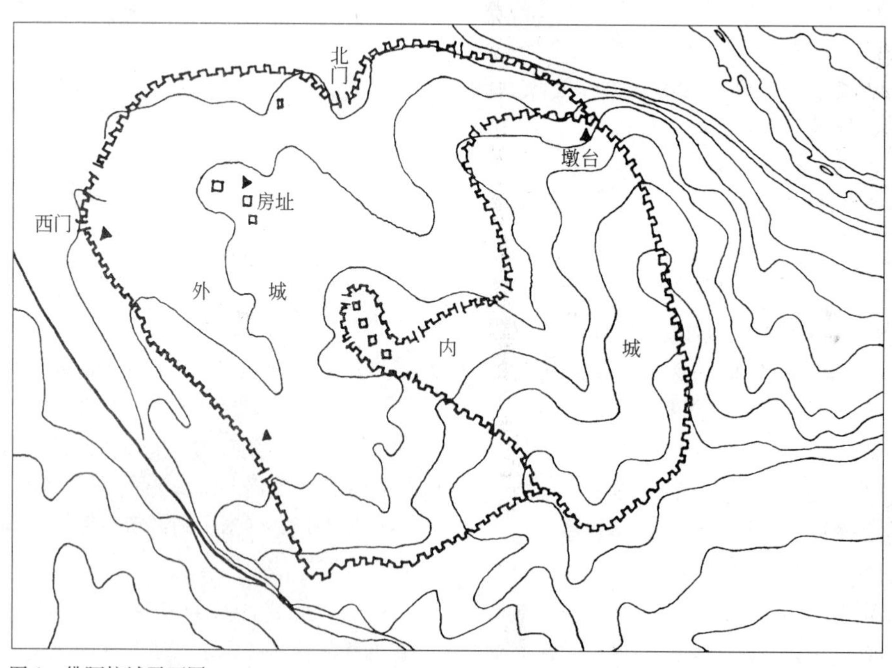

图1 佛阿拉城平面图

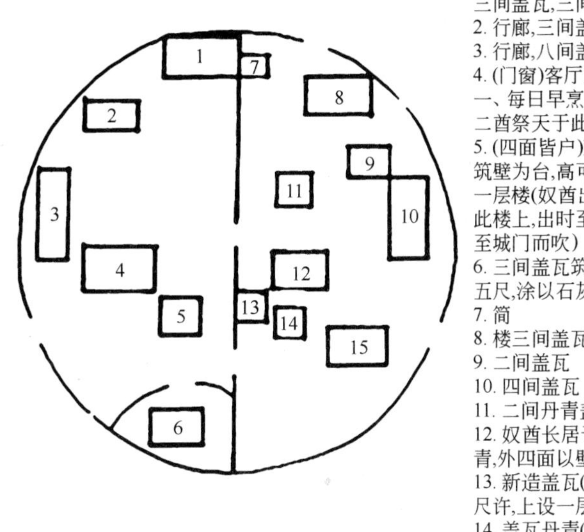

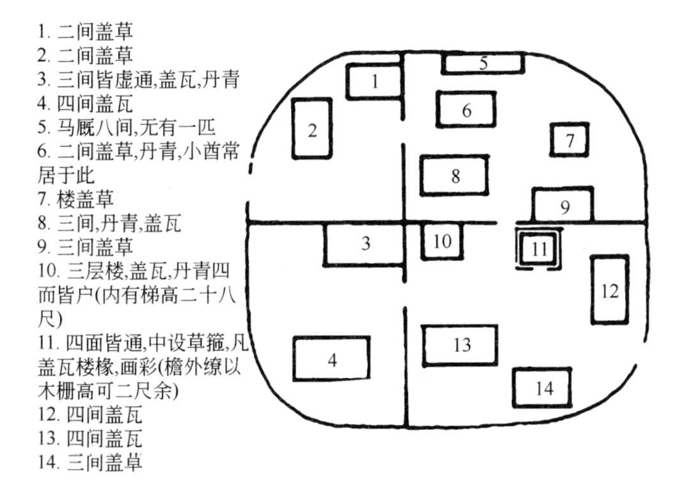

图 2 “奴酋”与“小酋”居址示意图(原载《建州纪程图纪》)

在“奴酋家”之南的外城中，两院皆围以木栅栏。

努尔哈赤宅院分为东西两院。东院作为处理政务、接待宾客和祭祀活动之所，有房屋六幢，其中楼阁(或台上建房)一座。西院是努尔哈赤生活起居的内院，建房九幢，其中有楼阁(或台上建房)三座。宅院的大门设在东院的东栅栏墙上。东院的主要建筑“客厅”位居院落中央，是努尔哈赤最早的一座“金銮殿”，政务、礼节、祭祖等重大活动都在这里举行。客厅对面和东侧设有两座草顶“行廊”，作为召集臣属议事饮宴之用。另外还设有鼓楼等其他建筑。西院与东院用一道砖墙隔开，辟有一门。西院的主要建筑除努尔哈赤的常居之“宫”外，还设有神殿、楼阁及其他用房。西院的南、西面的栅栏围墙上分别开设了供出入的次要院门，出此门有道路直通城门。

努尔哈赤的这个最原始的“大内宫阙”虽然尚未形成一定的形制，但是我们可以发现一些对后期皇宫建设颇有潜在影响力的因素。

佛阿拉的建筑布局明显地反映出女真人对院落的认同。努尔哈赤已建有自己的“宫院”。尽管这个“宫院”的概念在不断地强化，但在这一点上，直到他们进关也未能突破“院”的概念而将其发展成“皇城”的规模。其宫院空间的形成，是靠着对高起的山岗或台地的选位以及木栅栏围合手段的运用而实现的。宫院内的建筑为强化“院落空间”的作用，宁可牺牲为御寒要求而仅开南向户门的常规做法而开设了东向甚至北向房门，以求得具有内向和聚心作用的空间围合感。但是，这一方属于皇族的院落规模并不大，虽已出现了对政务和生活不同功能分区的划分，但并不能覆盖努尔哈赤全部日常活动。宫院围合的封闭性也不像历代帝王那样森严，仅以木栅栏作为外院墙。这反映出当时受到经济、技术、社会等多方面客观条件的制约，也在一定程度上反映着女真人的生活习俗。所以直到迁都沈阳，尽管那时的许多客观情况已经发生了巨大的变化，但对木栅栏仍不肯丢弃，在盛京皇宫中多处保留了木栅栏的做法。

努尔哈赤在佛阿拉的宅院中，建筑布局缺乏秩序性，房屋分布零乱，既未形成“合院”，也没有轴线关系，对行为流线和室外空间缺乏组织。比如，院落入口竟布置在院内最主要建筑“客厅”的背后，院内空间大小无章，构图散乱。

院落中的建筑形制、规模、用材等标准都不高，却建有楼阁多座，而且几楼阁皆建在高台之上。“高可十余尺上设二层楼阁，或于高台八尺许上设一层楼阁。”这种高台建筑、高台筑楼的形式不仅成为当时的一种时尚，而且在后期的满族建筑特别是皇宫建筑中更进一步被强化和发展。

许多房屋内部不作分隔，形成“口袋房”的特殊格局。朝鲜降将李民奂在《建州闻见录》中记道：“窝舍之制……四壁之下皆设长炕，绝无遮蔽，主仆男女混处其中。”从后期满族民居、沈阳故宫的许多房屋，以及满人对北京坤宁宫的改造利用所反映出来的类似做法，也可以发现，这是由于来自其生活习惯而对建筑空间所提出的特殊功能要求而造成的结果。

虽然佛阿拉所反映出来的仅是努尔哈赤早期的营城与建宫方法，但这些做法在后来女真人的各古城以及沈阳城和沈阳故宫的建造中，都呈现出对这些做法的因袭关系和所受到的深刻影响。

（二）赫图阿拉城

赫图阿拉城是努尔哈赤的祖居之地，也是后金政权建立后的第一座都城。它距佛阿拉城仅五里之遥，位于今辽宁省新宾县永陵镇东南方向，在羊鼻子山向北延伸成一条东西走向的山岗之上。山城以北为苏子河，东有皇寺河，西邻嘉哈河并与呼兰哈达山隔河相望。城址所在的山岗呈南高北低的一块台地。南面最高处约 20 余 m，北面地坪高度为 9m(图 3)。明正统五年(1440 年)建州左卫的凡察和董山迁往辽东投奔建州卫李满柱，在居入佛阿拉的同时，开进赫图阿拉，兴建城池。以后的建州左卫在此安定下来，以赫图阿拉为中心，围绕它筑城而居。至努尔哈赤祖父觉昌安时期，赫图阿拉作为“六祖城”之一，由觉昌安所居。六祖指努尔哈赤的曾祖父福满的六个儿子。据《清太祖武皇帝实录》载：“德石库(福满的长子，即德世库)住里义(亦即觉尔察)地方，刘谄(次子，即刘阐)住阿哈河洛(亦即阿哈伙洛)地方，曹常刚(三子，即索长阿)住河洛刚善(亦即河脚窝善)地方，觉常刚(四子，即觉昌安，努尔哈赤的祖父)住其祖居黑秃阿喇(亦即赫图阿拉)地方，豹郎刚(五子，即包郎阿)住尼麻兰(亦即尼玛兰)地方，豹石(六子，即宝实)住张家(亦即章佳)地方。六子六处，各立城池，为六王乃六祖也。五城距黑秃阿喇远者不过二十里，近者不过五六里”(图 4)。努尔哈赤的父亲塔克世继续居住在这里，努尔哈赤亦出生在该城。但关于当时城池的规

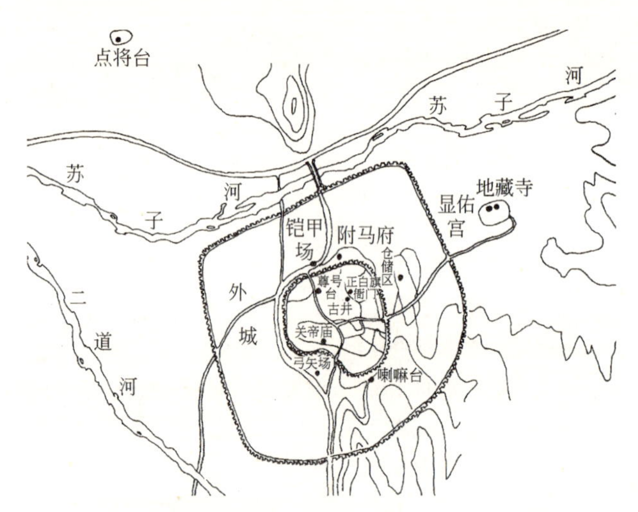

图 3　赫图阿拉城环境概况

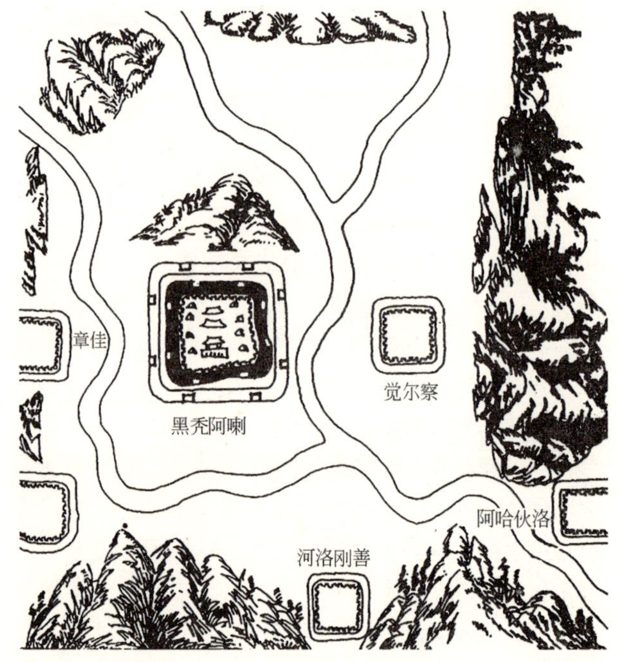

图 4　六祖城图

模与布局皆无史料记载，不得而知。努尔哈赤19岁时，因认为“父母寡恩”，与之分居，离赫图阿拉而去。明万历十一年(1583年)，25岁的努尔哈赤借父、祖(塔克世和觉昌安)被杀复仇之名，以“十三副遗甲”起兵，崛起于辽东，遂住于佛阿拉城，“自称为王”。

努尔哈赤于1603年又开始重建赫图阿拉，先造内城，并于当年迁入。据《清太祖武皇帝实录》卷二载：“癸卯年(公元1603年)……太祖从虎拦哈达(呼兰哈达)南岗移于黑秃阿喇处筑城居住。”随后，即动工于：“乙巳年(1605年)三月于城外复筑大郭”。外城周十里，为圆角方城，除南隅地形高起之外，其余皆为平地。外城一面临山，如天然屏障，三面环水，皆为天然护城河。内城周五里，平面呈“ㄱ”形，建于台岗之上。四面壁立，高达10m，非城门而不能入。内外城周围皆筑有高高的城垣。《建州闻见录》云：“奴城有内外，筑内城则以木石杂筑，高可数丈，阔可容数三万众”。《筹建硕画·东夷传》记载：“内城居其亲戚，外城居其精悍部队，内外共居人家约二万余户”。外城辟九门，南、北各三门，东二门，西一门。内城东、南、北、东南各设一门，西为断崖。赫图阿拉城与当年的佛阿拉城相比较，虽然都是依地形条件建城筑屋，但无论城内布局还是建筑的空间组织都有了明显的发展。城的规模加大了，特别是内城中的建筑密度明显增高，建筑类型增多，开始出现了城市的繁闹气氛。建筑的位置不再仅仅以选择山岗为惟一的原则，也考虑到建筑的功能要求。城内出现了商业街，也出现了合院式建筑。但是“占山为王”、居高布置建筑的观念和习俗不仅没有被削弱，反而愈发形成一种定式被继承下来。连通内城南、北两门的南北向大街和与之相交直出东门的东西向大街形成了“丁”字形的街道系统，将内城分为三大块。但这每一块并未表现出明显的城市功能特点。城市与建筑布局中功能分区的概念与作用尚未被认识。因此，各类不同功能的建筑混杂在一起，尚谈不到更多的建城章法。

努尔哈赤当年登基称帝建元后金举行大典的金銮殿——尊号台(亦称“汗宫大衙门”)位于内城最北部北门内道路的东侧，全城地势最高的一块台地上。似乎嫌这一天然山岗还不够高又用人工填筑的方法在山头又造成一个梯形高台，将这座面阔仅三间的青砖瓦房高高举起。由此看来，当时对建筑等级的强调并非着眼于建筑的规模、形体或装修，而更注重它所处的位置和基座的高度。抬高建筑的地坪是显示尊贵地位的重要手段。努尔哈赤和福晋们居住的寝宫被设于尊号台的后面，也是两座高台式的建筑。三座宫殿一前两后，犹如一个“品”字，即无严格的轴线和对位关系，完全是按地势走向，顺应自然的构图结果。当初在汗王的三座宫殿周围是否建有院墙，且是否还建有其他建筑，目前已无从考证。但经过实地调查发现，这座山岗台地面积很小，上面可建房屋的范围有限，除三座宫殿之外的空间已十分局促了，所以即使原来还建有其他房屋，也仅是零星个别而已，汗王除在这几座房屋之内的活动，必然还要有大量的日常活动分布在城内的其他地方。因此，赫图阿拉内的皇宫建筑对全城具有相当大的开放性和依赖性。换句话说，宫与城在空间上紧密地交织在一起。

八旗衙门、协领衙门和民衙门分散设置在内城之中。城内的东西向街道被辟作商贾市井，街旁开设肉铺、烧锅、皮革店、兵器坊等。昭忠寺、刘公祠、城隍庙、关帝庙、文庙、诸祠亦散置于内城。在外城中，除民房外还分布着堂子、喇嘛台、驸马府、弓矢场、铠甲场、仓廒等。外城东门外，坐落着由显佑宫和地藏寺所组成的皇寺建筑群体。城外西北三里许的苏子河北岸平川为努尔哈赤八旗军习武演阵的教兵场。

赫图阿拉的建筑在形制上，仍无明显的等级标识。绝大多数皆为硬山式建筑，仅地藏寺中的正殿、中殿和钟、鼓楼却是歇山式建筑。歇山式建筑和许多具有装饰性的建筑构、配件，以及多种宗教建筑在赫图阿拉的出现，都说明此时汉、蒙等民族文化已经在当时这个少数民族的社会生活中产生出一定的影响。

从1603年努尔哈赤重入赫图阿拉到1619年由此迁往界藩城，努尔哈赤在赫图阿拉经营了十六个春秋。在这十几年中，努尔哈赤在经济上取得了很大的发展，手工业、农业、畜牧业、商业、贸易日益兴盛，实力大增。在军事上，正式完成了八旗建制，并在战争中发挥出巨大的威力，节节胜利，连克大小城池五百余座。在政治上，征服并统一了东北地区除叶赫以外的各女真部落，安抚了来自蒙古和朝鲜方面的威胁，并正式建立了后金政权，登上了皇帝的宝座。赫图阿拉成为清王朝的发祥地，在清史上占有重要的历史地位。皇太极继承汗位后，于1636年尊赫图阿拉为“天眷兴京”，与后来的“天眷东京”辽阳城，“天眷盛京”沈阳城并列为满清入关前的三座都城。

(三)界藩城

界藩城位于今辽宁省抚顺县章党乡境内。它得名于界藩山。此山是一簇东西狭长、由东向西延伸的山峰，被两条河夹在中间——浑河在其北面，苏子河在南面，两河于山的两端交汇。满语“界藩”(亦称“者片”)的汉译即“河流交汇处”。由于它的东部与铁背山相连，今已无界藩山的叫法，而将两山统称为铁背山。

当年的界藩城山势十分险要，共包括东、中、西三个山头。东山与铁背山连接，延绵不断。中峰窄长，两侧皆陡峭的山崖，又分别被二条湍急的河流与两岸隔开。西峰圆峦而南面险绝。主峰最高处海拔 283m。在此处建城，其军事意图是显而易见的。努尔哈赤主要基于二点考虑：一是这里地势险峻，易守难攻；其二则在于这里临近明境，出兵方便。

在努尔哈赤于界藩筑城之前，这里原是建州女真哲陈部的城寨，称为界藩寨。明万历十二年(1584 年)，努尔哈赤在为统一建州女真的征战中，攻克马尔墩寨，寨主内申和完济汉逃到界藩落脚。次年二月，努尔哈赤率兵袭击界藩，却因风声走漏，守军据险力拼，努尔哈赤虽斩杀了内申和巴本尼两酋长，却未能攻下城寨。同年夏，努尔哈赤再攻界藩，又因两河发水不便靠近。哲陈部联合五寨兵马，奋力抵抗。努尔哈赤此役虽胜，却仍未得此寨。直到 1587 年，努尔哈赤才最后征服了哲陈部，夺取了界藩寨。

时过 31 年之后，万历四十六年(1618 年)九月，努尔哈赤为达到既利于防御明军，又便于出击明军的战略目的，终萌重建界藩城的构想。他指出：“今与大明为敌，我居处与敌相远，其东面军士途路更遥。行兵之时，马匹疲苦。可将马牧于近边地，西近明城，于界藩处筑城。”他遂于界藩确定了城址和房址，并开始动工造城。渐值冬季寒冷，工程暂停，于第二年继续修筑。是年春，在紧邻界藩的萨尔浒爆发了历史上有名的萨尔浒大战。努尔哈赤以其杰出的军事指挥才能，也借助了界藩天险的有利地势，大败明军，取得了关键性的胜利。这使得努尔哈赤更坚定了在此筑城、修造行宫的决心。六月，界藩城建造工程告竣，皇帝行宫及属臣军士的房屋亦随后建起，努尔哈赤不顾一些贝勒大臣的反对，率队进驻界藩城。很快，界藩城的优越作用即得到了体现。努尔哈赤利用这一有利的地形条件，连续征讨获捷，实力大增。但努尔哈赤在这里仅住了一年零四个月，于万历四十八年(1620 年)十一月又在萨尔浒筑城造屋，再迁其都，搬入萨尔浒。此后，当年显赫一时的界藩复为废城。

界藩城依山循势而建。在中、东、西三个山头上，分别建造了主城和两个卫城，面积约 63000m²。山城剖面走势南低北高，平面形状不规则，东西狭长，南北很狭。城周结合地形，充分利用崖壁峭石，辅以人工砌筑修起险峻坚固的城墙(图 5)。

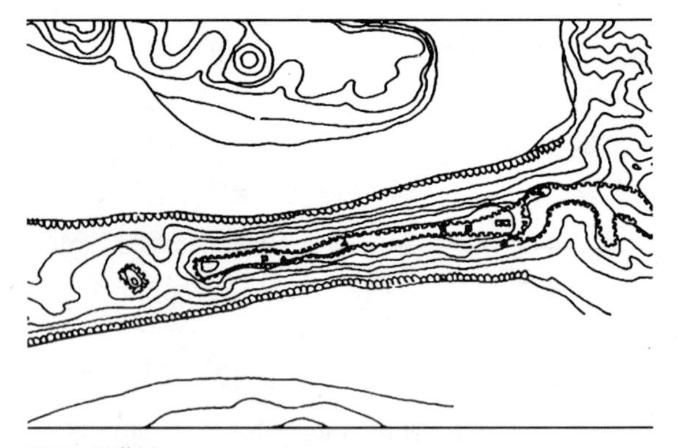
图 5 界藩城

主城位于中段主峰狭峻的山脊之上。在东、西两端分别设有城门，城内有道路与两门相连通，并直通东、西卫城。主城规模很小，根据考古踏勘，发现有五处房址。其中当含努尔哈赤及其王妃居住的“行宫”。建筑依地形修造，有的为半地下，有的建于较宽敞又相对平坦的台地上。室外空间没形成围合，也没有体现出明显的以构图为目的的意向。室内空间很简单，有的甚至根本没有分间，有的仅作简单分隔。屋内可看到火炕的遗迹。

东卫城所在的山头低于主峰。山顶平面呈“凹”形，南向一边向内凹曲。周边城墙上开有四门，一门在北侧，与主城有路相连；另三门均设于南侧的内凹部位，其中最西面的一门为东卫城的主城门。城内现存遗址仅一处，也是依顺地势而建，建筑面向西南，而非正南正北朝向。房屋三面砌墙，仅东面削山为壁。室内砌有一铺三条烟道的火炕和一座供烧炕和做饭的两用石砌灶台。室外东北角砌有卧地式烟囱，作为火炕的排烟通道。这些做法都是典型地反映了女真人和满民族的生活习俗与民居形式。

西卫城即建在原界藩寨的旧址上。它占据了最西面的山峰，两侧的苏子河与浑河流向其西端并相互交汇为一处，东面隔一条陡然跌落的山脊与主城相望。城址平面接近正方形，城墙周长约 325m。仅在南侧的城墙上设有城门一座，由马道与主城的西城门相连。卫城内东高西低，呈两级平台状。西面平台上仅发现房屋遗址三处，但无更多的考古资料。

主城内虽也设有一道墙，但它在规模和尺度上都未构成城墙，不过是努尔哈赤的宫院墙。所以说，界蒲城没有沿用“构外城”的做法，主要采取了以东、西两卫城拱卫着中间主城的独特形式，它不同于女真人和满人常规的城垣营造方式。这充分反映他们依赖自然条件重视功能作用，而不拘泥于某种习惯做法，也不过多地强调某种尊卑模式的实用思想和建城原则。

界藩城占地面积较小，仅努尔哈赤及其王妃和必要的侍卫人员住在城内，大多“王臣军士”和“大小胡家皆在城外水边居住”。努尔哈赤在这里驻跸的时间很短，所以，界藩虽以“城”而称之，实则不过是努尔哈赤当年的行宫而已。

(四) 萨尔浒城

萨尔浒城亦是一座山城。它坐落在今辽宁省抚顺县境内萨尔浒山与平地连接处的山坡上。由于 1958 年在这里修建了大伙房水库，使得原萨尔浒山周围水位上升，萨尔浒城变成了一座西、南、北三面被水环绕的半岛小城。此前的山城，北面原是浑河，东及东南隔有一段距离为苏子河。它与界藩城很近，可隔水相望。所以，努尔哈赤当年修建萨尔浒城，轻而易举地就放弃了刚刚建成的界蒲城而迁人此处。虽然它与界蒲城的使用时间都非常短暂。但它们的建城思想和营造方法在一定程度上反映着女真人当年的建城特色和营造水平，也对后来在辽阳和沈阳建城造官具有一定的影响。

萨尔浒城在努尔哈赤进驻之前，属于建州女真苏克素浒部，城主是瓜喇、诺米纳和奈哈答三兄弟。他们本与努尔哈赤结盟，立誓共同起兵攻击努尔哈赤的仇人尼堪外兰。但他们却暗中给尼堪外兰通风报信，从而激怒了努尔哈赤。于是，努尔哈赤设计杀死了诺米纳和奈哈答，攻取了萨尔浒城，遂撤兵。明万历十三年(1585年)努尔哈赤又两次击败萨尔浒守军，再得萨尔浒。万历四十七年(1619 年)明廷调集了各路人马，浩浩荡荡直取萨尔浒，欲一举歼灭努尔哈赤的军马，扼杀后金政权，于是一场振撼历史的萨尔浒大战在这里爆发了。这次引人注目的关键性战役成为努尔哈赤所率领的后金军以少胜多，大获全胜的典型战例，也成为后金政权得到充分巩固并把矛头直逼明廷的转机。于是，努尔哈赤在修筑界藩城时，就一边又调集力量开始了萨尔浒城的营建工程。这是因为他看中了萨尔浒险峻的地形和有利的地理位置。它正处在建州女真的贡道上，由此向东经哈塘、古勒、扎克关可直抵建州卫。向西渡浑河，经营盘、关岭可直达抚顺城。努尔哈赤不顾营建工作条件和连续作战的异常艰苦，于天命五年(1620 年)三月始建，赶在次年间二月二十一日不等建设工程全部完工就迫不及待地从界藩迁到萨尔浒。

萨尔湖城占地约 $1km^2$。平面随山势布局，不堪规划。地势东低西高。将地势较低的东面辟作外城，内城居于全城地势最高处。内城面积是外城的 1/3 左右(图 6)。

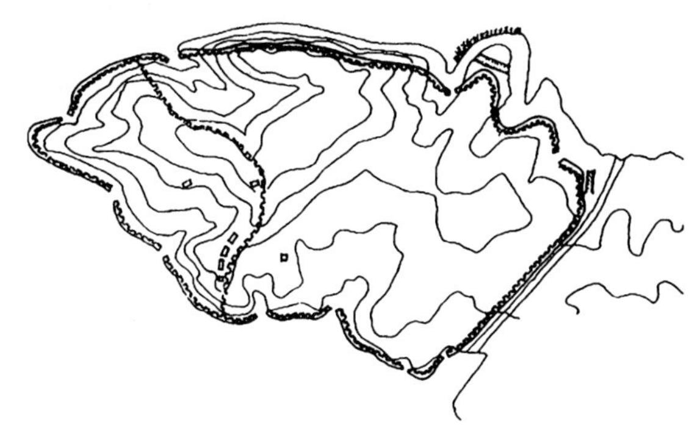

图 6　萨尔浒城

外城周围城墙以打板夯土结合自然险壁共同构成。城辟五门，除南门外，大多设在狭窄的沟口。在东、北、南三侧设有护城壕，内外城之间以一道城墙隔开，上设二门。对城中残留的房址无详细的考古资料。《满文老档》记载，内城中曾修建了许多房屋，为努尔哈赤和四大贝勒居之；而外城供其亲兵驻扎。据推断，内城当时是在原苏克素游部的旧城基址上建造起来的。

努尔哈赤在萨尔浒城仅住了半年多一点时间，于天命六年(1621 年)三月亦即萨尔浒城刚一建好，就又迁都到辽阳南城去了。所以说，界藩、萨尔浒虽皆努尔哈赤所建、所居，却都不足以称其为都城。仓促建造，短暂住居，成为努尔哈赤时期所建城池的突出特征之一。

(五) 东京城

后金天命七年(1622 年)二月，努尔哈赤将都城从萨尔浒“迁于太子河滨”的辽阳“新城”，即东京城。努尔哈赤于后金天命六年(1621 年)三月二十一攻取辽阳城，由于“辽阳城大，年久倾圮。东南有朝鲜，北有蒙古，二国俱未弭帖，若舍此征明，恐贻内顾之忧。必更筑坚城，分兵守御。庶得固我根本，乘时征讨也。”(《北太祖实录》中记载)以及辽东汉人有组织的不断反抗，同时辽阳城也不符合女真人的防御思想，于是决定不用辽阳老城，另建新城。同年六月动工，第二年七月完工。后又于天命十年(1625 年)三月迁都沈阳。东京城作为清入关前的第二个都城，前后不足三年。

东京城位于辽阳城东五里太子河北岸，建于一面临河，两面依山的丘陵之上。该城“地形逼仄，城内山势隆起，自外可以仰攻，无险可守”(金毓黻《文献征略》转引《辽阳县志》)。这也是后来迁都沈阳的原因之一。

东京城地势由南向北逐渐升高，依山就势建城，城呈菱形。“周围六里另十步，高三丈五尺，东西广二百八十丈，南北长二百六十二丈五尺。”(《盛京通志》卷五记载)。1979 年 10 月末至 11 月初，沈阳故宫博物院实地测绘结果：其城墙南面长 925m，西面长 945m，北面长 970m，东面长 924m。整个城周长 3814m。城墙内填夯土，底部石砌。夯土中央有碎石、废旧石碾、石磨、碑碣等，表皮砌青砖。城底残宽约 8～10m。康熙二十年绘制的《东京城图》显示此城共辟八门(图 7)。东向左为“内治”，右为“抚近”；南向左为“德盛”，右为“天佑”；西向左为“怀远”，右为“外攘”；北向左为“地载”，右为“福胜”。城门宽 4.6m，进深 17.6m。辽阳新城已有了瓮城券洞，城上有固定的敌楼，且引太子河水作为护城河。至今在东京城的西南角尚留有一个新月形的水泡半绕着城池。

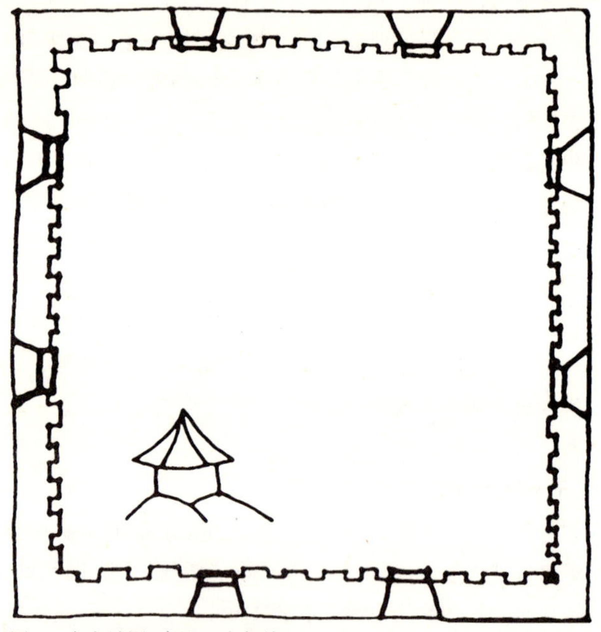

图 7　东京城图(康熙二十年绘)

东京城宫殿与城池是同时修造的。“宫”与“殿”分设两处。选择城中高处为指挥中心“大衙门”即“八角殿”的所在地。八角殿居高临下，其方位正朝着天佑门。“八角殿”一词来自《满文老档》的记载，该殿为八角形，内外排柱 16 根，柱径不超过 45cm。殿柱砥石呈青绿色，在方石中央凸雕一圆心，圆径为 46cm，略成梯形，前宽 76cm，后宽 70cm，厚 12cm。殿顶采用黄绿色琉璃瓦铺成，勾头为蕃莲花纹饰，压条为黄琉璃乳钉上衬江牙纹。殿内和丹墀上，满铺六角绿釉砖。每角长 18～21cm 不等，宽长各在 33～34cm 之间，厚 5cm。

东京城汗王宫建在距八角殿之西约 100m 处的高岗上。在原地表上以人工夯筑成台，高约 7m。经测量台呈正方形，面积为 $16m \times 16m = 256m^2$。土台外表以砖砌筑。这种做法与现存的沈阳故宫的后妃居住区高台的做法完全一致。台之外尚有一个环绕台子的土墙。它低于台表，很可能是台边的围墙。这种做法也与故宫相同，极似今天故宫牡丹台上的更道。台的最下层与原地表相接处用青砖隔开，这是为加固台子基础而铺砌的。1973 年沈阳故宫博物院实地考查时发现居住址上有一段楼房的基础，这表明原居住址上建有楼房。建楼符合女真人的生活习惯，这与沈阳故宫建于高台上的凤凰楼及其他楼阁和在佛阿拉、赫图阿拉城建造的多座楼阁是相一致的。但宫室的形制、规模、名称史书没有记载。

东京城的建造特点：

(1) 城的形状较之修建于山地的佛阿拉、赫图阿拉城规则了许多；

(2) 建筑质量有较大的提高，有一定的等级观念。例如：首次使用了琉璃件，首次出现八角攒尖屋顶；

(3) 城的布局及建筑形式对沈阳城有较大影响。沈阳城的八个城门的设置和名称以及汗王宫和八角殿的修建都因袭了东京城的做法；

(4) 东京城没有外城，仅一道城墙；

(5) 宫与殿分而设之，其位置关系不是采用汉族传统的前殿后宫的布局方式，而是左右并列布局；

(6) 宫与殿均选址于城中高处，汗王宫又在高处起高台，殿却不强调高台；

(7) 建造仓促，不求华丽，讲求实用。

(六) 女真古城的营造特点

女真人迁移到辽沈地区之后，所营建的一系列古城，特别是其皇(王)城，尽管经历了一个从小规模到大规模，从简陋到完备，从无定制到逐渐模式化，从纯粹反映满文化到逐渐融入汉、蒙文化的过程，但这些古城仍反映出女真人以至满人建城的一些独特的做法。这些做法对后来形成的沈阳皇城和塞外皇宫都具有直接的和内在的影响。

1. 择山筑城

早期女真人的城址大多选择在山地。其原因首先来自当时为适应征战的需要，而选择既要有险峻的天然屏障，具备进可攻、固可守的有利条件，又要可以满足牧猎、农耕和操练军士的环境修筑城池。其次也是由于早期源于长白山一带所形成的生活习惯，使得他们在从山区迁移到平原的过程中，对城址的选择也经历了一个由山地到丘陵，再由丘陵到平原的过程。即使后期所营建的平地城，仍是选在地坪相对较高的地段，其宫殿、王府还要用人工和技术手段再抬高。关于这一点，在后面的篇幅中将有详细的叙述。所以“择山筑城，居高建屋”是其建筑活动的一个重要特点。

从早期的山城开始就已经存在着内外城的做法。一般来说，头领们及其近亲的府第和衙署、寺庙等布置在内城之中，而兵士、百姓居于外城。在山地城中，内城又总是要布置在地势更高的位置，形成内城高于外城的定式。

大多山城的城址也并非选择在深山之中，而是在山地与平地的相邻之处。城外多有开阔的平川，又要有较丰富的河流水系，因为这是军事与生活要求的基本条件。

2. 依山就势，充分利用自然地形

内外城墙一般都是沿山脊就崖壁而建造，利用自然条件增加城垣的险峻与坚固。在无崖地之处，城外常以人工挖筑深壕。城门和道路皆随地势确定。除宫殿、衙署、寺庙等必然分别占据着内城中位置最高的那些山岗、台地之外，其他建筑大多也都是一组组地分布在城内的各个山头之上，通过顺势而筑的道路把它们相互联系起来。居处的高低不仅出于安全的需要，也是居者地位尊卑的象征。

操练军士的教场，一般都选在外城之外不远的平地上，并用方便短捷的道路与之连通。

3. 特殊的城墙筑法

女真古城的城墙是在土或土石砌筑的基础上，逐渐形成了“垒石夯土石布椽式筑法”的独特的城墙施工方式。即以自然山石或人工砌石筑成基础。然后再用石料错缝砌筑内外壁，用黏泥勾缝。砌筑到一定高度，中间以土石填充夯实。在其上沿垂直于城墙延伸方向平铺一排与城墙厚度相同长度的木椽，使木椽在其中起着对墙体的连接与加固作用。尔后接筑石壁，再填充土石夯实和平铺木椽。如此往复，直至要求高度，以青砖封顶垒砌垛口。女真人利用地方材料创造的这一方法有效地增强了城墙的整体性和坚固程度，提高了城墙的质量。

4. 相对密切的宫城关系

汗王营国所建宫殿的规模都不及历代皇帝建造的那样恢宏。这既由于山地建城受地段条件所限，由于当时的生产力水平和经济条件的制约，也由于连年征战无暇以更多的精力顾及建筑与排场。在安全保卫方面，汗王的宫殿坐落在内城之中，也没有像中国历代帝王那样以重重围合的方法在几重城中再建皇城，使自己居于“铁桶”中的核心部位。而采取了以较高的地势(如占据某一山岗)和木栅栏围成的院落形成其皇权领地。汗王的生活与工作并未绝对地从城中隔离出来。宫房和殿宇虽常常设在同一个大院的围栏之内，但作为“皇”或“王”的日常行为空间尚不能局限在这个不大的院落之中，仍然要延伸和融汇到城内。这一方面由于当时宫与殿的规模都不非常大，更由于当时社会的主要矛盾并非体现在统治者与被统治者之间。汗王的属民平时是他的百姓，战时作为与他同生共死的士兵，他们在大方向上作为共同的利益整体，与其他部落、与大明政权相抗争。共同的利益使汗王把防范的注意力不是针对城内的属民们，而是针对来自城外的威胁。因此，当时的古城建造成对外森严壁垒，对内宫与城的空间关系相对比较紧密，其间互有穿插，相互渗透。这一点对后来沈阳城及其宫殿建筑的布局具有极大的影响。

5. 无明确等级定制的单体建筑

早期的女真建筑并无明确的等级标识。建房的主要目的为了满足实用的要求。李民奂在《建州闻见录》中写道：“舍之制，……无官府郡邑之制”。努尔哈赤在佛阿拉时，女真人虽已普遍使用了砖、瓦材料，而在他的宅院中仍建有许多草顶房，甚至有些很重要的宫舍亦用草苫顶。其弟舒尔哈齐的寝宫也是草顶。在赫图阿拉的金銮宝殿——尊号台亦不过是面阔仅三间的青砖瓦房。建筑形制不论房屋的重要程度如何皆为硬山屋顶(仅极个别建筑发现有些形式上的变化)。这一点则构成了后期沈阳故宫特别是大内建筑群的建筑基调，也成为满族建筑的一大特点。直到满人逐步西进和入关之后，更多地受到和吸收了汉族的影响，严格的等级制才在建筑的各个方面体现得愈发明显。

6. 建楼筑台，喜好居高

由于女真人起源于深山之中，登高远眺，居高保安成为他们的一种嗜好与习俗。这不仅体现在他们择山筑城和选岗建房方面，只要有权势钱财的人家，还要填造高台和兴建楼阁。所谓高台，最早是将单幢房屋的地坪用土填高形成基台，在台上筑房或筑楼，再造木梯上下(如佛阿拉努尔哈赤的宅院中就有三座这种高台建筑)。这必然给使用者出入、上下带来了许多麻烦，但换来了对其登高心理和习俗的满足。这种做法随着他们向平地城的迁移过程，而更发展为高台上建院落——抬高的不仅是单幢建筑，而是将整个院落空间，包括其中所有的建筑建造到人工高台之上，成为满族建筑的又一个显著特征。除此之外，他们还喜欢兴建楼阁。这一点不仅体现在后来于平原建造的沈阳故宫中的楼阁建筑几乎居半，而且即使在早期山城佛阿拉舒尔哈齐的山岗宅院之中，也建有楼阁三座，甚至还有一座为三层楼的建筑。但是楼房并非用作重要宫殿，除将它们用作登高观赏、歇息或鼓乐使用之外，很多被作为存贮之用的仓楼了。

二、沈阳城的演进

萨尔浒战役以后，后金军实力大增，由防御转为进攻，而明朝军队元气大挫，由进攻转为防守。明军的实力也明显地力不从心，面对后金军队的步步进逼，辽沈地区的彻底失落已成定局。天命六年(1621 年)三月，后金军终于向当时明廷的辽东边防要塞沈阳城发起了进攻，尽管明廷调兵遣将拼死抵抗，仍不能扭转已成败局的大势。后金军大获全胜，占领了沈阳城。后金军在沈阳站稳脚跟后乘胜南下，仅十二天又攻下辽阳。天命十年(1625 年)三月初一，努尔哈赤在辽阳东京城内的八角金銮殿中宣布了欲迁都沈阳城的决定，但在诸大臣贝勒中却多有异议。认为辽阳城刚刚建好，尚未及充分利用。连年征战，人力、财力皆甚困乏，大兴土木恐国力不济。努尔哈赤则坚持己见："沈阳形胜之地，西征明，由都尔鼻过河，路直且近；……且于浑河、苏克苏浒河之上流伐木，顺流下，以之治宫为薪，不可胜用也。时而出猎，山近兽多，河中水族，迹可捕而取之。朕筹此熟矣，汝等宁不计及耶?"(见《清太祖武皇帝实录》)。四天之后，努尔哈赤即率后金军马开进沈阳城。沈阳城作为一代都城的历史画卷就此展开。

(一)努尔哈赤时期的都城

由于努尔哈赤迁都沈阳的决定是在时间非常紧促的情况下作出的，又由于军事和政治的客观需要使地迫不及待地实施了这一决定。所以，他不可能待沈阳城的改造及城中宫殿等设施全部完成之后才从容不迫地迁移至此，而是先住进来，边使用边修建。努尔哈赤率领众臣进入沈阳时，"城大而低，身高不盈丈余，面仅五六尺，其砖皆咸削坍塌可登而上。"硝烟战火已使当年的沈阳中卫城呈现出几分衰朽残破。努尔哈赤就是在这个基础上，开始了他的都城建设。

沈阳中卫城原是明朝的一座重要的军事城堡。明廷为了便于控制和管辖东北地区的女真、蒙古、高丽等少数民族，建立了军事组织性质的"卫所"和都司制。明洪武十九年(1386 年)在辽东都指挥使司统辖下建成了沈阳中卫，沈阳左卫和沈阳右卫三个卫所。洪武二十一年(1388 年)沈阳中卫城指挥闵忠奏请明廷对沈阳中卫城进行了大规模的改、扩建工程。城址及规模已经近似于今天的沈阳老城区。沈阳中卫城将原土夯城墙改为砖砌城墙。这是明城与以前沈州城、沈阳路城最主要的变化。城墙全长九里三十步，墙高二丈五尺。在四面城墙的中间各开一门，建有瓮城和城楼。城墙外环两河，皆约八尺深，三丈宽。城内互相垂直的两条大街沟通了四座城门，形成十字形的道路系统。在道路的交叉口上，建有一座寺庙，作为整个城市的构图中心，称作中心庙。它犹如两两相对的城门之间的一个屏障。在城中形成空间分隔，也避免一眼望穿。主要的行政衙署分布在城的南部，仓贮库房设置在城的西北隅，而商业、住居分布于城的北部。沈阳中卫城的南门是距卫所和各行署最近的城门，称为"保安门"，并将南关筑成可驻扎军队以拱护卫城的小关城。明朝的沈阳中卫城，虽已发展为辽东的经济中心城市，但其城市性质主要的仍是一座军城(图 8)。

努尔哈赤进入沈阳之后，暂未改变原中卫城的城垣形式和十字形街道格局，只是在原城市空间体系中，确定下了宫殿的位置，并把各贝勒、亲王的王府、衙署、兵营及一切所属用房进行了安置。事实上，这些建筑工程也是在大队皇家人马进驻之后进行的。

皇帝朝政的金銮宝殿，按汉族的营城规矩，本应置于城市的正中位置，但沈阳中卫城的十字形街道和中心庙的现状使得若不彻底改变城市已有的平面格局，将宫殿居中布置是不可能的。幸好按照女真古城布局的传统

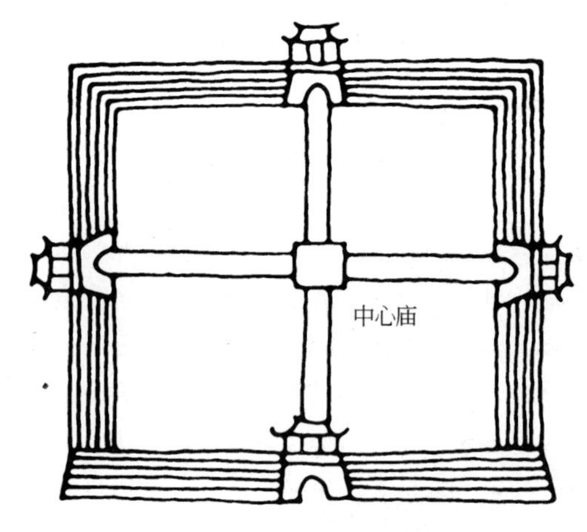

图 8　沈阳中卫城

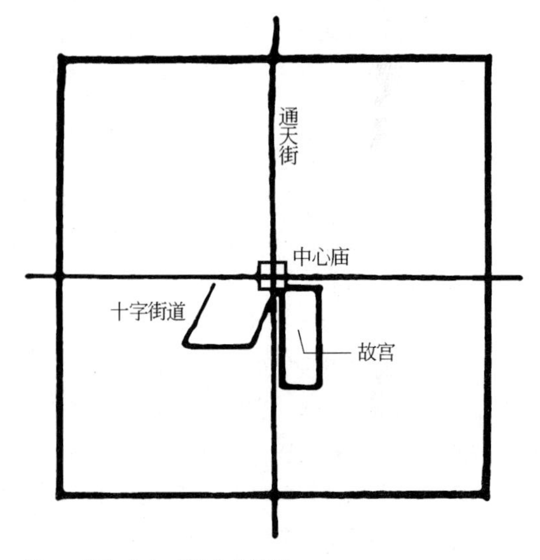

图 9　努尔哈赤时期皇宫殿址

习俗，并没有宫殿一定要居中的严格要求。于是努尔哈赤把他的金銮殿——大政殿（始称大衙门或大殿）及十王亭等一组象征最高权势的早期皇宫建在十字形道路交点的东南角上（图9）。他之所以将皇宫殿址选在这里，不外有四点原因：

(1) 位置近于居中；

(2) 在城内地势最高处；

(3) 与原沈阳中卫城的衙署区较近；

(4) 不用改变原城市街道的基本布局。

努尔哈赤所居汗宫与大政殿等朝政建筑未建于一处，它位于中轴线上的南北向大街的最北端，在原北关安定门（后来俗称此门为“九门”）之内。距大政殿十王亭建筑群一里多遥，汗宫的选址自有其道理。首先，按女真各古城的营造习惯，并不强调把皇帝生活居住用的宫与其办公朝政用的殿一定要建于一处，更不是必须把它们围会在一个院落之中而从城内孤立出来。宫与殿的位置往往根据城中的地形情况而确定，并无某种定式。其次，努尔哈赤本人很注重方便与安全等实用条件，他喜欢令自己居住的地方与某一城门较近且有方便的联系，这在他以前所建造的几个城市中都有类似的做法。另外沈阳城的北面，有一条西起今塔湾地区，向东经今北陵，直至东陵山的山岗，好似一道天然屏障护卫着沈阳城，使北门可守可走。城内中轴线上南北向的大街将汗官与大政殿一线相连，便利而显赫，故称“通天街”。

汗宫的形式甚至用料都很可能来自辽阳东京城。这是一组典型的满族四合院建筑。惟一的一条南北向的中轴线穿起两进院落。两院间以围墙分隔。其中的第二进院落建在一座由人工夯筑的高台之上——高台建院（屋）是满族贵族居住建筑的突出特点。一幢三开间的院落门房设在中轴线的最南端（正中开门也是满族民居区别于北京四合院的重要标志之一），第一进院落未设厢房。正对门房的御路引向一座单跑大台阶，以此作为沟通两院不同地坪高差间的垂直通道。台阶上面为第二进院落的院门。台上院中，正对院门的正房是一座面阔三间硬山琉璃顶的寝宫，即清太祖努尔哈赤的卧房。东西厢房亦是三开间的硬山建筑。除努尔哈赤寝宫使用了大面积的黄琉璃周围镶以绿琉璃边的屋顶瓦件之外，在院墙、院门和各配房屋面使用了绿琉璃瓦。当时琉璃瓦件的制作工艺传入东北不久，这座院落在用材、规模和选址等方面已经充分地显示出其皇家气派。

除此之外，还在城内修建了一些王府和其他建筑，但大多还是利用原来的建筑，或加以维修，或稍加扩建，并未对全城格局作大的变动。

努尔哈赤——清王朝的开国皇帝，他的目标在于称雄全国，在于创业，而不是作一个守家过日子的皇帝。从1587年起兵首建佛阿拉城到1626年中炮崩逝的39年间，曾六建其城，五迁其都。建城速度之快，迁都次数之频都是历史上少有的。努尔哈赤建城，大多未等建完即迫不及待地驻扎进去，进驻之后继续修建，刚刚建好（甚至未等建成）又匆匆迁出，另觅新都。毕竟战争年代，他对城市建设不能以更多的精力和钱物投入，也无暇有更多的时间顾及。努尔哈赤始终朝着政治和军事上的更高目标，从不满足已获取的成果，甚至他所经营的最后一座都城——沈阳城，也是未等最后建成，他就再也等不及享用而撒手人寰。因此，努尔哈赤经手营造的古城与城内的建筑都比较简单，其城建水平虽有明显的发展和进步，但终未形成较为完善与完备的格局和制度。沈阳城的巨大变化，还是在努尔哈赤皇位的继承人——清太宗皇太极时期发生的。

（二）皇太极时期的都城

1626年35岁的皇太极继承汗位，并在启用不久的大政殿举行了登基大典，诏告天下，次年建元天聪。雄心勃勃的皇太极又在大政殿的西侧建造了自己的大内宫阙。并将原来城市的十字形街道改成井字形，使得城市空间呈现为九宫格式布局。于是，皇太极的大内宫殿群在城中占据了主导地位。

在井字街道系统北面的一条东西向街道与两条南北向街道的交叉口上，分别建有鼓楼和钟楼。在德胜门（大南门）外南五里，今南塔附近，修建了天坛。在内治门（小东门）外东二里，建造了地坛。在抚近门（大东门）外东五里处建太庙（后迁到皇太极皇宫大内的东南隅高台上原景佑宫址）。在皇宫前面的几片街坊之内设置内阁六部（吏部、户部、礼部、兵部、刑部、工部）和两院（都察院、理藩院）。将皇宫后面的四平街（今中街）辟为商业街。这时的城市布局已经十分接近于“面朝后市，左祖右社”的典型中国古代都城的布局模式。由皇太极在崇德八年（1643年）敕建于城外的东、西、南、北四塔；分布于城中北部环绕着皇宫而建造的各王府大院，以及城市之中的庙宇、官署、民宅等建筑和排水、道路等市政设施，高低错落有序，城市设施完备，都表明城建有制，布局统一。对城市的功能和空间组织颇具匠心。立意在先，深含意境。清代缪东霖在《陪京杂述》中对盛京城的规划寓意评论道：“按沈阳城建造之初具有深意说之者，谓城内中心庙为太极，钟鼓楼象两仪，四塔象四象，八门象八封，郭圆象天，城方象地，角楼敌楼各三层共三十六象天罡，内池七十二象地煞，角楼敌楼共十二象四季，城门瓮城各三象二十四气，此说与当日建城之意相符与否诚不敢知，俱说为近理故附志之。”这一切不仅体现了皇太极的意愿，更反映了当年城市和建筑的设计者与营造者的创造才能，是中国古代文化的灿烂结晶。

(三) 紧密的宫城关系

满人建都筑城与汉人最突出的区别，在于都城之中不再另建紫禁城，皇宫与城市融为一体而不是将它从城中孤立出去。早期的女真古城是这样，进入沈阳以后，皇太极建盛京城时，虽然尽力学习汉人营国之制，但在这一点上他仍保留了其传统的做法。由此而产生的结果，虽然给皇宫的安全与防御带来一些不便，也对皇帝至高无上的地位突出不够，但将全城作为一个整体来看，必然使城市的规划更为合理，从而避免了许多既要把宫城放在城市的中核位置，又要将它绝对封闭而给城市规划造成的无法解决的问题。宫与城的这种关系也必然是社会矛盾的一种反映。早期女真人(特别是建州女真)在常年的征战之中，结成了一个利益共同体，矛头一致对外，其安全与防御措施主要地反映在皇太极采取了先厚实力，再图扩张的策略，放缓了入主中原的节奏。他在政治和军事上采取了一系列的措施，加强自己的地位，稳固边界，扩充影响，使后金政权愈发巩固。在经济上，改革生产体制，改变生产关系，缓和民族与阶级矛盾，解放生产力，加速了后金社会封建化的进程。皇太极敢于打破祖宗法度，正确判别错综复杂的局势变化与社会矛盾，采取断然措施，孜孜求治，取得了一系列的成功。从天聪五年(1631年)开始，皇太极花费了六七年的时间重建沈阳都城。从城垣到城市空间布局，从皇宫到城内建筑进行了大规模的增建、改建和扩建工程，使沈阳城制、规模、城市景观都发生了划时代的变化，在我国城建史上写下了光辉的一页，为人类文明留下了宝贵的遗产，并对今天沈阳的城市形象仍具有重大的影响。

由于皇太极在政治上将对汉民族所采取的压制、封闭、敌对政策改变为容纳、利用、联合的政策，大大调动了汉官和汉民的积极性，促进了满汉文化的相互融合，对社会进步起到了一定的推动作用。这一点也明显地反映到城市建设之中。皇太极尽力模仿汉族各代都城建设的形制，利用汉人主持工程设计和施工过程，吸收汉族城市建设的经验和习惯，使沈阳城的都市建设越发接近于王城图的形制(图10)，并以此满足他称帝正规化的心理，遂亦将城名更定为“盛京”。

盛京城包括内城外郭两重城垣，郭圆城方，郭周三十二里十八步，城周九里三百三十二步，池阔十四丈五尺，周围十里二百另四步。据康熙二十三年《盛京通志》记载：“……天聪五年因旧城增拓其治，内外砖石高三丈五尺，阔三丈八尺，女墙七尺五寸，周围九里三十二步。四面垛口六百五十一，敌楼八座，角楼四座。改旧门为八：东之大东门曰‘抚近’；小东门曰‘内治’；南之大南门曰‘德胜’；小南门曰“佑”；西之大西门曰‘怀远’小西门曰‘外攘’；北之大北门曰‘福胜’；小北门曰‘地载’。”内城八门的名称乃辽阳东京城各门的搬用。新城将原来的四个城门拆除了三座，唯将汗宫后面的北门保留下来，用砖石封死，仅作为对其先王努尔哈赤的纪念。城中由四门到八门的改变，自然带来了街道系统由十字形向井字形的变化。于是皇太极就巧妙地把自己新建的皇宫大内堂而皇之地放到了城市的中轴线上，与其先王的皇宫相毗邻(图11)，使努尔哈赤当

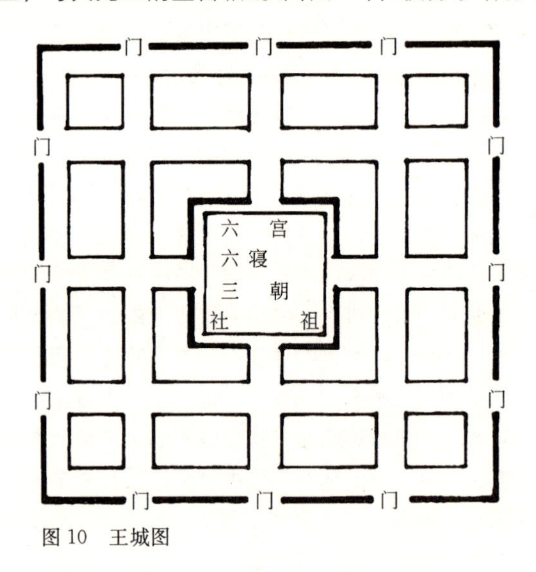

图10 王城图

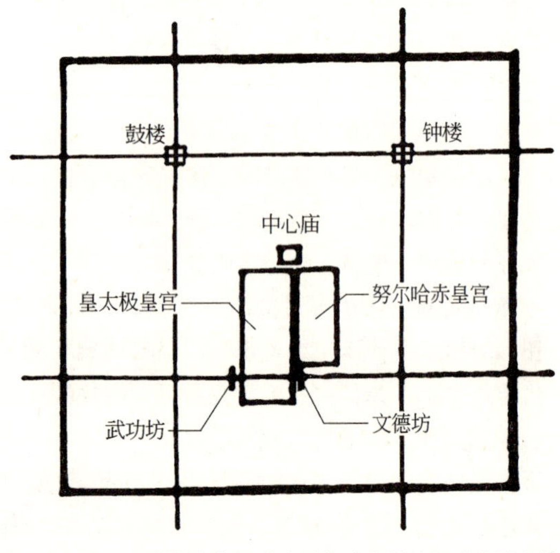

图11 皇太极时期与努尔哈赤时期皇宫殿址相对位置比较

年的皇宫不知不觉地降了格。后期在其大内西侧增建的“西路”建筑又与大政殿和十王亭等“东路”建筑一起，一左一右，进一步强化了皇太极大内城池的对外功能。进入辽沈地区之后，虽然其内部矛盾随着军事上的节节胜利而逐渐增强，但毕竟他们入主中原的心愿未了，对明廷、对周围其他少数民族的矛盾仍是压倒一切的。因此，反映在城市规划上就体现为：汉族都城皇宫居中的思想被采纳，皇宫在城中适当地加强了安全防御设施，但仍坚持了以城市为主，宫城结合的主导思想。若从今天的城规理论来看，这是一种更为合理，更为有全局性的客观结果。北京故宫宫城界限分明，形成“城中之城”的格局，是防御性极强的内向型空间。紫禁城内部也是围墙重重，每个生活区域又各自封闭。北京故宫的这种格局不仅防御外敌，而且防御内部的袭击。这种民族心理是多疑的、内向的，与聚众的、对外协同一致的民族心理大相径庭，从而形成看似相同，实则不同的城市格局。

努尔哈赤时期，宫与城的相融关系，仍完全地继承了女真古城的建城思想，宫与城是一体的。其办公常朝之宝殿与生活起居之汗宫分设于城中两处，皇帝穿城而过是经常性的和必不可少的。因此就根本没有丝毫紫禁城的概念。甚至对其常朝之所大政殿、十王亭一组建筑，当时也并未把它们从城市中绝对地分隔出来，而是犹如一个城市广场构成整个城市空间的一部分。如果说努尔哈赤吸收了汉文化的部分，不过是将大政殿一组建筑选在接近于城市中间的位置，而将他的汗宫放到了城市中轴线上，这是不同于以前他所建的几座古城对官与殿的选址完全取决于地形的具体情况，随机而无定式。但这一次选址的依据也不应该完全归结到汉文化的影响上，因为女真人总是习惯于将最重要的建筑建在自然地势最高处。在沈阳古城中地势最高点恰在城市的中动部位。正是这双重原因促成了老汗王对其皇宫宝殿位置的选择。而汗宫又是按满族的传统做法，以人工筑台，高台建院。不仅汗宫如此，大多亲王、贝勒在沈城内的王府亦然。

皇太极改造、扩建盛京城时，较多地吸收了汉族都城的营建思想，但他仍十分巧妙地保留了其城市规划中强调紧密宫城关系的传统。在改造旧城和选择新建大内宫阙的位置时，所受到的局限条件是十分苛刻的。一是十字形街道与新皇宫位欲居中的矛盾；二是已建大政殿、十王亭与新皇宫位置的矛盾；三是大政殿、十王亭与新城系统之间的矛盾；四是原皇太极王府位置与新建宫室的矛盾；五是令皇宫居中后与城市交通和城市空间功能之间所造成的矛盾。高明的城市规划师完美地解决了这些难题，十分得当地化解了城市现状与改建规划之间的诸多矛盾，形成了一个非常接近于王城图的都城制式又具有自身特色的规划方案，并将之实施，在中国城建史上留下了一个不朽的杰作(图 12)。

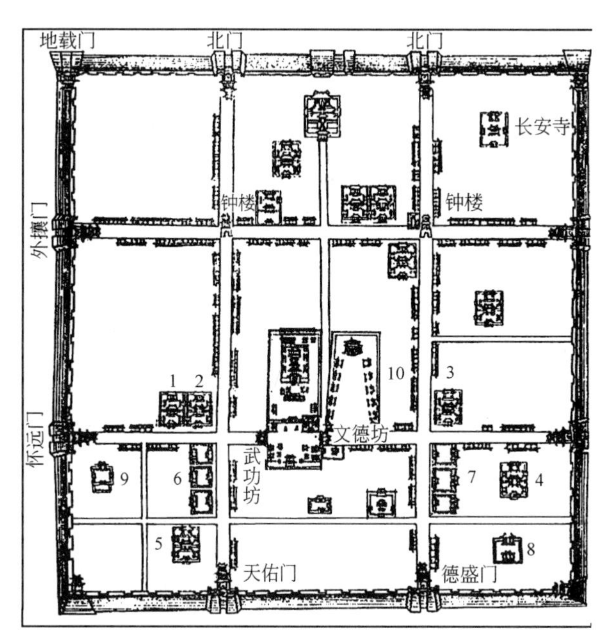

图 12　皇太极时期的沈阳城和沈阳故宫(王府已经增加到十一个)(根据《盛京城阙》绘制)

1 饶余郡王府；2 肃亲王府；3 成亲王府；4 敬谨郡王府；5 郑亲王府；6 盛京工部；7 盛京吏、户、礼三部；8 文庙；9 承德县；10 奉天府衙门

为使皇宫居中，又不影响城市交通，规划师既没有机械地套用中国传统的“旁三门”、“九经九纬”的都城模式，也没有维持在城墙每边中间仅辟单门的现状，而将城墙每边改辟成二门，将十字形街道改为井字形。于是城市平面呈现为中国传统的九宫格系统，又避免了由皇宫居中所带来的一系列问题，这不能不说是一种具有创造性的明智之策。

顺便说一点，在街道系统的调整过程中，将井字形街道相对原十字形街道稍微转动了一个角度，以便使新的城市系统更加接近于横平竖直的棋盘式布局，这正是造成我们今天所看到的皇太极皇宫(今天所说的故宫“中路”)南北纵轴与努尔哈赤大政殿、十王亭(今之故宫“东路”)纵轴线之间出现了一个夹角而不完全平行的原因所在。

在决定井字形街道相互间的距离时，规划师也颇有见地。为了将努尔哈赤和皇太极两代帝王的皇宫都纳入到井字形的中核地块之中，除要协调处理两代帝王皇宫的平面形状和尺度之外，又要使街道在城中呈均匀布局，尽可能平均地承担城市的交通流量，尽可能合理地确定人行步行距离。设计者基于上述考虑与反复推敲才可能最终确定下对整个城市格局起着控制作用的四条城市主要街道的位置和距离。特别需要强调指出的是令西连怀远门东达抚近门的今沈阳路大街从皇太极新建的皇宫范围之中横穿而过，在街上又以等同于“中路”建筑的宽度为间距，相对建起文德和武功两座牌坊，从城市中划分出“大内”空间。使位于沈阳路北侧的大清门及门内的四进宫殿庭院与南侧由奏乐亭、司房、朝房、影壁和东西两侧的文德、武功牌坊共同构成的朝前空间遥相呼应。沈阳路既作为城市的一条重要道路，又作为宫与城的联结纽带，将皇帝朝寝的宫殿与贝勒大臣的办公朝房相互分隔又相互连接，它也成为文武百官上朝、候朝的过渡性空间。从而使宫与城在空间上相互借用，相互渗透，相互交织为一体。这种紧密的宫城关系在历代皇城与皇宫建筑中是绝无仅有的。

后期由乾隆皇帝增建今天被称之为“西路”的一组建筑，进一步发挥了当年规划师的这一构思，将西路南大门向北推移了五十余米。使西路建筑门前与沈阳路一起形成了一处城市广场，一方面派作轿马场使用、同时又与“东路”的大政殿广场形成呼应。这些处理，虽非同期所为，但使得沈阳路大街连同城市空间有收有放、有张有合，充分体现出空间的律动与节奏，犹如一气呵成，令人叫绝。

从1587年努尔哈赤所建的第一座王城佛阿拉到1644年清世祖顺治帝迁都北京前由努尔哈赤初创、皇太极扩建而成的塞外国都沈阳城，女真古城随着满清的崛起，走向成熟，走向辉煌，以至对当今的城市建设仍产生着潜移默化的影响。因此挖掘和归纳女真古城的营城思想和方法，不仅是考证历史与文化传承的需要，也是当代城市建设所面对的一项重要课题。

历史片断的凝聚与延续

2004年

建筑凝聚着经济、技术、文化的进步，是城市固有的历史文化载体；历史建筑是城市发展中凸显历史风貌及地域性的重要手段，见证了城市发展的一个个历史片断。然而，随着岁月的流逝，历史建筑逐渐失去了其原有的使用功能，保护及修缮又需要大量的资金维系，往往还占据着黄金地段，逐渐成了发展的“桎梏”。

其实，保留与发展历来是城市建设中长期共存的一对矛盾的统一体，那么哪些历史建筑值得保留？保留的依据是什么？在城市发展中历史建筑所起的作用是什么？保留建筑所要保留的内容是什么？如何在新建筑中得以体现？……这些是值得当代建筑师一再思考和不断探索的问题。

一、历史片断的凝聚

历史建筑的保留是必需的，然而全盘保留有碍于城市的更新与发展，是不切合实际的。况且历史是有色彩的，作为历史建筑，虽体现为物质性，却蕴含着精神属性，会唤起人们的“集体记忆”和对某一场所的感知，那么那些承载着不符合社会发展趋势的历史片断的建筑，其保留意义就不是很大。符合哪些标准的历史建筑应当予以保留呢？目前各地尚无统一的标准，现提出几点依据以供参考。

(一) 历史建筑予以保留的标准

1. 具有特殊意义的历史事件发生的场所，如上海的中共一大会址、沈阳的中共满洲省委旧址等，通过对场所的纪念唤起人们对历史的记忆及精神的传递。

2. 反映某一历史阶段的场所，如作为殖民地时期的上海外滩、天津五大道的建筑群、沈阳作为重工业发展基地的铁西工业区等，多以历史地段加以体现。

3. 建筑史上的新纪元，如现代主义的开端之作，第一座钢筋混凝土、钢结构的建筑等，在建筑史上具有划时代的意义。

4. 具有代表性的外来文化影响下的建筑，如各地的天主教堂、清真寺等建筑，是城市多元性的体现。

5. 某一历史人物工作、学习、生活过的场所，如周恩来少年读书旧址纪念馆、张氏帅府陈列馆(张作霖、张学良父子工作、生活过的地方，图 1)等承载人们记忆的场所。

图 1　帅府大青楼

6. 国内外著名建筑师的作品，如杨廷宝所作的沈阳老北站，格罗皮乌斯的包豪斯等，有效地集中体现了所处时代的政治、文化、经济、技术等因素，应当典藏。

7. 性质重要的一类建筑，如北京的人民大会堂、天安门等场所，在社会发展中起了重要的作用。

8. 符合审美要素的优秀建筑，如吕彦直设计的中山陵，安藤忠雄的光的教堂等建筑，唤起人们对美的感受与认知。

9. 典型的民居，如徽派民居、福建民居、江南民居等，集中反映了当地的生活方式、空间格局、尺度与机理，对地域特色的研究具有很大的价值。

也许以上提出的这些标准有失准确及完整，在尚无统一标准的情况下应力求覆盖面广。中国历史建筑在城市规划中尚属少量，且具有不可逆转性，拆掉便是永远失去，假古董是没有价值的。

目前有的城市虽有一些“文物”，但如同残留的历史碎片淹没在现代化的都市中无人理睬，任凭岁月将这些历史片断磨灭凋零。其实建筑是有生命的，我们不能让这些为城市建设立下汗马功劳的“元勋”如此孤立无助。那么，历史建筑该怎样存在于城市中呢？

（二）历史建筑的保留形式

对于历史建筑保留的形式，在业界已基本达成共识，即保留建筑在城市规划中形成点、线、面的格局。将在历史发展中残留下来的点、中断的线和孤立的面有机地联系起来形成整体感较强的空间序列、构成系统。另外不同性质的历史建筑往往有其相对应的存在形式，如“具有特殊意义的历史事件发生的场所”、“建筑史上的新纪元”等常以“点”的形式存在；“具有代表性的外来文化影响下的建筑”多形成“线”的格局；而“反映某一历史阶段的场所”、“典型的民居”等通常构成了“面”，形成了历史地段。

值得一提的是历史地段，因每年不知有多少历史地段在拆迁中消失。历史地段是具有一定规模的片区，并具有较完整或可整治的景观风貌。它代表了这一地区的历史发展脉络，拥有集中反映地区特色的建筑群，具有比较完整而浓郁的传统风貌，是这一地区历史的活的见证。故而对成规模的历史地段的保留尤为重要与迫切，各地应加大保护力度。

历史建筑的保留固然重要，但保留不是惟一的目的，保留的深层含义是为了延续。

二、历史片断的延续

历史是连续的，这种连续是通过一个个不同时代的历史片断加以体现的。城市的发展也已形成一种连续的现象，由城市历史遗留下来的建筑和空间环境，一种特殊的文化载体，记录着城市历史的演变轨迹，这是城市发展连续性的证明。

城市中包容不同历史时期的建筑，既有对历史的延续，更多的是对时代精神的反映，对未来发展的创新和追求。也就是说，我们应当探寻历史片断所延续的实质，将他作为新的血液注入到未来的城市发展建设中。

（一）历史片段延续的内容

历史片段携带着真实的历史信息，不仅包括“有形文化”的建筑物及构筑物，还包括蕴含其中的“无形文化”，这种“无形文化”是我们所要延续的内容，它包括精神层面和物质层面两方面。

1. *精神层面的延续*

精神层面是一种可以跨越时空存在的精神实体，具有稳定的内核，是需要延续的实质，体现为历时性转化为共时性的过程，可以通过“传统性”和“地域性”、“场所精神”和“公众意象”来表述。

“传统性”及“地域性”具有显著的连续性，是一个地方的建筑有别于另一个地方的根本所在，是“形似”不如“神似”中的“神”。它可以体现为拥有不同文化的人们将拥有不同的历史、信仰和观念与地方自然资源融合在一起，自然而然地营造出一种与众不同的地方建筑并延续下去的东西。它是流动于过去、现在、未来整个时间区间中的一个过程，是一个自我展示和自我完善的历史系统，也是一个自我超越和自我否定的变异系统。在其每一发展阶段都选择一种相对稳定的凝聚结构，以发挥其历史的和现实的功能，而只有相对稳定的凝聚结构，能在历史性和共时性的统一中沿传下去。沃特森(Waterson)在《居住建筑》中指出：“传统就像历史一样，是目前仍在持续地重新创造和重新塑造的某种东西，尽管他以固定的、不变的面貌呈现出来”。

一个地区的发展是一个连续的过程，随着其物质形态(包括建筑形态和城市肌理)的逐步形成，人们在场所中的活动将给人们留下“集体的记忆”并形成“公众意象”和“场所精神”。对于形成人们对一个场所的认同感起着十分重要的作用，它有助于一个地段物质文化结构形态和特色的形成与保持，更重要的是，它可以为一个地区带来持久稳定的活力。

2. *物质层面的延续*

物质层面是精神层面的表现形式，通过城市肌理(传统街巷的位置、走向、宽度和空间尺度)、建筑风貌(建筑群空间形态、建筑尺度、院落气氛特色、建筑造型元素及装饰元素等)、历史遗存建筑、文化内涵等加以体现，因为这些是在不同历史阶段发展中逐步形成的，是城市秩序发展的沉积，是城市历史最直观的见证。

(二) 历史片段延续的方式

“延续”是针对新的建设而言的，即将历史建筑中所蕴含的实质(需要延续的内容)在新建中有机地得以体现，从历史中去寻找延续的起点，从而在物质层面上做出逻辑的延伸。说着容易，真正“延续”到位也不是一件容易的事，这里涉及的因素很多，但起主要作用的因素是设计者对历史片断的理解、对需要延续内容的透彻分析及对延续方式的创新。

因受历史片断制约的新建项目个体差异极大，未知因素过多，难以列出几种能涵盖全部的延续方式，且延续的方式是一个开放的体系，随着认识的加深会不断增加新的内容。在这里仅对现存的几种现象加以阐述:

(1) “完全”的协调，利用历史建筑的造型元素及装饰符号武装新的建筑，以达到协调的目的，甚至可以达到以假乱真。这是延续的初级方式，受多方主观因素的影响存在一定的市场，因缺乏对历史片断的真正理解与表达，“以假乱真”制造假古董的做法更不可取，建议尽量少采用或停用该种方式。

(2) 在既定的环境中用当代的观念诠释历史，着重于阐述当代，常利用对比的手法，在形式、体量、材质、色彩等方面与历史建筑产生强烈的对比，以突出“主体”，表现时代感。这不乏是一种较为实用的延续方式，尤其适用于以“点”或“线”为存在方式的历史建筑。

(3) 以新建项目衔接历史和当代，其中包含着不同的时段，用当代的物质手段创造与历史片段相容的空间形态和城市肌理，也使地域建筑文化在当代物质环境中得以延伸、发展。这是一种较为高明的延续方式，需要建筑师有较深的造诣和文化底蕴去诠释建筑、再叙历史。

例如中共满洲省委旧址保护性规划工程(沈阳建筑工程学院建筑研究所设计，图 2、图 3)，设计者在充分理解历史的基础上，认为该历史地段需要延续的是一种根植于人民的地下党秘密从事活动的“胡同”氛围，继而采取一系列现代的手段延续这种“场所精神”，使历史的内涵得以延续。

历史是人类精神的财富，是一个不断继承与创造的过程，而各个地区不同阶段的历史片断是城市发展的源泉和动力，只有挖掘历史片断、保留历史片断、延续历史片断，才能够将城市建设得充满特色与活力。

图 2　满洲省委鸟瞰

图 3　满洲省委胡同

旧建筑的改造性再利用

2003年

——一种再生的设计开发模式

一、未来城市改造的主导原则

城市的发展是一个不断更新和改造的动态过程，在这种新陈代谢的过程中，如何对待现存的旧建筑是一个现实的问题。因为，从工业时代走向后工业时代(信息时代)，城市功能改变产业结构布局调整，第三产业逐渐发展并取代了第二产业居于主导地位，导致传统工业逐渐衰落，原有的厂房仓库等建筑设施失去原有的功能而被大量的闲置。与此同时，在城市的旧城改造过程中必然遇到大量的旧建筑，是“铲平式”的开发，还是“改造性再利用”，这已经成为业主和建筑师共同关注的问题。目前许多西方的发达国家对旧建筑的改造性再利用已经成为旧建筑改造的主导模式，在美国建筑师学会(AIA)主办的《商业周刊》/《建筑实录》1999年度获奖作品中，对旧建筑的再利用再度成为一个关键的主题，在9项获奖作品中占据了4项。之所以采用此种开发模式，笔者认为有以下几个方面的原因：第一，情感因素，旧建筑向人们表述了城市发展的历史和延续性，使人们在心灵上得到慰藉，人们在这些旧建筑面前体验到城市发展的历史和人类自身的创造能力，而这种空间和时间上的文化认同构成了我们生存空间的框架；第二，社会文化因素，旧建筑大多数具有它的地域性特点，是城市文明进程的见证，它们参与了文明进步的过程，是该地区历史和文化的物质载体；第三，环境因素，环境污染总体的34%以上是因建筑业在建设和使用过程中造成的，全球一半以上的能量在建筑的建造和使用过程中消耗；第四，经济因素，一幢建筑结构造价约占其总造价的1/3，改建比新建可省主体结构所花的大部分资金。同时，旧建筑的改造性再利用可减少开发商初期投资(包括拆迁、土建费用等)，基地内原有的基础设施可继续利用。由于建设周期短，可让业主尽快投入使用从而获得较大利润，在经济上是合算的。

在旧建筑改造的案例当中，建筑师往往把建筑的历史和工业景观(industrial landscape)作为建筑设计的主题，认为建筑是城市文明的物质载体，由于旧建筑的存在，让人们清晰的看到建筑发展的脉络，当然对旧建筑改造性再利用的开发模式，还受到许多客观因素的影响，诸如经济、政治、国家政策等等。事实上，对旧建筑采取什么样的开发模式，不仅反映一个城市的文明程度，也是衡量一个建筑师设计能力的标准，随着可持续发展的思想深入人心，改造性再利用因其具有情感价值、社会文化价值、经济环境等价值无疑是值得倡导的，应将其列为未来城市建设改造的一个主导原则。

案例1：德国鲁尔的杜伊斯堡公园是利用原有的工业建筑遗址所建的具有工业文化特色的景观公园。人们可以爬到五六十米高的熔炉顶上游玩，脚下则是获得新生的生态园，攀登俱乐部和矿渣顶上的金属构件描绘出以前工业生产的巨大尺度。不同层次，不同年龄的人们在这里都可以找到属于自己的场所，将新旧建筑进行巧妙的结合既是工业遗址的展示场所，又是市民娱乐的场所。杜伊斯堡公园的改建不仅使旧建筑本身恢复活力，而且也带动了周围地区发展，成为富有吸引力的地方。

二、旧建筑改造的处理手法

旧建筑的改造性再利用涉及到建筑的历史文化价值、建筑空间特征、建筑结构情况以及周围整体环境等综合因素。通过对上述要素的综合分析，最后确定改造性再利用的具体手法。旧建筑的改造性再利用主要有功能的置换和对旧建筑进行适当的改建与扩建。在具体的实践当中，往往是多种方法并行，旧建筑改造性再利用涉及的层面广泛而复杂，不同的旧建筑改造有其不同的处理手法，常见的处理手法有以下几种：

(一) 功能置换

利用旧建筑的原有空间，改变原来的使用功能，实现对原有建筑空间的动态保存。保留旧建筑的原有外墙，更新旧建筑内部设备和陈旧的设施，改造成具有现代设施的旅馆、艺术馆、博物馆等。

案例 2：伦敦圣马丁莱恩旅馆是由老办公楼改造而成。在改造的过程中保留了原有的柱网，房间采用干燥墙体，添加浴室和电梯，外立面采用 2.75ft×2.75ft 的双层玻璃组成大片玻璃墙面，以及明亮的色彩和灯光，使建筑生动起来。

案例 3：森佐格和德默隆设计的伦敦泰特现代艺术画廊(图 1)，是由泰晤士河边的一个面积为 34374m² 的旧发电厂改建而成。建筑是将与原来的发电站分为 3 个部分进行改建：(1)将涡轮大厅拆开，改为 8 层高的中庭，作为公共空间，顶层升起长方形的玻璃，发出闪烁的灯光；(2)将锅炉房转换成画廊；(3)保留原有的电器开关室，作为将来的扩展用房。森佐格和德默隆在改建的过程中保持建筑原有的肌理，与周围的商店、咖啡店等传统街区连接。该发电厂作为纯正的工业建筑，保留裸露的结构，尊重发电厂最初的特性，并加入新的结构，调节自然光和固定照明设备的质量。

图 1　泰晤士河边的泰特美术馆

图 2　维也纳某工业区具有古典外观的贮气仓

(二) 化整为零

根据新的使用功能，对原有的大空间进行水平或者垂直的划分，形成若干小空间，然后再投人使用。主要适用于大空间的工业建筑、单层厂房、火车站、仓库和废弃的海滨码头。

案例 4：维也纳某工业区有 4 座欧洲最古老的贮气仓(图 2、图 3)改造过程中，建筑师威尔克森·艾诺强调的是转变的过程而不是保留，将内部的设备全部拆除，仅保留古典的立面。其中第二个贮气罐的内部空间进行垂直划分为 13 层，围绕中间的圆形共享大厅布置公寓和办公室，地下部分改为多功能厅。

案例 5：德国汉堡某码头旁的谷仓改造为公寓办公用房。Jan Strmer Architekten 将一个仓库和谷仓连接起来，内部空间进行垂直划分，改造成 28 个阁楼公寓、1 个 700m² 的阁楼工作室、一个 500m² 的河岸餐馆以及容量为 134 辆的小汽车停车库。

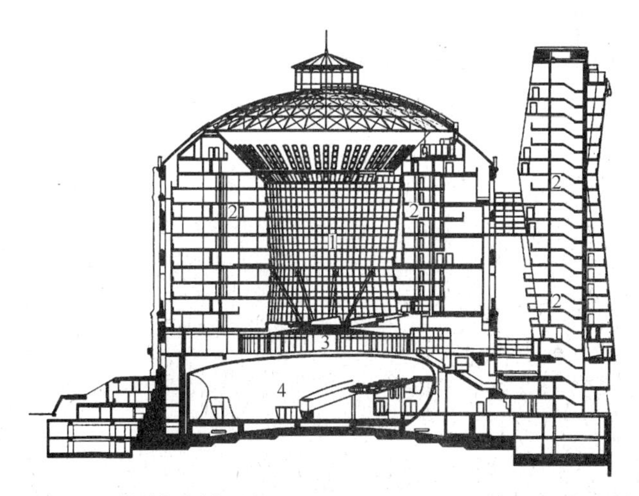

图 3　2 号贮气仓剖面图

(三) 结构改造

对于原有建筑的结构进行适当的改造，满足新的使用功能，前提是请有经验的结构工程师对建筑结构进行评定，做到结构可行，经济合理。

案例 6：TEN Arquitectos 事务所将一所破败的墨西哥公寓改造成蒙着玻璃的时髦酒店 HABITA。这项作品端庄、雅致而富有灵性。主要手法是对原有结构进行适当拆除，满足局部大空间的使用要求，从第二层开始，在现有建筑的周围裹上无框的玻璃。在新的外皮和原有的框架之间形成缝隙空间，它的宽度由原来建筑的阳台所决定这个空间可以作为气候和声学的缓冲器，在卧室可以看到繁华街道的同时，赋予房间私密性和强烈的阴影。

(四) 并建改造

在原有建筑结构的基础上或者与原建筑关系密切的空间范围内，对原建筑结构适当的扩建、加建，使新旧建筑形成一个整体。

案例 7：爱尔兰一座维多利亚式的老建筑改造和扩建成一所中学的艺术博物馆。改造过程中采用国际水准的设备，用计算机控制采光和通风系统，新旧建筑风格迥异，让使用者真正地认识建筑的历史。

(五) 本体改造

对旧建筑进行适当重整，满足高层次的使用需求，但原有的使用功能不变。

案例 8：TEN Arquitectos 事务所将普林斯顿的一个汽车库罩上了无暇的金属面纱。

案例 9：伦敦某电视剧制造商改造的办公楼。

以上两个案例使用功能和建筑结构并未变动，仅进行室内装修和室外的立面改造。

三、结语

无论什么样的开发方式，建筑师都应该抓住建筑的基本特征，深入研究旧建筑的历史文化和技术特点等多方面的因素，最大限度地发掘旧建筑的潜力，赋予旧建筑新的生命与活力。然后，对旧建筑重新进行功能定位，找出旧建筑与新功能的最佳契合点，契合的原则是满足新的使用功能，结构上合理，经济上可行，使旧建筑始终处于良好的循环状态。

旧建筑的改造性再利用作为一项具有积极意义的改造开发模式，不仅实现了经济价值的转移，而且传承了文化价值。随着我国经济的高速发展，继发达国家 20 世纪 60～70 年代兴起的旧建筑改造的浪潮以后，目前，我国已经开始重视在城市更新改造过程中对旧建筑的改造和利用。旧建筑的改造性再利用制约因素较多：一方面受到原有建筑的自身条件，诸如结构状况、空间使用方式及允许变动范围等制约；另一方面受到当地的技术经济条件和改造后使用功能的限制。这些都无疑增加了设计的难度。因此，旧建筑的改造性再利用不仅仅是建筑师的任务，实际上更需要政府和开发商的支持。

老工业区改造过程中工业景观的更新与改造

——沈阳铁西工业区改造新课题

2004年

沈阳是中国著名的重工业基地，然而铁西工业区却面临着资产重组、经济与产业结构的调整，面对铁西工业区一座座残破的厂房，心中的苦涩和当年的自豪感交织在一起，建设铁西新城区的抱负与对传统工业文化的深切眷恋交织在一起。

从工业时代走向后工业时代，我们的城市功能在发生着改变，产业结构布局调整，尤其是在一些传统的老工业城市传统工业逐渐衰落，第三产业逐渐取代了第二产业居于主导地位，导致大量的旧工业建筑失去原有的功能而闲置，大片的工业街区陷入了衰败之中。在对这些老工业街区的改造中，如何发掘与利用原有的工业文化景观，延续原有的工业文化氛围是一个现实的问题。对这些老工业区的开发不仅要考虑经济价值，更要考虑其文化价值，需要以长远的、非常规的观点和方法指导老工业区的改造与开发。

一、铁西工业区工业文化的提出

沈阳铁西工业区被誉为东方的“鲁尔”。如何延续铁西工业区工业景观是铁西改造和沈阳城市更新中的重要课题，也是多年未解决的老问题了。研究一下近10年来的国内外老工业区更新改造的案例，许多更新计划由于重视短期经济利益而最终导致失败。改造往往选用低造价的新建方案，而没有充分考虑利用工业遗产的各种可能性，也不了解市区土地和建筑产权的复杂性。这些问题都需要有一个长期的解决方法。因此，我们需要借鉴国外工业区改造的经验和教训，即使是由于传统经济模式发生了根本性转变，我们也不能在铁西工业区改造过程中迫不及待地赞同拆除老厂房。目前越来越多的有识之士开始关注这类老工业区的改造，提出在工业区改造过程中充分发掘其文化价值。尽管人数远不及政策的制订者及开发商，但已经给我们带来了希望。沈阳不同的历史时期都拥有自己无法复制的历史，而铁西工业区这些当年最无文化色彩、最缺少时代特征的工业景观倒成了沈阳城市景观中重要视觉元素。沈阳人希望在未来的城区中仍能感受到当年隆隆的机床交响曲，沸腾的大干场景和豪迈的工人气魄……让它的光辉历史和巨大的工业文化价值转移到日新月异的现代化城区面貌之中。以“保留—再利用—再创造”的思想对待这个具有重大历史价值的老工业区，使它在现代化的建设中成为更具有地域特色与历史文化厚度的新城区。

二、铁西工业区的工业景观构成分析

(一) 工业景观构成要素

铁西工业区林立的烟囱和厂房、高耸的吊车、飞架的管道……这些都是工业时代的产物，它在沈阳历史中占据着重要的地位。归纳起来铁西工业区的工业景观包括：基元性景观(场地上废弃的工业建筑物、构筑物。机械设备和与工业生产相关的运输仓储等设施，见图1)和集落式景观(具有普遍意义的工业地段，如工业街道、工业文化长廊等，见图2)。

(二) 铁西旧工业建筑改造的自身优势

铁西的工业建筑与住宅和其他公共建筑相比较具有以下明显的改造优势：第一，从布局上来看铁西工业区的许多工厂占地规模比较大，由于工艺流程的关系，建筑的空间布局往往体现效率和生产逻辑的秩序以确保生产物流与能流的快捷。另外，大部分工厂通过铁路专用

图 1

图 2

线紧紧联系，与之相配套的大面积货场与仓储面积给厂区的改造提供了弹性空间。第二，从铁西的工业建筑的空间特征上分析，工业建筑空间比较大，跨度最大可达到 24m，层高比较高，有的单层厂房的层高高达 10～20m。内部空间改造的弹性非常巨大。第三，从铁西的工业建筑造型上看，具有简洁、整齐、规律的造型特点，体现了一种工业技术美学，其建筑结构往往作为一种造型手段显示出来，如轻型钢结构等。第四，铁西的工业建筑历来都是耗能大户，供电、供气等设施的容量远远高于普通住宅、办公楼和商业服务建筑，利用原有的基础设施可减少市政投入、节约开发投资、发挥沈阳基础设施的潜力。

三、铁西工业区改造中工业文化的保留对策

(一) 改造后的功能互换

铁西的经营机制已经不再适应经济发展的要求，很多工厂相继倒闭或者外迁。这批厂房作为建筑本身仍具有很高的利用价值，从环境和经济方面考虑将厂房改建成为居住建筑或商业设施、娱乐设施是一个很好的尝试。大跨度的厂房(图 3)可以改造成商店、超市、体育馆、剧院。常规型的厂房适宜改造成公寓、旅馆、办公综合楼。铁西废弃的旧工业多层厂房也非常普遍(图 4)，这些厂房的空间特色与现今的大量民用建筑有很多相似的地方，对这些厂房改造具有很大的潜力可以发掘。特异型构筑物(图 5)可以改造成公园游乐设施或者是城市标志物。它们虽然不具备明显的美学特征，甚至

图 3

图 4

图 5

看起来是丑陋的，但由于它以前的使用功能在铁西工业区很重要，或者由于年代久远而被人们所熟知，但我们往往忽视了这些构筑物的历史性和独特的景观作用。对此进行发掘和再利用开发，通过保留美化原有的人们所熟知的建筑特征的方式来塑造改造后的形象，以历史的形式展现在我们面前往往会取得惊人的效果，在获得使用功能的同时也得到了与历史对话的机会。

（二）工业景观的处理手法

在铁西工业区最触动人心和具有视觉冲击力的是特色鲜明的工业文化遗迹。这些工业文化的遗迹记载着铁西辉煌的工业文化历史，正是这些工业建筑的存在才使得铁西工业区的文脉得到延续。真正意义上对铁西工业区的开发就是传承铁西特定场所的历史信息，对工业遗迹的保留和再利用，这也是建筑师的兴趣所在。

1. 对铁西工业区废弃厂区的处理方式

大致有 3 种方式来保留场地上的工业景观。第一是整体保留。整体保留是将以前工厂的原状，包括工业建筑物、构筑物和设备设施及工厂的道路系统和功能分区全部承袭下来，在改造后的厂区中可以感知到以前工业生产的操作流程。第二是部分保留，留下废弃工业景观的片段，使其成为改造后的标志性景观。保留的片段可以是具有典型意义的代表工厂性格特征的工业景观，也可以是有历史价值的工业建筑或是质量好的、只需适当维修加固的老建筑。第三是构件保留，保留一座建筑物、构筑物、设施结构或构造上的一部分，如墙、基础、框架等构件。从这些构件中可以看到以前工业景观的蛛丝马迹，引起人们的联想和记忆。

2. 对铁西工业区废弃的工业建筑物、构筑物、设施的处理方法

有些改造可以将原工厂的布局结构和厂房设备的大部分留下来对场地上的工业遗迹做富有创意的加减设计和转换，使工业构筑物、设备、设施不仅成为铁西的标志性建筑，也可以成为充满活力的地方。保留下来的废弃工业建筑物，构筑物或设施可处理成场地上的雕塑，只强调其视觉上的标志性效果，并不赋予其使用功能。但大多数情况下，废弃的工厂设施(图 6)经过维修改造后可以重新再利用。主要有以下途径：

图 6

1) 工业符号作为艺术创作运用的主题。语言大胆，应用鲜明的色彩来强调工业景观，使其突出醒目，将破败的工业场地变成绚丽多彩的世界；

2) 一些工业构件通过扭曲、变形、碰撞、突变、隆起、塌陷、断裂、历史场景再现等戏剧性的处理可带来新奇幽默的效果；

3) 铁西工业景观自身的结构很容易转变，原有的铁路专用线将各个工厂紧密地联系在一起，这个线形系统可以结合人工步道改造成贯穿全区的步行体系；

4) 原有的烟囱和水塔稍加处理就是良好的攀援设施；

5) 废弃建筑的桥架可以成为攀援植物的支架，改造成有工业文化特色的小花园；

6) 废弃基础可做蓄水池，缓解北方的用水压力。

3. 对铁西工业区场地特征的改造与利用

对铁西工业区工业生产后地表痕迹的处理。工业生产在自然中留下了斑斑痕迹，在铁西改造中不应该试图掩盖或消灭这些痕迹，而是尊重场地特征采用保留艺术加工等处理方式，将场地上独特的地表痕迹保留下来，成为代表其该厂区历史的工业文化景观、良好生态环境

的创造。铁西的工厂大多是重工业的企业，有一大批类似沈阳冶炼厂、炼焦煤气厂、造纸厂等等污染企业，在原来的生产运行过程中存在着不同程度的污染，生态环境不尽人意，因此对铁西进行全面的生态环境治理和设计就尤为重要。

1）废料的利用。废料包括废置不用的工业材料、残砖瓦砾和不再使用的生产原料及工业废渣(图7)。这些废材、废料从某种意义上来说是一种资源可以重复利用。对环境没有污染的废料可以就地使用或加工；对污染环境的废料必须进行技术处理后方可利用。对废料的二次加工再利用，如废钢铁熔化后铸造其他设施；砖石瓦砾可以做混凝土的骨料、场地的填充材料等。对这些废料的处理原则就是就地取材、就地消化、体现生态的原则。

图7

2）污染的处理。铁西工业区的一些重工业等企业在其生产过程中向外排放大量的有害气体烟尘、污水，对铁西的生活环境造成了严重的威胁。解决铁西工业区的污染(图8)是设计中重要的问题。一般采用以生态学原理为支撑的软处理技术，如在土壤中掺入一些腐殖质和草籽，增加土壤的肥力，以此培植一些微生物和植物来消解这些污染物质，从而净化被污染的土壤。在污染严重时要对污染源进行清理，污染物外运。沈阳冶炼厂倒闭以后留下大量的冶炼催化剂——钒触煤。它是金属钒和砷的混合物，钒是重金属，砷是剧毒物质，对人体的危害很大。可将其运到填埋场，由专业的技术人员通过物理和化学方法进行无害化处理。铁西工业区还将对

图8

“东北制药厂”、“沈阳红梅”、“华润雪花”等区内的用水大户实行工业废水污染源内处理。处理后的剩余废水在邻近企业间梯级利用。其他还有改善城区西部地表水的质量和水生态环境，充分利用沈阳热电厂余热对区内的耗能大户挂网改造，连片采暖，减少燃煤污染。

四、结语

城市是发展的，变化是永恒的。“变化是文化和社会的驱动力。所有的东西都会过时，然而它并不需要总是剧变的或是破坏性的。”对铁西工业区的改造就是延续沈阳城市的发展，延续铁西工业区所特有的工业文化氛围。改造就是要使人们意识到新的并不总是好的，铁西工业区潜在的、有利的、合理的因素给予充分利用，认识其潜在的文化价值、经济价值、生态价值并注入新的现代的社会标准才能够维护我们良好的生存环境，才能使沈阳的城市健康发展。

德国鲁尔的“前世今生”

2006年

长期以来，各国政府以及地方团体对工业建筑、工业遗址的保护缺乏热情。在他们眼里，工业遗产是一堆钢筋水泥堆砌出来的庞然大物，没有吸引力可言。在城市发展过程中，废弃的工厂总是难逃厄运，在推土机的轰鸣声中，灰飞烟灭。工业遗产，作为文化遗产大家庭中独特的一员，为什么容易被忽视，从而屡遭“不公正待遇”呢?

首先，很多文化遗产之所以令我们“怜香惜玉”，是因为它们的“美”打动了我们，而工业遗产偏偏缺乏这种传统的美态。只要有工厂存在，那个地区的景观就被厂房、车间、烟囱和冷却塔等一连串的工业建筑主导支配着。在我们的心目中，这可不是一幅赏心悦目的风景画，到处矗立着烟囱的城市不但破坏了我们的审美兴致，更重要的是，这意味着我们变成了工业化的囚鸟，呼吸不到新鲜的空气，闻不到泥土的芬芳，尝不到清水的甘甜。这就是为什么当一个寺庙、教堂甚至公园受到“威胁”时，我们总是不遗余力地高呼“手下留情”。相反，当我们身边的工厂围墙被写上大大的“拆”字时，很多人高兴还来不及，恐怕还要奔走相告：那灰头土脸的厂房终于(图1、图2)要在我们眼皮底下消失了。

其次，工业建筑往往都是为了一个生产的目的而设计和建造的，它们也许是钢铁厂、纺织厂、发电厂或者是煤矿，所以厂房布局、空间大小必须符合生产的要求，从而这些建筑的面貌也反映出特定的需求。早期，这成了工业建筑的局限性，当这些工厂“下岗”，我们找不到适合的“岗位”让它们“再就业”。譬如，我们很难把一个发电厂变成购物中心，同样，一个面粉厂也难以改头换面变做写字楼。如何处置这些厂房，最快捷、最省钱的方法就是推倒拆毁，然后重建。

随着技术进步和全球化加速，西方国家在过去数十年间开始思考工业遗产的命运。促使这股思潮产生的原因是生产技术的日新月异，落后的生产方式被毫不留情地淘汰和革新，同时，大量的生产流程被转移到发展中国家进行，也是导致旧厂房大量闲置的原因。另一方面，文化遗产的外延不断扩大，从标志性建筑、历史遗址扩展到只要能体现出或历史、或审美、或科学、或精神价值的建筑、遗址，甚至非物质遗产的概念都诞生了。在这样的趋势下，西方国家认识到工业遗产作为工业革命的载体，见证着技术的进步，(图3)也是文化遗产的一部分。

图1-1948年，位于鲁尔区埃森市的克房伯钢铁企业厂房内景，这是一个机车维修车间。二战期间，克房伯钢铁帝国直接或间接雇用的人员达20万，为德国军队制造大炮、装甲车、坦克、潜艇和各种轻武器，执掌克房伯帝国大权的阿尔弗雷德·克房伯扮演着第三帝国军械师的角色。1967年，公司改组为股份有限公司(摄影/Bettmann/c)

图 2-1955 年的鲁尔，烟囱"卖力"地喷着黑烟，这一如今被人厌恶的景象，当年是鲁尔工业在二战后复苏的标志。德国也是从"先污染，后治理"这样的路走过来的。但它并没有因此视所有工厂烟囱为洪水猛兽，拆之而后快(摄影/Bettmann/c)

图 3-这间工厂在 1992 年关闭，5 年之后，园艺展在工厂遗址上举行。柔美的花草和坚硬的钢铁在强烈的对比中寻求着和谐的相处之道，让人不得不感叹：世界上再难相容的事物，也能找到共存共荣的方式(摄影/Manfred Vollmer/c)

工业遗产的内涵很广，除了矿山和工厂的建筑物，它还包括机器、生产设备以及厂区大环境。目前，世界遗产名录里就包括了一些 19 世纪到 20 世纪初的工业遗产。最为人知的有建于 1779 年的英国大铁桥——是世界上第一座大铁桥以及德国的弗尔克林炼铁厂。

英国和德国是最早认识到工业遗产重要性的国家。因为在近两个世纪以来，这两个国家都是工业革命的先锋，同样地，在 20 世纪后期，曾经辉煌的重工业在这两个国家迅速衰亡。德国的鲁尔工业区是说明德国政府和当地社团在时代的变化面前拯救和保护工业遗产一个最好的例子。一百多年来，鲁尔工业区是世界重工业的排头兵，现在它却成了世界工业遗产鉴别、保护和富有创见的再利用的急先锋(图 4)。

图 4-Zollverein 煤矿的厂房被设计师改头换面，摇身变做最时尚的"红点设计博物馆"，高旷的内庭空间，配上简洁的室内设计后现代主义美感出来了吧！"红点设计大奖"自 1954 年举办以来，每年由专业评审团审议并颁发设计大奖，可谓是全球竞争最激烈，涵盖面最广最权威的设计大奖之一

一、鲁尔的历史：成也工业，败也工业

鲁尔区位于德国西北部。作为欧洲最大的经济区，它的总面积大约是 4500km²，相当于中国青海湖那么大，人口超过 600 万，包括了埃森、杜塞尔多夫、多特蒙德等重要城市。

德国现代工业就是建立在鲁尔区的煤炭开采和钢铁制造业上的。在 1860 年后的 100 多年里，鲁尔区是欧洲最重要的工业基地，在世界上也是首屈一指的。在鲁尔区的郊外，遍布地下煤矿和井口，矿工的房子围绕矿井串联在一起。当地的河流都被裁弯取直，人工河道纵横，工厂林立，炼钢炉高耸。20 世纪初，煤炭和钢铁工业塑造和支配着鲁尔区的景观。

鲁尔区的辉煌开始于 19 世纪 50 年代，成千上万的人涌入该区，成为煤矿或者工厂的工人。他们一开始住在临时工房或者租来的房子里，一系列社会问题很快产生了，促使他们的雇主为他们建起了宿舍。这些包括独立小屋或者连排房屋的定居点通常围绕着集市广场。这类房子外形很像工人们原来在乡间居住的小屋。到今天，这些老定居点形成了鲁尔区历史遗产中独一无二的部分。

直到 1960 年，鲁尔区还是一派欣欣向荣。然而，随着石油的开采利用，煤炭在能源中的地位大大被削弱，

鲁尔区开始经历它的低谷期。首先，早期开挖的煤矿已经大部分枯竭，要继续开采，就必须深挖，从而导致成本高涨，面对着从美国进口的便宜煤，鲁尔的煤失去了竞争力。当地的煤矿被关闭，钢铁制造商宁愿搬到沿海城市，以便获取原材料。从 1957 年到 2000 年，鲁尔区的煤炭工业迅速萎缩：年产 1.23 亿吨变成 2600 万吨，减产近八成。矿工人数也从 39.8 万人降至 4.8 万人，减员近九成。尽管有新产业的输血以及服务业的增长，但都不足以抗衡煤炭钢铁业衰退对鲁尔区的负面冲击(图 5)。

图 5-1965 年的鲁尔。这些砖房是典型的工人宿舍，背景是鼓风炉。那时的鲁尔是德国的重工业中心。今天，这些房屋也成为鲁尔工业遗产的一部分，恐怕这是当年的小朋友所预料不到的吧，他们见证着鲁尔近半个世纪以来的变化(摄影/Hub/dpa/c)

二、鲁尔的做法：善待工业遗产

鲁尔地区是个典型案例：工业建筑一度“统治”着这个地区，如今大量被闲置，摆在鲁尔人面前的问题是：我们如何对待它们?

曾几何时，现代工业建筑是“丑陋”的代名词。然而遗产评估的一个重要标准是它的审美价值。从这个角度看，鲁尔地区冗余工业建筑的命运似乎别无选择了：被拆除。

1969 年，西方国家对待工业遗产的消极态度发生了重大的变化。当时，鲁尔区多特蒙德市 Zollein II/IV 煤矿建筑正准备拆除。这时，建筑师们在检查这些建筑的时候被它们早期的工业建筑样式迷住了，而且这是世界上第一个使用电泵的煤矿。因此，它算得上是世界科技遗产。建筑师们专门为这个煤矿组织了一次摄影展，当地的大报也不遗余力地作报道，普罗大众第一次把关注的目光投向了他们身边的工业建筑，原来这也是我们值得骄傲的遗产。社会的关注推动当地政府第一次从全局出发去考虑这些工业建筑的去留问题。

这场民间发起的保护运动的结局是令人欣喜的。一方面，在 1970 年，Zollein II/IV 煤矿建筑的保护工作得到了资金，这是德国政府第一次拨款保护工业遗产。另一方面，一系列见证着鲁尔地区经济、技术发展的工业遗产得到了重视。这些遗产包括了煤矿，工厂工棚以及运河水闸。1975 年，当地政府在波鸿市举行了国际工业建筑大会，大会发表了保护以上建筑的声明。

但是以上措施只能保证这些垂垂老矣的工业建筑苟延残存，并没有解决它们如何重获新生的问题。一般来说，功能明确的建筑物比较困难找到合适的再利用途径。在 1979 年和 1984 年，政府出资建了两座工业博物馆。

对于一直被忽略或者低估的鲁尔工业遗产，这些个别的保护案例无疑是向前迈进的一大步，但是不可能所有工业建筑都能变成博物馆，于是，新的问题又产生了。工业地区往往都有一套完整的工业规划，诸如除了煤矿工厂，还有铁道、水路等交通配套网络。当它们的经济生命结束的时候，它们便被废弃了，成了荒芜之地。大工业遗址的水土通常都被污染了。如果保护工作只是着眼于单独的建筑修复，显然是不够的，它需要从根本上“固本培源”、“休养生息”。这使鲁尔地区认识到只有全面的保护和治理才能使这个老工业基地焕发生机，既创造新的经济增长点，又适宜人居(图 6)。

三、鲁尔的案例：遗产保护起革命

1989 年，当地政府建立了地区组织，名叫“IBA Emsctler”。这个组织的权限范围是鲁尔区的北部，有半个鲁尔区那么大，这个地区因煤矿的大量关闭而倍受影响，生态破坏也是最严重的。IBA Emsctler 希望通过一系列的展示项目重新恢复当地的生态系统，建立生态区以吸引新型、洁净的工业，同时为社区提供休闲娱乐的场所，修复有代表性的工业遗产。

整个保护计划的重点是建立起一个东西长 70km、面积 800km^2 的生态区。原来，这片土地只有不到四分之一是绿地，一块零散地点缀着树木的小绿洲，其余的土地上散布着煤矿、工厂铁道和水路。要在这么大面积的地块上成功开展保护工作，首先要实现污水无害化处

图 6- 在鲁尔，废弃的厂房不但变成了画廊、办公室，还可以成为游泳池。我们憧憬“面朝大海，春暖花开”，现在来想象一下，面对工业化的符号——管道、传送带、冷却塔畅游时，我们又会是怎样一番心情

理。然后才是巩固原有的绿色地带，再拓展形成带状的城市公园和小树林。经过改造，原来在人们心目中“灰头土脸、又黑又脏”的工矿形象被浓浓绿意柔化美化了，改头换面、焕然一新地出现在公众面前。绿地、居民中心、物流中心、工商业园区等城市项目像拼图游戏一样分布着(图 7)。

图 7- Duisburg-Nord 生态公园内，英国灯光设计师 Jonathan Park 为废弃的钢铁生产设备设计了一组照明系统，夜色中的机器在光怪陆离的灯光下像一头巨兽，有一种超现实的科幻美(供图/Joe Hajdu)

在生态区内，12 个不同的发展和保护方案向世界展示了老工业区重获新生的可能性。当地政府希望这些改造方案能刺激更多的投资和创造更多的就业机会。现在这些项目被视为工业基地稠密区在城市建设和生态发展方面的一个重要模式。本文将详细介绍其中的两个方案，因为这两个保护方案颇有创造性。

第一个方案位于埃森市内的 Zollverein XII 煤矿。这个煤矿于 1932 年投产，1986 年关闭。整个煤矿构成了当地的标志性景观。在 20 世纪 30 年代，它是技术革命和建筑创新的代表作。这是包豪斯建筑学派(德国建筑流派之一)第一次将现代建筑应用到大型工矿企业上。它那干净利落的造型，清楚明了的布局，和谐妥贴的设计无不彰显着现代建筑的理念：“形式服从功能”。当它关闭的时候，碰上公众开始重视工业遗产的年代，很快，Zollverein XII 被列为历史遗迹，在 2001 年，成为世界遗产。尽管如此，如何确保它未来的“生存能力”呢?

方法就是 Zollverein XII 被重新定位为文化休闲中心，它的修复和再利用将为当地长期失业的工人提供再就业机会。有历史价值的机器和设备被原封不动保存下来，在原厂房的遗址上建立博物馆供人凭吊，博物馆里视频录像再现当年深井下矿工的生活条件。锅炉房呢，变成了设计中心和学校的一部分，5 个锅炉不但得以保留，还成了旅游观光项目，游客可以通过观光电梯接近它们。车间厂房摇身变做当代艺术的画廊。贮煤场在原有的建筑上添加了楼梯，如今可以出租用作会议或者舞会场所。剩下的八角形冷却塔也没被闲置，成了艺术家们搞创意的摄影工场。今时今日的 Zollverein XII 绿树环绕，溪流淙淙，游客到此，很难将它的“前世”与“今生”联系起来。

另一个案例就是 Duisburg-Nord 生态公园。80 年来，这里一直是大型钢铁企业的所在地。直到 1985 年，企业关闭了，围绕这块地皮，何去何从，激烈的讨论展开了，在人们争吵不休的同时，大自然的生花妙手正静悄悄地抚平这里的创伤。几年之后，在废弃的铁路上、矿石仓库内，甚至建筑物的裂缝里，草儿摇，花儿飘，小树随风笑，大自然重新眷顾了这片土地，经过统计，竟有 300 多种植物“回家”。城市设计师看到此情此景，由衷地说：“让我们顺应自然吧。”于是，一个 $200hm^2$ 的公园就这样诞生了。

现在，看上去难以相容的元素——工业建筑和绿色植物在 Duisburg-Nord 公园里和谐相处着。矿渣场种上了水仙花，铁矿石仓库的门被破开，地板上铺上土，草儿花儿就在这里“安居”了，谁能想到，一个仓库竟然能变成一个大温室。因为库房很深，生态环境独特，这里居然为鲁尔地区“奉献”出一个全新的生态系统。在公园里，花草树木的柔美和工业风景的硬朗相辅相成，相得益彰。令人不禁慨叹：世界上再冲突的事物，也能找到协调的相处方式。

别的建筑也没闲着，被开发为运动休闲场所。譬如有两个大仓库改造成攀岩爱好者的大本营，旧炼钢厂冷却池变成潜水训练基地，鼓风炉上面建起了观景台，铸造厂改置成电影院，一座高 100 多米、宽 60 多米、曾是世界第二大的废瓦斯槽被改造成富有太空意境的展览馆，当年的工人当起了导游，还有一块名为“金属广场”的空地和它的围墙、管道和焦炭炉一起为摇滚音乐会提供了独一无二的演出场所。

四、创意的挑战

工业遗产的保护工作是复杂的，通常不是那么容易处理好。然而，德国鲁尔区的做法为全世界提供了很好的借鉴经验：工业遗产同样可以保护得很艺术很美。我们学习鲁尔区的做法，并不是提倡在世界各地复制它、克隆它，而是学习他们创造性的思维，去珍惜和保护我们身边的工业遗产。

澳大利亚墨尔本市，也有一个很成功的范例：由日本著名建筑师黑川纪章设计的墨尔本中心就建在一个原本为生产子弹的工厂旧址上，古老的厂房被原封不动地保留下来，被置于完全现代感的购物中心的中庭之内，厂房里既有专卖店，也有咖啡屋。商厦中多层的购物楼面在这里被打通为一个相互贯穿的共享空间，一个突出于建筑立面上高大的圆锥形玻璃顶形成了这个共享空间的采光罩，也为高耸而古旧的红砖烟囱提供了与现代商厦共栖共生的空间条件(图 8、图 9)。在这里，新与旧，现代与传统之间形成了强烈的对比，它们之间又是这样的不可割舍：现代商厦为老工厂提供了生存与维护的空间和条件，工厂还商厦别具一格且难以企及的知名度和独占鳌头的商机。

怎么样？有新意吧。如果说建筑界是产生奇思妙想的行业，工业遗产的保护和再利用何尝不是灵感创意滋生的土壤呢？

图 8- 工业遗产保护和再利用的优秀范例，日本建筑大师黑川纪章的杰作——建成于 1992 年的墨尔本中心。这个大型中心建在一个旧工厂原址上，但是古老的厂房没有因此拆毁，而是被保留下来。这个高耸的圆锥形玻璃顶不但很好地保护了红砖烟囱，还有很强的视觉冲击力。烟囱建于 1889 年，高 50 米。玻璃顶有 20 层楼高，重 490 吨，由 924 块窗格玻璃组成(摄影/Paul A. Souders/c)

图 9- 在墨尔本中心，旧厂房被完整无损地置于购物中心的中庭之内，保留下来的小烟囱在图片里清晰可见，厂房里还开起了商店。游人至此，可以不认同这种建筑设计理念，但很难不被这里现代商业与传统工业之间强烈的对比所震撼(摄影/陈伯超)

中国工业遗产保护级层与观念转变

2006年

2006年4月18日，无锡，由中国古迹遗址理事会(ICOMOS，CHINA)发布的《无锡建议》具有重大的意义，它向世界正式宣告中国拉开了工业遗产保护工作的帷幕。这是一个重要而及时的宣言，一个与时俱进的宣言。由近代开始发展起来的中国工业，经过百余年的成长，壮大了，成熟了，令世界所瞩目。今天，在时代需求和近代科技的冲击下，进入了全面的转型期。工业产品、生产程序、生产规模、生产方式……都面临着脱胎换骨式的转变。大量的工厂和各种工业设施，特别是位于城市市区之内的部分，随着城市建设的需要，相继发生着功能转变、厂址迁移等变化，于是大量原来的工业设施变成了工业遗存。这一过程是工业现代化过程的必然经历，发达国家都曾先后走过同样的路程。它们在工业遗产保护方面都尝试过不同的方式，取得有一定的经验。因此我们在今天，也只有发展到今天，提出遗产保护的问题才是有意义的和适时的。然而，中国现代工业转型的步骤将是急速的，这个转型期的时段将十分短暂。随着工厂的搬迁，那些残旧的厂址，或被夷为平地成为抢手的开发目标，或经过评价被保留下来，成为某一时代的遗存物。我们身边的这种选择与变化，也许就发生在“历史的瞬间”。《无锡建议》恰是在这个时代的关节期，适时而及时地公布于世。

对于我们来说，工业遗产保护是时代赋予我们的一项历史责任。如何对这些国家的以致全人类的财富进行科学而有效的保护，又是我们面临的重要课题。我们应当在充分吸纳许多发达国家在先行工作中所积累的成功经验的基础上，不断探索和总结适合于我们国情与特殊条件下开展工业遗产保护工作的理论与方法。

一、工业遗产保护的三个级层

无疑，作为工业遗存物，它们所蕴含的价值是不尽相同的，正如不能将它们全部拆除一样，也不应将它们全部保留下来，保护的力度也不会是同样的。这就需要在对这些工业遗存进行普查、评价，确定出需要作为遗产保护的名单，将它们划归不同的保护级别，制定各自的保护政策，实施科学的保护。

这种保护的层次大体可以分为三种级别：

1. 绝对保护

在被确定为工业遗产的项目中，那些具有极高价值和重要保留意义者，应对其实施绝对保护。视其条件，及时地确认为不同级别的文物保护单位。一旦确定为文物，就必须按照文物法，进行有效的保护。对这些项目不允许做大的改动，对它的结构、空间、外观、环境等都应保持原貌，需要进行必要的维修时也应本着修旧如旧的原则，除隐蔽性工程之外，一般应采用与当年相同的材料与技术，确保遗产的真实性和整体性。在充分发挥它们宣传教育功用的同时，要充分保证它们的遗产价值不受到折损。总之，这类项目在需要存留的工业遗产中所占比例应为少数。

2. 利用性保护

它们属于具有较高价值和意义的一类。在遗产保护的层面上占有一定的比例，对这类工业遗产，在不改变其原貌的基础上，允许改变原有功能，亦即对它们进行“原封不动的利用”，在使用过程中实施保护程序，使老建筑与其内部的新活动共同构成新的文化整体。这种做法，有许多成功的范例，比如由日本著名建筑师黑川纪章设计，建在一个原本为生产子弹的工厂旧址上的澳大利亚墨尔本购物中心，古老的厂房被原封不动地保留下来，被置于完全现代感的购物中心的中庭之内。商厦中多层的购物楼面在这里被打通为一个相互贯穿的共享空间，一个突出于建筑立面上高大的圆锥形玻璃顶形成了这个共享空间的采光罩，也为高耸而古旧的红砖烟囱提供了与现代商厦共栖共生的空间条件。这座古老的车间内被装入了与商厦相关的功用——专卖店、咖啡吧……新与老，现代与传统之间形成了强烈的对比。它们之间又是这样的不可割舍：现代商厦为老工厂提供了生存与维护的空间和条件，工厂为商厦还以别出一格且难以比及的知名度和独占鳌头赢得了商机(图1、图2、图3、图4)。

图1

图2

图3

3. 改造性保护

对那些具有一定的工业形象和内涵，也具有必备的坚固程度，但不具备充分的文物价值，也没有对其原貌进行原生性保护必要者，可实施改造性保护。为适应建筑功能转换和现代城市建设的要求，可以在保留其基本特征，借以传承工业文化信息的同时，对它们进行“适应性改造”。包括：功能适应性改造——在建筑的内部空间方面，为适应新功能与现代生活需要所进行的改造；时代适应性改造——在建筑的内外形象与造型方面，为与现代城市和谐相处所进行的改造。对这类遗产改造的一个重要的原则，在于不能削弱它们的工业形象，甚至还要通过某些艺术手段，强化展示其工业文化的亮点和传统文化的特质。国内外这种成功的例子很多(图5、图6、图7)。这些方法用到我国大量的工业遗产改造利用方面将会是行之有效的，以沈阳的一些例子说明之：

图 4

图 5

图 6

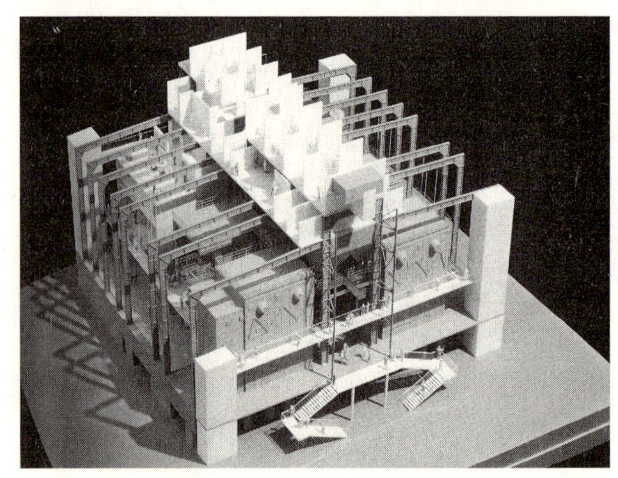
图 7

沈阳是中国的重工业基地，沈阳铁西区集中分布着一百余座大型工业企业(图 8)。当年的铁西区为共和国作出了巨大的贡献。今天企业面临转型、资产重组和经济与产业结构的调整，这片工业区也将被赋予其他的城市功能。这些工厂建筑和厂区环境有着它们自己的形象与空间组成特点，它们以自身的“工业语言”表述着与众不同的“工业美”。工业味道越足，它的特点就越突出，也就越能引起人们的侧目与关注(图 9、图 10、图 11、图 12)。尽管漫漫的历史给它们刻印下沧桑岁月的痕迹，却正是这些工业与时代的形象构成了一种文化的积淀和十分珍贵的遗产价值。我们曾对铁西区140余座工业企业进行了全面的普查和分析，逐一登录，对它们的遗产价值进行评价，制定保护规划，确定保护等级和保护方法，也结合典型项目，尝试保护性利用设计。为这一重要工业遗产地区的保护提供了科学研究的成果和正确的决策性参考。

图8　沈阳铁西工业区

图9

图10

图11

图12

二、对旧工业建筑改造性再利用的误区

不应将旧厂址一概拆除重建，也并非对所有的老厂区、老厂房一概保留。它们各自的遗产价值及其在城市总体规划中的地位，决定着它们或拆、或留，以及如何保留的取向与级层。在需要保留的项目中，又有一部分可以被允许做保护性的改造，以适应某功能的转换和城市环境的要求。在对待需要进行保护性改造利用的老厂房建筑问题上，经常存在着观念上的误区，它往往成为在工业遗产保护工作中形成疑惑甚至障碍的根源。

1. 思维上的局限性

赋予旧的厂房一种什么样的新功能，这是启动任何一个项目时首先会遇到的问题。以往的经验常常会使我们陷入一种思维惯性之中：无非是改造成工业主题公园、博物馆、陈列馆、艺术家工作室等等。事实上，这几种建筑类型相对于较大数量的工业遗产项目，其覆盖比例显然不足。保留这些旧建筑做什么？既然难于派上新的用场，是否还需要保留？这种疑惑造成的结果，或者是旧建筑不能充分地发挥新作用，或者是在无奈之下旧有建筑被无情地拆除而造成历史性的损失。

我们应该注意到：大多工业厂房往往具有很大的内部空间。它们庞大的室内面积，高大的空间高度，为我们重新组合室内空间提供了宽泛的可能性。在形成丰富的室内空间层次，组织室内绿化体系，塑造鲜明的文化氛围等方面都具有得天独厚的优势。许多成功的实例，为我们提供了令人信服的借鉴：我们发现，它们的改造前景丰富而多彩：它们同样可以被改造为办公楼(图13、图14、图15)、购物中心、餐馆(图16、图17)，甚至可以改做住宅——厂房内部的大空间使得住宅设计不必再局限于千篇一律的房间高度，使得住宅内大小空间得以相互穿插，住户之间相互交往，绿化进入室内——诸多在普通住宅设计中难以做到的条件都成为一种可能与必然。澳大利亚墨尔本市中心大量这种由厂房改造而成的住宅，正是由于它们得天独厚的空间优势和它们的工业与历史文化价值，成为十分抢手的房产项目，其房价则必然高扬(图18、图19、图20、图21)。沈阳冶炼厂厂址除了多座巨大的厂房建筑之外，它还有沈阳人引以为傲的全国最高的大烟囱、交织错落着令人振奋的巨型管道——呈现着一幅宏伟壮观的工业文化景观。它曾经被设计为一座工业主题公园，无疑是一个有特色的定位。然而由于某种原因，这个设计被束之高阁。它又被重新确定为一座学校用地。其实，这种改变并不会影响它作为工业遗产的存在与价值，我们可以设想把这些老建筑、老环境改造成一座“生产人才的工厂”，使这座学校具有与众不同的文化与形象特色，又会使这座气势非凡的工业遗产成为时代的新宠。然而，令人遗憾的是局限的思维惯性使得它在被改造之前全部夷为平地，一座独一无二的现代学校伴随着这个珍贵的工业遗产以及前期的主题公园构想一同消失了。

图 13

图 14

图 15

图 16

图 17

图 20

图 18

图 19

图 21

2. 认识上的误解

对旧建筑的改造与利用经常引起人们的一种误解——它应该是一种省钱、省力的途径。若这个改造过程不能取得预期的效果，就会变得不可接受，进而放弃对旧建筑保留与利用的构想。这种认识上的误解成为工业遗产保护的又一只拦路虎。问题的根源本不在于对遗产保护意义的认识不足，而是对老建筑改造性建设复杂性的思想准备不够充分。在老建筑被重新利用之前需要对它的结构进行加固和改造，对已遭到损坏部分进行维修，对建筑构配件进行更替或修复，对建筑的功能空间进行新的塑造，对建筑造型与室内外装饰进行加工……这些工作往往有较大的难度，甚至比新建一座建筑所需要的投入更大。因此，对工业遗产的再利用主要不在于它的经济利益。不可以抱着“过简朴日子”的态度对待遗产保护及其改造与利用工作。遗产保护需要投入，遗产的再利用却是“偏得”。当然，我们也要看到，遗产的价值主要来自其文化意义，而文化价值与经济价值又并非是一种绝对的对立关系。只要处理得当，文化价值与经济价值是可以相互转换的。作为工业遗产也许它的经济价值比起它在当年红红火火的工业年代明显地衰退了，但只要它们的文化价值还在，一旦对它们注入了新的功能，并注意对其文化价值的保护与传袭，它的文化价值完全可能转换为新的经济价值，甚至创造出比当年还高的经济产出。上海新天地的建设成功，十分有说服力地展示与验证了其中的道理。那一片原本残破不堪的上海“石库门”民宅，论经济性，建筑的价值与地价相比几乎可以忽略。如果在不经意间对这一地区进行“七通一平”式的开发建设，它的文化价值必然随着残砖破瓦被清除一净。值得庆幸的是蕴含在其中的文化价值被开发者的慧眼所捕捉到，以并不低廉的投入对它进行了保护性的改造与开发。“石库门文化”被保留下来，古老的房屋携带着它的历史符号与新的功能相栖相生。不能不承认，在这片获得新生的石库门之中所凸现出来的高额经济回报不仅远远超出了当初对它的投入，而且使得周围地区的地价也发生了大幅提升。“新天地现象”提醒我们要立足于更高的站点上去对待遗产保护，以更远的眼光去审视经济与文化的关系。

3. 运作中的简单化

按照近年来开发建设的一般程序，总是先要将建设用地清平产净，再通过招商引资的方式筹措建设资金。然而，这种惯用的开发方式却常常对城市文化遗产，特别是对工业遗产的保护具有毁灭性的危害。着眼于立竿见影、速见形象的简单化的开发建设，已经使一批历史与文化价值很高的工业遗产被匆忙建设起来的现代建筑所取代。我们必须提高在城市建设过程中对遗产保护工作的认识。对待现有的工业遗存及其所在地段要经过评价，确定是否需要给予保护以及保护的级层，再确定开发与否和如何进行开发。对需要进行改造性利用的工业遗存，应首先对它们进行保护性改造的设计，再严格依照设计进行招商引资工作。将遗产保护作为招商引资的前提条件，将对遗产的保护性设计作为开发建设的基本依据，将筹资工作、后期的建设以及建成后的运营都纳入到遗产保护工作的大程序之中。从而避免和摒弃以破坏城市规划和文化遗产为代价的招商引资和开发建设的运作方式。

中国工业遗产资源丰富，中国工业遗产的保护工作又刻不容缓。观念上的转变，认识上的提高，再加上科学合理的运作方式，是我们保证人类文明的可持续性发展和造福子孙后代的历史责任。

沈阳建筑的文化经络

——为 PARKVIEW HOTEL 建筑创作溯源

1994年

拟在沈阳青年公园建造的 PARKVIEW HOTEL 虽然规模不很大，但品位要求甚高。它将作为国内第一流的宾馆设施出现在人们面前。中、美、港三家设计公司将联合承担这项工程的设计任务。业主和设计者提出了一个共同的目标：在这个建筑中反映出沈阳的文化与区域性特征，给宾客一种深刻的精神感受，并为他们提供对沈城文化与历史的了解。事实上，这个问题的提出，已不仅仅局限于该项工程，它对今后沈阳建筑创作实践，对如何认识传统文化与现代建筑创作的关系，在理论上和现实中都具有普遍性的意义。本文就 PARKVIEW HOTEL 工程，去摸清沈阳建筑的文化经络，并尝试从一个侧面去探索如何在现代建筑中注入文化体液。

一、沈阳城历史沿革简述

沈阳是中国东北地区的文明古城之一，它位于辽河平原的中部，浑河北岸。古浑河又称沈水。依据我国习俗，“水南为阴，水北为阳”，沈阳即于浑河(沈水)之北，故称“沈阳”。

(1) 7200 年以前原始社会的新石器时代，就已有人类在这块土地上繁衍生息。今位于沈阳北部的新乐遗址，即记载着这个时期沈阳和沈阳人古老的历史。

(2) 以文字记载为依据，沈阳城的历史可以追溯到战国时期(公元前 475 年—公元前 221 年)。它曾隶属当时的燕国，为燕的“辽东郡”。

(3) 秦统一中国以后(公元前 221 年—公元前 206 年)，在此设置郡县，仍属辽东郡。

(4) 两汉时期(公元前 206 年—公元 220 年)，于此屯兵戍守，且已具备了城镇的规模。筑有土城，称之为“候城”，这是沈阳最早的城名。

(5) 10 世纪，辽太祖重筑土城，改称沈州。

(6) 1116 年，金太祖灭辽，仍以沈州名之。

(7) 13 世纪初，由于金、元战乱，沈州城被毁于战火。

(8) 元朝成宗元真二年(1296 年)，重筑土城，改沈州为“沈阳路”，归辽阳等处行中书省管辖。此乃文字记载中第一次出现的“沈阳”之名。

(9) 1368 年，明朝始建，明朝廷为便于控制和管辖东北地区女真、蒙古等少数民族，建立了军事组织性质的“卫所”和都司制，并于此设置卫所，称之为“沈阳中卫城”。洪武二十一年(1388 年)，沈阳中卫指挥闵忠率众将原土城第一次改建为砖城。城辟四门，开十字形街道，方圆规整(图 1)。

(10) 清天命十年(1625 年)，清太祖努尔哈赤从辽阳迁都于此，沈城首次成为都城。努尔哈赤在城中建起

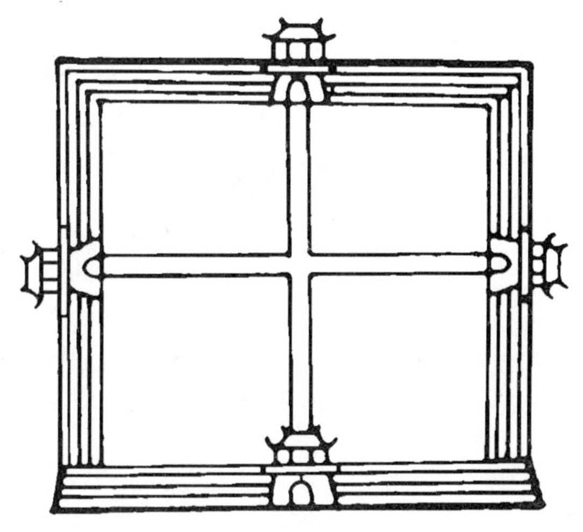

图 1 沈阳中卫城图

皇宫(今沈阳故宫的东路部分，图 2)。他本人的府邸(称为“汗宫”)和各贝勒的宅所(称为“王府”)则分布在城中皇宫的附近，均为高台院落的形制。

(11) 清太宗皇太极即位后，出于军事和皇权的需要，继续修宫改城，工程浩大，耗资巨万。

将原砖石城墙加高加固，完善防卫设施，增辟城门八座。城内改十字形道路为井字形街道，在原皇宫的两侧，又增建了“大内宫阙”(现沈阳故宫的中路部分)，于 1636 年建成(图 3)。将沈城改名为“盛京”，即“天眷盛京”，满语称“谋克敦”(英语称沈阳为 MUKDEN 的来由)。顺治入关称帝后，这里就成为清王朝的陪都。1644 年以后，清朝的康熙、乾隆、嘉庆、道光等皇帝十次至此东巡祭祖，又在城内建造了许多建筑，使其愈发壮观。沈阳城历经数代，先城后宫，建宫改城，宫城结合，城郭齐备，逐渐完善，却犹如一气呵成(图 4)。这时的盛京城(今沈阳的老城区)已与“考工记”和“王城图”中所规定的都城形制十分接近。

今天的沈阳城，则是在原盛京城的外围于近代和当代不断扩展和增改建的结果。

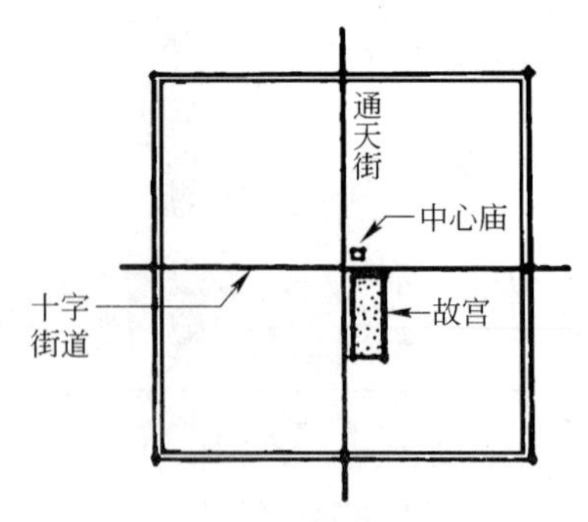

图 2 努尔哈赤时期的宫城关系

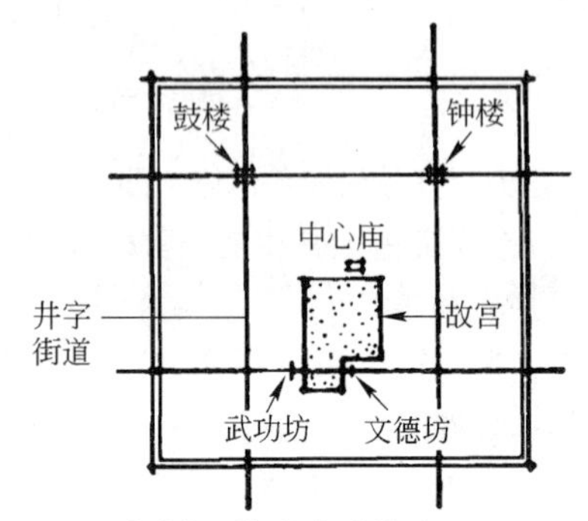

图 3 皇太极时期的宫城关系

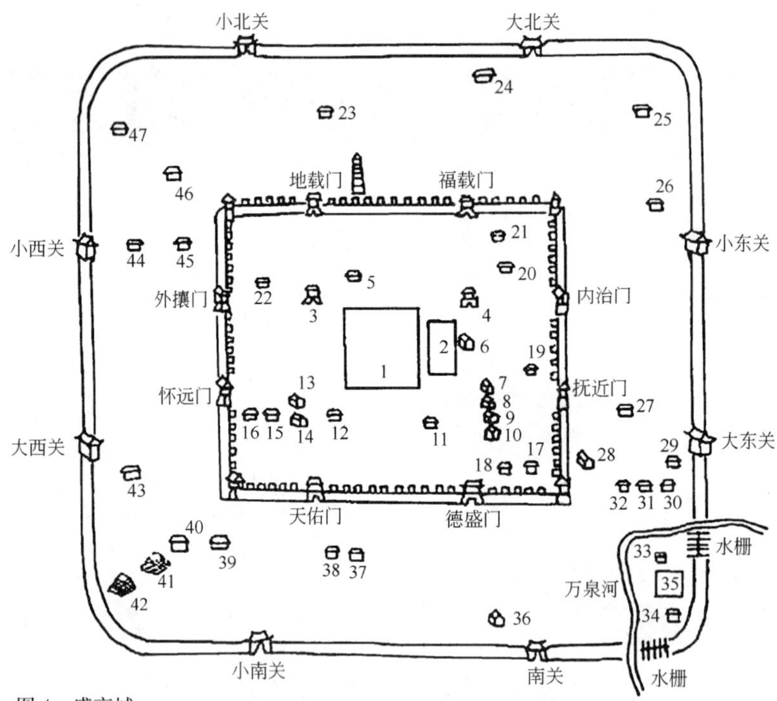

图 4 盛京城

1 宫阙; 2 大政殿; 3 鼓楼; 4 钟楼; 5 城隍庙; 6 奉天府; 7 将军署; 8 户部; 9 礼部; 10 工部; 11 银库; 12 道署; 13 刑部; 14 兵部; 15 试院; 16 承德县; 17 文庙; 18 书院; 19 龙王庙; 20 长安寺; 21 御吏公署; 22 税课司; 23 天后宫; 24 八王寺; 25 草场; 26 天齐庙; 27 经历司; 28 军粮厅; 29 堂子; 30 龙王庙; 31 观音阁; 32 三义庙; 33 先农祠; 34 火药局; 35 籍田; 36 药王庙; 37 碧霞宫; 38 吕祖宫; 39 天生堂; 40 关帝庙; 41 社稷坛; 42 风云雷雨坛; 43 节孝祠; 44 祠堂; 45 万寿寺; 46 太清宫; 47 较场

二、沈阳城市建筑的现状及主要特点

沈阳城市的建筑主要可以用“三片”、“五类”进行概括。

(一) 三片

沈阳老城区——即上述范围内的城区(今沈河区)。这一区域的城市规划和建筑形式以清前传统形式为主，虽有后期各式文化的渗透与影响，但其基本格调与特色仍非常鲜明。

商埠地——位于老城与和平大街之间的部分。它的形成是在 1840 年鸦片战争之后，当时的满清政府迫于西方列强的压力，开放沿海各口岸，西欧文化在武力的护卫下通过辽东半岛的门户牛庄、营口等地进入沈城。大批的西式建筑(如银行、娱乐设施、商行、小住宅等)在这一地区建成。当时它们的主人除洋人之外，即那些军阀显贵。西式建筑乃这一城区规划与建筑的特征。

南满铁路附属地——沈阳南、北两洞桥之连线(铁道线)与和平大街之间的部分。这片地区是在日俄战争之后的第二年(1906 年)日本人从沙俄手中获得了南满铁路的所有权之后，在奉天驿(今沈阳南站)以东地区利用不长的时间修建起来。它表现着日本当时盛行的近代建筑思潮，在沈城中保持它的特有的格调。

除此之外，其他城区部分(如铁西、大东、皇姑等)的建筑主要是后期在现代建筑思想影响下的产物，为这一时期国内各地建筑的缩影，无更多特色。近年来，大量的新建筑在城中各个角落突兀而起，从而使得原有城区各部分的特色发生了较大的变化。

(二) 五类

在沈阳城中，建筑风格类型大体可以分成五种：①清前传统建筑；②西洋式建筑；③日本占领时期的建筑；④受前苏联设计思想影响下的建筑；⑤现代建筑。

综上所述，沈阳城建筑的构成因素是复杂而非单一性的。那么，其中哪一种类型对这个地域的文化和历史更具有代表性和典型性呢？即在 PARKVIEW HOTEL 工程中，应抓住哪条脉络去做文章，才能使它更具有“沈阳风味”呢？纵观历史不同时期该城在全国所占的历史地位，以及各种建筑在沈阳城中所占的份量，从沈阳这个“全国文化历史名城”的性质来看，唯有清前建筑可以作为沈阳历史与文化的代表。沈阳城正是由于有沈阳故宫(国内仅存的两大完整宫殿建筑群之一)和清初的两组皇陵建筑群——福陵与昭陵，以及清前时期遗留下来的大量的古塔、寺庙、民居、衙署和古城规划而享有盛名。在这些建筑中，又以沈阳故宫的殿式建筑最具代表性。因此，选定在沈阳故宫中去猎取 PARKVIEW HOTEL 工程的创作素材，当为顺理成章，众望所归。

三、独具一格的沈阳故宫

沈阳故宫曾被称作“盛京宫殿”、“陪都宫殿”。它是清太祖努尔哈赤和清太宗皇太极清前所使用过的皇宫。清世祖福临也曾于此降生和即位，并由这里发兵进关，而建立了清王朝，因此，它是清帝国的“发祥重地”。沈阳故宫依三条南北纵向轴线构成其建筑群的总体布置格局。东路主要为努尔哈赤时期建造的大政殿与十王亭。中路主要是皇太极时期续建的大内宫阙(东所、西所以及一些配楼、配景等为后期清帝所增建)。这些建筑以及沈城的清初两陵皆出自汉人侯振举之手。西路主要是乾隆时期所增建，以娱乐、休闲、藏阅功能为主的清式建筑(图 5)。沈阳故宫占地六万多平方米，其建筑形式迥异于北京皇宫而独具特色。清前建筑既不同于宋营造法式，又有别于清营造则例。虽建造于清前，却非典型的清式风格。故笔者以清前建筑作为对它的特殊命名。它吸收了汉、满、蒙、藏等多民族的文化艺术精华，体现着佛、道、喇嘛、萨满教等多种宗教的影响，也反映出东北寒冷地区的气候与地域性的习俗特点，而别具一格。这正是沈阳故宫虽在规模上小于北京皇宫，却独具魅力的原因所在。

(一) 紧密的宫城关系

中国历史上各代皇宫，出于防卫和皇权的要求，皆围以高大的城墙，从而把它与城市绝对地隔离开来。沈阳故宫作为绝无仅有的一例，宫城前无墙(现有宫墙乃后期所为)，城市街道(沈阳路)横贯其中，大清门隔道与对面的奏乐亭、司房、朝房、照壁，以及街道上的文德、武功二牌坊组成了一个完整的城市空间，它使故宫与城市联系在一起，形成密切的宫城关系。全城统一布局，修造有制，建筑物的大小高低及其空间组织都有一定之规。四周的城墙、棋盘式的街道、宫殿、城楼、庙宇、衙署、民宅、佛塔等使城市形成了特有的立体轮廓，又寓意八卦：“……城内中心庙为太极，钟鼓楼象两仪，四塔象四象，八门象八卦，郭圆象天，城方象地，角楼敌楼各三层共三十六象天罡，内池七十二象地煞，角楼敌楼共十二象四季，城门瓮城各三象二十四气……”(清《陪京杂述》)。故宫之内中轴线上的凤凰楼乃城内的制高点。当年皇太极于此宴会群臣、休憩远眺，可饱览全城景观，甚至城外“四塔”亦可尽收眼底。因而在“留都十景”中的“凤楼观塔”、“盛京八景”中的“凤楼晓日”都将此列为沈城第一景观。这些都是当时沈阳宫城布局中整体规划思想的体现。

（二）有特色的总体布局

在平面布局上，东路的大政殿与十王亭是沈阳故宫中最具民族特点的一组建筑。这是在迁都沈阳的前一年(1624年)即命侯氏振举开始策划并动工的初期建筑。平面为八角形，冠以重檐攒尖顶，座于高平台之上的大政殿，位于东路纵向轴线上的北端，前面是一方南北长195m，东西宽80m的广场。十座大小形制完全相同的亭式宫殿分成两列，相向列于广场两侧。这里曾是皇帝举行大典和颁布圣命的隆重场所。皇帝位居显赫的大政殿之中，左右翼王和八旗首领分坐于十王亭内。广场上

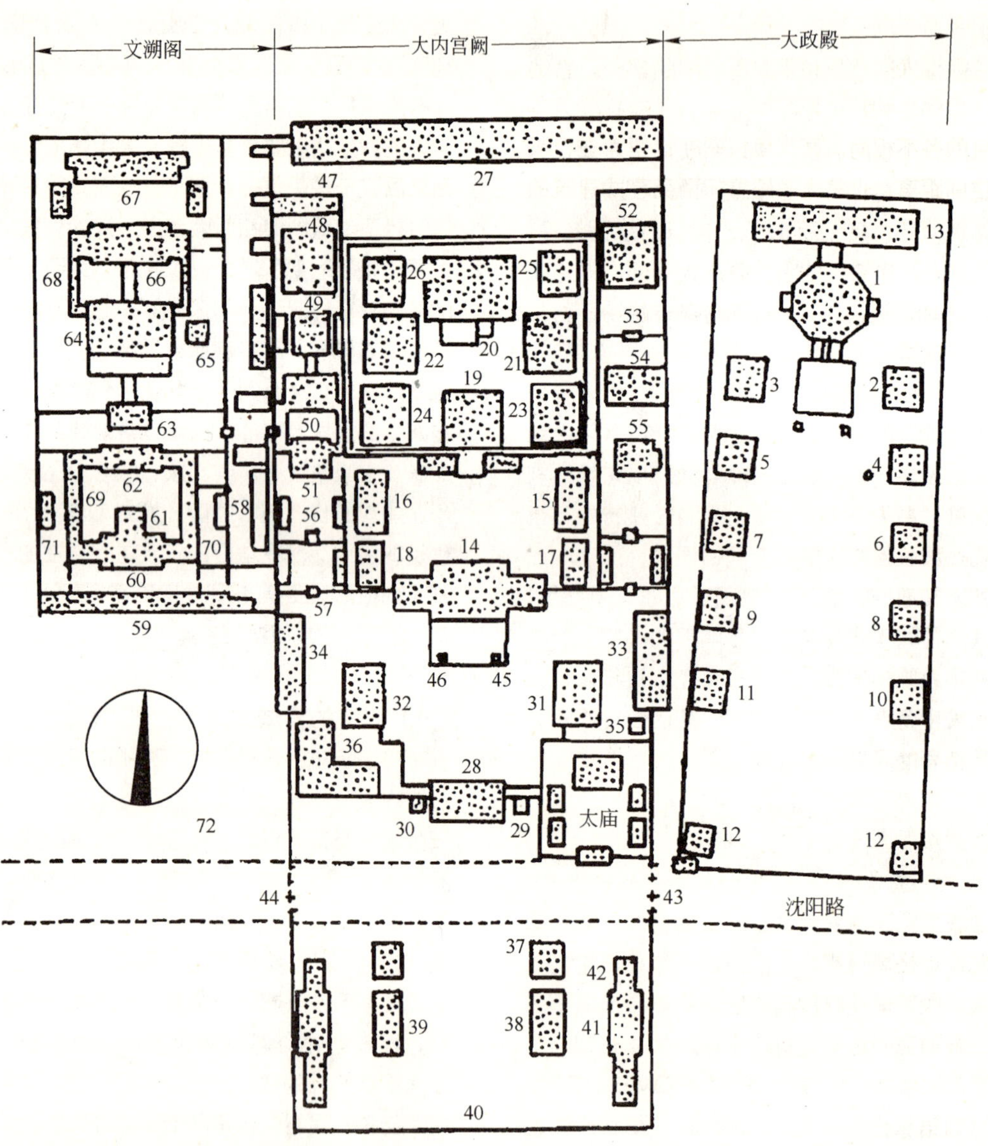

图5　沈阳故宫总平面示意图

1 大政殿; 2 左翼王亭; 3 右翼王亭; 4 镶黄旗亭; 5 正黄旗亭; 6 正白旗亭; 7 正红旗亭; 8 镶白旗亭; 9 镶红旗亭; 10 正蓝旗亭; 11 镶蓝旗亭; 12 奏乐亭; 13 銮驾库; 14 崇政殿; 15 师善斋; 16 协中斋; 17 日华楼; 18 霞绮数; 19 凤凰楼; 20 清宁宫; 21 关雎宫; 22 麟趾宫; 23 衍庆宫; 24 永福宫; 25 东配宫; 26 西配宫; 27 仓库; 28 大清门; 29 东翊门; 30 西翊门; 31 飞龙阁; 32 翊凤楼; 33 东七间楼; 34 西七间楼; 35 井亭; 36 转角楼; 37 奏乐亭; 38 东朝房; 39 西朝房; 40 照壁; 41 司房; 42 耳房; 43 文德坊; 44 武功坊; 45 日晷; 46 嘉量; 47 七间房; 48 崇镇阁; 49 继思斋; 50 保极宫; 51 迪光殿; 52 敬典阁; 53 中琉璃门; 54 介趾宫; 55 颐和殿; 56 垂花门; 57 琉璃门; 58 直房; 59 围房; 60 扮戏房; 61 戏台; 62 嘉荫堂; 63 宫门; 64 文溯阁; 65 碑亭; 66 仰熙斋; 67 九间殿; 68 回廊; 69 游廊; 70 东配房; 71 西配房; 72 轿马场

八旗军士列队齐整，旌旗招展，鼓乐齐鸣，气势壮观！这一组建筑正是八旗军征战列队和临时扎营时的固定形制。按清代“八旗军制”规定：行军出征时，分左右两翼前进，每翼各设一王，以领导四旗，每旗亦设一王。八旗军在战争时期，行军途中或外出狩猎又多居于行辕帐篷，直到乾隆年间仍然如此。承德避暑山庄内《万树园》图中所绘的 1771 年乾隆在万树园宴请厄鲁特蒙古土尔扈特部首领渥巴锡图的情景，其阵势与大政殿和十王亭的布局模式完全相同。

十王亭的平面布局又略呈“外八字”（图 5）。它恰恰与意大利圣彼得大教堂前“内八字”形平面的广场形状方向相反，虽都是利用透视学的原理，借助视错觉的作用，但其目的各不相同。匠人侯振举在这里意在拉长大政殿前的空间距离，也将大政殿置于两列亭式建筑的视觉焦点之上，而夸大皇帝至高无上的地位。同时，这个“外八字”与“八旗亭”、“八角殿”一起反复强调着“八旗”的寓意和东北民族的特别遗制。另外，它们还反映着当时特殊的军政体制——至尊的“圣汗”御用宝殿与八旗贝勒大臣所用的“王亭”同建于皇宫大内，形成“君臣合署办公”的局面。这是由于努尔哈赤为缓和当时爱新觉罗氏家族中各贝勒之间激烈的汗位之争而采取了八和硕贝勒“共治国政”，发挥军事民主的联合政体所致。因此，大政殿与十王亭这一组建筑，在创作上深刻地反映了清初满族社会政治与思想的需要，不拘一格地突破“宫式”做法的约束，堪称结合具体情况和传统文化的特点，大胆构思，独具匠心的杰作。

中路的大内宫阙在建筑群体的竖向设计上，又独辟蹊径，展示了特有的风采。这是一组三进院落空间的群体建筑。大清门与崇政殿所控制的第一进院落是庄重的朝政场所。崇政殿后面的第二进院落为过渡性的休息空间。拾阶而上，穿过凤凰楼则进入了由“台上五宫”所组成的第三进院落，这是皇帝与后妃的生活之所。这一路建筑的竖向设计格局恰与北京故宫相反。北京故宫将金銮殿——太和殿、保和殿置于皇城的最高点，以三层大平台抬高三殿的空间位置，以炫耀皇帝高高在上的圣位。沈阳故宫却采取了“低殿高宫”的做法，将作为生活和居住使用的第三进院落的地抬高了 3.8m。高院周围环以双层围墙，两墙之间设 1m 宽的护卫甬道。前后高低地坪之间设置一座三层楼阁——凤凰楼作以分隔和过渡，一座直跑大台阶从楼下门洞中穿入，气势非凡。这种与大多皇宫格局相背的空间处理形式正反应了沈阳故宫设计的巧妙构思和满民族的生活特点。首先，是由于防卫的需要。当时战事频频，虽迁都于此，世道并不平和。修建宫殿时，为密切城与宫的整体关系，打开了宫城的前墙，而放松了历代皇宫在郭内修城，城中筑城，其内围墙，在平面方向上叠起层层高墙使皇宫居于固若金汤的种种防卫之中，以确保安全的做法。采取了一种以中式的平面围合防卫法与西式修建高大城堡，用高度作为防卫手段相结合的方法，抬高了供生活居住的院落和宫宅，再结合围墙，达到防范的目的，可以说，这是一种兼容中、西所长的有效构想。另外一个原因，又来自满人长期来所形成的生活习惯，满人曾以游猎为生，居于山地。他们善于在山中射獐逐鹿，采挖参果，喜欢将居所造于山坡之上，这不仅有利于减少遭野兽侵害的机会，便于居高眺望，也在于避开暴冷空气流动量较大的沟底，以适于寒冷地区的生活条件。移居平原生活之后，他们仍保持着这种居高而安的习惯和喜好，满族显贵的宅邸无不堆叠高台，台上造院筑屋，以示身价。迁都沈城之后，无论汉宫还是王府，依然建造成高台建筑，分守于城市之中。这一类型在清入关前可谓满族建筑形成的一大特点，因而，皇太极令其寝宫“高高在上”则顺理成章。为此，他也十分关注设法加强作为金銮殿——崇政殿的重要地位。除了在建筑本身的形制上做了重点处理外，还将他的地坪适当抬高，是大清门、崇政殿、清宁宫（帝后之寝宫）的地坪标高分别为 9.6m、11.85m 和 16.33m。因此，这种高台建宫的做法是由现实需要所决定，又是独具匠心的创造，它成为沈阳故宫中的“绝”。不仅如此，在沈阳故宫建筑群中，还建有许多高耸的楼阁，这也是满人喜好居高的另一种表现形式，且不论乾隆年间在故宫内增建的日华、霞绮诸楼和文溯、崇谟阁等，自沈阳故宫内的早期建造中亦建有许多楼阁。如龙楼、凤楼各五间，肉楼十间，崇政殿两座厢楼各五间，以及东西九间楼、大清门西的九间转角楼，再加上炭楼、果楼等十四座楼房，近百年，楼阁几乎占全部早期建筑的一半。皇宫之内盖这许多楼阁，在历代宫殿建筑中也属罕见。

（三）寒冷地区的建筑特点

满族主要分布于中国的东北地区，冬季的寒冷气候使得这一地区的建筑形成了许多特有的做法，这也成为沈阳故宫有别于其他地区皇宫建筑重要因素之一。皇太极和皇后博尔济吉特氏的寝宫——清宁宫是大内宫阙中的一幢地位重要的建筑，但它完全不顾位于主要中轴线之上严谨的对称要求，而建成了一座独具北方特色的“口袋宫”。它面阔五间，却于东次间开门，两座台阶也呈不对称布置，这是一种基于使用要求的设计。按照东北地区居民的做法，一般房屋的外门均设在明间位置上的厨房前墙上，用厨房内柴灶所产生的热量挡住外面的冷空气，也利于厨房的排烟与排气，故称为“外屋”。再由此过渡空间进入两侧的居室，清宁宫吸收了这一民间做法，在外屋布置了灶台和杀牲台西面三间“口袋房”（东北地区称中间无隔断的大桶子间为口袋房），之间仅用墙作局部分隔，对杀牲台、灶台等工作空间与其他空间加以划分也避免冷风直接吹入室内。但不设门，以加大口袋房的视觉空间效果。这三间口袋房保留着浓郁的满族居室布局格调：南、西、北三面设有连通的“万字炕”，西墙上设神幔，下置神桌五供、糠灯等祭祀用具。这里是皇太极举行便宴和常朝的地方，也在这里举行满族原始的宗教活动。虽满族信仰的神灵很多，僧、道、喇嘛、观音、关帝、老君等无所不信，但最主要的还是萨满教。万字炕中央宽敞的空间为举行跳神祭祀活动之用。萨满祭毕，用热酒灌猪耳，然后于外屋杀猪和煮祭肉，再抬给坐在口袋房南北大炕上的君臣共食，曰“吃福肉”。东稍间为“暖阁”，与外屋之间设墙和内门。暖阁内又用落地罩将室内空间分成南北二室，两室分别设炕。冬季寒冷，帝后居于日照充足、明亮温暖的南炕；炎夏酷暑，则避居北炕，十分凉爽。这种布局，是适合于北方气候温差较大的理想起居之所。为抵御漫长冬季寒冷的气候，火炕与暖地在沈阳故宫建筑中被普遍采用。由于是用砖铺设而成，虽加热较慢，但蓄热性能好，可使室内较长时间保持恒温状态。东北的炕，不仅作为取暖、睡觉之用，由于坐在上面温暖舒适，被人们看作是室内活动的最佳之处。因此，炕面是室内空间利用率最高的地方。一天二十四小时大部分的户内活动均在炕上。“炕头”和“炕里”更被视为待客和恭让长辈的上位。为节约燃料，充分利用能源，尽量使各火炕和暖地中的烟道串通，以利于做到“一把火”。因此，常将南北大炕用顺沿山墙铺设的窄炕连接成“万字炕”，清宁宫等“台上五宫”均设有万字炕。清宁宫的烟囱出在屋后西北角，由地面独立垒起，略低于屋脊，从正面看不见。这与汉族的传统做法不同。东北的汉族民居，烟囱是附山墙砌筑并高出屋顶。满人视烟囱为不祥之物，且认为它有碍观瞻，故将它藏于屋后。“口袋房，万字炕，烟囱出在地面上”，这是沈阳故宫后妃居室建筑形式的独特之处。有的炕无法实现“一把火”，不能用一个烟囱解决问题，或为避免使用烟囱，则采用室外留灶门和灰坑的做法。比如，清宁宫东暖阁正面的窗下，筑有一塔形灶门，高 50cm，宽 45cm，灶门下留 70cm×70cm 的方形灰坑。于室外烧柴，烟火通过暖地升入炕道，然后通过灶门处的两个出烟口，回旋而出，形若两条细绢，称为“二龙吐须”。清宁宫东暖间的南炕和其他四个配宫的暖地与火炕都靠这种“二龙吐须”的方式烧火与排烟。

沈阳故宫大多宫殿的门、窗都是靠糊纸起保暖、防风、透光作用的。这在中国传统建筑中是被广泛采用的做法。不同的是，在这里所用“高丽纸”，糊在门、窗棂之外，冬暖夏凉，又具有东北地方特色的装饰作用。正如一首东北民谣所唱：“关东山三大怪，窗户纸糊在外，大姑娘叼烟袋，养个孩子吊起来”。

（四）独具风格的民族装饰

沈阳故宫的主要建造者汉人侯振举家族受到了满族皇帝的重用，他们将汉族文化与满、蒙、藏族文化有机地结合在一起，使沈阳故宫建筑更具韵味。中路大内宫阙的绝大部分建筑没有遵照汉族严格的礼制规矩，而统一采用了大式硬山造做法，无斗栱，前后出廊，民风浓郁。其结构虽采用了中国木构架体系，但为适应北方气候特点，出檐较小，省略了斗栱，大大简化了结构。在大清门和崇政殿等重要建筑中，斗栱的位置以龙身兽面饰物代之。兽头造型生动、粗犷，具有喇嘛教的特点，实为挑尖梁头：挑尖梁身刻成龙身，横穿檐柱、金柱，作为构架的一部分。攀盘在八角大政殿门前两柱上的一对立体龙雕翘首扬爪，呼之欲出，与其他各处的龙饰皆不相同。大政殿的须弥座式台基、殿顶上的相轮、火焰珠、垂脊上的鞑人、殿内天花上的梵文装饰等，皆来自蒙古族和喇嘛教的建筑艺术。建筑中构图完整的装饰文样、用色鲜艳的梁枋彩画、形象生动的龙凤藻井、独具特色的满汉文门额、不拘格局的脊吻瓦饰、雕刻深透的望柱勾栏等都别具一格，反映着不同民族与宗教的色彩。沈阳故宫另外一个十分突出的建筑特点，是它使用了不同色泽的琉璃瓦件。北京皇宫的屋面全部采用黄琉璃瓦铺顶，称为“一堂黄”。这里的各宫殿，除后移来的太庙为表示对祖上的尊崇，例外地采用了一堂黄的屋顶之外，大都使用五彩琉璃——黄琉璃瓦铺面，四周镶绿琉璃剪边，在这一点上，反映出一种少数民族的文化情趣——自辽、金、元朝以来，许多少数民族宫殿的殿顶喜欢使用多种颜色。这种偏爱恰在沈阳故宫中得以突出的体现。

由于故宫在沈阳城中的地位，老城区的其他建筑也受到它的影响，而以满族清前时期的建筑风格为特点，形成了一条历史文脉的主线。

四、在新建宾馆设计中力求反映沈阳文化特色

综上所述，由于历史的原因，特别是沈阳故宫在国内的重要地位，沈阳城的历史文化特征是鲜明的。这就是它主要反映的是清前这个特定时期建筑文化的特点。清前建筑不仅有别于中国的其他朝代，与清朝正统的建筑模式也明显不同。其次，沈阳城的民族性文化特征也很突出。尽管这一地区现在是以汉族为主的多民族杂居之地，但历史上它最辉煌的时期(指它在国内的相对位置而言)，却是清前以满族文化为主线，多种民族文化、多种宗教相互渗透而体现出来的有个性的城市建筑风貌。再者，由于它在中国版图上所处的特殊位置，沈阳城的地域性文化特征也是显著的。寒冷地区的气候因素和当地人们的生活习俗形成了该地区建筑的特殊性。可以说，这三种特征构成了沈阳建筑的文化经络。因此，在新建宾馆的创作过程中所要体现的文化素质，主要地应该从这些方面去挖掘、去提炼、去构筑全新的空间内涵和形态语汇。

(一) 创造性的继承而不是单纯的模仿

历史是无生命的，它所记载的永远是过去。但文化是有生命的，它将按照自身在长期发展过程中建立起来的构成规律不断地成长和发育。从一般意义上讲，在新建筑中去体现这一地区的文化，应该是对这一文化本质的继承与再创造，而不是单纯的模仿。制造假古董，在多数情况 (当然存在例外的情况)是低层次的，甚至可能造成对历史的扭曲和误解(沈阳故宫前的“清朝一条街”就是一个失败的典型实例)。在 PARKVIEW HOTEL 这个现代高级宾馆的设计中，这条路也是行不通的，它也绝不会成为沈阳现代社会中的“老式新故宫”。因此，应该在采用新材料、新技术、新思想去创造全新的、适合于现代人物质与精神生活要求的时代建筑风采上下功夫，而不是对古建筑形式单纯的僵死的模仿。应该对固有的传统内容和形式(无论是建筑的内在素质，还是外在形象；无论是整体构想，还是细部的处理)进行提炼、抽象、夸张和改造之后，反映在新的设计之中，这也是对建筑师自身价值的具体体现，所以说，PARKVIEW HOTEL 的创作应该建立在对沈阳传统文化有创造性继承这样的一个层次之上。

(二) 主题鲜明，保证建筑室内外设计的一体性

由于 PARKVIEW HOTEL 工程的设计工作将由中、美、港三家公司合作完成，所以，一个非常重要的问题，就是统一思路，明确设计立意，使建筑设计具有一体性，以一个鲜明的主题贯穿于建筑内外环境设计的始终，切忌内外空间与形体设计中的脱节，而造成主题模糊或多主题相争等杂乱无章的后果。具体来说，从建筑的平面设计到形体与空间环境设计，再到室内装饰设计都应该抓住在这个现代宾馆建筑中反映清前文化的延续这个设计意匠。从整体到局部，从设计到经营都充分地去表现它，由此必然会带来建筑上的特色和经营上的效益。因此，在各阶段建筑设计的过程中有特色、有主题的经营方式创造条件，埋下有利于主题延续与深化的伏笔。

(三) 重点突出，以点代面

PARKVIEW HOTEL 毕竟是一个现代化的高级宾馆，仅仅有文化的内涵和情趣是远远不够的。现代都市生活的设施和服务必不可少。因此，用单纯传统的方式，无论如何也不可能满足宾客的需求，只有依现代宾馆的标准进行建筑设计和确定服务模式，才是满足宾客要求的基本前提，那么，由此而产生现代生活与传统文化的矛盾将是不可避免的。因此建筑设计的一个重要原则应该立足于全面地满足现代生活要求，而在局部进行主题突出的重点处理，以点代面，把经过典型化设计的内容和各个片段依照反映清前文化这一明确的设计意念，串联起一个有机的思想框架，去构成有深刻文化内涵的建筑环境与空间。

沈阳建筑的文脉与风格

1989年

建筑风格是由时间和空间的延续、科学技术的水平、行为心理的要求、审美观念的发展、建筑师的设计哲学等等多种因素共同作用的结果。其中，建筑在较长一段时期中的发展脉络对新建筑的影响——即时间的延续，以及该地区特定的自然地理条件和建筑现状对新建筑风格的渗透力——即空间的延续，对某种建筑风格的形成起着十分重要的作用。这种建筑在时空领域中的连续性，也就是我们所谓的建筑文脉。

沈阳于辽金时代始建城池，是一座文明古城。它经历了几个世纪的蹉跎岁月。封建社会的遗迹、半殖民地半封建社会的烙印、社会主义新中国的脚步，都详尽地记载于沈阳的建筑之中。悠久的历史、复杂的社会背景，造成了现存沈阳建筑风格的多元化，而不似某些城市所形成的具有某种典型特征的建筑风格。目前，沈阳市内的建筑主要可以分为五种类型。

1. 清前及具有民族气息的传统性建筑

沈阳作为都城也已有三百多年的历史。明万历年间，建州女真首领努尔哈赤统一各部落，建元“天命”，国号大金。天命十年(明朝天启五年，1625年)迁都沈阳。清太祖期间，创业立都，改筑城市，建造宫殿，沈阳都城从此初具规模。天聪元年皇太极即位，对沈阳城市建筑进行了扩建和完善，使城市逐步接近于“王城图”的典型布局。顺治入关后，盛京(当时沈阳名曰“天眷盛京”)成为清朝的陪都。由于清初三陵(永陵、福陵、昭陵)修建于此，清朝康熙、雍正、乾隆、嘉庆、道光等五朝皇帝十一次亲赴沈阳东巡谒陵。每次巡幸，又必将大兴土木，维修和增建宫殿。于是，沈阳城就这样，经过历代地多次兴建和补造，分期分批地逐渐完备。又由于兴建城池和宫殿的匠师们的苦心经营和创造才能，使之整体和空间布局似一气呵成，十分完整。城市中的宫殿、陵寝、庙宇、佛塔、官署、民宅等建筑物，传统气息浓郁，又融汇进了后金女真人游猎式的生活旧习和喇嘛教的宗教观念，与典型的汉族古建文化又略有所异：直至今日，故宫一带还保持着传统的城市布局、“井”字形街道和具有东北传统特色的住宅。沈阳不仅是我国的工业重镇，又是一座对国内外游人颇具吸引力的文明古城，是体现着我国古代城市建设理论和建筑艺术的珍贵遗产。

2. 西洋古典式建筑

帝国主义列强侵占中国，对我国人民进行了十分贪婪和疯狂的掠夺，欠下了笔笔血泪债。但某种程度上，他们也起到了打破长期以来封建专制、闭关自守大门的客观作用。于是西方的文化趁机渗入了中国。沈阳市也出现了很多西洋古典式建筑：位于中街一带的很多商店(图1)、广泛分布在市内的许多银行(图2)以及帝俄领事馆和三经街一带的小住宅群等都属于这种类型。这时，一批出自中国建筑师之手，将西洋古典建筑手法与中国的建筑现状相结合的成功作品，也在沈阳出现了。如原东北大学从总体规划，到图书馆(图3)，教学楼等一系列建筑的单体设计(图4)，原京奉铁路沈阳总站(图5)，同泽女子中学(图6)都是杨廷宝先生的亲笔杰作。特别是全国最早的建筑系之一——东北大学建筑系于1928年在沈阳成立，全国著名的建筑家梁思成、陈植、童寯、林徽因、蔡方荫等先生荟萃于此。他们中有许多是从国外留学归来，胸怀鸿图大志，又具有高深的建筑修养，也带来了西方的建筑艺术和信息，对我国建筑事业的发展起到了十分重要的作用。东北大学建筑系为全国培养了大批杰出的建筑人才，像刘致平、

图 1　位于沈阳中街的第二百货商店（原吉顺丝房）

图 2　原东洋拓殖银行

图 3　原东北大学图书馆

图 4　原东北大学文法课堂楼外观

图 5　原京奉铁路沈阳总站站房外观

图 6　原同泽女子中学教学楼外观

张镈、刘鸿典、赵上之、陈绎勤等有成就的建筑师和著名学者都曾就学于此。它为沈阳留下了十分宝贵的建筑财富。

3. 日本式建筑

“九·一八”事变以后，日本帝国主义侵入中国。他们为了达到长期霸占我国东北的目的，并企图以此作为进而吞并整个中国的根据地，在东北建立了伪满州国。他们从沈阳的城市规划入手，按照日本的模式，建造了很多东洋式建筑，意在把这里作为日本国土的扩延和表达其眷恋故土之情。沈阳现存的许多行政、商业、住宅等建筑和街道规划都留下了这段历史的痕迹。现市政府办公楼原奉天市公署大楼（图7)、原奉天警察署大楼、原沈阳海关大楼，以及和平广场附近大片的日本式小住宅(图8)都是比较典型的例子。日本人又进一步摸索把东洋与西洋风格结合起来，像位于中山广场的辽宁宾馆(原大和旅店)(图9)、沈阳南站建筑群、以及辐射式的广场街道等等，就是这种思潮的产物。这些日本建筑在沈阳市内仍占有一定地位。

图7 原奉天市公署大楼

图8 原满铁社宅

图9 原大和宾馆

4. 前苏联设计思想影响下的建筑

建国初期，我们的设计理论和能力都比较薄弱，又缺少大规模建设的经验，开始向前苏联学习，并聘请了前苏联专家直接指导设计。从设计工作的组织体制、设计力量的配备方式、设计程序的编排，直到创作和设计的方法，都受前苏联的影响很深。沈阳现有的大量工业建筑，从总图到单体厂房设计都是按照前苏联方式设计出来的。如沈阳重型机械厂、沈阳松陵机械厂、沈阳第一机床厂等大批工业建筑都是学习前苏联经验的产物。当时，在我们缺乏经验，技术力量薄弱的情况下，引进苏联技术，学习他们的经验是非常必要的。但是，时至今日，在工业建筑设计中，仍基本上延用前苏联20世纪50年代的设计方式，很少有新的发展和前进，这种现象不能不引起我们的高度重视了。对其结构选型、工厂的环境设计、厂房室内设计以及工业建筑的设计思想和设计程序，都应有所突破，有所创新，才能符合我国工业现代化发展的要求。

沈阳现存的公共建筑和居住建筑中，受前苏联设计思想影响的也为数不少。前苏军烈士纪念碑(图10)、东北工学院主楼、周边式布局的铁西工人村和中国建筑东北设计院住宅，以及20世纪50年代辽宁省职工住宅的标准设计，也都十分典型地反映了当时的建筑设计思想和风格。

5. 近现代建筑

除上述四种类型之外，沈阳的建筑中，最大量的还是近现代建筑。解放以来，沈阳的建筑事业得到了迅速的发展，城市面貌发生了巨大的变化。特别是近十年来，建筑业受到了空前的重视，得到了日新月异的发展，新建的建筑面积和设计队伍的素质都达到了前所未有的水平。在这类建筑中，由于我国解放后建筑理论的发展经历了几个阶段，它们又各具特色。尝试把中国传统形式结合于现代建筑的辽宁青年宫、中国建筑东北设计院办公楼，沿用西方学院派“新古典主义”手法的东

图 10　苏军烈士纪念碑

北工学院建筑馆等教学楼、市建三公司办公楼，受北京十大建筑影响的辽宁工业展览馆，辽宁大厦，以及近几年来在设计思想、建筑技术、材料、造型等方面都有明显突破的辽宁体育馆、新乐遗址(图 11)、北方贸易大厦和新近出现的许多高层建筑。它们都表现了解放以来我市建筑工作者学习近现代建筑理论，并逐渐走向成熟的过程。这类建筑数量大、手法新，把沈阳装扮得更加绚丽多采。综上所述，沈阳建筑的文脉表现为源远和多元。沈阳城好似一座博物馆，记载着历史发展的进程，也展示着各种建筑类型的丰姿。它正是以此区别于那些具有某种鲜明个性的城市。它不像北京城——处处散发着中国传统风格的气息；它不像哈尔滨——显示浓郁的俄罗斯风格，而被称为“东方的莫斯科”；它不像江南姑苏——以私家园林、水乡特色而诱人流连；它不像渝州、重庆——成为典型依山造屋的立体化城市；也不像广州、深圳——以气势磅礴的风貌，使人们从中似乎可以听到向现代化奋进的脚步声。沈阳虽没有它们那些典型特征，但却是多种城市建筑风格的集锦，是适于各种新思潮、新流派发挥驰骋的天地，更具有向丰富多采发展的充分条件和广阔前景。

仅从建筑文脉的角度上来看，沈阳现有建筑类型的多元性，要求我们不应仅从一种风格上去发挥，或仅局限于一种风格的创造。也就是说，沈阳建筑的设计思想不仅仅是在“协调”和“适应”这个层次上的探索，更重要的在于创新。当然，文脉并非是形成某种建筑风格惟一的决定因素，它还涉及到科学技术、社会意识、地理位置宗教文化等多种因子。通过对各潜在条件的综合分析我们认为沈阳地区的建筑也是存在着共性的。正是这些共性，将构成沈阳建筑的一些特点：

(1) 城市整体的创新，与区域性的保留——建筑文脉对沈阳建筑特色的影响

作为沈阳城市整体，仅强调对某种传统建筑风格的继承是不适当的，所应提倡的是创新，是百花齐放。但与此同时，又要认真解决好对城市固有建筑特色的保护问题。上述现存的五类建筑形式，虽然广泛分布在沈阳市内各个部分。但是，有时某一种建筑类型相对中，形成了建筑的区域性特色。像以故宫为中心的中国古典风建筑群、中山广场和沈阳南站广场周围风格统一协调、极富特色的建筑组群和广场空间、和平广场附近的日本小住宅区这些地区建筑的总体构图十分完整、格调一致、特点突出、环境幽美，可以称为沈阳传统建筑中的

图 11　新乐遗址博物馆

精华。因此，对这些地区建筑应该注意加以保护。首先应该从城市规划入手，根据沈阳市的特点，将城市中有特色、有保留价值的区域确定下来。在这些地区建造新房时，就要十分慎重地保留原有的重点建筑，并强调新旧建筑之间的协调关系，以区域性的建筑风格不遭到破坏为基本原则。在以往沈阳的城市建设中，这种教训不乏实例。故宫前面的文德、武功二牌坊，建于崇德二年(1637年)，50年代末盲目拆除，却在街道对面树起一座七层大楼。它与故宫建筑群风格迥异、体量相争，十分不恰当。最近，已重建了文德、武功二坊，确是令人欣慰的明智之举。对此问题，在其他地区我们也曾有过难以挽回的过失。如苏州城素以别致的水乡建筑与私家园林相结合的城市风貌著称于中外，享有“东方威尼斯”之美誉，只是近几年来的几幢与旧城情调格格不入的现代化高楼鹤立城中，又把原市内古色古香的石板路拓宽为柏油大道，原来城市平缓的轮廓线、建筑特色、水陆关系受到了破坏，甚至冲击了当地的风土人情和传统的社会生活。当然，旧城保护并不意味着人类生活的停滞，城市的扩建、新建筑风格的创造，完全可以在所划定的保留区域之外另辟新的城区。而那些满足旧区人民生活水平提高所必须增设和改建的项目，应注意它与原有环境的呼应关系，把“协调”作为建筑设计的主要原则。环绕沈阳南站广场的一组建筑，建筑风格很有特色，造型庄重典雅，比例协调，再加上暗红色与墨绿色的材料搭配组成了一十分优美的空间和色彩构图，是沈阳城内最有特色的环境之一。但是一座体量庞大、设计手法另属一宗的售票大楼，好似天外来客，蹲到广场之中，不论其建筑单体本身的设计如何，却完全破坏广场建筑群总体的格调，也打乱了进站旅客的人流组织关系。因此，今后须对市内这类有特色的区域加以明确的划定，并注意保留它们的特点，发展而不是割断沈阳建筑的文脉。

(2) 充分表现寒冷地区的建筑特点——自然地理条件对沈阳建筑特色的影响

自然地理条件对建筑的影响是不容忽视的。因为，这种制约完全是客观性的，而其他条件在不同程度上都包含有人为的因素：建筑技术可以改进、建筑材料可以搬运、审美水平可以提高、风格习惯可以改变，变化虽然也要具备一定的时间和条件，但是毕竟可以通过人的作用去达到。唯有气候条件和地理位置是纯客观性的，又是相对恒定的因素。因此，从这个角度上说来，建筑对自然地理条件的反映应该更为敏感和突出。沈阳地处北国，气候寒冷，防寒保温是这个地区长期来建筑设计中需要解决的主要问题之一。因此，在建筑中坦率地表现出这种特点，也正是北方建筑师们多年来苦心追求的效果之一。在建筑设计中，究竟怎样去反映寒冷地区的建筑特点呢？应该说，从理论上对这个问题的研究是十分不够的。从而，也给寒冷地区建筑设计的具体工作带来了困难。并出现了一些不看具体环境、不问具体条件，照抄照搬南方建筑处理手法的情况。在南方原来是很成功、很别致的想法，用到沈阳，却可能带来很多使用和感觉上的明显缺陷。这股“盲目引进”风通常表现在处理大片玻璃幕墙、庞大的共享空间、室内外空间的相互交融、绿化与水面的布置、建筑装修色彩、空间与体量的组合等问题时，都存在着不问南北地区、不管寒暑差别，一概照“章”办事的做法。而这些“章”往往是由南方建筑师们根据温暖地区的具体条件，总结和归纳出来的。这种情况也经常反映在全国范围内的设计竞赛之中。综数历届中奖方案，总是南方居多。一方面，这在于北方建筑方案的特点不够突出，另一方面，也在于一些南方评委对北方建筑不尽理解。究其原因，仍是由于我们对寒冷地区建筑理论的研究和总结不够所造成的。作为寒冷地区的建筑，首要一点，是坚持集中紧凑的空间布局。这是减少外墙散热面积，利于采暖保温的根本性措施。这种空间组织方式，一方面可以带来交通路线短捷、建筑面积节约、占地经济、内部互相联系方便等优越条件；另一方面，也必然带来建筑处理的许多困难。如：灵活性的平面布局、内外空间的相互渗透、各种流线的区分与组织、不同功能的合理分区、良好的自然通风采光条件、建筑设计的趣味性和建筑造型的多样性等等。要圆满地解决上述问题，对寒冷地区建筑来说，无疑会更困难得多。因此，也就更需要我们在理论和实践中进行深入的研究和大胆的创新。寒冷地区建筑外墙应以实为主，减小散热较大的玻璃面。在寒冷地区轻率地、毫无顾忌地大量采用玻璃幕墙的做法，实该有所节制。不久前投入使用的沈阳北方贸易大厦，即在朝北的一面采用了这种摩登的整面玻璃幕墙。且不说它在建筑耗热、保温节能方面造成的巨大不利，在使用上也并非要切。走在街上的人们，透过玻璃所见的，并非是繁华的商业气氛，而是货架后面杂乱堆置的商品库。营业大厅内的顾客，又由于周圈布置的货架几乎完全遮挡了玻璃墙面，甚至自然采光的作用也未得充分发挥。因此，它不但没有达到内外空间相互交融、相互衬托的作用，反而带来了使用和保温上的不利，变成了弊多利少的形式。由此看来，对于大面积玻璃幕墙的采用，要视建筑的性质和具体条件，不可一味模仿。而在寒冷地区尤应慎重。寒冷地区建筑的立面处理，也并非仅能采用开小窗的办法，我们可以把玻璃面适当集中，以造成大面积的虚实对比，往往能取得较佳的立面效果。辽宁体育馆、1980年全国中小型剧场设计竞赛某中选方案(图12)、大石桥火车站(图13)，都是成功地运用了这种手法的例子——建筑色彩宜以暖色为主。这有利于从心理上减少人们的寒冷感，也利于增加外围护结构的吸热保温性能。有人提议选出一种最漂亮的颜色作为“市色”，使全市建筑色调统一，有助于创造城市特色。但是，这将造成令人厌烦的单调感。实际上，很难说哪一种颜色美或不美，令人悦目的色彩，产生于它们之间的合理搭配。不同颜色的组合，将产生不同的色彩效果，创造不同的环境气氛、给人以不同的精神刺激。因此，市内的不同区域、不同的建筑都可能有各自的合理色彩组合。作为城市整体，既要注意色彩的协调，又要有一定的对比；既要注意取得相互间的统一，更要追求丰富多彩。这才符合色彩的构成规律，才有利于充分满足人们的心理要求。在绿化、用水等方面也要结合寒冷地区的气候条件，不可简单地模仿南方建筑设计中常用的处理手法。要注意到设于室外的花坛、水池，一年当中要有多半年是枯干的。图面上漂亮的室外环境，往往是现实中的荒土地或垃圾坑，得到的是适得其反的效果。即使是设在室内的水池，冬季由于水温较低，要耗去室内很多能量，也增加人在心理上“冷”的感觉。因此，寒冷地区绿化、水面的布置，就要结合这个特定条件反映它的特色。如某北方村镇文化中心设计方案(图14)对此做了尝试性的探索。该方案将游艺室、乒乓球室、冷热饮店和展廊组织在一起，中间围绕着一个“水庭”。冬季水庭变成了“冰园”，在这里将布置一组似“冰上舞蹈”为题目的冰雕。因而，取得了一个无论冬夏都是风景秀

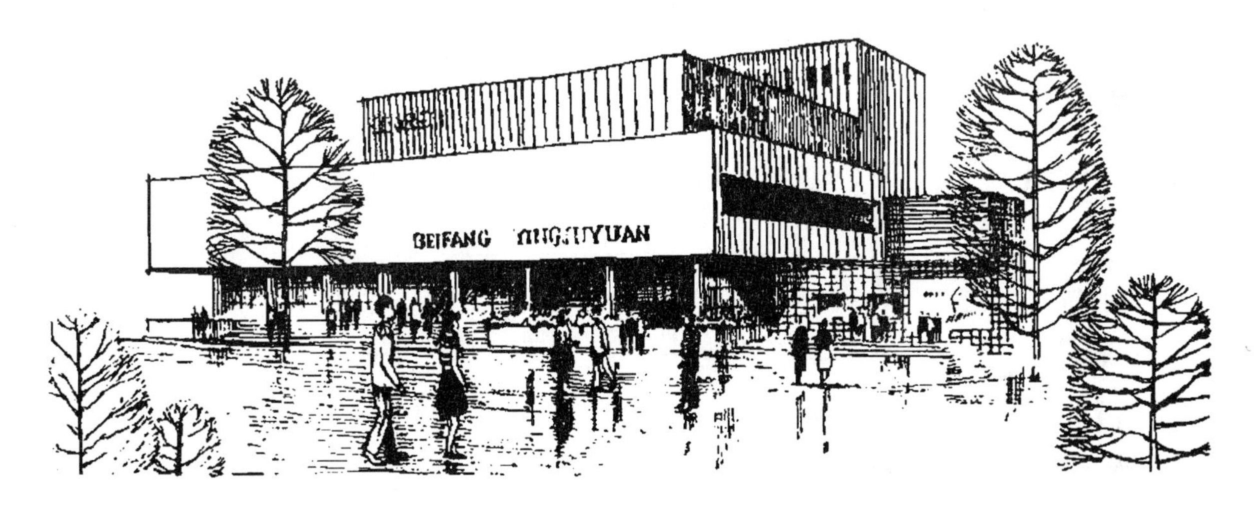

图12　1980年全国中小型剧场设计竞赛某中选方案

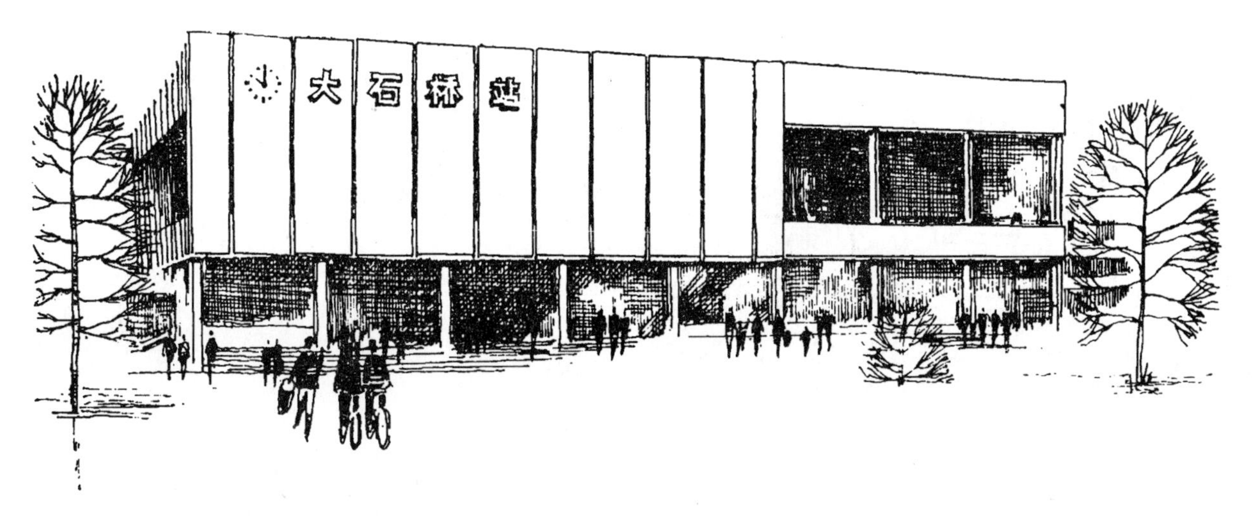

图13　大石桥火车站

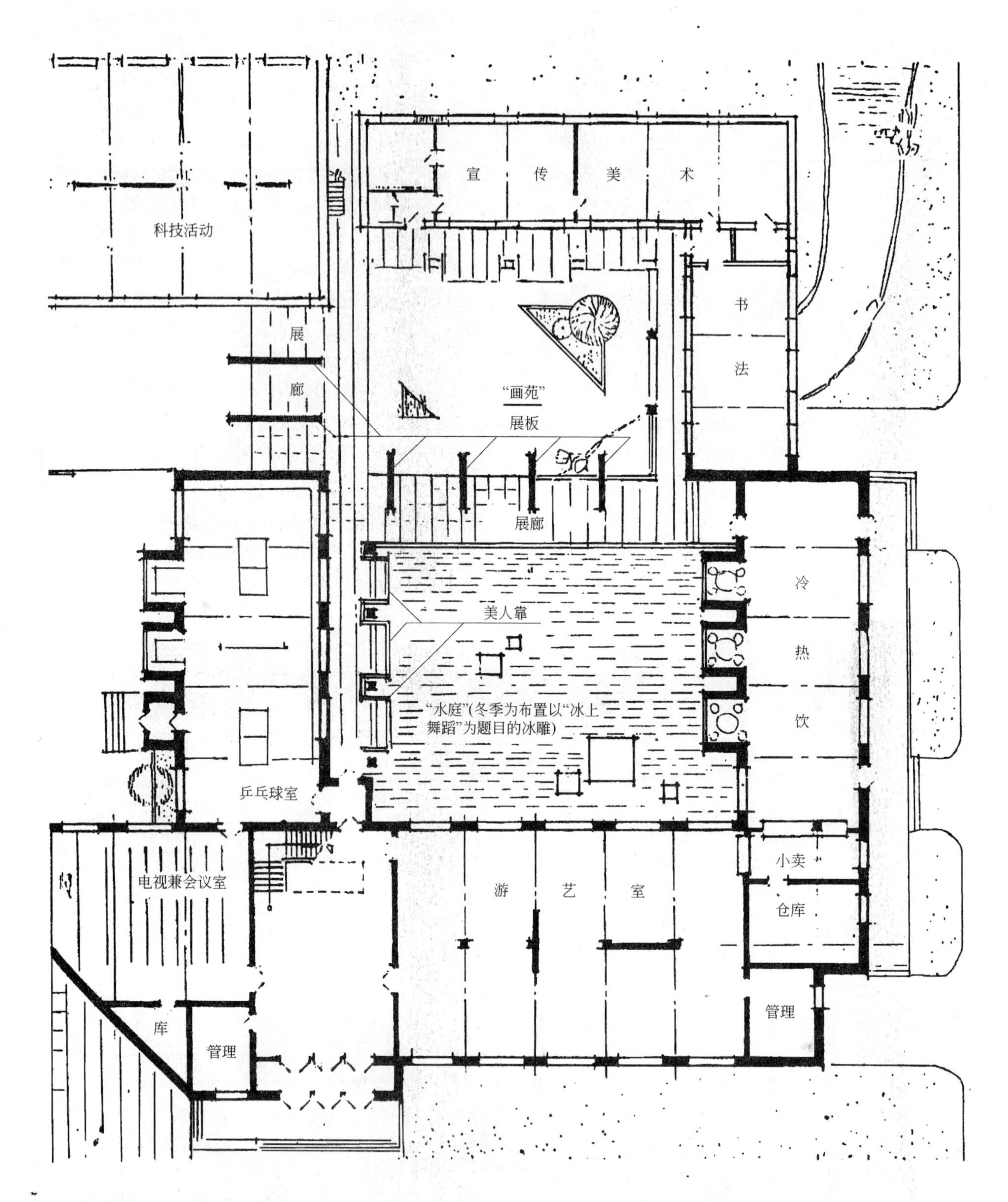

图 14　某北方村镇文化中心设计方案"水庭"局部

美、又令人兴奋的室内外空间。在北方又应该特别强调室内绿化环境的创造。随着季节的更替，自然界也呈现着由绿变黄、由黄变白，不同色调的变换。正因为北方没有南方那种四季长青的自然景色，所以北方人比南方人更需要鲜花、绿树，更需要用室内的人工绿化来弥补气候条件所带来的缺陷。我们在建筑设计中，应该努力满足人们的这种要求，创造为人们所喜爱的室内绿化环境。对寒冷地区建筑的特点还有待我们进行更为深入的研究和认真的总结，以努力提高寒冷地区建筑理论和设计的水平。

（3）重视新技术的应用——城市性质对沈阳建筑特色的影响

沈阳是我国重要的工业城市。工业实力雄厚，科学技术水平较高，这些都为建筑业的发展奠定了十分有利的基础。它具有三项明显的优越条件：建材资源丰富、施工力量强大、新技术研究起步较早。因此，应该努力挖掘潜力，有效地利用这些有利因素，在建筑中充分体现出新技术、新结构、新材料和工业化的优势与特点。

沈阳市内工厂林立，周围又被很多工业城市所环绕，成为我国重要的工业基地。工厂中大量的工业废料为制作建筑材料提供了取之不竭的来源。沈阳及附近城市中，也建有很多具有一定经验、设备条件和技术力量较好的建筑材料厂。因此，基本上可以做到就地取材、就地加工、就地利用，而占有十分理想的地理条件。

在新技术的研究和开发方面，沈阳也很早就投入了力量，并取得了一些成果。对大板建筑、框架轻板体系的研究和设计水平，在国内曾属先行之列。对滑模、大模板、砌块建筑的研究也都着手很早，只是近年来步子慢了下来，这是由于主观上的认识不足所致。另外，沈阳市施工和吊装队伍整齐，设备条件好，也具有兴建大型工程的经验和掌握工业化生产与新技术的能力。如果把新技术、新结构、新材料在建筑中的广泛应用作为沈阳建筑的特点，是具备十分优越的人力与物力基础的。让我们使这个工业城市的特色充分地体现在建筑之中。

（4）塑造粗犷、朴实的建筑性格——行为心理要求对沈阳建筑特色的影响

建筑是人为的产品，同时，建筑的目的又是为人所利用的。每一个建筑作品，既是“人”的自我表现，又要处处满足服务对象的各种行为心理要求。

这里所说的“人”，不仅单指建筑师而言，也包含了结构师、规划师以及社会的每一分子。他们的文化素养、社会意识、风俗习惯、生产水平都会在其中显露。我国青年建筑师李傥在日本建筑设计竞赛中的获奖方案“功宅”，既反映了他的建筑观，又深深地扎根于中国的传统文化和风俗习惯，的确是一件优秀的作品。人又作为建筑的服务对象，根据他们各自的喜好和性格，对建筑提出各种为使其行为和心理欲望得到满足的要求。所以，建筑设计应该根据它所服务对象的不同，采取不同的表达方式。我国国内旅馆的会客室，一般多设在大厅一侧或一隅，甚至独辟一间。这种设计是以中国人的习性作为依据的。大多数中国人，性格内向，喜欢安静、优雅，而不习惯于张扬、嘈杂的环境。但外国人却大不相同，他们喜欢热闹、交往和自我表现。所以，以接待外国游客为主要目的的香山饭店，则把会客、休息空间放在大厅中央，仅用沙发、地毯加以限定，占据了最显赫的位置。同样的内容，却采取了截然相反的处理方法，这完全是根据使用者的生活习惯和性格特点决定的。这种“看人下菜碟”式的设计手法，必然会得到使用者的欢迎，并收到良好的效果。

沈阳人的性格豪爽、淳朴，为人直率、厚道，与南方人的性格不尽相同。不仅为人处世如此，这种性格也表现在各方面：威震全国足坛的辽宁足球队以全攻全守、大刀阔斧的作风与以技术细腻、讲究短传配合为特长的广东队形成鲜明对照；沈阳的风味食品以经济、实惠为特色，而南方食品重在多样和精致；沈阳以雄厚的重工业实力与上海精美的轻工业生产同为我国重要的工业基地。这种性格差别同样要反映到建筑之中。一方面，是由于设计者的性格特点和所处的环境影响所致；另一方面，也在于不同地区的建筑只有充分满足当地人的行为心理要求，才能为人们所接受。因此，沈阳的建筑性格应该表现为粗犷和朴实，并以此区别于南方建筑那种灵巧剔透、精巧别致、优雅秀美、灵活多样的建筑性格。而大体量的建筑组合、简洁朴素的装修、工业化的生产方式、紧凑明确的空间组织，都是这种性格的具体表达手段。沈阳新北客站设计的两个方案、北陵军人俱乐部都比较好地体现了这个特点。然而，也有些建筑的立面处理，不是注意反映其体量间的相互组合关系而仅仅着眼于在立面上做些横竖向的划分，打打格子而已。把纤细的线条、遮阳板、镂空花格等作为立面的主要处理元素，甚至个别建筑在北向也布置大片的遮阳板，以取得某些装饰效果。这除了反映出我们设计思路的狭窄之外，也是我们对南方建筑设计手法不加分析、盲目套用的结果。我们认为，除某些特殊性质的建筑之外，一般说来，沈阳建筑以表现其体量、力度、气质和气势，与人们的性格和心理要求更为贴切。但是，粗犷决不是粗糙，朴实决不是简陋。以前有人把质量低劣的沈阳产品形容为“傻、大、黑、粗”，这主要是由于对产品质量重视不够和技术水平落后所造成的，其次，恐怕与我们对产品特点的分析误差也不无原因。因此，我们应该引以为戒，精心设计，创造出有特点的、高质量

的沈阳建筑。

对这种粗犷、朴实建筑性格的表达，又往往与上述沈阳建筑所应具备的其他特点互相呼应。比如：大块的建筑体量，也正符合防寒保温、集中紧凑的空间布局要求；建筑的大块凸凹，适于北方长年天高气爽、日照充足的自然特点，而产生强烈的阴影效果，更加强建筑的体积感；简洁朴素的装修，又正宜于用工业化、新技术的手段去表现。所以说，通过对沈阳的建筑文脉、自然地理条件、城市性质和行为心理诸因素的分析所提出的沈阳建筑的各个特点之间，存在着一种有机的和相辅相承的关系。我们只要把握住这些规律、大胆创新并继续探索，就一定会创造出有个性的、有地方特色的、有时代精神的好作品。

我们试探性地找到了沈阳建筑的一些特点，这些特点描述了沈阳各建筑之间的共性，也表达了它们与其他地区建筑相互区别的个性。是否这就是沈阳的建筑风格呢？不是。因为，要表现这些建筑特点，并不局限于哪一种风格。现代建筑、后现代主义、中国传统建筑、甚至巴洛克、拜占庭……很多种建筑风格都可以表达这些特点。为什么一定要把沈阳建筑限定为一种风格呢？多种形式并存、多种风格争艳不是更好吗？如果我们首先在全国划出一个圈、规定一种风格、一种模式，然后各个地区又在圈中划图，如此这般，七划八划，不是作茧自缚，自己把自己的思路给堵死了吗？我国建筑长期以来“千篇一律”的状态难以冲破的原因之一，正在于此。再好的风格、再美的形式，仅此一家，必然造成单调，也必然不利于建筑的发展。在这里，我们并不是机械地提倡新老建筑的大杂烩，而是在努力创造新风格、新形式和注意遵循建筑构图理论中统一与协调法则的前提下，主张多样化、多渠道的开拓精神。各种风格的共存，才能带来城市的活力，带来生活的丰富多彩；它们相互间的比较、竞争，才有利于建筑创作的繁荣和提高。那些已经形成一定特色的城市，除了在城市中个别划定的旧城保护区之外，它们的建筑风格，也不应绝对地加以限定。如山城重庆，依山就势进行规划和建筑是其主要特点，但采用哪一种建筑风格，却没有必要强加规定。以俄罗斯风格为主的哈尔滨，除个别区域应保留原有风格外，整个城市的建筑面貌仍应体现为百花齐放，不能永远维持固有的模式。前苏联城市面貌不是也在不断地发展变化着吗？北京城也是如此，近年来现代化建筑的大量出现，就反映了这种客观的发展规律，这不是人为可以限定的，因为时间在推移，社会在前进。沈阳的建筑就更是这样，也必然是这样。建筑的形象应该是不拘一格的，让我们坚持“双百”方针，打破框框，解放创作思想，使各种风格、各种手法兼容并蓄，迎来建筑百花园的万紫千红。

清昭陵申报世界文化遗产的可行性初探

2002年

我国从1985年加入《保护世界文化遗产和自然遗产公约》的缔约国以来，至今已有27处自然与人文景观被列入“世界遗产”名录，位居世界第三位，仅次于西班牙(36处)和意大利(34处)。在我国的27处世界遗产中，辽宁省乃至东北地区竟无一处。基于这种现状，辽宁省政府自2001年正式启动了“一宫三陵”申报世界遗产的工作。

一、清昭陵申报世界文化遗产的意义

1. 东北最著名的历史文化名城——沈阳

沈阳是中国最后一个封建王朝——清王朝的“龙兴重地”。19年的建都历史，十几次的清帝东巡，留下了大量极具地域特色的历史遗产——一宫、两陵、四塔寺、实胜寺……这些灿烂的“清”文化，构筑出了沈阳最重要的古代历史时期，同时也显现出沈阳作为历史文化名城的独特之处。清昭陵作为这段历史中极为重要的皇家陵寝建筑，是沈阳“清”文化的重要组成部分：无论是总体布局还是建筑单体，都深刻反映了当时满、汉各民族文化融合的时代背景，体现出了浓郁的地方民族文化特色。因此对清昭陵的保护也就不仅仅是对其自身的保护，而更大意义上是对沈阳历史文化名城的保护，前者是后者极为重要的组成部分。因此可以说，昭陵申报世界文化遗产是基于历史文化名城保护这个大的构想，而最终又是服务和从属于历史文化名城保护。

2. 申报是沈阳走向世界的需要

沈阳作为本区域的重要城市，虽称得上是历史文化名城，但在国内外却没有较高的知名度，旅游的年度收入在国民生产总值中占非常少的份额。沈阳作为“一朝龙兴地，两代帝王都”，有着丰富的人文景观与历史遗迹，而这些具有浓郁民族特色的历史文化正是沈阳谋求持续发展的根本与基础。从这个层面上来说，清昭陵，乃至清福陵、沈阳故宫等申报世界文化遗产，无疑是沈阳走向世界的重要机遇，同时也会推动整个区域的社会进步和经济发展。

3. 申报的过程就是保护的过程

清昭陵申报世界文化遗产，其根本目的是为了昭陵能够得到更为妥善的保护。通过申报，以文化遗产的评定标准作为实施每一项保护整治措施的准则，从而使得文物保护更为科学、更为恰当。为申报而进行的综合整治工作，不仅能对昭陵文物建筑进行合理、必要的加固修缮，还可将一些毁坏多年的文物建筑单体再次展现出来，恢复昭陵完整的面貌；同时通过对其环境的整治，清除其中与昭陵不甚协调的成分，有效地改善其周围的环境质量。

二、申报世界文化遗产的条件与依据

清昭陵，位于盛京古城——沈阳西北，满语叫“额尔登额蒙安”，意为“光耀之陵”。这里埋葬着清朝第二代开国君主——太宗皇太极以及孝端文皇后(博尔济吉特氏)。清昭陵始建于清崇德八年(1643年)，至顺治八年(1651年)初步完工，此后康熙、乾隆及嘉庆各朝又对之进行了增建和改建，最终形成了现在的规模和格局，可以说它是一座积累式建筑群。清昭陵与清福陵、清永陵并称为“清初关外三陵”，清昭陵是其中占地最多，规模最大的。

作为帝王陵寝，清昭陵建筑是完整而又独具特色的，它既吸纳了大量中原帝王陵寝文化，同时也保持了民族特点，将我国传统建筑文化与满族民居建筑形式融为了一体，形成了异于关内各陵的独特风格，堪称是汉、满民族文化交融的典范。

1. 清昭陵所具备的自身条件

(1) 真实性及完整性。遗产的真实性是申报要求中的一项最基本的条件，它不仅要求遗产本身保持形成之初的基本特征，也要求它具有一定的完整性。清昭陵陵区周围的自然环境基本上保存着原有风貌，陵前湖泊与陵后隆业山变化不大，陵寝周围虽被侵蚀了 40 万 m^2 的绿地，但植被还保存完好。陵区内的建筑——下马碑、石华表、石狮、神桥、石牌坊、东西院落门、正红门、石像生群、石望柱、神功圣德碑亭、东西朝房、隆恩门。方城、东西果按、东西配殿、隆恩殿(图 1)、二柱门、石五供、明楼、月牙城、宝顶、宝城等，多为清初建筑，保存了原有的真实性，特别是宝顶下的地下宫殿——地宫，保存完好，真实地展示了清初关外帝王陵寝规制布局的完整性。

图 1　昭陵隆恩殿

(2) 独特性及典型性。并非一切保存完好的文物都可以作为世界遗产，世界遗产还必须符合其价值标准。这一点主要体现在它的独特性和典型性方面。

清昭陵作为清代第三座皇陵，是明清皇陵中重要的组成部分，其自身具备“明清皇陵”所体现出的共性与特点，如方城明楼式布局。由于昭陵建造于特定的历史阶段与文化背景，虽然在陵寝的总体布局和建筑单体的外表形式上极力效仿中原的明陵，但其“建城”的构思意象、建筑单体的构造措施以及所表现出的建筑特点如城堡式的方城、楼阁式的隆恩门(图 2)、外廊歇山式屋顶、民居文化影响下的青砖及黄琉璃瓦的皇家宫殿等诸多方面，更多地折射出清初关外以满族本土文化为基础、吸纳多民族文化的特点，具有异常鲜明的地域性和民族性。而这些独特的文化属性也使清昭陵成为有别于其他关内明清各陵的一座融自然风貌与封建城堡为一体的、典型的关外帝王陵寝。这种陵寝文化与模式不仅在明清时代，即便是在中国整个皇陵发展史中均是极为罕见的，其本身所蕴含的文化内涵反映出了当时特定年代下的民族心理、宗教信仰与社会审美情趣，更多地展现了关外风情，堪称是中国皇陵发展史中的一朵奇葩。

图 2　昭陵隆恩门

2. 申报世界文化遗产所依据的标准

按照世界遗产的分类与清昭陵的性质，清昭陵属于文化遗产。公约中对文化遗产有较为详尽的评定标准：①或者代表一种独特的艺术成就，一种创造性的天才杰作；②或者能在一定时期内或世界某一文化区域内，对建筑艺术、纪念物艺术、城镇规划或景观设计方面的发展产生过大的影响；③或者能为一种已消逝的文明或文化传统提供一种独特的至少是特殊的见证；④或者可作为一种建筑或建筑群或景观的杰出范例，展示出人类历史上一个(或几个)重要阶段；⑤或者可作为传统的人类居住地或使用地的杰出范例，代表一种(或几种)文化，尤其在不可逆转之变化的影响下变得易于损坏，符合其中任何一项即可申报。基于这些评定标准，通过对清昭陵的仔细研究，认真分析，我们得出极为肯定的回答，清昭陵至少符合其中的四项，这在文化遗产的评审中是很少见的，原因如下：

(1) 清昭陵的建筑与环境十分协调，根据明清帝王陵寝中“陵制与山水相称”的规定，将松林、陵后山、陵前湖泊等均作为陵墓整体的有机组成部分，统一进行规划布局。陵后人工堆积的山体，作为“靠山”，作为整个陵区的依托，环护陵寝四周；而陵前人工开挖的湖泊既有排水泄洪之功用，还给人以心境平和之感，为陵寝凝重的氛围又平添了一片宁静；陵寝四周郁郁葱葱、高大茂密的松柏林，则不仅给整个陵寝笼罩了一层庄严和肃穆，也带来了一片生机(图 3)。建筑依台地由南到

图 3　清昭陵全景

图 4　昭陵方城与宝顶

图 5　昭陵宝顶

北序列排布，错落有致，尊卑有序，掩映于山环水抱，松涛林海之中，虽为人作，宛如天设地造一般，形成一个规模庞大，气势恢宏的帝王陵寝，同时也构成了一幅建筑艺术与环境美学相结合的杰出篇章(符合标准①)。

(2) 清昭陵的兴建从完整意义上讲，贯穿了整个清朝的前半期，在此期间，清永陵、清福陵、清孝陵、清景陵等均同时修建。因礼制要求，昭陵不断伴随着其他陵寝的修建而扩建，以趋同于清陵的统一模式，虽是如此，但至今仍完整地保留下来草创时期“城堡式”布局的构思特点，正是这样的布局特点使昭陵独树一帜，别具一格。

明清两代皇陵，自明孝陵始，即改变以往唐宋皇陵格局与模式，不仅取消了“下宫”的建筑制度，还形成了由南向北、排列有序地相对集中的木结构建筑群，这也是明清陵寝制度的一个显著特点。自此以后，关内明清诸陵虽在整体布局或建筑单体上稍有变化，但在大体模式上仍是极为相似的，唯有关外的昭陵与福陵、永陵，由于其营建于满族与明廷的长期战乱中，在特定的历史背景下，出于对“防御”的极度重视，形成了遗留给后人所见到的这种特殊的封建城堡式陵寝布局(图 4、图 5)。从这个意义上说，昭陵应该称作是我国纪念建筑中在构思及艺术表现上的一处典型特例(符合标准③)。

(3) 清昭陵是关外一座极为重要的皇家建筑群。这样特殊的地位也就使得其自身的方方面面都承载了大量重要的历史文化信息，能够反映出许多历经时代的变迁而已削弱或消失、而在当时却是极为重要的文化传统或文明的真实情况。明清各陵除个别陵寝由于都城的更迁(如明孝陵，清福陵)，或为死后尊奉(如清永陵、明显陵)等原因外均实行的是“主陵制”，即以某一陵寝为主体，形成规模恢弘的陵群。惟有昭陵较为特殊，并未遵从此制在福陵旁择一“风水佳域”葬之，而是选择了这处从风水观念上讲并不上乘的地段作为了墓主的“万年吉地”，这不能不说是个特例，但从清永陵及历史上的清东陵均可看出满族亦有“多祖群葬”的习俗，故由此可分析出，当年昭陵陵地的选择中必然还有更为严格且在当时社会中居于主导地位的制度不可逾越，这个约束即是八旗制度。通过对清昭陵选址的研究，从建筑角度作出了表述和说明，即其中所隐含的信息在一定程度上真实地对“八旗制度”在满族这段历史中的主导作用，从而使我们对于“八旗”这一制度有了更为清晰、更为全面的认识(符合标准③)。

(4) 历代帝王宫殿与陵寝均是中国古代建筑的杰出代表，由于其特殊的政治地位，大都动用国家力量建造而成，因而使得其自身不仅凝聚了一个时期的政治思想、道德观念和审美情趣，同时也真实反映出当时的经济状况、科学技术水平和营造工艺水平，可以说，它是一个时代发展的浓缩与精华。清昭陵亦不例外，从某种程度上讲，昭陵的历史价值，很大层面上是在于它能够为研究清初关外的社会提供有力的佐证。如昭陵早期的单体建筑并非是传统思维中皇家建筑所表现出来的金碧辉煌、红墙黄瓦，而是更多地散发出“纯朴”的满族民居的气息，当然从中也可找到中原宫室文化与其他少数民族文化的痕迹，但无论在色彩、构造、形式等诸多方面都可以称得上是“另类”的一种皇家建筑，这种以满族民居为基础的建筑形式，就反映出了这一特定时期满族文化发展的状况——即满、藏、蒙、汉文化的交流和融合。而城堡式的总体布局模式又折射出当时严峻的政治形势。

特定的历史背景下会产生特定的建筑，而特定的建筑又展示出特定的历史背景。清昭陵、清福陵与清盛京故宫(沈阳故宫)一样，作为清初关外建筑的杰出范例，它们都将清初关外社会的方方面面通过建筑语言记载了下来，而后再通过建筑语言向后人叙述和展示出那个特定的、重要的历史阶段(符合标准④)。

三、结语

我们相信，通过严格而科学的文物建筑保护与大规模的环境整治，一定能使清昭陵再展丰姿，进而取得申报世界文化遗产的成功，为沈阳的经济腾飞做出新的贡献。

中国满族宫殿建筑

2003年

自1603年努尔哈赤重建赫图阿拉城并在此登基、称帝以后短短的二十几年中，先后修建了界藩、萨尔浒、辽阳东京等皇城，其中也修建有宫殿。由于当时满人几乎将全部注意力倾注于军事和政治方面，无暇顾及建筑，早期的满族宫殿建筑与一般民居相比，虽在建筑规格上有所区别，但并未形成宫殿建筑自己的形制。直到进入辽阳东京城之后，宫殿建筑才有了一个比较大的跨越。满族宫殿建筑的真正成熟，还是体现在沈阳故宫建筑之中。

沈阳故宫(图1)是中国现存的两组完整的宫殿建筑群之一，它与闻名遐迩的北京故宫同样成为中国以至全人类的宝贵财富。经过长达一百五十余年的建造、维修、改建和陆续增建，形成了今天所见的规模。沈阳故宫占地面积六万余平方米，共包括宫殿斋阁建筑一百余幢，四百余间，系清太祖努尔哈赤和清太宗皇太极两代皇帝在满清入关之前定都沈阳时的宫殿。顺治帝于1644年入关并迁都北京，沈阳变成清王朝的“陪都”，沈阳故宫成为“留都宫殿”。清康熙、雍正、乾隆、嘉庆、道光五朝皇帝共十一次来沈祭祖谒陵，对其先祖宫殿多次进行修缮和增建。特别是乾隆年间，曾对故宫进行了大规模的扩建，使这座塞外皇宫愈发完整并最终形成了今天这个以东路、中路和西路三个部分组成的宫殿建筑群(图2)。东路为清太祖努尔哈赤所建，中路由清太宗皇太极建造并用作自己的大内宫阙。西路和中路的东西所则为后期清朝皇帝东巡谒陵时续、扩建部分。东路与中路建筑是满族建筑文化发展到顶峰时所留下的精华，而西路及中路东西所则是在满人充分地吸纳和接受了中原文化之后的作品，主要体现为汉文化的影响。因此，我们把文章的重点主要放在对东路和中路的讨论方面。

图1 沈阳故宫航拍

图2 全景

一、东路与中路建筑的总体布局

1.“八字布局”的东路建筑

沈阳故宫中最具特色、最为精彩的当数东路的大政殿和十王亭一组建筑(图3)。不仅在于这一路建筑生动而粗犷的造型与装饰、带有原始美的风格与手法，也在于它别具一格的总体布局所造成的恢宏气势、历史风韵、民族气氛和优美构造。

东路建筑的空间组合十分简练，没有多进的院落，没有草木的点缀，也没有过多的空间变幻与划分。大政殿位于中轴线上面南而居，前面的十座宫殿分两列于大政殿前两侧成“八”字形布局(图 4、图 5)。距大政殿最近的两座殿东称左翼王亭，西为右翼王亭，两殿相向开门。左翼王亭之南四殿依次为镶黄旗亭、正白旗亭、镶白旗亭、正蓝旗亭；右翼王亭之南四殿依次为正黄旗亭、正红旗亭、镶红旗亭、镶蓝旗亭。名称虽为“亭”实为“殿”，两两相对，列于中轴两侧，由北向南两殿间距逐渐放大，故称“八字布局”。十王亭体量不大，平面相同，是一种标准化单元。通过它们在平面位置上的逐级错落，造成点点相连、相互重叠，颇具韵律，构图十分别致。在十王亭之南，于东、西两侧分别坐落着一座真正的亭式建筑——奏乐亭，供临朝仪式过程中乐队专用。大政殿之后有一幢一字形平房，用作銮驾库。一条石板铺砌的御路直达大政殿。院落东、西、北三面砌有围墙，南面不设围墙，与街道空间连成一片，仅有木栅栏圈起，颇有满军营寨的气势。这种独特的宫殿布局方式有着它客观的依据。

图 3　东路全景

图 4　大正殿

图 5　十王亭

1) 是努尔哈赤政治体制的写照(图 6)，大政殿是汗王努尔哈赤的金銮宝殿，十王亭是他的十大贝勒临朝的殿堂。建筑的排列犹如重大会议的座次，呈现出皇帝在上、群臣共议的局势。这的确十分形象地表达出当时努尔哈赤所执行的“君臣合署办公”的政治体制，也完全符合这种合署办公的功能要求。努尔哈赤是后金之主、开国之父，无人能与之争权。但他手下的儿臣贝勒们，互不示弱，皆欲取其身后之位。当努尔哈赤两次立储均告失败之后，为了平衡各旗王贝勒之间的地位与实力，不得不从集权制改为分权制，采取了军政民主的措施，使各旗王贝勒之间互为牵制，以保证内部政局的稳定。

图 6　东路八字

天命五年(1620年)，努尔哈赤正式确立了由和硕贝勒共治国政的体制。为此在沈阳故宫中出现了大政殿与十王亭这一君臣联席会议式的特殊的建筑格局，而不是千百年来封建帝王们为体现惟我独尊的朝政体制而形成的那种宫殿布局模式。

2）是一种象征手法的运用，自从努尔哈赤在佛阿拉开始建立起政治、军事、生产三位一体的八旗制以后，显示出巨大的优势，取得节节胜利。满人对“八”的崇拜与日俱增。在东路建筑中我们可以很明显地感觉到这一思想观念的物化结果。十王亭亦称“八旗亭”，将八旗亭按八字形排列，直观而有内涵，确是将象征性手法与合署理政的功能要求成功结合的产物。此外，皇帝理政的大政殿既未采用满人传统的硬山建筑，亦未采用汉人的庑殿顶建筑形式，却打破常规选择了八角形的平面和八角重檐攒尖顶的建筑造型，明显地表达了他们对“八”的崇敬和喜爱。努尔哈赤在辽阳东京城时的大殿就是这种造型，迁都沈阳之后，他把这个首创于东京城的心爱之物带到沈阳，又令人在前面布置了八字排列的旗王亭，更为强化了“八”的内涵，使他的宫殿群取得了更加威严的皇权气氛，塑造了一个近乎完美的建筑群空间。

3）是军营帷帐的固定形式，八旗军行军有严格的规制，总是汗王居中，八旗军分为两路，排列规整。每路各为四旗，分别由左、右翼王统领。驻扎下来以后，亦按这一顺序安营扎寨。这当是营建东路匠师设计之初的灵感之源。这种行军途中驻扎下来的帷帐布局后来亦发展为臣王之间一种常规的排列形制。努尔哈赤在建立起君臣共治政体之前，凡遇军国大事，总是要在“殿之两侧搭八幄，八旗之诸贝勒、大臣于八处坐”(满文老档，卷九)。“幄”者，即帐篷。这种帷帐由于便于携带和拆装，是满人常用的临时居住工具。甚至到盛清、晚清，这种帷帐仍被经常地用于皇帝出猎、宴请或临时居住办公等场合。因此在东路建筑中，大政殿与十王亭是由帷帐发展而来的一种固定的建筑形制之说，具有很强的说服力与客观性。

4）是环境气氛塑造的成功示例，我们以今天的设计眼光去审视三百多年前的设计成果，会发现先人在这组建筑的设计中，竟体现着一种对透视学的深刻理解。站在大政殿的对面举目望去，八字排列的十王亭将透视“灭点”集中于这组建筑的构图中心——大政殿，使大政殿的地位突出显赫。同时，平面距离呈近宽远窄的八字形布局强化了近大远小的透视效果，在视觉上拉长了大政殿前御路与广场的尺度，进一步渲染了皇权高高在上、远不可及的威耸感。这种对人们视错觉的巧妙利用，恰如意大利圣彼得大教堂前梯形广场的做法，只不过一为夸大这种透视作用，另一为纠正这种透视感受，可谓“同曲异工”。若我们闭目而思，当年皇帝高坐于大政殿之上，两侧旗王贝勒于各自亭殿之中，广场上各旗军队分立于所属殿前，东西奏乐亭内鼓乐齐鸣，百官朝会，气势如宏，是何等的威严与壮观！

东路建筑总体布局设计独具匠心，构思大胆，别开生面，是中国传统建筑中一颗熠熠闪光的明珠。

2.“宫高殿低”的中路大内(图7)

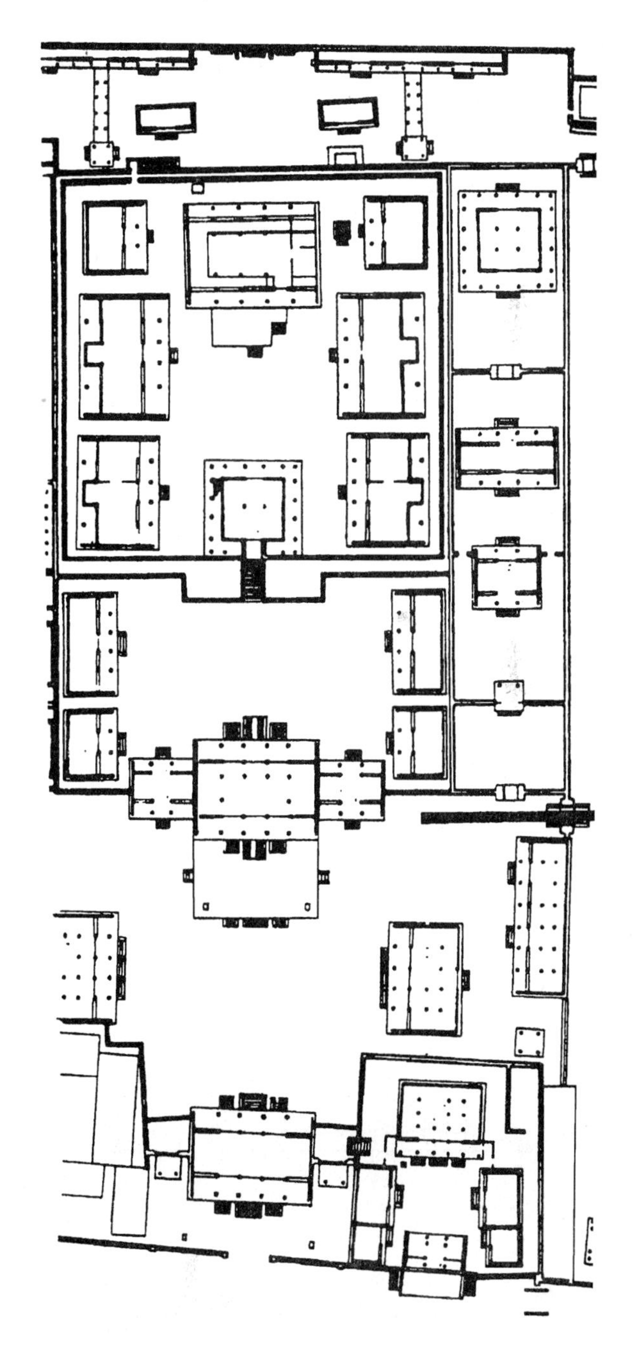

图7　中路平面

沈阳故宫中路建筑的总体布局特色也十分鲜明。特别是它的纵向剖面设计，呈现为“宫高殿低”的特殊做法。

一般说来，在皇宫建筑群中，殿总是处于相对高的位置之上的，仅个别朝代(如元朝)的宫与殿处于等高的地坪上(图8、图9)。

沈阳故宫中路的宫殿布局亦为“前朝后寝”的形式，朝——主要指大清门和崇政殿，寝——是中轴线上的第四进院落“台上五宫”。它坐落在一个高为3.8m的人工夯土台上，形成了“宫高殿低”的形式。而北京故宫恰恰相反，是将三大殿(太和殿、中和殿、保和殿)置于一个“高台”上，形成了“宫低殿高”的形式。

皇太极为什么要采用宫高殿低的做法呢？其实他并非要降低殿，而是要抬高宫。这是因为：①择高筑屋是满族祖先女真人长期以来的居住习惯。最早他们还生活在山区时，将房屋盖在山腰或山岗上，完全出于一种功能——安全与眺望的需要。占山为王，权势越大，越有条件占据制高点建造自己的宅院。久而久之，这种物质需求演变为一种习俗与嗜好。即使来到平原，即使没有危险、不需眺望，他们仍然希望居于高处，以至把此作为一种地位的象征。因此，有钱有势的人家，就以人工筑台的办法，在台上修院、台上盖房，来标榜自己的地位。于是高台院落成为满族贵族民居的重要标志。王府宅第必有高台。这种格局也是满族民居沿山坡由低到高纵向布局的人工化结果。其实台上五宫又应该是由当年皇太极王府改建而成：根据“盛京城阙图”(图10)，对城中各王府均一一进行了描述，唯独不见皇太极王府；又由八旗在城中所据的方位判断，皇太极所率正白旗恰应在努尔哈赤所建宫殿的西面；且依当时皇太极在努尔哈赤政权中的突出地位，他与大贝勒代善(正、镶两红旗旗主)的王府分居努尔哈赤选定的宫殿两侧，应该是顺乎情理的。因此推测“台上五宫”的位置应是原皇太极王府的位置，只不过当时他的宅院大门面北而开。皇太极为自己建造皇宫时，就在自己王府第二进高台院落的基础上进一步扩建而成。也更使得他的宫殿与王府和民居建筑具有一种密切的关联。原王府建筑既于高台之上，辟为皇宫，岂有不筑高台之理？只能比当初更高更大才近情理。②出于安全防卫的需要。沈阳故宫是一个与城市空间相互渗透的特殊皇宫，它对城内的防卫设施很不完备。这也是女真王城的传统做法，因为他们当时志在一致对外，而非内部矛盾。对他们来说，城外的是敌人城内的是自己人，因此只注重城对外的防御功能，不在意宫院自身的防卫要求。但进入沈阳城之后，城内成员愈发复杂，内部的防卫显得愈发重要。皇太极毕竟为当朝天子，高台筑院又重新成为一种十分重要的保卫措施。中国传统的防御办法，历来强调平面方向上的层层围合。因此，城中造城，墙中套院被认为是最有利的防卫模式。皇帝总是要把自己关在层层围墙的核心。而外国古代的防卫办法却是向高发展的，城堡就是以高度来防止外部的侵犯。高台院落正是这种平面加立体防御措施的结合。这是满人摸索到的自以为有效的保安防御措施。

由于第三进院落与第四进院落地坪高差很大，建造者以一个高耸的凤凰楼作为不同地坪的联系与过渡因素(图11)，这无论在空间构图上还是防卫功能上，都十分重要。凤凰楼又是整个故宫建筑群以至沈阳全城的制高点，它对中路建筑在三路之中的主体地位起着强调作用，又在中路的主体建筑崇政殿的后面，作为它的背景和衬托。在防卫上，凤凰楼作为台上五宫的入口，恰是一座高高耸立的城楼，与牡丹台和四周围墙上的更道(图12)一起构成保卫台上五宫的防御系统。第四进高台院落是一个与众不同的院落，这种高台院落具有浓郁的满族宅院特点。

沈阳故宫台上五宫，总体庭院置于高台之上，院内没有高差，院子和建筑一起被抬高了。而北京故宫无论是三大殿还是三大宫，都仅仅抬高了三座建筑物，由廊庑围成的庭院空间没有被抬高。这是在高台建筑中满汉

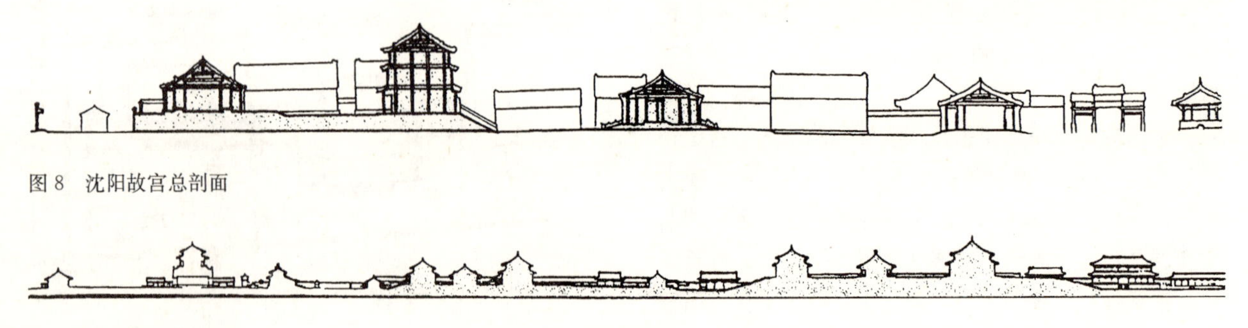

图8　沈阳故宫总剖面

图9　北京故宫总剖面

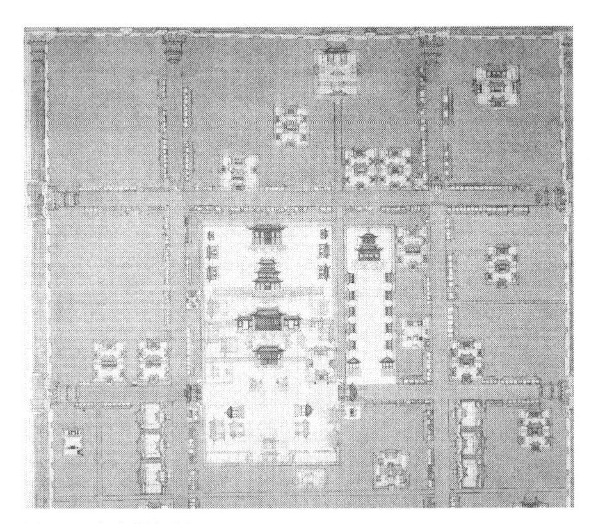

图 10　盛京城阙图

图 11　凤凰楼立面

图 12　高台甬道

图 13　北京故宫高台

的明显区别，即满族把庭院抬高形成高台庭院，而汉族抬高的仅是建筑单体，庭院不抬高。

沈阳故宫台上五宫所围合成的四合院空间，尺度小，内聚力强，是一个以清宁宫为中心，气氛亲和的生活空间。在庭院中，感受不到这是生活在一个高出地面近 4m 的平台上。高台四周的更道有卫士巡逻，更增加了安全感。北京乾清宫、交泰殿和坤宁宫三个居住宫殿没有形成向心的庭院空间，形成的只是通过式的外部廊道。它们虽然位于庭院正中，却打碎了庭院空间的向心性。为的是体现作为皇帝和皇后居所的尊严和气派(图 13)。这种做法没有形成居住性的向心空间，只为人们提供一个最佳的观赏建筑外部空间角度。这种布局所形成的空间不是为了居住，而是为了礼制和气派。在这里使用功能让位于礼制和观赏功能，居住空间所需要的那种亲和关系、便利的生活已经不重要了，即使这是皇帝的居所。实际上，皇太极在他的宫中延续的是王府的格局，王府的格局来源于满族的民居。而北京故宫中延续的则是千百年来封建礼制的尊卑关系。

在沈阳故宫的中路，楼阁占总建筑面积(不包括东、西所)约 56%，也就是说，中路一多半建筑是楼阁(图 14、图 15、图 16、图 17)。从这里也可以看出满人对居高的喜好，所以筑高台、建楼房成为满族建筑的又一特点。

图 14　翔凤阁

图 16　日华楼

图 15　霞绮楼

图 17　凤凰楼

二、单体建筑中满族文化的体现

(1) 以硬山顶为主的宫殿建筑。皇宫作为最高等级的建筑，却延续了民居硬山顶的做法，尤其中路建筑几乎皆为硬山(图 18、图 19、图 20、图 21)，不能不说是满族宫殿的一大特点。它们与民居的不同点在于大多宫殿前出后廊，以及在用料和装饰方面的精心加工。仅凤凰楼、十王亭等个别建筑采用了歇山顶，但它们却不是出现在最重要的建筑上(如崇政殿、清宁宫等皆为硬山屋顶)。其歇山的做法也未按“收山”规制，未采用采步金及草架柱子，是一种“硬山加周围廊”的早期歇山顶(图 22、图 23、图 24、图 25)。屋顶举架也同民居——坡度较缓却屋顶部分占建筑总高的比例偏大。屋顶除一些次要建筑采用布瓦之外，主要建筑皆用黄顶绿剪边琉璃瓦铺设，不同于汉族殿式做法的满堂黄琉璃顶。脊上的走兽多黄绿相间，反映出满人喜欢多色彩搭

图18　中路全景

图19　日华楼

图20　硬山

图21　硬山

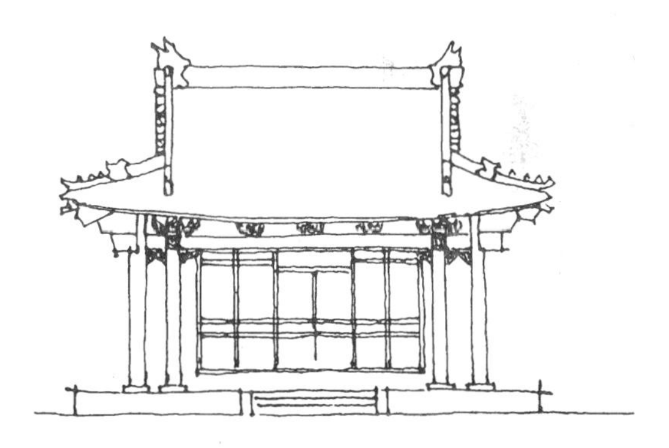

图22　十王亭

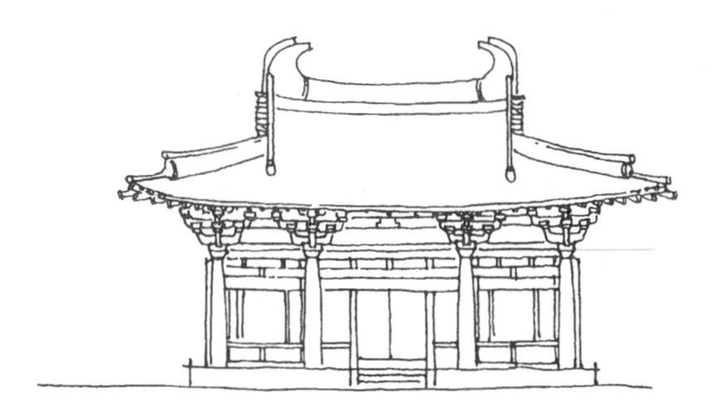

图23　歇山

配的审美情趣——在一些石雕中也常以不同颜色的石料搭配组合(图 26、图 27、图 28、图 29)。正脊两端的大吻造型附会进政治色彩，在风火轮的造型之中，一端的正吻内加了一个“日”字，另一端加进一个“月”(图 30)。这不仅象征着皇帝双手托起日月，掌管乾坤，又意喻立志捣毁大“明”，取而代之。

(2) 大木梁架，按照殿式做法，外檐柱直顶到平板枋或梁架下面，由平板柱撑托斗栱，横贯额枋在柱处断开，以榫卯与柱相接。额枋采用整木，檐柱顶到额

图 24　十王亭立面

图 25　歇山

图 26　大清门立面

图 27　彩顶及饰物

图 28　仙人走兽

图 29　彩石栏板

枋下皮即止，由额枋承载上部荷载再传给柱子(图 31、图 32)。

(3) 东路大政殿是早期建筑中惟一采用了斗栱的建筑，其斗栱硕大华丽，力感极强(图 33)。尤为引人注目的是它们都为截面呈菱形的斜栱，且栱头处未按折线转承，而用了弧线。这是辽、金做法的延续，也是满人所熟悉的做法。

(4) 清宁宫为五开间，却未在中轴线上的明间开门，而是开在东次间(图 34)。进屋即灶间，西侧为三间贯通的“口袋房”和“万字炕”。西墙挂供奉祖牌“窝萨库”(图 35)。灶间空地面积很大，为在室内举行萨满祭祀活动提供了充分的空间。东侧一间为卧房，又分隔成南北两间暖阁形式。是典型的萨满民居格局。

(5) 在所有以居住为主的“宫”中和许多办公用的“殿”内，都设有火地、火炕设施。但仅在清宁宫后建

图 30　正吻(日)

图 31　短柱及兽头

图 32　长柱

图 33　大政殿斗栱

图 34　清宁宫次间门

有满族典型的“跨海烟囱”(图 36)，其他建筑(也包括清宁宫)中则采用了在室外烧火口附近设置凹洞的“二龙吐须”式排烟法(图 37)，或在台基台明处设置排烟孔(图 38)。

(6) 为加强建筑保温，外墙厚实，并多用俗称“夹心墙”的多合成围护结构。外檐柱砌在外墙之中，仅在柱脚的相应位置以透空花砖与柱周墙内的竖向通气空间相通，以防柱子腐烂和造成墙体局部发生热桥(图 39)。

图 37　二龙吐须

图 35　清宁宫室内

图 38　台明烟孔

图 36　清宁烟囱

图 39　半截檐柱

而不按关内做法，在外墙与柱相接触的部位，将墙体的平面形状砌成“八”字形，使柱子露出墙体，以避免木柱腐朽(图 40)。其目的十分明显：更加看重与强调墙体的防寒要求。

(7) 在小木作方面也处处散发着满族文化的气息，如拍子门、支摘窗，并用油浸过的窗户纸糊在窗外。另在吊顶、隔断、家具、陈设等方面更处处体现着满文化和满族生活的特点。

(8) 木栅拦、挡马架、索伦杆……许多满族常用的器具与设施也都出现在故宫建筑之中。

三、沈阳故宫建筑中所渗透的藏、蒙文化的影响

尽管满族在其崛起的过程中，始终将斗争的目标直指向当时势大力强的明朝政府。其实，它自己又处于来自各方的包围之中，处境十分艰难。其南面面临信誓旦旦要推翻的明朝疆域，东有不很安定的朝鲜势力，西为能征善战的蒙族部落。为此，它采取了征服朝鲜、笼络蒙古、共对明府的战略。特别是对蒙古，从努尔哈赤到皇太极都竭力以局部的武力胜利，以及利用包括联姻等一系列政治手段和宗教引进等作为共缔联盟的条件，软硬相兼，胁迫、安抚和联合蒙古的势力。应该说，这一招是成功和有政治远见的。于是源于西藏的蒙古喇嘛教也在满族文化中产生着很大的影响。这种影响在沈阳故宫建筑中随处可见。

(1) 大正殿屋顶的塔刹，垂脊上的鞑人顶饰(图 41、图 42)，以及相轮、火焰珠，须弥座式的台基，天花藻井上的梵文装饰等大量来自蒙古族影响和藏族喇嘛教的文化。

(2) 早期建筑室内外大量使用了藏族建筑中的“叠经”装饰——额枋处一条带有无数立方体凸凹的装饰带(图 43、图 44)，它来自藏族建筑中大门周围的装饰做法。

(3) 大清门、崇政殿等建筑中，将挑尖梁雕成一条木龙(图 45)。龙头探出檐柱之外，龙尾留在室内，面部凶猛可怖。这明显来自喇嘛教的影响。另外许多重要建筑的外檐柱子上面，都雕有一具携云兽面，其样式亦来自西藏面具的形象，其面部两侧的一双垂手与西藏的常规做法如出一辙，只是仅将原来的两支直角，改成卷曲状(图 46)，这是在西藏常用图案的基础上加入了设计者的理解和审美思想，用本地的羊角，替代了两条直直的牛角。另外，藏族常用在建筑屋顶翼角椽头上的

图 40　硬山檐墙露柱(日)

图 41　大政殿顶

图 42　鞑人力士

“魔蝎”和其他多种建筑装饰图案等也被用在了沈阳故宫建筑之中(图 47)。

除宫殿之外，满族的传统建筑还包括民居、陵殿、堂子等，限于文章篇幅不能一一论及，但宫殿是满族传统建筑中最具典型性和代表性的类型。满族建筑在中国丰富多彩的传统建筑文化之中，是一个颇具特色的建筑分支。

图 43　室外叠经

图 44　室内叠经

图 45　兽头穿插枋

图 46　柱头兽面

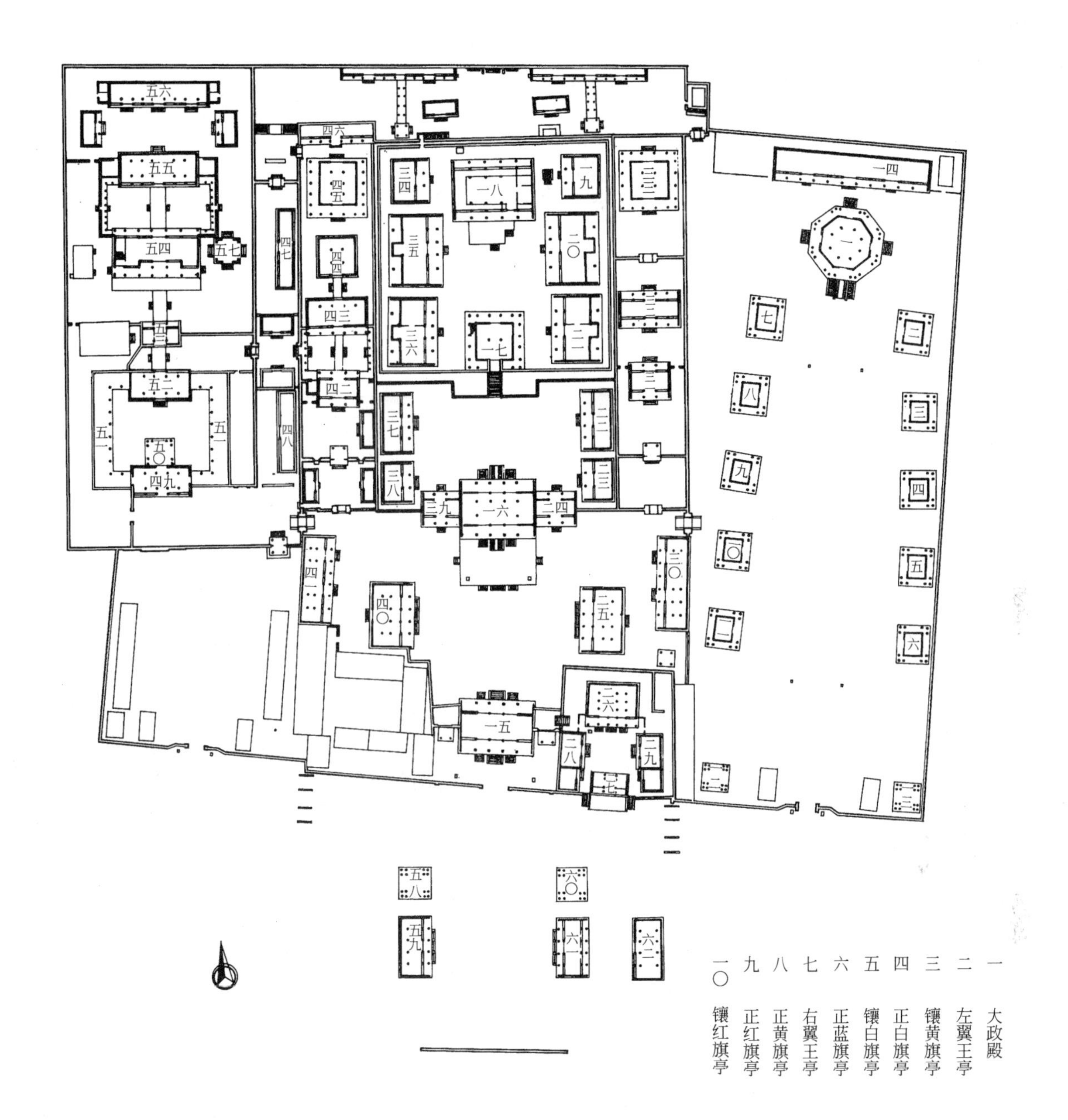

一 大政殿
二 左翼王亭
三 镶黄旗亭
四 正白旗亭
五 镶白旗亭
六 正蓝旗亭
七 右翼王亭
八 正黄旗亭
九 正红旗亭
一〇 镶红旗亭
一一 镶蓝旗亭
一二 奏乐亭
一三 奏乐亭
一四 銮驾库
一五 大清门
一六 崇政殿
一七 凤凰楼
一八 清宁宫
一九 配宫
二〇 关雎宫
二一 衍庆宫
二二 师善斋
二三 日华楼
二四 左翊门
二五 飞龙阁
二六 太庙
二七 太庙门
二八 配殿
二九 配殿
三〇 东七间楼
三一 颐和殿
三二 介祉宫
三三 敬典阁
三四 配宫
三五 麟趾宫
三六 永福宫
三七 协中斋
三八 霞绮楼
三九 右翊门
四〇 翔凤阁
四一 西七间楼
四二 迪光殿
四三 保极宫
四四 继思斋
四五 崇谟阁
四六 七间殿
四七 值房
四八 值房
四九 扮戏房
五〇 戏室
五一 转角房
五二 嘉荫堂
五三 富门
五四 文溯阁
五五 仰熙斋
五六 九间殿
五七 碑亭
五八 奏乐亭
五九 西朝房
六〇 奏乐亭
六一 东朝房
六二 东朝楼

图47 总平面

张氏帅府大青楼复原研究

2002年

张氏帅府现用作张学良旧居陈列馆，是1996年被国务院正式颁布的全国重点文物保护单位。大青楼位于张氏帅府东院花园北部，是张氏帅府中最为重要的一座建筑(图1)。它修建于1918～1922年，面积约为2460m²。

图1

张作霖时任东三省巡阅使，而后进京改组内阁，问鼎中原。他在原宅四合院的东侧建成这幢外观为西洋风格的公馆之后，便将主要家眷和办公场所搬到大青楼之中。这里成为张作霖主政和生活的中枢。皇姑屯事件之后，张学良接任东北军政大权，继而将大青楼用作他办公和居住的主要场所。大青楼伴随着张氏两代主人，经历了许多关系到中国命运的历史事件。大青楼也伴随着张氏父子被载入了中国近代历史的篇章。

1931年9月18日的炮火，令大青楼易主日本人。正如中国国土被日本侵略者肆意践踏一样，大青楼也遭受着被随意敲砸的苦痛。70年过去了，有谁知道当年日本人在这座楼内究竟干了多少因发泄对张家仇恨而毁损建筑的事情，又干了多少破坏历史见证、扭曲历史真实的勾当。光复以后，大青楼又随着使用者的更替，饱经沧桑。1992年成立了张学良旧居陈列馆的四年之后，陆续将占据在大青楼之中的单位、散户等逐一迁出，并开始定期对大青楼进行维修，使它的面貌得到基本恢复和必要的保护(图2)。

图2

一、维修工程中的重大发现

2001年，国家文物局拨款对大青楼进行一次较大规模的修缮。在维修施工过程中，特别是当铲除内墙饰面面层，使砖砌墙面暴露出来之后，一些出乎人们意料的情况出现了。墙体和结构构件明显地表露出建筑后期曾被大幅度改造过的痕迹：有的门窗是后期所开；有的壁龛被堵死；有的结构被改造；墙壁、天花、楼地面及管井都有被严重破坏和改变的痕迹。

据调查分析，这幢仅三层(另含地下一层)的小洋楼曾被更改之处达一百有余。建筑的空间格局、装修效果、结构形式、外貌形象都发生了许多变化。对于这样一幢具有广泛影响的建筑和全国文物保护单位来说，这是一个重大发现。

主要的改变发生在如下的几个方面：

(1) 原建筑在外观上虽为西洋风格，但除了外面的露台和正立面上的几个凸窗处采用了钢筋混凝土结构外，建筑内部完全以砖墙承重，配合木构楼地面和木构架屋顶的中国传统结构形式。建筑造型华丽、气派，建筑结构逻辑清楚，受力基本合理。是一座本地当时流行的“洋门脸”式建筑的代表作。

但如今的建筑多处发现有钢筋混凝土楼地面、混凝土楼梯和梁桥等，在整幢建筑的结构体系中十分不协调，并在多方面造成极不合理的结构与空间逻辑关系。个别处楼地面层出现了与其他部位的木地板截然不同的水磨石面层，且水磨石面层与木地板在无任何分隔的情况下唐突相接，这些均明显地表明建筑曾在后期被改动过。另外，从建筑的结构布置情况也可以判定，室内的一些隔墙也是后期加建的。

(2) 在铲除面层的砖砌墙壁上可以发现，廊洞口和墙中壁画凹龛上面均采用发券做法。门窗洞口皆为砖砌平券；壁画四龛和不设门的廊洞上方皆作拱券(图 3)。但现状是在多处本为拱券的下面开设了门和窗，其洞口位置与拱券毫无关系，甚至拱脚落到了洞口上面。洞口周围并非应有的砖砌通缝和按其他处做法埋有装饰用木砖，都明显地存在凿断咬口整砖和后期填塞砖砌的情况，是后期堵龛改为门窗洞口的结果。

这些后期改造的洞口令大多数房间相互贯通。使居住用房应有的私密性性质荡然无存，原来各房间的主间关系发生了本质上的变化，并在一定程度上破坏了建筑的结构逻辑。有些廊洞口上面发现了平券或砌筑很不规矩的拱券，其洞口侧墙存在着断砖扩洞的痕迹。另在有的拱券下面，不见了本应存在的壁画龛洞，但原洞边界的通缝明显，洞口处后填砌砖的迹象清晰，将某些后期砌筑的砖扒开之后，竟发现仍存有当年龛内的壁画文物。

(3) 在墙壁上发现有许多预埋木砖，无疑这是为建筑的内部装修所预留的。这些木砖的分布位置如下：各房间及厅廊走道的踢脚部位；部分房间和走廊墙壁120cm 高以下的部位；门窗或廊洞口周围或墙壁的转角处。在天花附近有一排水平木砖带，除在个别部位断条之外，几乎像一道木圈梁设在各个房间和走道四壁。

这些都与室内装修现状存在矛盾(图 4)。比如在原瓷砖墙裙和水磨石踢脚线的后面埋有木砖——因为瓷砖和水磨石面层之后没有预埋木砖的需要，这些部位原本应是木装修。于是，这又与有些文献资料中记载的这些瓷砖是张作霖当年特地从法国进口用在墙格上的说法发生了明显的冲突。

(4) 因为曾经发生了处决杨玉亭、常荫槐事件而闻名于世的，位于大青楼一层东北角部位的“老虎厅”竟然房间门也错了位。原房门洞口被扩凿为廊洞口，使得房门无处可安。后期随意在原本为屋外的另一个廊洞处十分简陋地装上了门框。厅内的一处壁龛被打开成为底洞，使得这个在历史上十分著名的房间走了模样。

(5) 大青楼内仅有的两个楼梯原本都是木楼梯，现均被改为钢筋混凝土结构。由于原建筑的结构体系为砖木结构，楼地板一律采用木梁和木地板的做法，此处钢筋混凝土的出现打破了建筑的整体关系，无论在建筑受

图 3

图 4

力关系上还是在构造方法上，都表现出这一改动令建筑原本的整体逻辑被肢解和打破，使建筑的合理与平衡受到冲击。

现状混凝土梁为受力关系不尽科学的扁梁，按照一般规律，梁的截面以高度大于宽度才能反映梁的结构与受力性质。扁梁做法总是为迁就某种目的偶尔采用的一种特例。这里的扁梁十分明确地显示出当初改动的目的：为了使混凝土梁高不大于木梁，而使得它与附近的木梁梁底保持平齐——以利于装修时顶棚的铺设。按照设计规律，木作必然要服从于混凝土工程。在这里，混凝土为木作让步的现象只能解释为混凝土部分是后期所为，这是毋容置疑的。而混凝土梁板的不合理布置更进一步证实了这个结论：混凝土楼板梁竟搭在了券洞口的上面，使得荷载的传递线路出现曲折。原建筑的设计者绝不会犯这种“低级错误”，这是后期由木结构改为混凝土时“凑合”上去的结果。这些都说明混凝土结构是后期所为。

根据某些历史资料记载与这两部楼梯的现状位置也存在出入，比如原张学良公馆的内差赵吉春曾回忆：“青楼一层中间一条回廊。第一会议厅设在回廊之前，第二、第三会议厅设在回廊左面……”还在多处提到“回廊”。他对回廊的描述则与现状主楼梯的位置存在矛盾。特别是在主楼梯梯段侧墙中预埋木砖的位置又与梯段坡度和现状楼板之间分别存在矛盾，说明主楼梯的位置、结构形式和尺寸都发生过改变。

现状次楼梯与两个外墙上的窗口相互影响。在该梯二楼楼板洞口侧墙内发现留有被锯断的木地板梁头从伪满时期的档案图中发现原在建筑的西北角另外设有一座外楼梯，并在该处设有外门，外梯的位置与现次楼梯呈90°布置。此梯当是1934年以后在大青楼背后建另一座小楼时嫌碍事而被拆掉的。从次梯二层楼板洞口处的断梁头、楼梯一至二层后期被改造的混凝土结构以及通往地下室的“原装”做法，我们也可推断，原次楼梯并非从地下室通向二楼。现位置上的次梯仅仅作为由地下室至一楼的垂直通道，由一层向上的垂直交通则由原室外楼梯解决。现次楼梯一至二层部分当为1931～1934年期间由日本人加建的。若如此，也可使资料中记载的大青楼内不设厨房，而外送膳食少入口和没有专用通道的矛盾和疑问迎刃而解。

(6) 室内墙壁中共发现有五处竖向井道，且有烟囱高出屋面，多年来一直被封死和忽略。从井道内存的烟灰、洞口开设情况及其在各房间内的位置可以断定，此为壁炉烟道。

(7) 位于大青楼西北部附近现设有地下室出入口，出入口踏步上面覆盖着一座简易的单层建筑。它在建筑造型、建筑材料、构造做法等方面均与主体建筑存在区别，当为后期加建。这又导致整座大青楼建筑勒脚以下部位和北立面上凸出宴会厅的外墙饰面材料和色彩都与现状有所不同。原本应为青砖砌筑的清水效果，上面并未再覆盖其他饰面材料。这又直接对大青楼的建筑外观形象产生十分明显和直接的影响(图5)。

图5

(8) 建筑外立面凡开设门、窗洞口的上方皆按西洋建筑的常用做法，设有一个三角的山花形装饰物。而大青楼有几处窗洞口与山花互不对位，数量也与山花数不对应，且在构图方面很不合理。这明显是后期改变，凿墙开洞的结果。在正立面上原来存在的许多建筑装饰(如雕刻、灯柱等)则于文化大革命期间被砸掉。

二、后期改动主因分析

大青楼后期被改动达百余处的原因，除历史上它曾多次易主，不同时期都可能发生些局部的改动之外，主要应当发生在日本人占领时期。“九·一八”事变之后，日本人进驻大青楼，将这里用作奉天国立图书馆。

从私人官邸改变为公共使用场所，必然会在建筑的主间格局、结构形式等方面出现许多矛盾。于是原本相互隔开的房间被打通；狭窄的楼梯被拓宽并改为混凝土结构；公共交通区域的木地板被改为噪声较小的水磨石地面；一些壁龛被堵死以有利于墙面的使用；还要开辟出门卫和收发室、公共厕所等公共建筑必备的用房……

比如一层走廊墙裙的瓷砖饰面很像日本人的习惯做法，大青楼瓷砖与多处日建房屋的做法十分相似。另外，大青楼建造时，“洋灰”和钢筋混凝土尚未普遍出现在沈阳的建筑之中。因此大青楼中仅在局部利用砖木结构建造非常困难或难以展示西洋式立面的外观效果之处，点缀式的用了一点混凝土。而在 20 世纪 30 年代以后，钢筋混凝土已经逐渐被许多建筑所采用。特别是大青楼被日本人改作图书馆时，正值日本人在西院红楼群施工期间，利用两院的施工队伍对大青楼一并进行维修和改建是一种顺理成章的推测。这样就很容易理解大青楼中许多后期被改变之处的混凝土结构、水磨石地面与踢脚、瓷砖墙裙等做法为什么与西院红楼中某些做法与用材非常相似。

当然，这仅是一种推断，不足以作为证据。总之，这一时期的改动当为大青楼发生重大变化的主要因素。

此后大青楼历经磨难，曾被多次改动。今天，大青楼被历史掩盖和扭曲了的真实面目，终于在今天迎来了向世人展示的机会。

大青楼这一情况的发现，使这次维修工作的意义，从一般性的建筑工程、维持建筑客观存在的层面上，提高到在此基础上对其历史原貌和改变过程的研究，提高到弄清历史真实，并恢复建筑原貌的更高层次。将原定的一般性建筑维修目标纳入到对大青楼复原研究的总体方案之中，使大青楼经过这次维修，在有充分理由与实物依据的前提下，以更加接近原貌的形象展现在人们面前；使我们对这个曾影响到中国近代史进程的重要建筑载体原先某些被扭曲的认识得到科学的校正，使我们对大青楼中发生的许多历史事件的详情的理解得到重新的梳理，也将会在这座历史遗物中发现众多具有文物价值的实物和现象。

这虽是一次偶然的发现，却是一次难得的机遇。今天的研究，将避免重要的历史证据重新被掩埋在混凝土和水泥砂浆之内，使我们错过对历史进行科学解释的机会，甚至令今人与后人永远蒙于一张不够真实的鼓中。

三、重现历史原貌

大青楼复原究竟应该以哪个时期为基调？后期对大青楼的改动虽打破了大青楼最初的形态，但对今天来说也同样反映了大青楼的历史过程。是否有必要将大青楼一定要恢复到建筑的初始状态？这是大青楼复原工程中的一个关键问题。

大青楼被确定为国家级文物保护单位，最主要的原因不在于建筑本身，而在于它最初的主人，在于它作为“张氏帅府”的历史。那么我们应该予以保护并留给后人的，应该是张氏时代的建筑实物，使人能够从中了解和体会到张家父子在这里的经历及其环境背景，而决不是供日本人使用的大青楼。所以，大青楼的复原应立足于恢复张氏时代的大青楼之原。但在这个前提之下，也应该适当地将后期它被改造的情况在建筑中有所反映，使人们从中可以“读出”它历经磨难和坎坷经历的过程，于是，这成为我们复原设计的一条重要原则。

在复原设计的过程中，我们将发现的问题分成三种情况，给予区别对待。

(1) 有后期被改动的依据，也有如何复原的依据者。

要复原的部位必须有确凿的证据，真实地复历史之原，还历史以本来面目；必须坚持科学的态度，对于一时找不到详实证据的部位，既使我们的判断自以为无懈可击，也不可以对其作出任何冒然的变动。宁可暂时搁置起来，供后人作进一步的考证和作出科学的决断。绝不允许用今天的失误代替以往的错误。而对于证据确凿者，则坚决于以恢复。

本次拟复原的部位共 52 处。皆属于既有后期被改动的依据，又有如何复原依据的部位。

(2) 有后期被改动的依据，但无如何复原的详实依据者。

有些部位被改动的事实是明显的，也有充分的实证；应该复原也是肯定的，但具体怎样复原却一时找不到根据。

比如在公共活动广厅墙上和一些重要房间的内墙壁上预留有墙裙木砖。也有资料记载大青楼的一些房间四周有墙围。既使后期该墙曾被用白粉和涂料粉刷成白墙面，但原建筑为木墙裙的做法是毋庸置疑的。

至于原墙裙具体为什么式样、什么木料、什么图案等等，却无从考证。类似这类问题，我们认为都不可列入本次复原工程的内容之列，但应在建筑中以适合的方式作出示意(图 6)。

(3) 可以作出明确的判断，但无被改动的证据，也无如何复原的依据者有些部位后期被改过的事实是明显的、肯定的，但缺乏物证。这些部位皆不在我们考虑恢复之列。比如，对大青楼的室内装修问题，从张作霖惯于讲排场、十分顾及面子，又不吝花销的习惯和对同期、

图 6

图 7

同阶层人物私邸装修情况的了解，目前大青楼的装修过于简单，甚至他的部下在沈阳修建私邸都远远豪华于帅府大青楼(图 7)。这些都是明显不合情理的。从大青楼墙上预埋的大量木砖也可说明其装修标准远远不是当前这个样子。尽管如此，却找不到相关的证据。本次只好将这类问题作出详细的档案记载，留给后人去做进一步的考证。

此外，还有一类情况，如建筑结构问题。后期由于使用功能的改变和结构加固的需要在不同时期对原来的砖木结构作了多处改动，如楼梯、楼地面、墙身等，将建筑局部改成了钢筋混凝土结构。这些部位若再作恢复式的改动，对建筑整体造成伤筋动骨的影响。

因此，本次复原将维持现状，并对其中的个别部位作深入的细部设计——利用它们说明该建筑在历史上曾被他人使用和改造的情况与背景(图 8)。

图 8

巴洛克与后现代主义的建筑空间浅析

2001年

巴洛克(Baroque)与后现代主义(Post-Modernism)同属西方建筑流派。巴洛克是16世纪中叶到18世纪中叶的一种建筑思潮。然而，后现代主义却是目前西方流派繁多的建筑界中一支突起的异军，方兴未艾。二者相距几百年，建筑风格迥然不同，各具特点，但彼此间又存在着某种内在的、必然的联系。本文仅从建筑空间的角度，对它们进行粗浅的分析。

巴洛克与后现代主义虽然处于不同的历史时期，但它们打的是同一面反对理性统治的造反旗帜，都是主张打破常规，冲破一切束缚，表现着强烈的反抗精神。它们的共同特征是：第一，强调精神的作用，要求使建筑达到对人的心理和感官的满足，视建筑的形式和装饰重于物质功能和经济条件。第二，追求新奇，勇于打破禁区，以玩世不恭的创作态度，尝试各种建筑手法，力求取得反常效果，创造新的建筑形式。第三，使城市和建筑表现时代的扰攘错乱，显示出一种热闹、欢乐、紧张的气氛。这些特征的一致性，并非由于巧合或设计思想的倒退，而是由于事物发展的规律性以及历史条件、社会条件对建筑理论的影响所决定的。文艺复兴时期的建筑，强调人对建筑空间进行理性的控制，以其严格的规律性反对空间的分散性和无限性，是追求一种秩序、一种规律、一种章法的产物。而在这种环境下产生的巴洛克，不再俯首听命于旧理性主义的摆布，试图打破常规的桎梏，从传统的约束中解放出来，独辟蹊径，开创一种全新的建筑风格。

与此相似，后现代主义是在否定二十年代现代主义建筑理论的基础上发展起来的。它的产生，则在于出自对现代建筑的厌恶。后现代主义主张打破禁区，砸碎金科玉律，从功能主义中解放出来，从僵化的思想中解放出来。后现代主义的代表人物文丘里(Robert Venturi)在他的著作《建筑的复杂性和矛盾性》(Complexity and Contradiction in Architecture，1966)中说："建筑师再也不能被正统现代主义的清教徒式的道德说教所吓服了。"他提出了后现代主义与现代主义决裂的"宣言"。所以说，后现代主义是事物发展规律的必然产物。然而，却不能说它代表了历史前进的方向，也不能说现代建筑最终将被它所取代。因为，这还取决于它自身的观点是否完善和正确，即是否已具备了能够与现代建筑分庭抗礼且最后取而代之的条件，取决于它是否符合时代和社会对它的客观要求等等。特别是就现代主义自身来说，也并非反对表现建筑的精神功能，而是由于它产生时所处的特定时代，使它对建筑的物质功能有所偏重而已。随着时代的前进，现代主义也正处在不断的改革和发展之中，出现了不少讲求实效，同时又形式活泼具有个性的作品。后现代主义的出现，则将加速现代建筑的发展，使它提高到一个崭新的阶段。

历史和社会条件是巴洛克和后现代主义产生的另一个重要原因。

巴洛克产生于意大利的罗马，它主要体现在以耶稣会风格(Jesuit Style)著称的天主教堂建筑中。其建筑风格的复杂，反映着当时社会和宗教内部矛盾尖锐化的趋势，反映着封建主义的没落。文艺复兴和宗教改革之后，教会的禁欲主义和统治阶层的荒淫骄奢同时并行。无论是教皇、教士，还是王朝贵族，都是人间荣华富贵最贪婪的攫猎者。这就直接影响到为政治文化所制约的建筑领域。于是，他们在建筑装饰上不惜使用大量的金银珠宝，在建筑空间处理上别出心裁、寻求突破，借以炫耀各自的豪华。在巴洛克教堂中，这种富丽堂皇的贵族气派和神秘的宗教气氛交织在一起，世俗的、自然的美与神圣的、宗教的美同时反映在建筑中。另一方面，文艺复兴以后自然科学有了新的发展，引起了人们对宗教的怀疑和反抗。建筑师们不再甘心墨守成规，要求突破和抒发，出现了追求推陈出新的倾向。但是，这种反抗精神和一切“异端”思想同样，要受到残酷的镇压。因此，建筑形式的革新只能表现为“求奇”。许多有价值的新手法和新形式，也受到了一定的压制。于是，就反映为建筑空间的不安的动态、冲突的力量、奇幻的变化和违反结构逻辑的现象。

后现代主义则产生于当代。二次世界大战后不久，西方一些发达的资本主义国家经济有所回升，经历了一段高度增长的时期，出现了暂时的复苏和繁荣。生产的高速发展，带来了社会物质的高度消费，人们的精神要求也随之提高。但到了60年代，西方国家的经济又开始走上了下坡路。接踵而来的是，物价飞涨、工商业萧条、通货膨胀、能源危机。在这种情况下，西方社会各个领域无不受到巨大的冲击，各种思潮竞相出现。人权运动、女权主义、提倡松散的家庭结构、嬉皮思想等等向权威挑战，向传统挑战，形成一种带无政府主义倾向的思潮。这种社会波，也波及到艺术的各个部门，出现了很多“新派”。在文学、美术和音乐界都出现了这种“后现代主义”的倾向。所谓“波普派”(Pop Art)即其中一枝。它们的共同特征是，要求从权威和各种清规戒律中解放出来，提倡无限的想象力，用夸张的、玩世不恭的态度，去唤起精神上的感受和刺激，达到自我表现的目的。既然建筑要受社会、经济、艺术等多方面的制约，那么社会心理、伦理、道德、文化等观念的变化，自然会影响到西方建筑的现状及其发展。后现代主义建筑师们正是在这种客观形势之下，打出了与第一代建筑师所开创的现代建筑决裂的旗帜，组织起新的阵营。他们对现代主义建筑师所提倡的空间功能与形式的一致性、构成空间平面的秩序性、传统建筑规则的适应性、建筑装饰的简练性以及结构和建筑形体的明确性等等进行了批判，并提出了针锋相对的主张。美国后现代主义建筑评论家布莱克(Peter Blake)说：“现代主义教条流行将近一百年，现在过时了。我们正处于一个时代就要结束，另一个时代即将开始的时刻……”(《形式跟从惨败——为何现代主义行不通》，1977)。

正是由于巴洛克与后现代主义共同的反抗性和创新性，使得它们的建筑空间理论也存在着很多内在的联系，并反映出各自的时代特征。

“巴洛克”一词的原意为畸形的珍珠。它本身就有一种象征性的含义，用来指某种争取自由的思想，以及超脱理智和纯正规矩的创新精神。而巴洛克时期的建筑空间，就正是反映了这样精神的解放的空间。

不同于那种由来已久的、安静的、封闭的建筑，巴洛克建筑师把自己的反叛精神，溶进他们的作品中，赋予建筑实体和空间以动感。哥特建筑给人以向上的感受，似乎要把人们引入天堂；而巴洛克建筑却欲带着人们在水平方向曲折平缓地游动，把人们引向遥远莫测的圣地，从而使人的运动与空间的律动成功地结合起来。其平面不再拘泥于方形、矩形，而出现了圆形、椭圆形、梅花形以及各种变化无穷的不规则的曲面，像波浪一样流动，使人很难确切地把握它们的形象。整片墙壁呈波状起伏弯曲，不使人的视线停顿和结束，使得人在动，空间在动，整个建筑都在动。这种空间的动态，还通过与众不同的强烈的体积感和光影效果表现出来。墙面上的壁柱越凸越多，由薄壁柱变成了四分之三柱，最后完全从墙壁中脱离出来，而成为靠在墙面上的体形完整的倚柱。墙体上的雕饰也愈趋突出，由平面变成立体，再加上深深的壁龛，在光影的作用下，花样繁多，变化奇幻，形成了一种新的空间概念。巴洛克是把雕刻空间与建筑空间有机结合的优秀典范。在建筑中，还大量使用了明暗、色彩对比强烈的绘画和雕刻，也影响着建筑空间的性格。它常常用透视法把建筑空间引向深远，使空间无限地扩大。壁画和雕刻的构图具有强烈的动势。形象拥挤着，骚动着，栩栩如生。巴洛克这种波折流转和骚乱冲突，再加上不同的开间、组柱等，造成节奏不规则的跳跃，给人以刺激、鼓舞，难以平静。

空间的渗透性是巴洛克建筑空间的另一显著特点。无论建筑形式怎样改变，巴洛克时期以前的建筑师都是在探索着如何用封闭的实体去形成和划分供人们使用的各种不同的空间。尽管在哥特建筑中，厚重的实体被受力明确的结构骨架和轻薄的墙体所代替，但实体总归是实体，空间总归是空间，二者担负着不同的功能，空间始终被禁锢在实体的包围之中。而在巴洛克建筑中，实体和空间的明显界限第一次被打破了，实体成为伸展着、流动着的空间的一部分。丰富多彩的空间也不仅仅是由实体来分隔的，不再呈现为若干边界明确、有节奏地组合起来的几何形状，而是在水平和垂直的方向上，互相渗透，失去了它原来那些确定的体积。它的平面，往往是一组几何形片断的组合，彼此之间似有一定独立性，但又特别着重其连续性的造型处理，并用墙面上曲折起伏的线条，使得它们连续不断，相互贯通，融为一体。在竖直方向上，穹窿顶所含空间与下面的空间浑然一体，那些传统的界限完全消失了，甚至在穹顶和墙体的结构处理上，也把他们作为一个整体来对待。屋面和墙身之间失去了各自明确的概念，从而把这种空间上的互相渗透性表现得淋漓尽致。

自然主义的因素被引进巴洛克建筑中去。这不仅表现在建筑的装饰中，更体现于建筑空间的处理中。园林艺术、水景的运用与建筑本身交织配合，丰富了空间的层次和内容。波罗米尼(Boromini)和伯尔尼尼(Bernini)等人设计的巴伯里尼府邸(Palazzo Barberini)就是运用这种手法的成功范例。内外空间之间密闭的围墙被大窗户所取代，一层大厅面朝花园一面全部敞开，以及“连列厅”式的处理手法，造成了多层、深远的透视感，取得了室内与室外空间交相融合、流转贯通的极好效果。

巴洛克时期的城市，比任何一个时期更具有整体性。它通过道路、广场、柱廊、穹窿、绿化……，把公共空间和私用空间有机地、协调地组织在一起，具有时代的个性。富丽精美的广场，衬以放射状的大道、别致的对景、剧烈变化的光影、波光潋滟的喷泉、闪烁颠动的倒影，处处体现着动态的、开敞的、流动的空间特点。它在历史上占有重要的地位。

巴洛克建筑空间新颖别致，丰富绚丽，活力横溢，给人以精神上的满足，这表现了它的巨大成功。但它忽视功能的倾向，过于豪华的装饰，不健全的结构系统，以及对奇异性的过分追求，都是它的缺点，也是它饱经讽嘲的原因。

后现代主义，乃相对现代主义而言，实则是一个与现代主义针锋相对的学派。他们否认建筑的社会性，把建筑仅看作是一种艺术和自我表现的语言。主张建筑的文脉主义、隐喻主义和装饰主义。正因为这个学派的组织十分松散，在理论和实践中往往各自为政，因此，他们关于建筑空间的理论也没有一个统一的、完整的认识。现在要对其做出全部的、准确的评价是困难的。但是从它的一些代表人物的著作，和在其思想影响下产生的建筑实例中，可以看出其空间理论的一些特点。概括地说，后现代主义的建筑空间是充满了含混性和复杂性的空间。

文丘里的话综合了后现代主义的主张：“我喜欢建筑要素的混杂，而不要纯净；宁愿一锅粥，而不要清爽；宁要歪扭变形，而不要直截了当；宁要含糊，而不要分明；宁要暧昧不定，而不要条理分明、刚愎、无人性、枯燥和所谓的‘有趣’；宁要一般，而不要造作，宁要兼容，而不要排斥；宁要丰富，而不要简单化，发育不全和维新派头；宁要自相矛盾、模棱两可，而不要直率和一目了然。我主张凌乱而有生气胜于明确统一。”他又批评道：“现代建筑师几乎没有例外，纷纷追求鲜明而躲避含糊”(建筑的复杂性和矛盾性)。正是基于这些主张，后现代主义的建筑空间则表现了令人莫测的含混性。这种含混性，主要包括这样两个含义：

(1) 空间功能的含混性；

(2) 模糊的内外界限。

在后现代主义建筑师看来，一定的建筑空间，不能仅适应于某种固定的功能要求，而具有特定功能的空间，又不应必须按一定的形式去表现。这是空间功能含混性的一个方面。他们主张建筑空间要具有广泛的通用性，并且要求能够凭自己的感觉去感知这种空间的存在，而不是用物质的手段去表现它们。因此，对内部空间的分隔则希望用活动家具，而不用活动隔断。这与现代派建筑师所提倡的空间的灵活性是有区别的。现代建筑空间的形成，立足于建筑的性质及其功能要求。灵活性则表现为使各种空间去满足不同功能的需要，即空间服从于功能。而后现代主义的空间理论，则主张“形式唤起功能”，从创造一种用途模糊的空间出发，使得各种意料之中或意料之外的功能要求都去适应它，甚至可以抛开功能的需要于不顾。白色派建筑师彼得·艾森曼(Peter Eisenman)所作的第六号住宅(House VI)(图1)，柱网和楼面真真假假，虚虚实实，含混不清。使人对其空间形象捉摸不定。在他看来，墙可以随便移动，直到最合适的位置。室内楼梯，一绿一红，绿色的是真的交通梯，而红色的却是做成楼梯模样的贮藏空间。柱子也有真有假，有的用来承重，有的用作管道。卧室内又有一条贯通吊顶、墙面、地板的玻璃带，使上下、内外空间互相渗透。而令人费解的是，由此造成使用上的很大不便，却毫不顾忌。建筑的尺度也不是按人的需要而定的：楼梯上空高度不够，门又窄得使人出入不便——这一切显然不是出于功能的需要，而是为满足设计者的某种主观臆想，是出自于“含混空间”的理论。

图1

后现代主义建筑师认为，建筑是带有装饰的遮蔽所，建筑的造型及外表的装饰可以与内部空间的性质完全不发生联系。这是空间功能含混性的另一个方面。这种观点，与现代主义的造型服从于功能，形式表现内容的理论是对立的，也是对现代建筑的先觉者沙利文(Sullivan)的著名论断“形式追随功能”(Form Follows Function)的彻底否定。文丘里在 1977 年设计的周末住宅方案，同一平面却提出了十几种可供选择的立面(图 2)。而且这些立面与内部空间的功能毫无关系，设计者可以毫无拘束地任意发挥，去寻求和创造更多的艺术趣味。同样，后现代主义建筑师，对待建筑结构形式和建筑材料，也主张含蓄，而反对明确的、专用的和肯定的处理手法。他们批评现代建筑：“除因材料和结构关系产生专一的形式外，还分开连接构件。现代建筑从来不讲含蓄，在提倡框架和幕墙时，就把结构和外墙分开，作细部也崇尚分离。既使平缝连接也要突出接缝阴影。一种建筑要素同时负担多种用途处在现代建筑中是罕见的。”在夏姆伯格住宅(Shamberg House)(迈耶设计)(图 3)中，就可以见到这种由于对立因素的并列而带来的特殊效果。它的立面造型直曲穿插，不拘格局，虚实交错。一个实的，不规则曲面的阳台，直接撞到整片玻璃面上并插入内部。这种有纵深感的空间与白色实墙的含混与交替，十分生动与别致。波特盖希(Paolo Portoghesi)设计的波波尼奇住宅，“管风琴似的屋顶，甘蔗似的阳台，打扮成蓝、绿、茶、金糖果条纹状的镶着瓷砖的曲面墙体”，一眼看去，谁能分辨出哪是承重部分，哪是围护部分？谁能推测出建筑的性质和内部空间的状态？给人的印象完全是含混，费解和出其不意。

空间的含混性，还表现为模糊的内外界限。虽流动空间并非后现代派所创，但内外空间混在一起，甚至到了难以分辨的地步，这确是后现代主义的独到之处。格雷伏斯(Michael Graves)设计的贝纳茨拉夫住宅(Benaceraf House)(图 4)的空间处理，与人们正常理解的空间概念完全相反——室内仿佛室外，室外恰为室内。埃森曼则更进一步搞了一个“既没有真正的内部，也没有真正的外部”的住宅(图 5)。作为有正常起居习惯的居住者，住在这样的住宅中，固然是不会感到舒适的。因为这完全违背了生活的规律，不能满足人们日常生活的各种物质和环境需要，而设计者在这里有意使形式和内容相互矛盾，以取得奇异的空间效果。这种无视功能要求、别出心裁、标新立异的空间处理手法，恰是他们的建筑价值观的产物，恰是他们为求得超凡脱俗的自我表现的结果，而反映了后现代主义的理论根基。

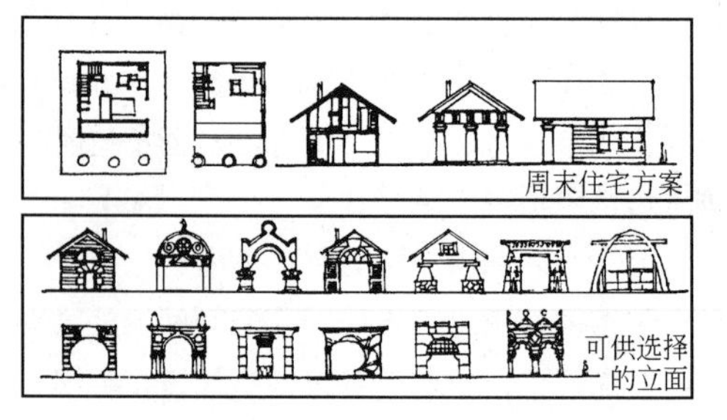

图 2

图 3

图 4

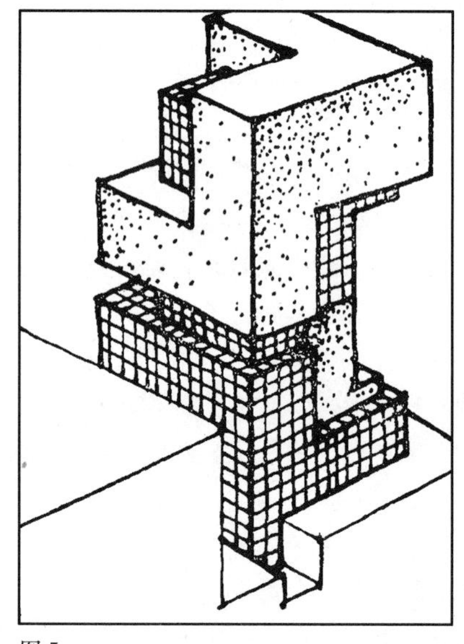
图 5

后现代主义建筑空间的另一特点是它的复杂性。他们认为，现代主义不要历史，不要传统，不要环境，不要装饰，不要精神，并具有"排他性"。因而它仅是一种简单的、刻板的、单调的居住机器。文丘里认为，现代建筑"简练不成，反为简陋。大事简练造成平淡的建筑，'少'使人厌烦"，并更明确地宣布："我爱建筑的复杂和矛盾。"他们主张通过"文脉、装饰、表象、隐喻、公众参与、公众领域、多元主义和折衷主义"等手段，创造一种复杂的空间。这种复杂的空间，意味着打破方格形柱网的限制，不拘格局，让空间在水平和垂直的各个方向互相交叉，允许互不相关的空间生硬地重叠，提倡各种不同手法的共处，以反映生活各个方面的多样和紊乱。

后现代主义白色派的代表人物迈耶(Richard Meier)以其丰富的空间想象力，创造出各种复杂的空间。他或将不同系统的网格叠加，或将动势相反的平面并列，或将二维和三维的结构穿插，或将水平与垂直的空间交叉，创造了生动的空间形象。在他的作品道格拉斯住宅(Donglas House)中，就是把"多米诺"式的方格柱网系统空间与"雪铁龙"式的承重墙系统空间结合在一起，而形成了一个"越层及沿层流通的空间分层线性系统"。空间不再表现为平面的渗透或垂直穿插，而表现为重叠的、立体的贯通。在霍夫曼住宅(Hoffman House)(图6)中，他又把三个互为45°的平面叠在一起，以复合空间的形式展现在人们面前，蕴含着抽象、深奥和活跃的性格。

文丘里则从另一个方面去体现这种复杂性。他针对现代主义流动空间理论针锋相对地提出："室内的基本目的是封闭而不是敞通空间，并要室内与室外隔开。"岂止隔开，他还进一步要求在"外墙内有一层脱开的里层，内外墙之间多出一层空间。"艾克(A. Eyck)则更明确地解释说："建筑应设置一种明确的中间地带。这不是说两个空间之间连续过渡或不断延伸，而是与现代空间流通的概念(可称通病)和消灭空间之间、室内外之间一切连接的倾向决裂。两地用明确的中间过渡地带加以连接能意识到两边有重要空间的存在。"在宾州皮尔逊住宅(图7)和新卡南客房(图8)、犹太教堂(图9)建筑中，都充分体现了这种多层围护的理论。犹太教堂运用双层屋面，人为地造成了空间的复杂和丰富的光影变化，加强了建筑的神秘感，表现着天地之间、人神之间相距遥遥，又彼此相关。

后现代主义建筑师，把文脉主义、隐喻主义等手法，都用来造成空间的复杂化。他们的"文脉主义"

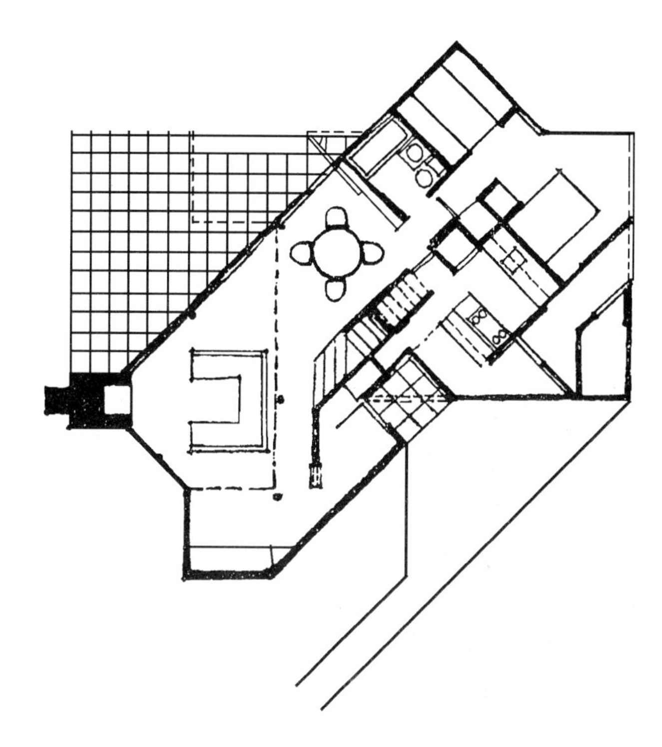
图6

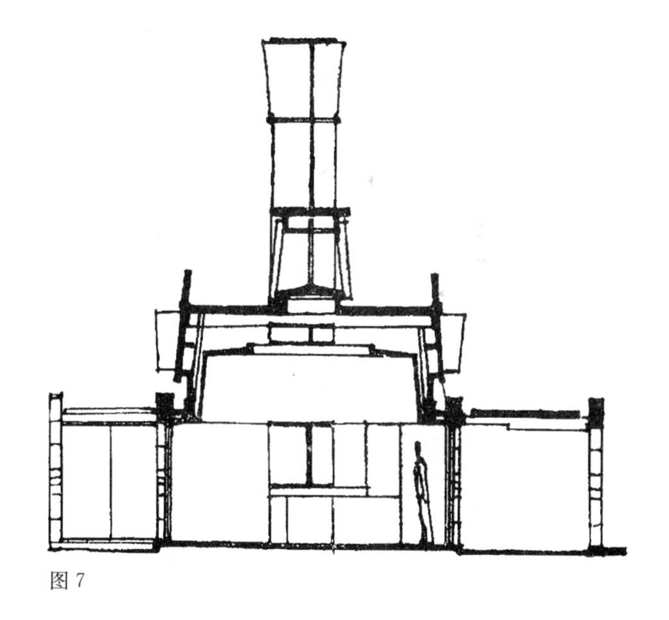
图7

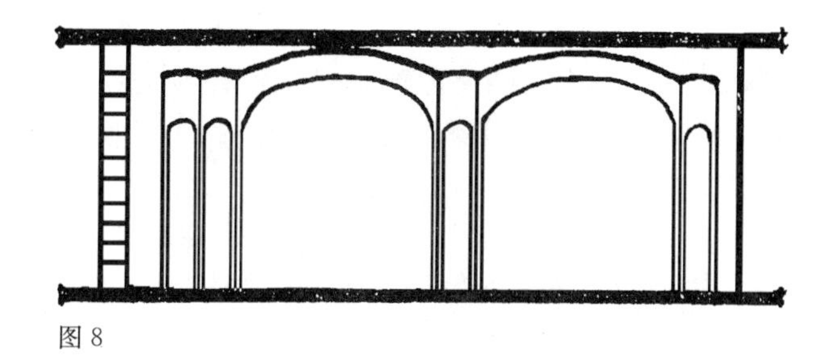
图8

图 9

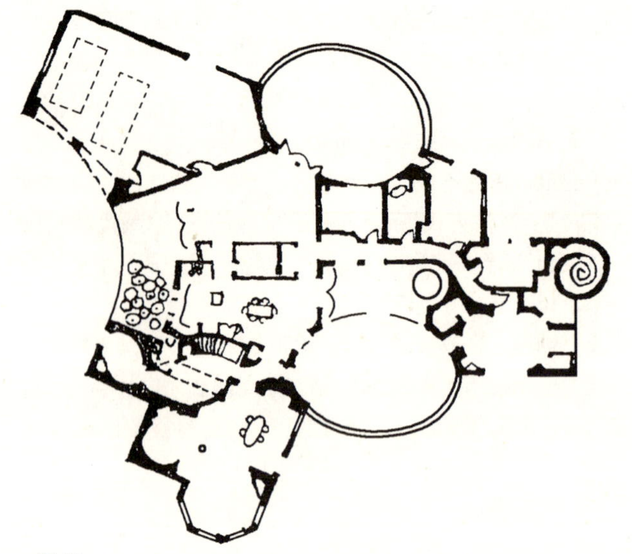

图 10

图 11

(Contextualism)，并非仅为承上启下、沿袭传统之意，并包括集各个时代的风格于一体，但又完全不遵循它们的具体法则(这与折衷主义的概念是不同的)，随心所欲，任意变幻的含义。这种不伦不类的混合体，常常使得建筑空间处于热烈、喧杂、欢闹的复杂气氛中。而文脉主义的另一重意思是，要体现民族的、地方的传统，使建筑更具有当地的乡土特色和居民的生活气息。史密斯设计的理查德与谢拉·朗格住宅(图 10)，就是这种理论的典型产物。它采用了带有两个椭圆形平台的楼层空间，同加利福尼亚传统的带平台的平房保持着一致的风格。它的立面造型为“不对称的对称形”。平面体现着曲线与直线的结合。加上陶立克式的门廊、所罗门与科林斯式的柱、圣查维爱尔教堂式的卧室、对角线式的铺地、窗框脱开墙壁的窗、日本式的纹样交织在一起，在庭院中还按照当地的习惯埋葬着遗骨。这些充分体现了文脉主义的含义，并造成了复杂、丰富的空间效果。“隐喻主义”(Allusionism)意为用象征主义的手法，隐晦地表达建筑空间的内容和艺术意境。由于隐喻手法的运用，更使得建筑空间充满了复杂的、令人费解的内涵。除此之外，他们甚至到舞台布景、广告牌、商店橱窗、低级酒吧间中去寻找灵感，用来赋予空间以“乱哄哄的生气”。

由于巴洛克和后现代主义在各自产生和发展过程中存在着内在的联系，因而它们的空间处理具有十分相似之处，则是必然的。这主要反映为空间的反常性和动态感。所谓反常性，前面正谈得很多了，而巴洛克善于利用流畅的曲线造成弯曲的动态空间的特点，也特别为后现代主义建筑师所偏爱。詹克斯画了一张我们前面曾提到过的波波尼奇住宅的空间分析图(图 11)。从这里，我们简直看到了巴洛克式的欢畅的曲线是如何出现在后现代主义建筑中，并控制着它的空间变化的。它生动地体现了空间的多点、多面视感和动感。在后现代主义建筑中，这种“巴洛克曲线”被设计者经常地采用，成为其重要的特点之一。巴洛克与后现代主义的这种一致性，并非仅作为“文脉主义”的产物，更重要的是由于它们在建筑发展过程中所处的共同地位造成的。对后现代主义建筑师来说，这并不意味着倒退和旧调重弹，而是以此来引出新路，借历史精华标新立异。

后现代主义在当今西方建筑扑朔迷离、流派纷呈的时代中，声势夺人。很多建筑师，特别是青年的一代纷纷集拢到它的旗帜下。它是否会最终取代现代主义而成为一个新时代的标志呢？我认为，未必如此。因为，尽管现代主义存在着很多缺点，受到一定的局限；尽管后现代主义勇于创新，并给西方建筑界带来了一定的繁荣，但它在“建筑对社会的作用”和“建筑师的社会职责”这样一些带根本性的问题上的看法是错误的。它所提倡的改革，并非是要使建筑理论和创作更有利于与社会结合起来，更好地为公众服务，而是对社会采取了不负责任的态度，把建筑仅仅作为是对建筑师自我表现的手段。这种观念的产生，还是由于它的历史和社会根基所决定的。而在这种意识支配下产生的作品，是不会为社会所接受的，也是经不住时间检验的。所以说，后现代主义在历史中的地位不会像巴洛克那样，成为一个时代的标志，只是一种思潮、一种倾向而已。随着时间的推移，其合理部分将作为对现代主义理论的丰富和补充。目前西方建筑界中的繁杂状态，以及后现代主义内部的不同派别也将趋于明朗。当然，这种判断正确与否，还要靠时间做最后的裁决，因为“在所有的批评家中，最伟大、最正确、最天才的是时间。”但无论后现代主义的前途如何，有目的、有选择地吸收其理论中的合理部分，以促进建筑事业的发展，才是最重要的问题，也正是这篇文章的目的。

北京四合院空间浅说

1985年

一、空间组合

四合院的形成，是空间在水平方向叠加的结果。它的基本单元为“间”。由“间”组成了正房、厢房、耳房和倒座(亦称“南房”)等室内空间。根据居住要求，使几幢房屋在平面上保持适当的距离，形成了供人们室外活动的负空间——“院”。又根据使用者的地位、家庭人口构成、财力状况、使用要求等因素，由一个院或把若干个院毗连在一起，构成了一个完整的统一体——即四合院。这种复合院落，是沿着一条或几条平行或垂直的轴线排列起来的，形成了一连串的几进院落。对整个城市来说，这每一个四合院又进而成为空间组合的基本单位。多个四合院组成街坊，再进一步形成了棋盘式的城市布局(图1)。

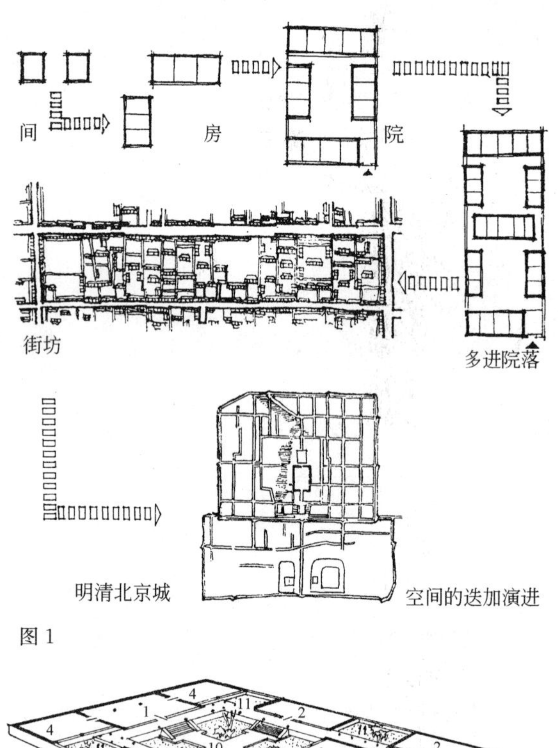

图1

四合院的平面形式，一般有两种：宅门朝南的和宅门朝北的。其中以宅门朝南的最为普遍。它是由坐北朝南的正房、坐南朝北的南房、和东西厢房，四面房屋围成、南北稍长的矩形封闭庭院(图2)。它有着明显的轴线，并遵循着严谨的对称、对位关系。但有时也因为所处的街坊位置和建筑面积的限制而有所改变。例如，由于地形所限，有些向东西方向狭长的庭院，为了保持正房坐落在矩形庭院的纵轴方向上，只能使正房坐西朝东或坐东朝西。但这类情况是较少的。而在东西向的胡同中，也必有少量四合院的正房是坐南朝北的。

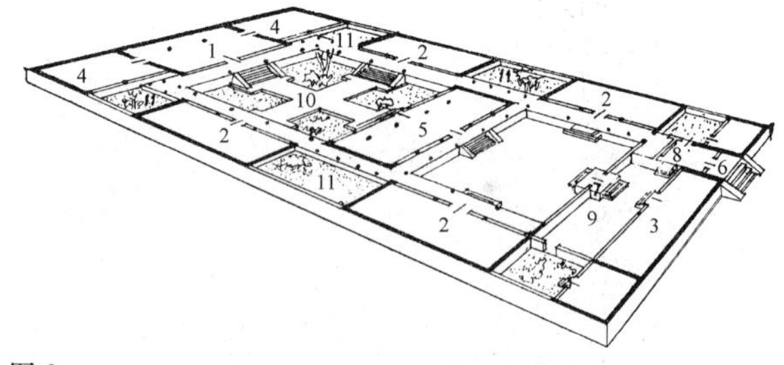

图2

1. 正房；2. 厢房；3. 倒座；4. 耳房；5. 过厅；6. 入口及门道；7. 中门；8. 迎门影壁；9. 前院；10. 正院；11. 回隅小院

简单的四合院仅分内、外院，而大型四合院则有多重院落，但总是以正院为基准，先向纵深方向增加，再次向横向发展。向横向发展的院落称为“跨院”。在跨院中，除耳房外，还可设厢房。这是大户人家常采用的。在另一侧厢房的位置或厢房旁边开辟通道。设门与正院或后院相通。各跨院对外不开门。除耳房跨院外，还有“花厅小院”，也是跨在正院两侧。但院中只建一排北房，称之为“花厅”(在正院东面的跨院花厅称为

"东花厅"，在西面的称为"西花厅")。花厅除了可以住人外，也常用作书房，客房等。正房以北有时仍辟小院，布置厨、厕、储藏、仆役等室，称为"后罩房"。

四合院的布局所反映的是宗法礼教制度。房屋的分配都标志着居住生活中的等级差别。较大的正房，总是由家长居住，厢房分住儿孙。人口少的，倒座常作门房、客房或客厅。

在王府所占的大型多院住宅中，还常附有花园。一般设在住宅的后面或侧面。中间墙门与住宅相通。北京地势平坦，无自然起伏，所以少作大土山。又由于地处京城，一般宅第不得私自引水，园中也没有大片水面。因此充分巧妙地利用建筑，叠石、曲廊等小品组织和划分空间，以达到曲折幽转、虚实对比，楼台掩映，花木扶疏、移情换景的效果。是北方花园的典型实例。

二、空间分隔

四合院自成一个整体，与外界隔绝，内部空间却开张闭合、变化丰富，又相互呼应、贯溶一体。它包括三重空间关系：宅内与院外、院内与院外、室内与室外。

四合院由房屋垣墙包绕，对外不开敞。宅门分为墙垣式和屋宇式。一般设在东南。墙垣式即在墙上辟门，屋宇式常做成一间或半间门道。从街上看，为使入口突出，多将门道加高，门口间或有雕砖、雕木等装饰(图 3)。门道为分隔宅内外的过渡空间。进入门道，使人即产生了温暖、安全、亲切之感。在迎门影壁的引导下，入门折西，进入前(外)院。前院为门道前导空间的继续，外人可到，却只能至此止步了。前院内以倒座为主，院落很浅。从大门到正院，空间由小逐渐放大，方向展转周折，很符合人们的心理要求，又避免外人长驱直入。大型宅院的大门，常做成一、三，甚至五间的房屋形式，而且多把宅门放在主庭的中轴线上，如同寺院、衙署的格局。

宅内各进院子之间，有的设门洞，有的用通道相连。前院与正院之间，则设垂花门，谓之中门(图 4)。位于中轴线上，界分内外，形体华美。它的屋顶常用勾连搭或清水脊悬山与卷棚相连，或两卷棚相连，各个院落都是独立的空间，保证了不同使用者具有相对的独立性和隐蔽性，却又互相宛转相连，隔而不断，使得全家族亲密无间。正院为四合院的布局中心。这里不但是交通、采光、通风的枢纽，而且也常是休息和家务场地，为家人提供了团聚、纳凉、晾衣、儿童游戏的场所。因此，人们常常把此庭院空间布置得十分丰富。庭院多为对称式。在庭院中靠近倒座一方装设屏门式木影壁，以阻止正房与倒座视线相扰。有的在正院中间设大鱼缸、种荷花或凤眼莲。院内对称种树或摆大花盆(如石榴、夹竹桃等)。有的在垂花门一面作通长的藤萝架、葡萄架等(图 5)。另外，还运用方砖铺地、台阶、连廊等划分院内空间。主要房屋带有前廊(小型院的房屋无廊，仅有出檐)。还有的用抄手廊把四面建筑连接起来。这不但可以使中心庭院空间更加完整，由此而形成的四隅小院层次也更加丰富，而且它又作为过渡空间，使室内外的关系更加密切。

图 3

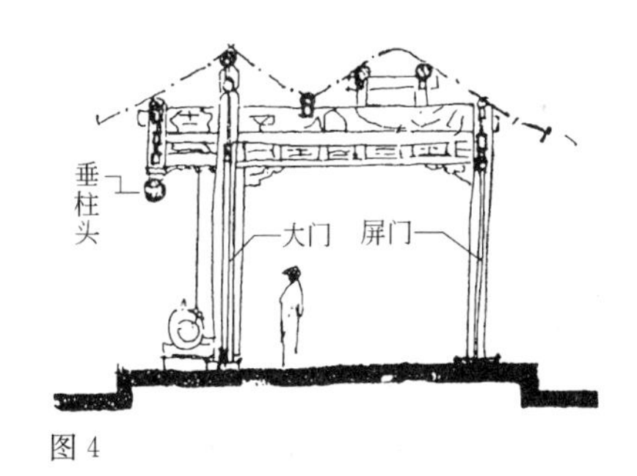

图 4

图 5　木影壁及藤萝架

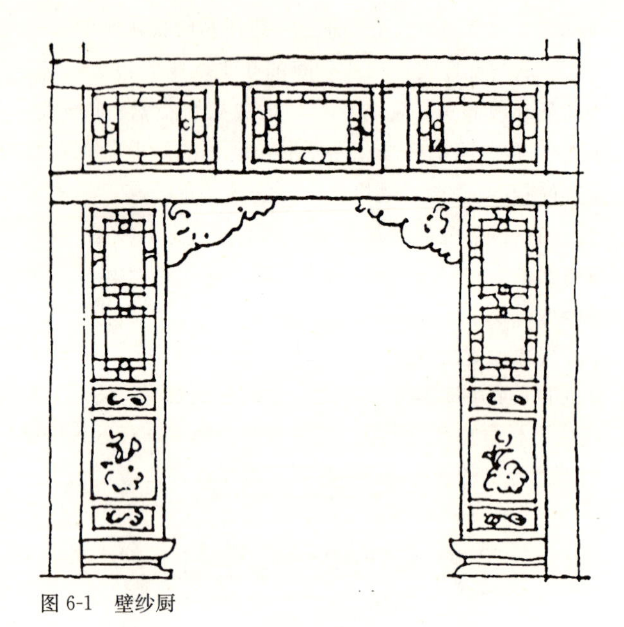
图 6-1　壁纱厨

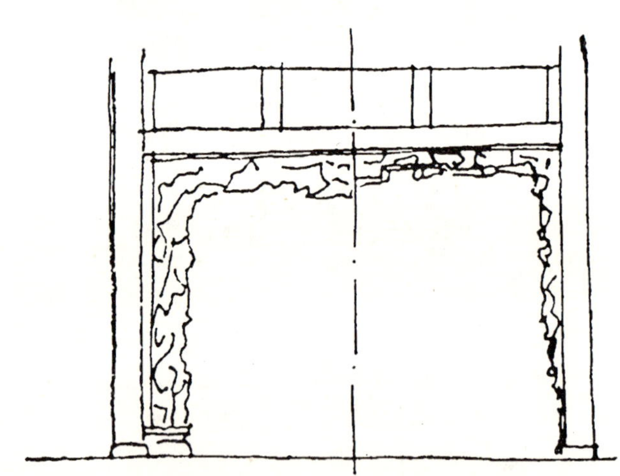
图 6-2　各式罩

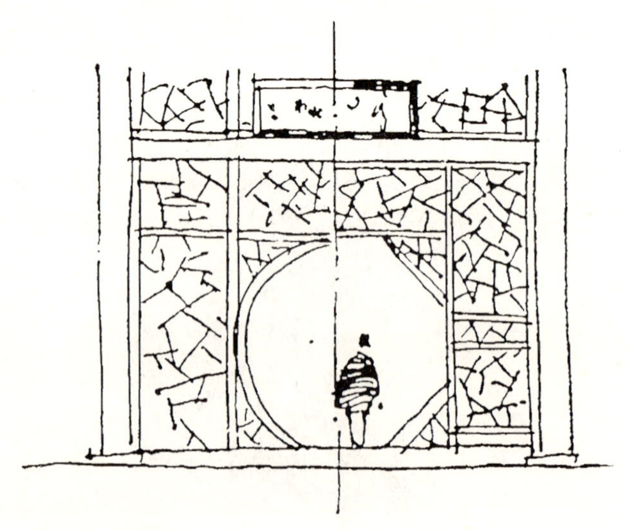
图 6-3　多宝格

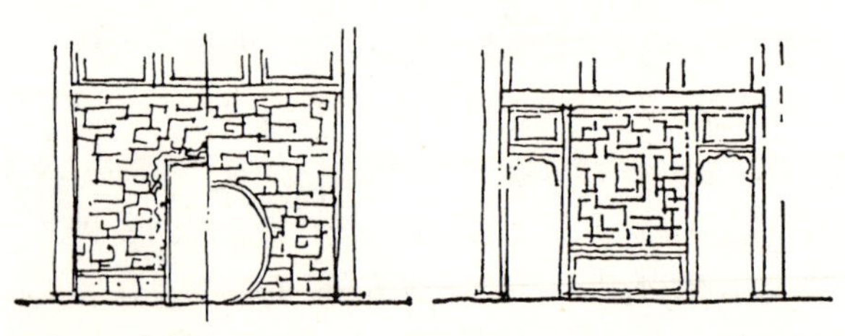
图 6-4　太师壁

图 6-5

室内空间分隔灵活。一般无论开间多少，都做成一个大筒子间，然后按生活需要，用各种形式的隔断、博古架等分划空间。隔断种类丰富多彩。有木制楞花隔扇，有半截纱绢(或糊纸)隔断，有半截玻璃隔断，有镂空木雕飞罩，还有的在开间处或与后厦的交接处用落地罩进行划分(图 6)。这些多种多样的隔断，做工精细，

图 6-6

造型美观，在室内起着极好的装饰作用。室内空间互相渗透，根据使用要求，可造成有隐蔽性的封闭空间，也可造成允许视线交流的开敞空间，分隔非常灵活内向空间。

空间的内向性，是北京四合院的重要特点。它正是以此而区别于众多的建筑类型，独具特色。四合院是防卫性很强的建筑布置形式。它的院落外观封闭而简练。墙面与屋顶颜色为青灰色，外轮廓线平缓无大起伏。注重严谨的格局和成熟的尺度。其主要立面朝向内院，却以“脊背”朝外。因此，建筑的主立面在性格上则具有“两重性”。它既是房屋的外观，又是庭院的背景，是房屋的“外”是庭园的“内”，具有一种颇为微妙的“内”与“外”的统一。但在它的沿街外墙上却不开窗或仅开小窗。外立面无过多装饰，朴实无华(图 7)。院落大门，除个别府第为显示排场，标榜地位，有所破格外，一般不布置在中轴线上。且大门多漆为黑色，强调内外空间的封闭性。宅内外相互隔绝，其中自有天地，从而构成了适于家族生活的居住环境。西方建筑的外观往往是渲染的重点，尤以古希腊建筑为顶盛。伊瑞克提翁庙，外观精美华丽，但其内部空间却简陋乏味。四合院外简内繁，恰如其反。

图 7　四合院的“脊背”——平淡的外立面

形成四合院内向性空间特点的原因，既在于其使用功能的要求，又在于社会、心理、地理、气候和家庭结构等多种因素的影响。

1. 社会制度的作用

北京四合院是华北地区明、清住宅的典型。在封建社会，由于宗法制度的影响，民居表现了强烈的阶级性和封闭性。高官显贵，居于火上，府第森严；平民百姓，求得太平自给，独成院落；贫苦仆役，寄人檐下，在主人院内乞获一席之地。于是，在北京城中，就出现了大量不同等级，不同标准和不同形式的四合院，以经济上的自给自足和政治上的闭关自守为特点的中国封建社会，宣扬和造成了“鸡犬之声相闻，老死不相往来”和“只扫自家门前雪，莫管他人瓦上霜”的思想根基。人们不关心与社会或相互之间的交往，只求自家的温饱与安舒。内向的四合院，正是这种封建思想在建筑中的反映。

2. 家庭结构的要求

在我国，人们的家庭观念甚重，形成了“万世一系”、“家天下”的传统民俗。夫妇一代家族，与双亲子女两代家族几乎都不典型，而祖孙三世同堂，或四世、五世同堂的家族体系，才是典型的家族型式。随着封建制度下私有财产的积累，这种直系血缘关系在家族中被强调到至高的程度。四合院正适应了这种传统习俗的居住要求。几代人分居各室，但同聚一院，有分有合，关系密切。在一个宅院内的不同建筑空间，为不同的辈分，不同的身份提供了各自的居住环境。

3. 地理、气候条件的要求

北京，是一个历史悠久的封建古城。自元朝在北京建都后，又一直是明、清几代的都城。因此，它的建筑受封建思想和观念的影响极深。在这种社会地理条件下，使它的建筑风格有所独到。而地处沿海城市的上海，只是在帝国主义列强侵入中国以后，才发展起来。半封建半殖民地的社会，使大量西式建筑出现在沿海城市中，上海民居也颇受“殖民地式”建筑的影响，而不像北京四合院那样表现了浓郁的封建色彩。

华北平原，辽阔、平坦。北京城是以皇城为中心向周围逐步发展而形成的。因此，住宅的占地并不是什么问题。这是构成北京四合院的必要条件。仍以上海为例：人多房密，其民居就不可能强调平面上的围合关系，建筑师们更多地注重于如何挖掘空间和充分利用空间。而地处丘陵或山区的民居，则在顺应地形、依坡就势，与自然环境取得协调方面独具特色。格局规整的四合院，在那种环境下，显然是不能扎下根的。

气候条件也是形成北京四合院的一个重要因素。北京气候温暖、干燥，而夏季也不特别炎热。对东西向房屋不像南方地区那样叫人无法接受。所以四合院这种封闭的、单层的、内向的和室内外可以互逆的空间特点，很适于人们的生活、生理要求。

4. 心理因素的反映

东方民族的思想感情趋于内向，具有“内涵性”与西方民族那种喜、怒、哀、乐都要充分地表现出来的外向性格很不相同。人们常常把东方民族的性格生动地比喻为外凉里热的“暖水瓶”。因此，那些具有我国民族风格的建筑，也往往不像西方建筑那样，多把精华暴露于外表，开门见山，先声夺人；而是主张内在和含蓄，逐步展开，引人入胜，避免一览无余。四合院外表平淡，内部丰富，正是这种心理要求的反映。

5. **功能的需要**

作为居住环境，最主要的功能要求是：既要与外部联系方便，又要安全和幽静；既要有独自思考的私用空间，又要有供家人欢聚的公共场所；既有室内的人工环境，又有室外的自然条件。四合院充分满足了这些要求。它封闭的外墙、独立的院落，在繁闹的市区中创造了一个个安全清静的小天地，院落的形式则满足了家庭对分与合、室内与室外各种环境的要求。难怪使那些居住在因用地紧张而建立起来的现代化高层住宅中的人们反倒羡慕起这古老的四合院来了。

四合院建筑显示了浓郁的民族特色，具有很多优点。当然，也存在一些缺点，如占地大、很多房间朝向不好、使用室外旱厕、没有上下水设施，且建筑形式陈旧、古老等等。但是，对于其中一些优秀的空间处理手法，我们在研究现代居住建筑时，仍应该给予重视和借鉴。对它的深入研究，也必会给我们建筑创作以有益的启示。

关于对北京四合院年代及其归属的考证

2005年

“建筑是凝固的音乐”，在中国这个理性至上的国度，建筑不仅凝固了音乐，而且凝固了思想与文化。当北京的四合院逐渐被高楼大厦所代替，这时北京人就更加怀念世代栖住的故居。从四合院的整体布局、文化底蕴一直具体到院落门前的小门墩，都成了研究与考证的对象。北京四合院作为中国古老文化的一部分，对四合院年代的考证成为人们所关心与研究的内容之一。

科学确定某些保留下来的重要四合院的年代，从建筑的营造方法等技术角度去辨别与认证之外，还应从下面的几个线索进行考证：(一)关于北京历史，特别是元、明、清及民国发展史的研究；(二)对清代与民国建筑布局异同的研究；(三)对历史文献、资料与历史笔记的查阅与考证。

一、从北京城的历史看四合院建筑的形成年代

1215年蒙古军在成吉思汗的领导下，突破了南口天险直捣京都。蒙古兵进城后，火烧了城中金代的宫阙，大火月余不绝，中都由一片火海变成遍地瓦砾废墟。

45年之后，即1260年，成吉思汗的孙子忽必烈抱着统一中原的雄心壮志，从蒙古草原来到中都，住在都城东北郊的离宫——大宁宫(今天的北海公园)。他随后打败了代表草原势力的弟弟阿里布哥而成为大汗。他积极更改旧制，意在中原建立一个帝国，走全盘汉化之路。

据“元史”记载，忽必烈在选择都城时曾询问过先锋元帅巴图鲁，巴图鲁回答说：“幽燕之地，龙盘虎踞，形势雄伟，甫控江淮，北连朔漠。且天子必居中以受四方朝觐。大王欲经营天下，住跸之所，非燕不可。”汉人谋臣刘秉忠也主张在京定都。《续资治通鉴》有这样的记载“景定四年春正月，蒙古刘秉忠请定都于燕，蒙古主从之。”

元朝定都于燕，称大都城，于1267年正月以金代离宫为中心，兴建新都。由刘秉忠进行测量，然后根据《周礼》进行规划设计。9年后，1276年基本完成了大都城的建设。居民由中都往大都搬迁时，有明确的政策规定。《元史·世祖本记》卷五记载：“诏旧城居民之迁京者，以发高及居职者为先，仍定制以地八亩为一分。其或地过八亩及力不能作室者，皆不得冒据。听民作室。”元代的八亩方宅为何样式，文献上未有记载。在北京发掘的元代遗址，是否是元代典型的住宅亦无法判断。

在北京后英房发掘出两处完整的元朝院落遗址。房屋布局的共同特点是地势高亢，主要房屋建在砖砌的台基上。有的墙壁下部采用磨砖对缝方法砌就，室内为方砖铺地。此亦仅能供研究之参考。

元大都的道路系统规整平直，成方格网。全城道路分干道和“胡同”两类。胡同都是东西向，前后两条胡同间距约50步，在两胡同间的地段上划分住宅基地。仅可以认定的是：这种城市布局为四合院的形成提供了依托条件。

明灭元后，毁掉了元代的宫室。明成祖为迁都北京，利用元大都原有城市加以改建，从永乐十五年起大兴土木，建造了紫禁城、宫殿、坛庙、苑囿等。兴建王府、勋戚宅第，召集全国著名工匠，以高超的建筑技术与艺术，在京城建造了很多名宅，对推动北京的住宅建设起到促进作用。

明朝统治者继承了过去的传统，制定了严格的住宅

等级制度。一品、二品官邸厅堂五间九架，三品至五品之厅堂五间七架，六品至九品厅堂三间五架，不准在宅基的前后左右多占土地、构亭馆、开池塘。庶民庐舍不过三间五架，不准用斗栱、施彩色。

清室取得天下后，没有效仿历史上每次改朝换代焚毁前朝宫室以杀王气之旧制，而是完好地保存了明代紫禁城的宫殿、坛庙等。而且清代王府多袭明代勋戚之旧，这些都有文献记载。但清初，曾将内城居住的汉人全部迁出，由八旗分驻，而且有顺治五年"原房拆去另盖"之上谕。直至清朝后期，才逐渐有一些汉人官员获特准居住在内城。

由于明、清北京城承袭了元大都的城市格局，四合院的居住形制得到进一步的完善与发展并最终成熟，成为明、清住宅的典型。

辛亥革命成功，满清逊位之后，满族人靠出卖房产过日，于是大量的汉人住进了北京城。北洋政府设在北京时，北京的经济一度繁荣。一些新贵族，包括参众两院的议员、各省军阀、富商等在北京购置、新建住宅很多。这个时期所建的四合院，生活设施比较完备，且摆脱了宅制限制。比如房屋的开间数、屋顶形式、大门颜色等装饰处理都有较大的自由。从居住习惯上看，它们也已基本上失去了满族人生活居住的习惯特点，表现出当地浓郁的汉文化气息。应该说，今天保留较好的四合院建筑，很多都是出于这个时期。

二、从建筑布局上分辨清代与民国时期四合院的区别

我国著名建筑学家梁思成先生指出："建筑显著特征之所以形成，有两个因素：有属于实物结构技术上之取法及发展者，有缘于环境思想之趋向者。对此种种特征，治建筑史者必先事把握，加以理解，始不致淆乱一系建筑自身优劣之准绳，不惑于他时他族建筑与我之异同。"

梁先生这段话是十分重要的。不去理解建筑的内在问题，以讹传讹或只求表面现象不挖掘内涵就会发生不能自圆其说之事。举个例子，对北京新街口前公用胡同15号四合院，曾有某权威性资料载曰："清末内务府长官崇子厚宅第，现主体建筑东西跨院均保存完好"。其实，清代就没有"长官"这个称谓。就这个建筑本身来看，正对街门的是一个三启一的广亮大门，商瓦、铃铛排山脊。院内正厅的位置建了一个花厅，轴线上的北房为三正四耳：三间正房的开间数相等；两耳房没有山墙。耳房的后面还设有卫生间。它的布局与营造明显未受清制的限制，非常鲜明地体现着民国时期四合院建筑的特点。它的东西跨院更与主院缺乏关联，具有拼凑痕迹。经查究民国档案，此院原由几个人所共有，是旧军阀于民国初年购得此地，对原有建筑进行了较大规模的改建之后而存留下来的。它的东跨院仍保留有一些清代的痕迹，而其他部分更多反映的是民国时期的住宅形态。

通过这个例子，说明在研究四合院的年代时，一定要重视建筑布局和结构的变化与发展。它往往能够提供更具说服力的、科学的依据与线索。

三、对历史文献与资料的充分利用

清末著名的笔记小说《道咸以来朝野杂记》是一部关于道光、咸丰以来，直到民国初年掌故旧闻的笔记，内容包括帝系宗支、政局典制、园林第宅、寺庙古迹等。光绪年间震钧的《天咫偶闻》及民国期间的《燕都丛考》等书，反映了这个时期的社会面貌，对考证北京四合院的时代与内涵有很高的价值。

比如，北京东城府学胡同36号(现今的东四妇产医院和北京市文物局占用之地)，该房院年代较长，传说颇多。如何探究这个院落的真正历史，就需要参考这类重要的历史笔记。

《天咫偶闻》中有这样的记载："(麒麟碑)巷北为志尚书和第，屋宇深邃，院落宽宏，不似士夫之居，后有土山，山上树数围，后墙外即顺天府学。"在《道咸以来朝野杂记》上记"兵部尚书志和，住铁狮子胡同内麒麟碑。此宅极广，分路东、路北两部分。"二书分别记述了宅第的范围、位置，与今天所见是相符的。

但有人认为，志和宅第是否和"增旧园"有关，是否是"增旧园"的后半部分。明末四贵妃的母家，清初张勇宅第。

据《增旧园记》："增旧园，名天春园，在安定门街东铁狮子胡同。乃康熙间靖逆侯张勇之故宅也。当明季之世，宅为四贵妃母家。"此文实为谬误而起到误导作用，使人们认为增旧园原即清初张勇宅和明末田贵妃娘家，也联想到只一墙之隔的志和宅可能与增旧园同属一体。

张勇本为明朝之副将，清入关后投降，为清廷转战南北，最后平定陕甘，战功颇巨，屡有封赏，官至提督加少保、太子、太师、封靖逆侯，赐宅于京师。在《天咫偶闻》中记"靖逆侯张勇第在西直门街，侯之勋，已具国史，后裔尚能守世业"。清初之世家自减俸以来，日渐贫窘，多以出售宅第维持生活。而张勇的宅第位于西直门大街，直到清末后人也没有卖地。显然张勇的宅

第与增旧园无关。

《增旧园记》还说它是田贵妃娘家的宅第，其实也是无稽之谈。《旧京遗书》中记“田皇亲居第在西安门，即太监王体乾之旧宅，都人称为铁狮，故元贵家门前狮也，今在田家云。”这是因为田家门前有铁狮，而误传为田贵妃娘家住在铁狮子胡同。

其实，增旧园原是明英国公张家的宅院，再往前溯至元代，即官署或府邸，至清代此地带荒芜，为正白旗满族官兵驻地。

嘉庆后，纲纪松弛，房地产交易渐增，志和宅及增旧园乃同为晚清兴建。

由此例可看出，欲考证北京四合院的历史，离不开清末及民国时期的一些文献、书籍和有关的历史笔记。

北京四合院作为中国传统文化的一个重要成分，给我们留下了一笔珍贵的建筑遗产，同时也留下了待解的研究课题。

朝鲜族民居别具特色的造型艺术

2004年

在我国形态各异，千姿百态的民居的百花园中，朝鲜族民居就是其中一朵绚丽的奇葩。它以具有视觉冲击力的外观造型和生活气息浓郁的空间形态，直观地表现出了朝鲜族民居的地域特点和民族特色。本文将对其造型艺术进行详尽的分析，以加深对朝鲜族民居的认识。

一、外观形态

朝鲜族民居外观看起来很美观，其主要特点是屋顶坡度缓和，其外观形态是中间平如行舟，两头翘立如飞鹤。组成屋顶的所有线和面，均为缓和的曲线和曲面。屋身平矮，没有高起陡峻的感觉，特别是门窗比例窄长，使得平矮的屋身又有高起之势，而整座建筑又稳稳地落座于低矮平实的石台基上。洁白的墙面，再以灰色瓦片或稻草、铁皮相衬，很雅致。无论什么材料的屋顶，出檐都很长，屋檐下产生了很深的阴影，加上廊子的凹进，使整幢建筑产生了鲜明的立体感。

具体来说，根据屋顶形态的不同，朝鲜族民居大致有以下三种类型：

(1) 悬山式：有一条正脊和四条斜脊，屋面伸到外墙面之外，山墙呈"人"字形，同汉族的悬山式屋顶基本相同。

(2) 庑殿式：有一条正脊，两端各有"人"字形斜脊相连。正脊和斜脊之间共四个面，正脊两侧的屋顶呈梯形，正脊两端的屋顶呈三角形，又称四坡顶或船形顶，它同中国汉族古代建筑里等级最高的单檐庑殿顶是有区别的(图1、图2)。具体的不同之处见表1。

图1 庑殿式外观

图2 歇山顶屋顶

朝鲜族民居与汉族传统建筑屋顶之区别　表1

	朝　鲜　族	汉　族
出檐长度	3/10柱高	3/10柱高
屋面举折	较缓	较陡
正脊起翘的方法	由同一型号的板瓦以等差数列的方式叉叠落而成	由瓦的不同型号形成

续表

	朝　鲜　族	汉　　族
斜脊与戗脊	斜脊与戗脊均起翘，其方法是垫瓦，每过一块筒瓦，增加一片板瓦	通常不升起
檐　　口	檐口两端升起，通常升起高度100～150毫米	由于檐柱逐间升起，唐宋时有很明显的檐口曲线，元后恢复平直
瓦(筒瓦、板瓦、瓦当)	瓦当较少见。筒瓦与板瓦的规格，材料单一，筒瓦一般长430毫米，直径160毫米，板瓦长370毫米，宽270毫米，瓦的尺度较大	瓦当的数量多，瓦的规格材料多样
是否收山	收进1/2间	收进一檩
是否推山	不做推山处理	明以前有用有不用的，清朝以后才成为定规

(3) 歇山式：屋顶的上部呈悬山式，下部与庑殿式相似，是悬山式与庑殿式的混合型。这种屋顶由一条正脊，四条垂脊，四条戗脊，四个倾斜的房顶面及两个垂直的三角形墙面组成。正脊两端各有两条“人”字形垂脊相连，垂脊下端各有一条倾斜的戗脊连成折线，每条戗脊的下端均稍微向上翘起，正脊两侧形成斜面，正脊两端的“人”字形垂脊之间各形成一个三角形墙面，正脊两端与垂脊相连的戗脊之间，各形成一个梯形的顶面。它同中国古代建筑里的歇山顶相似，但又有所不同，具体比较见表1。

二、外观造型的构成要素分析

从上面的介绍中，我们可以看出，朝鲜族民居有着不同于其他民居的外观形态，这主要是由于构成其造型艺术的要素及各要素之间的比例、尺度不同。构成朝鲜族民居的造型要素主要有屋顶、墙面、门窗、廊及烟囱等，下文将对它们逐一进行详细的分析。

1. 总的尺度和比例

朝鲜族民居无论哪一种屋顶形式，无论用什么建筑材料，均由屋顶、屋身、台基三部分构成，各部分尺度如下：台基高度200～300mm，屋身2.0±0.2m，屋顶2.0±0.2m，檐口出墙面0.5～0.8m，屋顶与屋身的比为1∶1。

2. 屋顶

传统朝鲜族民居的屋顶别具特色，表现在：超大的尺度，无论悬山式、歇山式还是庑殿式，其屋顶的高度均占整幢房屋高度的1/2。朝鲜族称自己的房屋为大屋顶，即源于此。朝鲜族民居有着同汉族传统建筑一样漂亮的屋面曲线，但具体的形式却不同。

1) 歇山顶：正脊、戗脊、斜脊、檐口共十三条曲线。这些曲线的特点是：中间平，接近端部1m左右开始缓慢起翘。起翘的方法是：

(1) 正脊、戗脊和斜脊：通过叠加板瓦，按照从中间向两端的顺序，每一板瓦长度增加二、三块瓦的高度，而且瓦是以等差数列的方式增加的，如一块瓦，三块瓦，五块瓦，越到端部翘得越多，端头为15块。单片瓦厚1cm。

(2) 檐口：通过在檩条下垫木块，檐口的升起坡度同正脊相同。由这13条曲线组成了四个曲面，曲面的曲率由屋架结构及端部垫起的高度决定的。屋架由两段或三段斜率不同的檩条组成，前后两个屋面的斜率与左右两个屋面的斜率相同，即$\alpha_1=45^\circ$，$\alpha_2=26.56^\circ=\alpha_3$。

2) 庑殿顶：除正脊不起翘，没有戗脊之外，其余的四条斜脊、四条檐口线均为曲线，其曲率与歇山顶相同，四个曲面，同歇山顶相同。这使得朝鲜族民居的屋顶坡度十分平缓。

此外，从屋面色彩看，传统朝鲜族民居的瓦屋面颜色为灰黑色，类似汉族民居的小青瓦屋面。屋面瓦由板瓦、筒瓦、瓦当组成，板瓦、筒瓦上通常有绳纹、回纹、网纹、席纹，瓦当上有莲花纹。素色上带各种花纹的瓦屋面，朴素而典雅。但瓦屋面在过去只有有钱有势的人才建得起，而在民间最大量的还是稻草屋面。金黄色的稻草，不加任何修饰地覆盖在屋顶上，与未加油彩的木构架，黄泥的墙面，白灰的墙面，以及不十分整齐的石台基和谐地组织在一起，十分朴实自然。

3. 墙面

墙面是朝鲜族民居中除屋面之外，最主要的构图要素，又因为它与人的感官距离近，所以，它对人的视觉冲击力有时比屋顶更大。朝鲜族民居的墙面颜色一般前面(南面)与右面(东面)均刷白灰，而后面(北面)与左面(西面)只抹上黄泥，不刷白灰；墙面的构图一般墙面由上、下横梁、柱、门窗框这些外露的结构构件把墙面划分成一个个小的区域，在每个区域内镶嵌一个尺度不大的，大小相同，形状相同的门窗。这样，门窗与外露构件一起使立面产生了韵律美。此外，每个区域一般2.0m×(2～3)m，而门窗只有1.6m×(0.6～0.8)m，窗分格尺寸竖向为8cm，横向有8cm和40cm两个。尽管木框架所用的木材多为荒木，加工也比较粗糙，但经过双重尺度(分区－门窗)的处理，①使立面亲切可人的尺度符合人的视觉特征、肢体感觉和心理感受，作为体形并不大的单座居住建筑来说，足见其平实中的精致和恰到好处。②利用木材本身的颜色划分白色、土黄色的墙面，显得朴素大方，与整座建筑协调一致，体现出乡土民居的亲切和朴实无华，这种处理方法从客观上也符合当时落后的经济状况和低下的生产力水平。

4. 门窗

传统朝鲜族房屋门和窗不分，门当作窗用，窗子也作为门通行。因此，四间房屋前面四个门，后面也是四个门。门扇大都采用单扇，个别也有采用双扇的。门窗只有矩形的一种，门窗格棂大都采用直线和折线所组成的“亚”字形，直棂很密，横格间远。在窗内裱糊高丽纸。除直棂门窗外也有少量花格门窗。单扇门的长：宽＝3：1，比较狭窄，抱门框上下同横梁相连，梁、门框与墙齐平，或略突出于墙面，不施油彩，显出的是原本色。门窗也不施油彩。

传统房屋的门窗，随着时代的发展而有了改变，后门多数被封死，只在厨房留一个后门。延边地区前门一般保留三个，即：厨房、里屋、仓库各设一门，但门的形式有些已改为同汉族一样的木门，与灶相连的房间把原来的门改成窗，门窗及框、梁均刷上蓝或绿色的油漆。

最近20年建的房屋，由于采用砖木结构，门窗的大小与形式同汉族住宅没有什么区别，但门窗框仍加以强调，做成传统特色的味道(图3)。

5. 廊

廊是传统朝鲜族民居立面的重要构成要素之一。居住者根据自己不同的喜好有的采用全廊(沿南侧外墙通长设廊)，有的采用半廊(左侧、右侧或中间)。它给原本低矮的住宅形体，以小门窗点缀的大面积的实墙面，带来了活的因素，不断随着阳光而产生动态的阴影，丰富了单调、呆板的形体，使其产生了纵深感、层次感和虚实的对比，丰富了整幢房屋的空间形式(图4)。

图3 草顶朝族民居

图4 门窗

6. 烟囱

烟囱是朝鲜族民居区别于汉族民居的明显标志之一。在朝鲜族住宅村，屋顶成排，烟囱林立。朝鲜族民居采用的是独立式的烟囱，所谓独立式烟囱是指烟囱脱离开房屋主体独立存在。从立面上看，烟囱距外墙一般0.6～0.7m，高4.5～5.5m，烟囱与墙面、屋面相互构成的对比关系，如横向的房屋与竖向的烟囱，高耸的烟囱与低矮的房屋，这些相互对比的元素在一起有体现为和谐与均衡。传统的烟囱由空心倒木或木板拼接而成，表面无油彩，这使其与柱、廊板及其他外露的木构件同草顶或灰色的瓦顶得以如此完美的协调呼应。

三、朝鲜族民居的歇山顶、庑殿顶与汉族歇山顶、庑殿顶的比较分析

从外观形态上看，朝鲜族民居的歇山顶、庑殿顶同汉族传统建筑中的歇山顶、庑殿顶有着明显的区别，这是因为二者在出檐长度，屋面曲线的曲率，脊及檐口的做法，屋面瓦的数量、种类和色彩等均不同造成的，表1对以上各项内容进行了详细的对比说明。

四、形成朝鲜族民居的造型特色的原因

从上述的分析中，我们可以看到朝鲜族民居的确有着异于其他民族的、独特的造型艺术，那么，形成其外观形态特色的原因是什么呢？经过笔者深入的研究，大概有以下方面的原因：

(1) 与平面功能有关：首先，房屋的基本形状是

由其使用功能决定的，矩形的平面形成了长方体的形体。其次，门的位置、尺寸，及廊板(台基)、烟囱的设置，都是从平面功能的角度出发，而形成的立面构图元素。

(2) 与结构和构造有关：①不同的屋顶形式由不同的屋架结构决定的。屋架举折的变化，形成了朝鲜族民居漂亮的屋面曲线。②由水平向的上下横梁和竖向的柱，将立面自然划分成了不同的区域。③不挖基础，在地面上放础石，础石上立支柱的构造方法，使得柱、地梁的联系在立面上得以再现。④屋顶的保温层大约有500mm 厚，屋面非常厚重。⑤烟囱独立于住宅之外，形成了两个形体的对比，这是由独特的火炕结构决定的。

(3) 与建筑材料的使用有关：朝鲜族传统民居所选用的建筑材料，都是就地取材，如木材、稻草、黄泥、石头等都是简单易得的材料，朝鲜瓦、白灰也由他们自己就地烧制。对于这些材料的使用，也只经过简单的加工便直接使用。据当地老乡讲，当初有很多贫苦人家的门窗是用斧头砍出来的，足见其加工粗糙的程度。直接取自自然的建筑材料，定下了朝鲜族民居的立面基调是朴素、自然、简洁。

(4) 与地理气候条件有关：朝鲜族处于东北寒冷的气候条件中，他们在承袭先辈在朝鲜半岛的建筑作法的同时，结合北方的气候条件，形成了：①封闭的外形，小尺度的门窗，大面积的实墙面。②相对浅的檐廊，比起朝鲜半岛南部檐廊占一个开间来说，要小得多，这是为了在寒冷冬天获得尽量多的阳光，适当减小阴影面积，增加室内温度，节省燃料消耗。③“反字向阴”的屋面，瓦房的檐部在水平向和垂直方向均向上翘起，草房有些檐部向上翘起，有些檐部成水平，这一点与汉族民居檐部沿屋面斜下去的作法很不相同。其目的之一是为了防止室内过于阴暗，让更多的阳光进人室内，二是为了防止屋面流下雨水冲刷墙体。

(5) 与朝鲜族的审美习惯、风俗、信仰观念有关：①低下的社会生产力，贫困的生活境遇，对故土亲人的思念，形成了他们崇尚朴素、自然、简洁。以农耕为主的生产方式，使得朝鲜族与自然界之间建立了一种密切联系，这是所有农耕民族的共同特点。所以，第一，在朝鲜族民居中，没有太多的刻意装饰，立面的线条装饰以结构框架为基础，体现结构本身的美。第二，整个建筑的颜色以黑白灰为基调，配以石头、木材、稻草的原色，产生了质朴的色彩效果，建立起人与自然的对话，“住宅如同从地下长的一般”(赖特语)地贴近自然，与自然界和谐地融为一体。第三，低矮的形体，既有着使用功能上的需要，更强调了住宅与自然的联系，无论在起伏不平的山间，还是在宽阔的平原，远远望去，都会感觉到，小小房屋是大自然不可缺少的一部分，如此的和谐接近。②朝鲜族是一个崇拜仙鹤的民族。鹤的羽毛黑白相称，鹤的飞翔羽翼凌空。源于原始的拜物教，朝鲜族民居的翼角、正脊、戗脊、垂脊均起翘，而且整幢房屋的色彩是以黑白为主调，远远望去，如同一只振翅欲飞的仙鹤。

四、结论

我国 95% 以上的朝鲜族人生活在东北地区。他们有着独特的生活模式、审美习惯和民族信仰。在长期的生产实践中，形成了与经济条件、生产方式相适应的营造技术，在这诸多因素的影响下，使得朝鲜族民居的外观造型具有低矮的台基，平矮、封闭的屋身，双重尺度的立面构图及翘如飞鹤的屋顶，加上黑、白、灰及稻草、黄泥和木材的原色调。在蓝天绿树的映衬下，这些大量分布在白山黑水间的朝鲜族民居，会显得更加的优雅端庄，如同一幅秀美的山水画。

图 5　朝鲜族民居室内

图 6　朝鲜族民居木围栅

从杜重远办公楼的保留看城市文物保护意识的提高

2003年

沈阳市沈河区惠工街上有一座中西合璧的漂亮小楼。许多经过这里的人都会为这幢如同“城市雕塑”般的建筑而感动。因为它打破了城市规划的常规做法——为保留这座建筑，而令街道为建筑让路，这样的事在以往的城市道路改造中是不多见的。每一位看到过这座小楼的普通市民都为政府部门为提升沈阳的城市文化品位所作的努力而深感欣慰，为全社会文物保护意识的提高而兴奋不已。这座小楼(图1)建于1923年冬，主体2层，局部3层，砖木结构，平面呈“L”形；其风格为20世纪初的“土洋结合”的代表，即外观为欧洲古典样式；素混凝土饰面，入口处用古典柱式，阳台栏杆均为葫芦瓶，檐口处采用一系列欧式符号；内部为中式做法，木构架、木楼梯，木地板等。小楼最初的主人是沈阳民族工业的先驱、著名的抗日爱国志士杜重远先生。为了提倡国货，抵制日本经济的侵略，1923年冬天，在爱国将领张学良将军的支持下，杜重远先生在沈阳东边门外创办了“肇新窑业公司”。这座小楼则是他的办公楼。

图1　杜重远办公楼

这座已有近80年历史的小楼，如今保存基本完好，并且已经被列入了第三批市级文物保护单位名单。作为一座优秀的近现代建筑，杜重远办公楼的历史价值是不言而喻的。

首先，它是沈阳近代建筑中有代表性的建筑，该建筑同大青楼等一批优秀的近代建筑一样，具有典型的西洋古典风格与中国传统建筑风格相结合的特点，是沈阳城市建设史上，建筑自主近代化过程中的一个典型作品。它是沈阳近代建筑的活化石。不仅如此，其影响极为深远，直到今天，人们仍在模仿这种风格(在这里暂不讨论其优劣)。其次，爱国人士杜重远先生创建的“肇新窑业公司”，是当时东北最大的一家民族窑业公司，为当时的沈阳乃至整个东北民族工业的发展，发挥了重要作用。再次，因该建筑形式、构造做法以及装饰构件、所用材料大多基本保持原样，这对于我们及子孙后代研究沈阳建筑历史提供了宝贵的资料。

但随着城市建设步伐的加快，在道路工程的改造中杜重远小楼像许多优秀的历史建筑一样，面临着拆与留的选择。在以往的城市环境改造工程中，由于各种不同的理由许多优秀的历史建筑(如奉天纺织厂、造币厂办公楼等)均被破坏了。从目前的沈阳市城市道路规划分析，这座小楼的所在位置，的确给惠工广场地区的交通带来了一些不便，如果将其拆除或移位会使交通顺畅得多。但令我们感动的是通过采取了一些措施，克服和解决了由此产生的问题，将这座幸运的小楼完好地保留下来，而且原封不动。这足以说明是经过了详细审慎的考虑，才做出这样的决定。这座小楼的保留，至少有以下两个理由：首先是它所具有的文化意义。在这座小楼的周围都是些大体量的、非常现代化的高层建筑，而被这些建筑包围的大面积的广场、绿地上却伫立着这样一座只有二三层高的近代建筑，看似不和谐，但正是从这种反差和对比中，人们看到了沈阳的历史，看到了沈阳这座“历史文化名城”厚重的积淀。其次是它所具有的经济价值。从这座小楼所在的位置，我们可以看到，它基本上处于沈阳市皇姑区、沈河区和和平区的交汇处，南边距沈阳的心脏——市政府百余米，北边距沈阳的北大门——沈阳北站也仅百余米，道路四通八达，地理位置得天独厚。而且，更为难得的是这座小楼位于大片的绿地当中，其周围没有任何建筑毗连，就像一座雕塑，强烈地吸引着过往行人的目光和注意力。这对于向来自四面八方的人宣传这座优秀的近代建筑本身以及宣传使用者的企业文化、企业形象都具有任何一个地方都无法替代的优势。因此可以肯定地说，原地保留这座建筑不仅可以大大增加沈阳城市文化的深度，而且可以带来相应的经济回报。它的保留在实际操作中着实令政府和规划部门费尽了心思。首先，为这座小楼而改变了道路的规划，并为其另辟道路。其次，为了更好的保护它，将其重金出卖，以便让既有经济实力，又有文物保护意识的有识之士来延续它的生命。因为，这样年代久远的建筑，长期的闲置，将加速它的破坏，而合理的利用是保护它的有效方式之一。所有这些措施都说明了我们的政府在文物保护方面的意识越来越强。政府及规划部门的领导深刻认识到作为“历史文化名城”的沈阳，是绝对不能缺少这些优秀历史建筑的；沈阳城市文化品位的提升，同样不能没有这些优秀的历史建筑。因此，在城市建设与历史建筑的保护出现矛盾的时候，今天的政府却做出了令无数百姓感动，令子孙后代欣慰之举——不遗余力保护优秀的历史建筑。

素有“一朝发祥地，两代帝王都”之称的沈阳，经过封建统治、军阀割据、日伪占领等几个不同历史时期的发展，留下了以“一宫两陵”为主的传统城市格局和建筑，留下了城市自主近代化过程中的“西洋建筑”，也留下了伪满时期的日式建筑。这丰富的文物资源和独特历史建筑景观，构成了沈阳“历史文化名城”内容的主体。这幢小楼如同被保留下来的许多历史建筑一起，显示着城市历史的变迁，让后人从这里感受到城市传统的风貌特色和城市文化的延续。

“一宫两陵”申报世界文化遗产的工作，向人们展示了市委市政府对代表先进文化，代表广大市民意愿的理解和决心。而这次行动更令所有的沈阳城人民及我们的子孙后代备感欣慰，它再一次表明了政府在保护历史文化遗产，提升城市文化品位上的决心和力度。杜重远办公楼的保留同样是为我们这座历史文化名城写上的浓重一笔。

昔日的建筑作为一个时代的特征而成为历史环境，这种历史环境虽然有的已经失去了原有的功能，但其文化含义却仍然是城市发展的必要精神资源。我们相信，随着政府和广大人民群众文物保护意识的提高，一定会有更多的历史建筑可以得到合理的保护和有效的利用，沈阳这座充满现代化大都市气派的“历史文化名城”会更加灿烂辉煌。

满族民居特色歌

2001年

满族民居有些什么特点？我用满族百姓的语言和喜闻乐见的方式编上一段《满族民居特色歌》唱给你听。此歌分三段，第一段介绍了满族民居的院落布局特点，第二段描述了民居的立面和构造情况，第三段归纳了建筑平面和室内空间的特征，为我们研究满族民居特色提供了生动形象的乡土素材。

《满族民居特色歌》全文如下：

（一）

满族民居不寻常，听我顺口唱一唱。
满人多住四合院，院大但无抄手廊。
院落几进纵深展，横向不跨又不畅。
院门设在中轴上，栅栏用来围院墙。
入门常设影壁墙，打开影壁更敞亮。
进院以后步步高，高台内院最排场。
坐北朝南住正房，仓储牲口居两厢。
院内东南设索伦，户户高架苞米仓。

（二）

建筑不分等和级，家家一律硬山房。
无侧脚也不开起，跨海烟囱立一旁。
屋面举折坡偏缓，木构屋架做抬梁。
几檩几柁双檩式，局部通柱节省梁。
或草或瓦盖屋顶，或土或石砌筑墙。
室内吊顶梁外露，外墙立柱墙中藏。
直棂窗或斧头眼，上下两扇支摘窗。
正面窗旁有凹龛，就地取材五花墙。

（三）

一字平面对面屋，一进屋内见灶堂。
常在北侧辟倒闭，又保温来又添房。
口袋房内要敞亮，万字炕上唠家常。
晚寝自有巧办法，蔽子幔帐房中房。
家家设有祭祖位，窝撇库挂西山墙。
门框龛架挂满彩，娃娃悠车悬房梁。
窗户白纸糊在外，狍腿作钩挂窗梁。
若听我唱不过瘾，请到满家作客但无妨。

下面，依据《满族民居特色歌》所述内容，对满族民居特色予以论述。

一、群体布局特点

1. 以合院作为群体组织的基本单元

满族合院早已有之。从努尔哈赤最早修建的第一座古城——佛阿拉起，就有关于合院布局的记载。朝鲜南部主簿申忠一到中国东北探察，他在沿途所撰的图文资料《建州纪程图记》中，绘制了努尔哈赤（“奴酋”）和他的胞弟舒尔哈齐（“小酋”）在城中的住所图（图1）。从中我们可以看到满族早期的合院空间尚无什么章法，十分随意。院落入口虽根据对外的流线方向而定，但它与院内在功能序列、空间层次、道路组织、构图效果等方面均缺乏考虑。院内道路和建筑的布局散乱，往往照顾了某一方面的要求，而忽略了整体效果。

当时对于院落的空间组织也没有形成某种定式。在以后满族民居的演化过程中，特别是满人居住地由山地向平原迁移的转变，合院布局才逐渐走向完善与成熟。

2. 以南北为主的单条纵向轴线控制院落的空间与序列，多数合院为一进或二进，只有少数权贵的院落建成三进以上的套院

每组院落仅由一条纵向轴线控制，呈现为单向纵深发展的空间序列关系，而无横向跨院。相互毗邻套院的控制

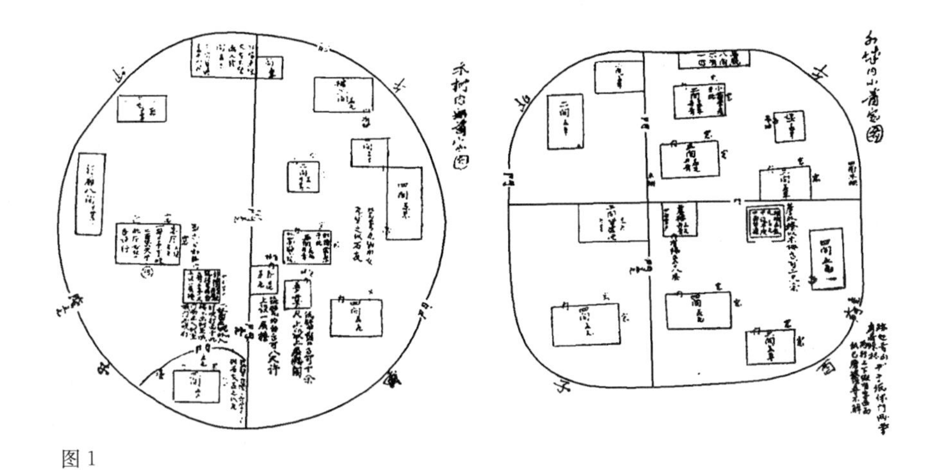

图 1

轴线往往呈现为一组平行线，院落之间无横向联系。

这种院落格局的形成，来源于早期满人贵族“占山为王”的习惯。他们将院落建造在狭窄的山脊上面，建筑随山脊的走向，由前向后延展排列，而向两侧发展的空间受到地势条件的限制。这种单向纵深发展的院落格局，甚至影响到后期迁都沈阳时的皇宫建设。

3. 院落的纵轴竖向设计往往体现出由低到高的空间规律

以牧猎为生的满族人“近水为吉，近山为家”，在其居所“由山地向丘陵再到平地”的迁移过程中，常把“背山面水”作为他们理想的宅地选择条件。将院落建造在山脚下，面向河流或水面，院落地坪随山势由前向后逐渐升高，以后背的山作为防风避寒又保安全的天然屏障。

当他们迁往平原之后，在权贵们的宅院里，用作主人起卧的第二进或第三进院落的地坪，还要特地用人工填土夯造的方法抬高，形成特色极为鲜明的满族“高台院落”。不同高差的两进院落之间用一片挡土墙分隔，并设有门房和单跑室外台阶作为竖向间的相互联系。这种高台院落是满人长期山地生活的一种延续，是他们赖以取得生存安全的有效办法，也是他们对崇高地位的一种标榜。从保留下来的《盛京城阙图》中所绘的各十亲王、贝勒的王府，甚至当年皇太极为自己建造的沈阳故宫中路后宫部分，都可以发现这种高台院落的模式(图 2)。

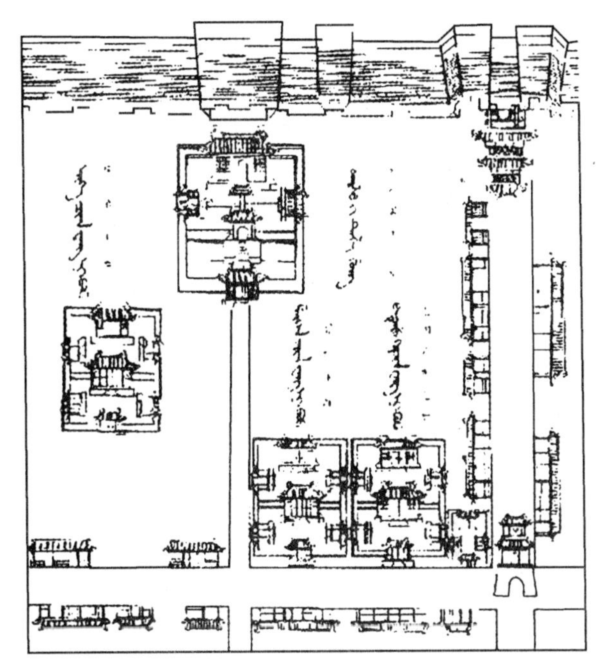

图 2

满族合院的尺寸较北京四合院略大。它不仅取决于院落四周起着围合作用的房屋的开间数，又取决于车、马的出入和院内各种功能活动的要求。

院落大门设在院落北墙的中央，有“杆式”、“墙式”和“屋宇式”三种。

一般民宅的大门多用杆式(图 3)，用两根立柱支撑着横木或横杆而成，有的在杆式门上做起脊草顶，即所谓的“栅门覆以苔草”。

图 3 杆式院门与民居外观

墙式院门由四柱承起，按抬梁式屋架构造做成两坡顶。正脊下向做板门并与墙体分开，称为“四脚落地”。

有钱人家的宅院大门多采用“屋宇式”，即在北墙处设倒座房。该房为单数开间，中央开间不设前后檐墙，开双扇大门。门外两侧放置上马石和下马石。门内设有影壁，但后期影壁的做法逐渐被省略。这是由于满族人性格犷直，在实用与心理需要之间，更注重于实用。开敞的大门有利于车马出入，也更显得直截了当。院门两侧的倒座房间多供下人居住，或作门卫，或作仓储，或做客房。

满族院落常用木栅栏围合(图 4)。这是继承了其先人居住在山地林区时的习惯，直至平原建房仍保持着这种传统。甚至建都沈阳以后，在盛京皇宫的“文德”、“武功”两牌坊下还设栅栏，用以隔开城市街道与大内宫阙的空间与人流。在皇宫入口大门——大清门前檐墙处，也设栅栏板以区分宫院的内外空间。后期非林区的满族院落，由于木料的减少，有的宅户采用泥石墙代替木栅栏院墙。在这种泥石墙的墙头，又用苔草的墙顶帽以保护墙体避免被雨水冲刷。满族合院的围墙脱离开房屋，而在房屋的外围另外圈出院落。这与北京四合院的做法不同。

院落的东南部立一木杆，此杆名为“索伦杆”(图 5)，是满族人祭祀用的一种重要祭具。此杆一般被设在院中偏东南的位置——正房的侧前方。它由“石础”、“神杆”和“祭斗”三部分组成，祭斗(木碗或锡碗)用来盛放碎肉、谷物等祭品供鸦雀食用。

院中还架有“苞米楼”(图 6)，这是用来存储玉米的干栏式粮仓。一般用木杆、木板或柔条捆扎而成，四壁透空，有利于玉米的风干保存，上面多做成起脊屋顶用以防水。四角上的立柱将仓楼悬空抬起——显示了早期满人巢居的遗痕。

图 4　木栅栏院墙

图 5　索伦杆

图 6　苞米楼

若为二进以上的套院，第一进院落中有的布置厢房，有的不设厢房。两进院落用房屋或二院门作为院落空间的分隔。第二进院落中，主院正房一般选择在坐北朝南的位置，供主人生活起居之用。主房前多设有月台，作为室内、外的过渡性空间，是人们从事室外工作和休息的场所。不同于北京四合院，院内不设抄手廊，也很少设耳房。个别人家仅在主房的山墙侧搭一临时的偏厦，作存放杂物之用。

满族民居的烟囱不同于其他民居，多采用脱开房屋设置的独立形式，再用一高出地面 30cm 左右的水平烟道与建筑连通，称为“跨海烟囱”(图 7)。这种烟囱多置于山墙侧面，也有放在房后甚至屋前。

图 7　跨海烟囱

二、单体建筑特点

1. 立面特点

满族建筑除极个别的采用歇山、攒尖、卷棚，绝大多数都采用硬山形式(图 3)。屋顶举折较为平缓，有瓦顶和草顶之分。瓦顶又有黑泥小瓦仰放和黑色筒瓦两种。瓦顶的扁担脊上有的用瓦片或花砖做些装饰，或将瓦顶两端做成翘起的鳌尖蝎尾造型，此外几乎不用顶饰。檐下无斗栱，梁头椽头皆不作装饰。

这些并非是满人自己的创造，而是在受到汉文化的影响下模仿建造的。满族建筑中不多的歇山顶建筑，对歇山的收山做法偏于早期的歇山形式：在原满宅硬山的基础上，另出外廊柱，在两山墙柱和新加的外廊柱上架设戗脊。这种“外廊式歇山”在建筑立面上表现为：歇山顶的三角形山墙面与下面的外墙上下相对，一看就知是由硬山发展而来的(图 8)。满族人对卷棚建筑的做法也并未真正掌握，甚至出现梁架为卷棚，外观却起脊的做法等等。但毕竟绝大多数满族建筑都是硬山式。特别是民居，几乎没有别的建筑形式。

早期的满宅并无明确的等级标识。建房的主要目的是为满足使用要求。曾被押禁在建州的朝鲜降将李民奂返回朝鲜后，在《建州闻见录》中写道：“窝舍之制…无官府郡邑之制”。直到出了努尔哈赤之子代善与父争宅地之事，满族宫殿建筑才开始引入汉族等级观念中的一些做法，但终未在民居建筑中得以体现。

建筑立面呈三段式构图：屋顶、墙身和台基。

台基多用砖、石混砌，四角放角柱石。台基样式简单，直上直下，即使皇宫的台基也很少做枭混。重实用而少装饰。

房屋无侧脚也不升起。各开间尺寸相等，不同于清式做法：明间与次间、梢间等尺寸有所变化。檐柱被窗下檐墙包住，从立面上看，檐柱仅在窗户两侧而不落地(图 9)。不像汉族做法那样，外墙住处的檐墙平面呈

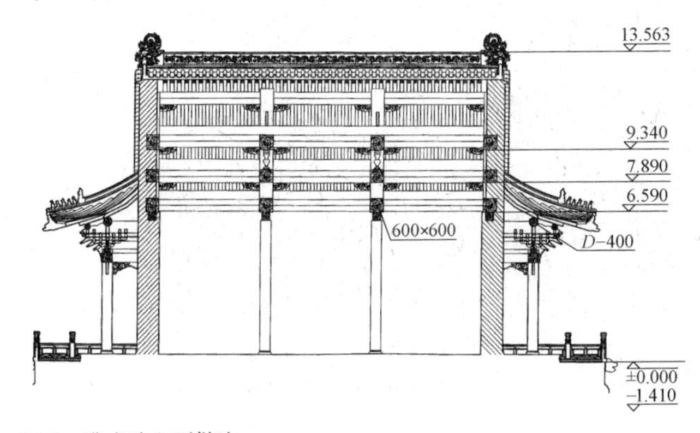

图 8　满式歇山顶做法

图 9　檐墙内包檐柱和窗纸糊在外

"八"字形开口，将柱子展现在立面上。体现了满人重建筑的防寒与保温要求，尽量避免柱子附近因墙体的减薄而引起热桥现象的发生。

前檐墙的东侧有一砖砌的凹龛，专为供奉"佛首妈妈"。南向窗尽量沿南向面阔长度满开，北向为防寒需要不开窗或仅开小窗。西尽间多不开后窗。房门为木板拍子门，窗则多用支摘窗。窗隔心早期为直棂马三箭、斧头眼等样式，后期吸取汉族做法，广泛使用了步步锦、六方锦、工字锦和盘肠等形式。

2. 剖面特点

满族民居的结构形式属于抬梁式的大木作。但与清式做法有所区别在于它以"柁"代枋——一种双檩结构。这也是以梁柱为承重构件的体系，墙仅作围护和空间分隔之用。由此，其施工过程亦是先起屋架，后砌墙体，再上门窗。

屋顶与清式做法相似，亦呈折线起坡，但多比清式要缓。以上夹河镇胜利村的肇宅正房为例，从下至上分两个步架，其坡度依次为 58% 和 74%。这种情况与东北地区的气候情况有关：夏季降水比南方少，坡度可以不用太陡，冬季略缓的坡度使屋面积雪不易被风吹落，起到一定的保温作用。

建筑内有的在灶间和卧房分间处设"通天柱"，以减小梁的跨度，可用小材。由于此处设有隔墙，因此该通天柱对室内空间并无什么影响。在室内其他处，皆不再有柱。室内吊顶并不避讳大梁外露，而将顶棚置于梁上皮，使室内空间可显得高旷，满族人喜欢通透、开阔，甚至不在乎"一览无余"。

建筑的外墙虽不承受屋面重量，但是出于防寒保温需要，仍做得很厚重。室内灶间与内房之间的隔墙用材区别很大，穷者多以秫秸抹泥，富者则砌筑，同样重于保温。也有的在内房之中仍采用木隔断作分间，但多数更喜欢宽阔的筒子间。

3. 平面特点

其平面形状大多为"一"字形，很少有凸凹或其他变化。这种形状出于减小外墙面积的要求，在寒冷的东北地区是非常实用的。

建筑不一定要单数开间也不强调对称。大门可设在中央的明间，也可设在偏东的次间——根据室内的空间布局而确定。但不论房门的位置怎样，它总是要开设在灶间，人们总要经过灶间再进卧室（图 10）。这是利用灶间兼作门斗，以阻隔室外寒冷空气进入居室。灶间的四个角上分别设有做饭和烧炕取暖用的四个灶。在这一点上，东北地区的满、汉民居同出一辙，只是满族民居中的灶口一正一侧，而不允许两两相对。灶间两侧皆可作卧室即所谓的"对面屋"。满族人以西为上，长辈住西屋。

图 10　入口灶间与灶台

卧室内的空间布局则以"口袋房"、"万字炕"而与众不同。

所谓"口袋房"，即从灶间进入卧房，规模稍大的卧房将两三个开间打通，构成一个口袋形的筒子间。

所谓"万字炕"，是在这个口袋房中所设的南北大炕之间又沿山墙设有"顺山炕"，令南北两炕连成一体，平面呈"U"字形布局。东北的炕，不仅是晚上睡觉的地方，也是人们室内活动的主要场所。请人们"炕里坐"或"炕头坐"，成为满族人尊重老人和招待客人的淳朴礼节。

满族人家惯有男女老幼群居之习，仅在有的人家于室内分间处的炕面上设有与炕垂直并与炕同宽的活动隔断——"蔽子"。它白天可以平开或上旋挂定，使口袋房内空间开敞，只是晚上将其关闭，炕上的空间被适当分隔，而南、北两炕之间的空间仍是通透的。为保证夫妻生活的私密要求，在炕沿的上方挂有通长木杆，称为

"幔杆"，为晚上挂幔帐之用。同样，白天收起幔帐后，仍可恢复室内的开敞效果。

无论是从满宅院内影壁的逐渐消失，还是室内对宽大、通畅空间效果的追求，我们都可以感受到满族人宽阔的胸怀和直率的性格。满族有以西为尊的风俗，卧房内沿西山墙的"顺山炕"是不允许坐人的，那里是专供摆放祭具之处。家家的西山墙上都挂设有一个木架——满语称"渥萨库"，即供奉祖宗板和"完立妈妈"（亦称"佛头妈妈"）的龛架。木架上置放装有祭祀用神器或神木的神匣。又在木架上贴挂着表示吉祥和家世的黄云缎或黄色的剪纸——"满彩"（图 11）。房屋内靠近西山墙的北墙上又设着供奉宗谱的谱匣。因此，这一开间往往不设北窗。三面环状炕之间无炕面的空间，除作交通通道之外，也是家庭从事宗教活动的场地。

图 11　渥萨库与满彩

在中央开间设外门的对称式房屋，一般是由于"对面屋"平面布局的结果——灶间设在中央开间，灶间两侧分别布置有卧房。这也是满宅室内经常采用的平面形式。

有的宅户在室内设一道与北墙平行的纵隔墙，将房间又分为南北两部分。南间仍作主要的生活间，这个北间称为"倒闸"。倒闸的作用是将房间与北墙隔开，有利于室内冬季保温，同时又赋予它一定的使用功能。倒闸的进深尺寸根据其使用目的而定，兼作储藏的可以小一些，用作厨房时可以大一些。也有的令卧房内的倒闸尺寸与南间的尺寸相近，并在其中设炕，可供夏季住人。

大户人家也有将檐墙内移的做法，形成前（后）檐廊。檐廊上有屋顶，下有台基，前有檐柱，是一处非常有实用作用和有益建筑造型的室内外过渡和缓冲空间。这里也常设置室内火炕的下沉式烧火口。这样在室外烧火可免受风雨的影响，又避免了柴草烟气污染室内环境。也有的由于"一把火"不能满足全户火炕的排烟需求，需要另外布置烟囱，或在檐墙外的适当位置设一下沉烧火口，并在檐墙上开一梯形凹洞，洞内侧的两个小孔与炕道相通，排烟时两股青烟犹如两条胡须，故称"二龙吐须"（图 12）。

图 12　"二龙吐须"

4. 建筑用材和采暖特点

满族民居的建筑用材重经济实用，而少讲排场，更特别注意就地取材。早期多用木料、土坯、茅草、石块甚至动物肢体等，甚至当时汗王努尔哈赤的住所都以茅草苫顶。至今我们在一些满族人家还可以见到以猎物肢体用作建筑构配件的传统习俗的延续——以狍子腿当作挂钩等现象（图 13）。后期居民使用了青砖和泥土瓦，建筑质量得到了较大的提高。由于砖、瓦相对较贵，他们在使用时非常慎重。在用砖时，常常与土坯和石头混用。比如以砖、石合用砌筑成"五花山墙"，既节约了用砖量，也打破了大面山墙的单调感，成为一种十分经济的装饰手段。而以双层砖墙留中空、内以土坯填充的"夹心墙"和以砖砌墙外皮、土坯为墙内皮的"内生外熟"墙，更有利于提高墙体的保温效果，也大大减少了

图13 狍腿窗挂钩

用砖量。

由于地处中国东北，属严寒地区的气候，满族民居在防寒保温和取暖方面有其自己的特色。我们对此做些介绍。有些做法在上面已经提及，这里仅作简单的归纳：

(1) 平面形状为一字形，墙面无凸凹且房间进深较大，外围护结构面积相对较小。

(2) 主房坐北朝南，选择争取日照的最佳朝向，南向开门，避免冬季寒风袭入。东、西向的厢房不作为主要卧房，或作为仓房，或作牲口棚。朝鲜人李民奂所著《建州闻见录》一书即称满族民宅"皆南房""开南门"。

(3) 墙体虽无承重功能，但为保温防寒需要而采用厚墙、夹心墙、内生外熟墙等做法，尽力加大墙体的热阻和热惰性。将柱子包在墙内，而不似清式做法令柱身外露以防木柱受潮腐烂，满族建筑更注重保温效果，避免任何可能出现热桥的不利因素。为防柱子受潮，在外墙上对着内包柱子的柱脚部位开洞或砌一块透空的花砖，以利墙内通风。

(4) 在室内空间序列的组织上，以灶间作为内与外的过渡空间，能阻隔冷空气，并使冷空气先在以烧火为重要功能的灶间内经过预热后再进入到卧房。室内采用"倒闸"隔开北墙，保证主房间朝南而不邻北墙。

(5) 南向开大窗，尽量争取日照，北向开小窗甚至不开窗以减小热耗。更以"窗户纸糊在外"(图9)成为东北的"一怪"。因为这是可以避免窗棂外露，防止雪花落在窗棂上，雪融时浸泡窗纸的有效办法。

(6) 室内以火炕、火地、火墙等采暖，这的确是一种充分利用能源和发挥能效的好办法。"一把火"的做法被广泛提倡。所谓"一把火"，是指用烧饭的余热——热烟来加热户内全部的火炕、火地、火墙，使热能被充分地利用，十分经济。满族的火炕、火地与汉族并无大区别，而火墙却与众不同。火墙常被用在口袋房的分间处。它不是拔地而起，却是坐在炕面之上，与炕同宽，高1.5～2m。这种火墙不仅有采暖功能，还与前面提到的"蔽子"相似，起到分隔炕上空间的作用(对室内空间并无割断和封闭的效果)。

满族民居是一种很重实用的居住形式，却也是一种别具泥土芳香的建筑类型，它也许对我们今天的建筑设计仍能提供某些有益的启迪。

藏族的传统庄房和高碉建筑

2006年

藏族在中华民族的大家庭之中，是一个具有鲜明特色的民族。这不仅在于他们所处的世界上海拔最高高原上特殊的自然条件，在于他们所经历的特殊的历史与文化背景，也在于藏传佛教的强烈作用与政教合一的特殊体制。正是这些“特殊”，构成了个性很强的藏族民居建筑。

生息于青藏高原的藏民族，与其所处的特殊的自然环境构成了一种协调、紧密、而充分适应的关系。藏族的民居建筑，就是在这种自然条件的制约下，产生、发育和形成的。藏族民居所利用的建筑材料，直接取自大自然的无私奉给，并且不像内地烧成砖瓦后用于建筑之中，而从不做任何的二次加工。将材料的天然质地直白地展现于建筑的外在形象，令建筑与环境融于一体。其民居建筑体现出一种原发性的生态理念。藏族民居的用材主要为石料、黏土和木材。这三大类材料是青藏高原储藏的最为丰富且取之不竭的天然资源。当地藏民除像内地一样精于木构之道而外，其砌石技术、夯土筑墙技术更是令人叹为观止。

一、庄房与高碉

藏民中，除牧区民居主要采用搭建方便又易于拆迁搬移的帐篷(图 1、图 2)形式之外，大多为固定式的民居。即使是在牧区，除帐篷外，也多为越冬需要，另外建有简易的固定式民居。由于篇幅所限，我们仅对其中最具特点的庄房和高碉式民居建筑作以介绍。

图 1　牦牛毛帐篷

图 2　休闲帐篷

(一) 庄房

也称碉房，是藏区固定式住宅中最普遍的一种形式。庄房的层数大多在 1～4 层(图 3、图 4)。除单层者各种空间皆为平面组合之外，二层以上庄房，各层的功能有一定的规律：底层用作牲畜圈、草料房以及楼梯井等；顶层布置堆放粮食的敞间、晒台，有的还设喇嘛卧室；中间层(2、3 层)为生活主层，设住人的主要居室、经堂等房间。一层一般都由院落和房屋两部分所组成，平面为方形或矩形。围在院落周边的建筑平面可能是

“一”字形、“L”形、“U”形或“口”字形，不封闭的一面总是以墙封合。院墙高度与一层建筑层高相当。院门(图5)的位置一般与正宅建筑相对，但不一定与宅门正对。无论建筑或院落，一层皆不开窗，仅在各方向接

图3　庄房

图4　庄房

图5　院门

近楼面顶棚的高度开有一个通气孔。洞口内低外高，内大外小，显示出很强的防卫性。高官贵族的宅邸，在一层还可能设有附房，作为“娃子”的居室和工作间。底层的牲畜圈和草料房根据使用要求，也根据楼上居室的分间方式作适当的分隔。上楼必经牲畜圈，藏民并不介意这种人畜空间不做严格分划，特别是圈内气味会顺楼梯井和天井窜到楼上各室的形式。现在，牲畜仍在藏民生活中的重要地位，以及由此所体现出很强的人畜相互依存的自然观念。

中间层为住宅的主要居住层。供平时的生活起居、佛事活动和贮存等。随住宅规模的大小，房间数量和功能划分的粗细各异。但主室和经房是本层也是全宅最主要的房间。主室的面积最大，位置也要选在朝向最好处。藏民的睡眠、起居、会客、餐厨等日常活动都在此室。小型住宅甚至将经堂都并入其中，而大型住宅的主室又可能分为若干间，单设卧室、客房、厨房等。因青藏高原气候寒冷，藏民又特别爱好饮茶，在室内设有炉灶或火塘。主室中也多设有依墙式的固定壁柜、三面带有围板的整体式藏床、由三个方桌组成的藏桌(其中一个桌内安放取暖或煨茶的火盆)等。经堂是藏宅内的另一处重要房间。这是除寺庙之外，进行家庭佛事活动必不可少的空间。经堂在整个住宅当中，装修总是非常讲究的地方。经堂的墙上装有佛龛壁架，龛台下面以及侧墙上也装有壁橱，存放经卷、法器等神物。贮藏间往往与主室相连，布置在主室的后面。视住宅规模的大小和主人的喜好，中间层还常设有敞间、走廊或天井。敞间实际上是主层上供家人活动的公共空间。它除了作为楼梯厅，和沟通各方间的交通枢纽之外，也是家人进行家务劳动，相互交流和临时堆放家什、柴禾的地方。也有的藏宅以走廊和天井取代敞间的作用。环绕天井，设置的走廊将同层的各个房间联系起来。中间的天井令上下空间融为一体，也成为间接采光和通风换气的重要途径，包括底层牲口圈的光线和空气流通也主要依赖于天井的作用。有的宅中天井由下至上逐层扩大，下层天井四周的屋顶又可作为上层的内阳台或露廊。天井周围的房间，皆可面向天井和走廊开设门窗。楼梯井与天井一样都不封闭，每层梯段位置都要错位。楼梯多用圆木刻出梯步的独木梯，可随时搬走或存放于尽少影响其他空间行为的地方，既方便，也具有随时可撤可安，有利于安全防御居住要求的特点。无论是敞间，还是天井、走廊或梯井，都突出了藏宅外墙封闭，内部向自然开敞的特点，使得住宅内部可以获得更多的阳光，同时也可以避免寒风的直接袭入和取得住宅安全防御的优势。这是

藏族民居积极适应自然环境所创造出来的有效方式。藏族民居中的厕所也十分有特点。各层厕所的平面位置相互错开，悬挑在主体建筑之外。如厕之粪便直接撒落到建筑之外，有效的保证了房间的卫生，也避免了气味的影响。即使是在冬季，也不会存在粪便因冻后堆积影响使用的情况(图6)。

图6　悬挑式厕所

顶层一般分为房屋和晒台两部分。房屋大多实为敞间——由屋顶、两或三侧围墙构成的敞口屋，少数人家建有供喇嘛使用的卧室和经堂。敞间为人们提供了一处休息与工作的半室外空间，也可用于堆放谷物与工具，在其角部布置上屋面的楼梯井。敞间的敞口面向晒坝，在其后墙或侧墙上开辟并非为人出入的“风门”——当在晒台上簸扬谷物或天热之时，可将风门打开，令冷风穿晒台并吹入天井之中，巧妙地借助风力，利用自然。平时则将风门关闭，有效地遮住寒风经有楼梯井和天井侵入建筑内部。从而构成了藏族民居外部以实墙、小窗形成对自然严密阻断，而在内部以敞间、天井、梯井、开敞的走廊与自然沟通，充分利用自然的独特居住模式。这是藏民就其当地条件所作出的极有创造性的构想与实践。屋顶的晒台对藏民生活十分有用。它位于建筑的最高处，免受遮挡，可获取充足的阳光，且不受外人和牲畜干扰，充分地利用了建筑空间，节约土地，是打晒粮食，休息纳阳的最佳场所。晒台居高临下，视野开阔，又便于瞭望与守卫，具有很强的防御功能。藏居屋顶角处的女儿墙，还常建有供煨桑用的“松科”和供插嘛呢旗的墙垛，更突出了藏族民居在建筑造型上的特点。石砌或黏土夯筑的建筑外墙断面为梯形：内侧平直而外侧下方上收，这种有收分的墙体使得建筑形象稳固而墩实。墙上开设的窗洞内大而外小，窗洞外面砌(抹)出梯形窗套(图7)，再加上局部挑出的挑台，构成了藏族碉房造型的基本格调。

（二）高碉

擎天耸立的高碉建筑(图8)是藏族民居中的一种特殊类型，这不仅在于它特殊的“鹤立鸡群”式的建筑形象，也在于它并非直接用于居住的功能。但它确是藏族民居聚落中不可或缺和具有代表性作用的建筑形式。藏区的高碉技术一直影响着藏族建筑的传统风格。高碉建筑主要用于防卫性功能。在民居聚落以及贵族官寨之中

图7　窗

图8　高碉

常建有高碉(图9)。特别是在四川的藏区，更是高碉建筑集中发展的核心地区。四川的丹巴中路、梭坡素有“千碉之国”之称。著名学者任乃强曾对丹巴一带的高碉作出这样的描述：“夷家皆住高碉，称为夷寨子，用乱石垒砌，其高约五六丈以上，与西洋洋楼无异。尤为精美者，为丹巴各夷寨，常四五十家聚修一处，如井壁、中龙、梭坡大寨等处，其崔巍壮丽，与瑞士古城相似——番俗无城而多碉，最坚固之碉为六棱——凡矗立建筑物，棱愈多则愈难倒塌。八角碉虽乱石所砌，其寿命长达千年之久，西番建筑物之极品，当属此物。”高碉分为寨碉、哨碉、家碉三类。寨碉归宗族或村寨用于集体防卫和作战。一个村寨建有几座到十几座。设置在村寨的周围和交通要道上。哨碉相当于内地的烽火台，建于地势开阔处和据高点之上，设专人值哨，登碉瞭望，传递信息。遇有情况，燃火为号，及时通知村寨藏民。家碉为民居建筑的组成部分，与住宅建筑形成一个整体，成为建筑之中的最高点。它兼作防卫、藏身和贮藏等功能之用。一般情况下，高碉的顶层作为瞭望远眺之室，高耸的位置，使得瞭望者一览无遗，及时将危情传递给人们。下来常常是枪弩手们用于防御和作战之处，寨中或家中的强壮男丁平时集中居住在这里，随时准备投入战斗。中间层是妇女儿童们的避难所和囤集财产的地方，这里是相对安全之处。下层则用作贮藏室和厨房等使用。各高碉的竖向布局大同小异。高碉的平面形状有三角形、四角形、五角形、六角形、八角形、和十三角形等，最普遍的为四角高碉。高碉建筑的外围护结构有石砌和黏土夯筑两种，内部多以木构建造楼地面和楼梯。楼梯亦多为活动独木梯，可方便地安放或抽除，即使敌人攻入楼内，将楼梯撤除，下面的敌人仍然无可奈何，陷入被动挨打的境地。藏民积累了高超而非凡的夯筑和砌筑的传统工艺与技巧，他们利用当地的天然材料，完全手工施工，建起的一座座“高层摩天楼”，最高者可达四五十米，其对受力情况的合理处理，对墙体倾斜角度的精确把握，对工艺效果的严格要求，对力与美的充分展示，至今令中外专家叹服。

图9　聚落中的高碉

二、藏族民居的主要特点

藏族民居除帐篷类在用材、搭建方法、外部造型和颜色等方面都与其他地区的帐篷有着明显的不同之外，固定式民居同样为适合于藏区的气候物产条件，藏民的生产、生活条件而反映出它的特殊性，构成了藏族民居建筑的个性体系，它主要包括以下一些特征：

(一) 利用地形，适应气候

藏族民居精于选址，却不一定要占据平坦地段，尽量把适于耕作的土地空留出来。住宅建造强调的是，结合具体环境条件，充分利用山地的起坡，采用错层、退台、跌落、转换入口、悬挑以及天井对竖向空间的沟通作用等手段，合理而巧妙地将基地高差的变化转变为建筑空间组织的优势并努力扩大和争取空间，即保证了用地和建设的经济性，又带来了藏居特殊的形式与风格。

藏族民居面对雪域地区寒冷而多风的气候条件，既采用了厚重的墙体，小而少的外窗洞口，紧凑而集中的平面形式，向阳而背风的选址，北高南低的建筑层数等办法去适应自然气候，解决遮风保暖问题；另一方面又以开设天井和梯井修建敞间，开辟风门和天窗等方式，以积极的态度面对自然争取和利用阳光与通风。

(二) 就地取材，技术高超

藏区所蕴藏的丰富的土、石、木资源，成为藏民建造住宅的主要用材。他们创造出许多经济、坚固而实用的营造方法和高超的建筑技术，使藏族民居具有突出而显著的地域性特征和丰富而强烈的表现力，特别是它们的砌石技术和黏土夯筑技术堪称一绝。无论是石砌还是夯土外墙，藏族民居的内部大多还要结合木作技术，从梁柱，到楼地面和屋顶，从门窗到挑台，从大木作到装修，藏式木作技术有许多独到的制作方法，也有许多自身的艺术体现。但其基本技术体系，与内地的木作技术相近，属于中国传统木构体系中的一支。

(三) 结构规整，墙体收分

藏族民居的结构类型特色鲜明，按建筑材料分，最为普遍且最有代表性的主要是石木结构和土木结构。即外墙为石或土筑，内部以木为骨架，这种形式的民居，特别是楼居，形成了很有个性风格的碉式建筑外观。

建筑的空间组合又受梁柱的柱网制约，各楼层柱网一致，上下对应。柱网尺寸与层高同为 2.3～2.55m。以相邻的四柱构成内部空间组合的基本单位“间”。由此再根据不同的使用习惯形成不同的内部房间组合与划分。其平面布局规整、紧凑。

建筑外墙厚重又具有藏式收分。外墙的内皮垂直于地面，而外皮随砌筑高度内收，令墙体横断面呈梯形。墙体的收分率大约为 5% 左右，虽增加了墙体的砌筑难度，但使得结构的稳定性得到了有效的加强。

(四) 外拒内聚式的建筑性格

藏族民居体现出很强的防御性。既是对寒冷多风气候的抵御，也是对敌人进犯的防备。外墙厚重、稳固、而高大，且墙上尽量减小开洞面积。一层不开窗，上面的窗洞也在墙厚方向做成外小内大。使得建筑外观形象好似堡垒，这大概正是人们称之为“碉房”的原因。建筑的内部却往往以半露天式的天井、楼梯井、天窗等办法，弥补外墙少窗所造成的采光和通风缺陷，不但增加了内部空间的亲和力，也使风、雨、和寒气直接袭入的路径受到了有效的阻挡，争取到人与自然和缓的接触机会。

(五) 有规律的房间构成与功能布局

藏民族深远的游牧和农耕历史，使牲畜成为家庭生活不可或缺的重要部分，对宗教的虔诚崇拜，左右着藏民的思想和行为；特殊的自然条件和生活习惯，规定着他们的生活方式。这些客观条件，促成了藏族民居不论规模、不论贫富，其房间构成和功能布局的规律性。一般皆由牲畜棚、主室(根据房屋规模可能再划分为大小卧室、厨房、客厅)、经堂、贮藏间、厕所、晒台、敞间等房间是大多住宅所共有的功能空间。特别是在楼居之中，这些房间自下而上又呈有规律的排列：底层为入口和牲畜棚，中间层为主室和其他辅助用房，顶层设经堂、敞间和晒台。中间各层也以高为贵：身份高者，住得也高。这种规律虽有个别的突破，但被大多藏民以约定俗成的形式体现在藏居布局之中。

(六) 碉式造型，特色外观

无论石砌还是夯土，建筑外观给人最直接的印象总是方整、坚固而厚实，因一层无窗，又显得挺拔、安全。大多民居建筑均为平屋顶，顶层晒台上的敞间，经堂等打破了趋于简单的建筑形体构成，高低错落。

外墙明显向内有收分，墙上矩形窗洞，周围又以上小下大的梯形窗套突出了稳固的建筑形象特征。门窗上口常做凸出墙面类似披檐的形式，以局部的修饰和阴影效果，在平素的墙面上形成对建筑的装点。这种“披檐”或为砌筑，或为木作，或为帘饰。有的还饰以藏味很浓的色彩，成为民居建筑的重点装饰部位。

外墙开洞少而面积小，洞口多为竖向矩形，外墙少用饰面，而以素石或素土对砌筑方式进行直接表达。仅以少量的局部挑出丰富建筑的构成形态，并与材料来源的当地环境形成自然的协调与默契。

沈阳清真东寺建筑风格之我见

2004年

沈阳清真东寺(现名为沈阳伊斯兰教经学院)坐落于沈阳市沈河区小西路东寺里，占地面积 2571m²，原建筑面积 1094m²，现建筑面积仅为 398.61m²(图 1)。

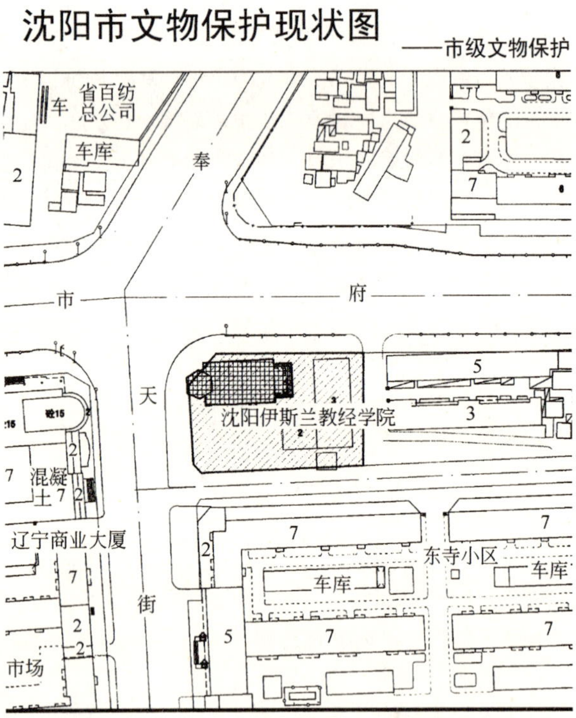

沈阳市文物保护现状图

——市级文物保护

图 1　区位图

据辽宁省档案馆日文资料“文教类”3131 卷①及沈阳市档案馆馆藏资料记载：清嘉靖八年(1803 年)，由刘太元、赵廷功，经穆斯林群众集资，购置马兴有住宅一所，创建礼拜殿三间，后遥楼、讲堂、沐浴室等各三间；清光绪十六年在热心教门的回族提督耿凤鸣的倡导下，扩建重修拜殿及其他附属建筑；民国十年(1921 年)在阿图回凤翔的带领下，众回教人士集资，对大殿，沐浴室、山门等又一次进行维修，并扩建、改建南北讲堂；民国二十四年(1935 年)在伊玛目赵希珍的倡议下，集资仿西洋古典建筑的样式重新修整拜殿，遥殿仍按原样，并在其西南侧建女沐浴室。解放后其寺产在 1958 年曾被占用，在“文化大革命”期间被沈河区少年宫等几家单位租用，1980 年返还清真寺，1988 年改为沈阳伊斯兰教经学院。在长达二百年的时间里由于疏于修缮和人为破坏，现仅剩拜殿和望月楼(图 2)。

从现存的拜殿和望月楼来看，是中西文化混合交融的活化石，是一座富有创造精神的建筑。它具有两个层面的含义：一是西方的伊斯兰教建筑文化与中国传统建筑手法创造性的融合；二是中国传统建筑形式与西洋古典建筑形式的创造性的混合。这两个过程均是从主观上或是在客观条件限定的情况下出发，把中西方文化有机

图 2　外观

的结合在一起，使沈阳清真寺成为沈阳近代伊斯兰教建筑最富创造性的一座。

一、伊斯兰教文化与中国传统建筑的融合

现代史学家把唐永徽二年(651 年)阿拉伯使者的来华作为伊斯兰教传入中国的开始。以后随着回回人的迁入，开始在聚居区兴建伊斯兰教的礼拜堂。

沈阳清真东寺从总体上看是一座中国化的伊斯兰教的活动场所，具有伊斯兰教文化与中国传统建筑手法相融合的特征，具体表现在以下几个方面。

1. 结构体系和建筑型制

沈阳清真东寺所表现出的中国化的结构体系和建筑型制，突出表现在大门、望月楼和拜殿上。

1) 大门。据史料记载，沈阳清真东寺大门(即山门)被拆毁之前为中国传统的院门规制，木结构，三开间，两旁为角门，正门仅重大节日时才开放。这种被我国内地大多数清真寺采用的大门型制是我国伊斯兰建筑所独具，在阿拉伯及世界其他地区清真寺建筑中是找不到的。

2) 拜殿及望月楼。沈阳清真东寺在 1890 年扩建后，“正殿六间，前后两层，中有水道，旧式横梁立柱，正殿前隔扇，前卷棚抱柱高起明柱，月台地(基)数层(阶)正殿油工二堆金积粉，彩画灵妙红柱缠麻，丹青点缀……”，“殿后设阁楼，高起 20 多米，……内外两层，外有四根立柱，地身安实，用檩木石灰打成，遥楼挑角高吊，琉璃脊瓦光滑，淡水直下，顶用古铜打成高起十几米的星月”。

从现存的实物看，拜殿为单檐歇山式，小青瓦覆顶(图 3)。象征伊斯兰教六大信仰的望月楼(遥楼，即邦克楼)，平面六边形，三重檐六角攒尖顶，顶尖装有象征伊斯兰教的星月饰件。

图 3　青瓦屋面

拜殿为矩形平面，西边为一向外突出的六边形凹龛(即“米哈拉布”)。凹龛为阿訇领拜处，内壁用阿拉伯文书写《古兰经》。因为目前该寺不再作为拜殿使用，室内堆放着杂物，已经看不到当年使用时的风采，但据《沈阳回族志》记载，“殿内地面镶木地板，上铺凉席和羊毛毯，加白色棉布外罩，并在正面右侧设有雕刻得十分考究的伊玛日宣讲台”。

2. 建筑装饰

沈阳清真东寺的建筑装饰是其整个建筑风格重要的组成部分。该寺成功地将伊斯兰教的装饰风格(如星月、半拱形门窗等)与中国传统的建筑装饰手法融汇贯通，充分利用中国传统装饰手法取得富有伊斯兰教特点的装饰效果。如拜殿的彩绘及墙面的浮雕，全用花卉、几何图案或阿拉伯文字为装饰，既不违反伊斯兰教规定，具体的形式和手法又具有中国传统的特征。再如主入口半曲拱券下的木门上雕刻有梅花。这种融合，不仅丰富了世界伊斯兰教建筑装饰的内容，从另一个角度也创造了中国传统建筑装饰的一种新形式。

3. 伊斯兰教的特色

从对沈阳清真东寺中的伊斯兰文化与中国传统文化相互融合的分析中可以看出，无论其如何大量地吸收中国传统建筑手法，但仍然严格遵循伊斯兰教建筑的一些基本原则。根据史料记载以及从现存遗物看，该寺中设有拜殿、望月楼、沐浴室，大殿内部有圣龛及其右侧(大殿西北角)设有宣教台。

从方向上看，该寺坐西朝东，圣龛背向西方，这种既坚持教规原则又因地制宜、灵活施建的处理手法，是富于创造精神的。

伊斯兰教反对偶像崇拜，所以在大殿中并不供奉人物，也没用动物图形的装饰，而以美化的古兰经文做装饰，从而使大殿清新爽目，创造出一种不同于我国传统建筑装饰风格的室内装饰特色。

二、西洋古典式样与中国传统建筑风格的混合

这种混合主要体现在拜殿的东立面上(即主入口的立面)。根据史料记载，拜殿目前的这种形式形成于 1935 年。当时民族工商业得到了进一步的发展，城市经济活动频繁。积淀于沈阳城中深厚的传统文化，通过匠人之手，与西方建筑文化相融合，创造出了中西混合的建筑表达方式，即“洋门脸”建筑形式。

沈阳清真东寺可以称其为“洋门脸”建筑的典型。它的做法是将拜殿东侧的山墙，在原歇山屋面的山墙平面位置上一直向上砌筑，其山花的高度最终略高于歇山

顶的正脊(图4)。

图4　东立面山墙做法

图5　柱廊上部立面

“洋门脸”部分由柱廊和山花两部分组成，柱廊由四根变化了的克林斯柱式构成，其上为由西洋古典的花瓶装饰而成的露天平台(图5)。

在三角形山花的中央部分设有一个半圆形的券洞，券洞两侧依次为简化的壁柱和装饰性的六边形假窗。在矮墙与山花相交接的部分，加一对巴洛克风格的代表性符号——云卷。一看到这个立面，人们会联想到巴洛克的代表建筑作品意大利罗马的耶稣会教堂(图6)。但略加比较就会发现二者无论在比例及建筑材料的选用上，都很不相同。这说明在沈阳清真东寺的建造中，并没有把西洋建筑直接移植过来，而是根据自己的理解、喜好和实际的需要有选择地模仿，并与中国传统建筑形式进行融合，从而形成了一种新的建筑形式。

首先，强调了入口，使入口庄重醒目。沈阳清真东寺本身是坐南朝北，屋顶采用歇山式。按照伊斯兰教的规定，在我国境内的清真寺其入口应设在东侧。由于歇山式屋顶的山墙部分比较低矮，作为礼拜大殿的主入口不够庄严和醒目，把这样的一个“洋门脸”加在歇山的山面之前，既增加了入口的可识别性，又弥补了歇山式屋顶在山面开门的缺陷，使得建筑本身更加宏伟壮观。

其次，山花部分的斜向坡度与歇山屋顶前后檐的坡度是一致的，从东向西望，二者形式不同却相互呼应。在“洋门脸”上处处可见中国式的装饰纹样(图7、图8)，比较典型的，如柱头内镶嵌着梅、兰、竹、菊四君子之一的梅花。

图6　罗马耶稣会教堂

图7　中国式的装饰纹样之一

图8　中国式的装饰纹样之二

山花部分的八边形什锦窗是在中国传统建筑中常见的形式，另外主入口的门采用了半圆形拱券的形式，而门的雕饰仍然沿用梅花的纹样(图 9)。

图 9　主入口铁制拱券和梅花造型的柱头

过去我们很多人(既有中国人也有西方人)，每每走过这座清真寺建筑，常常会投去批判的眼光，认为这样的建筑既不“纯正”，也不“地道”，简直是“东拼西凑”。但建筑发展到今天我们实在不应再以这种学院派的观点来评判建筑了。建筑的内涵和外延是不断变化着的。类似于沈阳清真东寺的这种“洋门脸”式建筑的出现，是中西建筑文化相互碰撞时的必然产物。它说明了当地匠人对西洋建筑在文化层面上随机性、经验性的学习过程。它具有坦率而自由的特征，比起移植正统的西洋建筑更具创造性。正是自下而上的民间匠人的这种创造，形成了沈阳中西建筑混合的风格。这种做法，不仅有别于纯粹西方建筑的移植，而且，从建筑发展的角度上来看，远远高于“地道”的移植。

这类建筑在沈阳的出现，一是离不开当地工匠在沈阳城大规模营建过程中所掌握的纯熟的青砖营造、雕刻技艺，二是沈阳在清初形成的崇尚华丽装饰、喜欢曲线图案等审美情趣，与 20 世纪初舶来的“巴洛克”美学观一拍即合。

先哲人去业永垂 洒下辉煌映沈城

2002年

——记杨廷宝早年在沈阳的作品

论及中国建筑离不开杨廷宝，谈及沈阳近代建筑仍然离不开杨廷宝先生。这不仅在于他的设计思想和众多作品对中国和沈阳的建筑师以及对全社会的浓烈影响，更由于他亲自为沈阳留下的不朽力作，至今仍在当代社会中扮演着重要角色，已成为沈阳城历史中的珍贵经典。

1927年，杨廷宝先生结束了在美国六年的大学学习并带着建筑事务所工程设计的经历，回到了祖国。他加入了由关颂声主持的建筑事务所——基泰工程司。由于关颂声在哈佛大学的留学经历，使得基泰有机会通过宋子文(亦曾在哈佛留学)的关系与当时的东北少帅张学良建立起特殊的关系，再加上杨廷宝加入基泰以后所表现出来的雄厚实力，使得基泰通过上层社会承揽工程的触角迅速伸到了沈阳，并连续通过投标、直接接受委托等形式拿到了几个大型工程的设计权。杨廷宝回国伊始，就把他的主要精力投到了沈阳。他“几闯关东”，在沈阳留下了精彩的足迹。这些历史性的作品也从一个方面记录着杨廷宝的建筑生涯，成为反映他早期建筑创作观的重要诠释。

杨廷宝的建筑设计基础是在美国宾夕法尼亚大学打下的。对他影响最大的老师，无疑是毕业于法国美术学院后又潜心研究建筑设计、当时在美国大名鼎鼎的建筑师保尔·克芮。他不仅在大学阶段对杨廷宝耳提面命，十分赏识，而且当杨廷宝一毕业又被他吸纳到自己的建筑事务所工作。杨廷宝对建筑设计的最初理解和坚实的基本功主要来自这一阶段的学习与实践。保尔·克芮在美国乃至欧洲都是极具影响力的新古典主义建筑大师。老师的主张和功力潜移默化地转移到了杨廷宝的身上。杨廷宝早期在沈阳的这些作品都十分典型地反映了他对“新古典主义”手法的理解和得心应手的表述。有所不同的是，这些建筑无论是在对“新”还是在对“古典”的转译中，他都在以英式手法为主的大体系中揉进了一些中国建筑文化的基因——这是在杨廷宝先生后期的作品中被不断强化的因素。

杨廷宝先生是一个十分务实的建筑师。他一生创作所留下的大量作品反映出他淡漠流派与风格，主张实事求是，主张尊重客观条件和以人为本的设计理念。他的创作道路是一条现实主义之路。他的发展轨迹则表现出一种“从新古典到现代新建筑，从西方式到中国化”的大趋势。他的作品体现着他对“洋为中用，古为今用”思想的不倦探索。

杨廷宝先生早期的这些作品虽表现出比较浓郁的新古典手法，但那种对新建筑的渴求和对探索中国现代建筑道路的强烈愿望，已经孕育其中，给人以十分深刻的感受。

杨廷宝先生在沈阳的作品主要有：京奉铁路沈阳总站、张氏帅府西院红楼群、同泽女子中学和东北大学校园总体规划及其中的图书馆、文法科课堂楼(两幢，即“汉卿南楼”和“汉卿北楼”)、化学馆、体育馆、运动场等六个子项。

(一) 京奉铁路沈阳总站

京奉铁路沈阳总站(今沈阳铁路局办公楼)(图1)位于沈阳北市地区，1927年6月设计，是杨廷宝先生回国后主持设计的第一项工程。杨廷宝原试图采用西欧现代建筑式样，但当时京奉铁路主管部门和设计事务所的同仁多习惯于北京前门站外形，杨廷宝不得不放弃了初始的主张，而设计成现在这种形式。该站平面布置紧凑，功能合理，具有交通建筑特征。总面积近 7000m²，是继北京前门、山东济南等车站后，由我国建筑师自己设计建造的当时国内最大的火车站。1905 年，日俄战争的结果使日本人从俄国人手中夺取了从长春到大连一段铁路的控制权，随即在铁路沿线修建了一系列的火车站，并强行建设了“满铁附属地”，从而控制了中国东北地区的经济命脉。随着奉系军阀的崛起，民族经济和政治逐渐有所抬头，开始与外来势力相抗争。1924 年，东北政府成立了“东三省交通委员会”，开始了自经自营东北铁路网的筹备工作。张作霖则引入英美贷款，着力促成并实施这一计划。陆续修筑了“奉海”、“台海”、“打通”等铁路，并着手修建东北两大干线：由葫芦岛至瑷珲的西干线和将京奉铁路延长至佳木斯的东干线。这一计划使得中、日铁路形成平行布局，打破了日本人对东北交通运输的垄断，夺回了日本在中国东北的部分既得利益。这也是日后日本军队加速发动侵华战争的重要原因之一。京奉铁路沈阳总站就是在这一历史背景下于 1927 年 6 月设计，1930 年建成。1931 年“九一八”事变后，该站被改称为“奉天总站”，1934 年又被满铁改称“北奉天驿”，1946 年后称“沈阳北站”，1990 年由于新建的沈阳北站替代了它的功能和名称，它被改作办公楼使用。

杨延宝先生按照前门站的样式，采用了中轴对称式的布局，将位于中轴线上的主体部分设计成一个由半圆拱屋顶覆盖着高大空间的候车大厅(图 2、图 3)，大厅两侧是三层高的站房，底层主要用作旅客用房，设有旅客大厅、候车室、售票间、行包房和小卖等服务设施，二、三层为站务、行政用房。两侧平屋顶建筑的檐部装饰了一些经简化的西方古典式样的细部，正厅入口处做大挑檐，用八根混凝土柱支撑。设计手法简练、空间关系明确、火车站的功能性质鲜明，体现出一种东西方文化相互交融的折衷主义特点。建筑造型纯朴、舒展而庄重。中央候车大厅在结构形式上采用了距室内地坪高 25m，跨度为 20m 的半圆筒拱钢屋架，筒拱长 30m，拱底用现浇混凝土梁柱支撑。大厅前后均开大面积的玻璃侧窗，大厅开敞明亮，并在外观上充分体现出内部的大空间特点，建筑外形与空间内容协调统一。杨延宝先生在其回国后设计的第一幢建筑中就充分地体现出他厚实的设计功力，和力图将西方的设计思想与中国的客观条件有机结合，寻求和开创中国建筑新出路的远大志向和抱负，为他日后大量和杰出的创作活动打下了一个坚实的基础。

图 1　京奉铁路沈阳总站站房外观

(二) 同泽女子中学

现沈阳市同泽高级中学的老教学楼是杨廷宝先生在沈阳所留下的珍迹之一。该建筑原名同泽女子中学，现

图 2　京奉铁路沈阳总站大厅

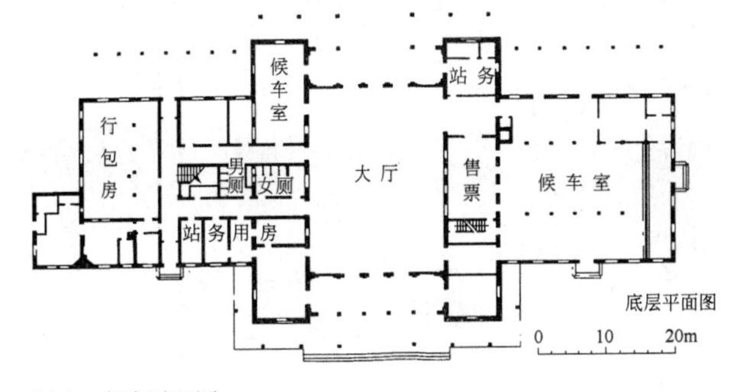

图 3　京沈平面图

位于沈阳市沈河区承德路3号。杨廷宝当时设计并建成的女中包括一座教学楼，一座图书馆兼实验楼和一座宿舍楼，而现在仅有教学楼保存下来，虽经历了七十多年的沧桑，但依然保持着一个优秀建筑作品的风采(图4、图5、图6、图7、图8、图9)。

该建筑主体为三层，平面呈“丁”字形。前面部分布置有教室、实验室、图书室和办公室；后面部分的半

图4　同泽女子中学教学楼外观

图5　同泽女子中学入口

图6　同泽女子中学门厅

图7　同泽女子中学礼堂

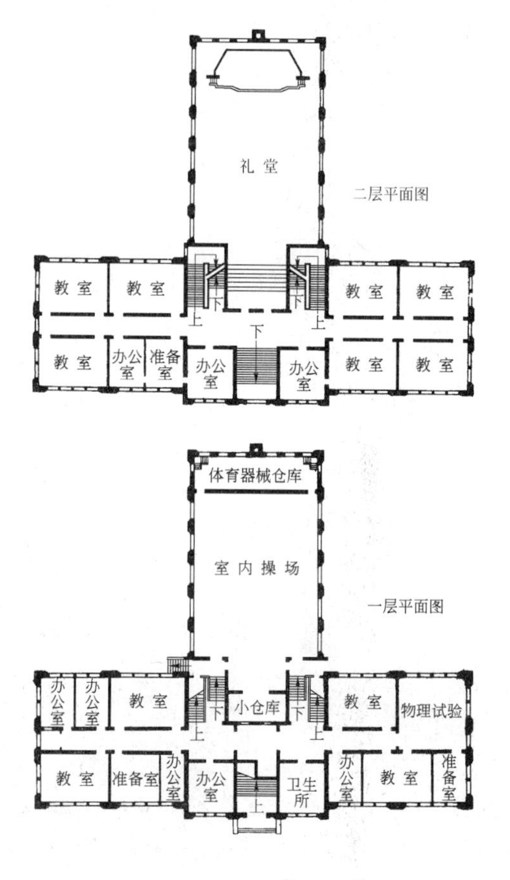

图8　同泽女子中学平面图

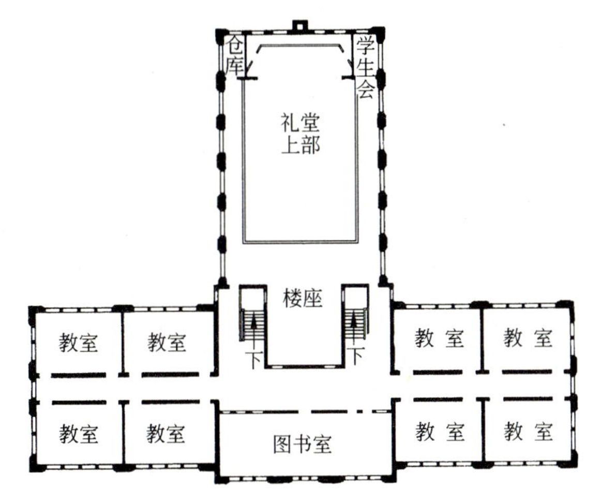

图 9　同泽女中三层平面图

地下室是一个跨度为 18m 的风雨操场，它的上面是一个设有小型舞台和回廊的千人礼堂。建筑的主入口朝东，后面主楼中的风雨操场和礼堂与前面小空间的教室、办公室等巧妙地通过楼梯连接在一起。主入口外有几步台阶，进门后，经过一段十几步的宽敞的直跑楼梯，便进入到了二层，从二层中部两侧对称布置的双跑楼梯可上到第三层或下到底层，它是整座建筑的交通枢纽。该建筑采用清水红砖，整体风格受到近代建筑影响，同时又散发着浓烈的哥特式风格，其竖向划分明确，因而建筑整体的纵向感非常强，给人以挺拔，壮观之感，体现着青年学生的勃勃朝气。

刚从宾大建筑系毕业并从欧洲游历归来不久的杨廷宝，接受了多年的西方文化教育，特别是美学教育，所以他这一时期的建筑更多地采取了西方的近现代建筑形式。而且 20 世纪早期，美国校园中常见的建筑模式就是以清水红砖墙为整体形象，局部使用石材，经常采用古典的建筑语汇如拱券或柱式等。对尺度与比例的控制十分得体，构图严谨、精美。这些特点，杨先生在 20 世纪 20 年代末、30 年代初的许多校园建筑设计中(如为东北大学、清华大学所做的设计等)都得以充分体现。

在具体做法上，杨廷宝先生这一时期的许多校园建筑都多少具有某些共性，比如建筑体量上，他经常采取中间高，两边低的对称形式，具体讲就是将主入口部位的建筑体块拔高，然后在其两侧对称布置比之矮些的体块，如同肩膀一般，最后在“肩膀”两侧舒展的布置更矮的体块。这样从总体效果看，给人一种既稳健又重点突出的感觉。入口设计也很有特色，由于其建筑多为对称，主入口便布置于正中，而且经常要安置在许多层台阶之上。门的形式设计成拱券，有的还配以柱式，重点突出又功能明确。建筑细部与线脚精巧细致，同时又不失简洁大方。无论是建筑的外观，还是室内设计，我们都能体会到杨廷宝先生严谨的工作作风和扎实的设计功底。

同泽女中至今已建成 70 余载，但仍风采不减，展示着它甚高的文化品位，恰是对一位后来影响中国建筑致深的设计大师的良好写照。

（三）东北大学

东北大学初办于 1923 年。校址在奉天大南关，利用原奉天高等师范和公立小学专门学校校舍，即后来所谓的“南校”。由于该校舍不适合大学理工科教学要求，1925 年奉天省公署批准在奉天城北部的昭陵风景区附近筹地 38.6 万 m^2 建新校舍。初期建成一座 2 层的办公楼和理工学院教学楼，此乃所谓的“北校”。由于分为南北两校办学不便，即拟在北校增建校舍而将南校并入。1927 年张学良慷慨捐献家财 150 万奉洋用于新校舍的建设。基泰工程司拿到东北大学新校园的规划和部分建筑的设计任务，具体设计工作则由杨廷宝主持。1928 年建成学校办公楼，1929 年完成校园总体规划，1929 年 4 月建成文法学院课堂楼，10 月建成图书馆，1930 年 1 月建成化学馆，1930 年 10 月建成体育场及部分教职员宿舍。体育馆设计完成，但后来未得施工。至此，东北大学规划基本实现。以上设计皆为杨廷宝所做。

校园规划分为教学区、生活区和体育运动区几部分，共有大小建筑 76 栋，总建筑面积 75208m^2(图 10)。教学区的主要建筑包括图书馆、教学楼、礼堂和实验室等，以新建的图书馆及其正南的理工楼为中轴线，呈对称式总平面布局。轴线的最南端为学校主入口。教学区中主要建筑的平、立面均采用轴对称的处理方式。图书馆正东为化学馆，正西为文法学院课堂北楼（即汉卿北楼)，在它的南面为文法学院课堂南楼(即汉卿南楼)。图书馆正北为体育馆(因经济和“九一八”事变等原因终未建造)和体育场。校园西南方为教育学院大楼。各学院大楼附近都建有学生宿舍。校园的西北部是教授住的别墅式住宅，另有教职工居住的东南新村。别墅式住宅分为两、三种标准模式，按不同地形和道路相互组合，与绿化相间布置，取得统一与变化的完美效果。

东北大学理工楼(图 11)1925 年建成，是“北校”的早期建筑，由魏德公司（U. WITTIG& CO. BUILD & ENG. CORP)设计。位于校园中轴线上，正对学校大门。1928 年东北大学建筑系成立后，就设于这座

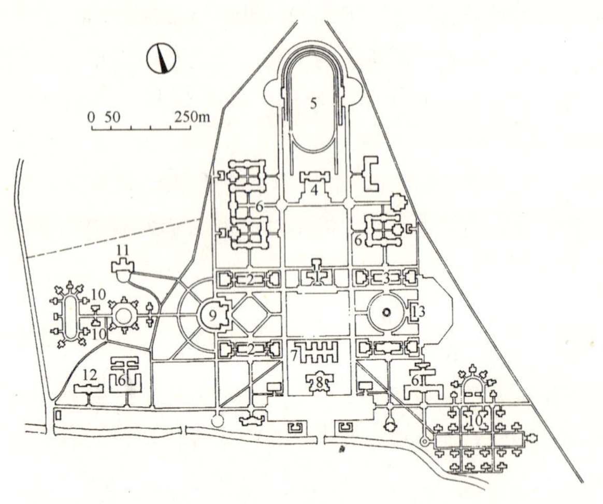

图 10　东北大学总图

1 图书馆；2 文法学院；3 化学楼；4 体育馆；5 体育场；6 男生宿舍；7 理工实验室；8 理工学院；9 大礼堂；10 教职员宿舍；11 女生宿舍；12 教育学院；13 女生体育馆

图 11　东大理工楼

楼中。地上 3 层，地下 1 层，建筑面积 8080m^2。正中采光天井，各层均设回廊，并充分利用楼梯的造型变化和空间穿插，造成丰富的空间效果和堂皇壮观的气派。楼后部的中间是礼堂，两侧是教室。共有教室 44 个。建筑外墙为淡黄色，四角屋面设绿色盝顶，它的侧面开有三角形老虎窗。建筑正面正中为三角形山花顶饰。建筑造型悦目，令人振奋难忘。

图书馆(图 12、图 13、图 14、图 15)平面为“士”字形，地上 2 层，半地下 1 层。“士”字的前半部为入口大厅和各类阅览室。室外正中大台阶直达地坪高起的一层大厅。一层设有小型的报刊、杂志等阅览室和研究室，二层为一个开敞的大阅览室。“士”字的后半部为 5 层书库(层高 2.5m)，中间以业务办公等用房将前后联系起来。建筑平面功能合理，是早期图书馆的典型形式。建筑正面正中向前凸出并相对两侧高出近 1 层高

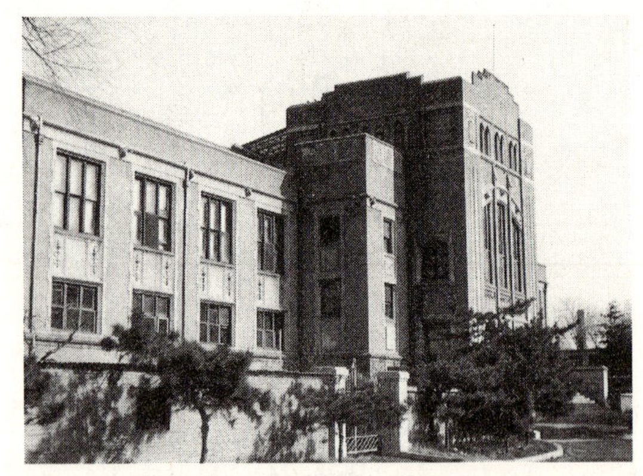

图 12　东北大学图书馆

图 13　东北大学阅览室

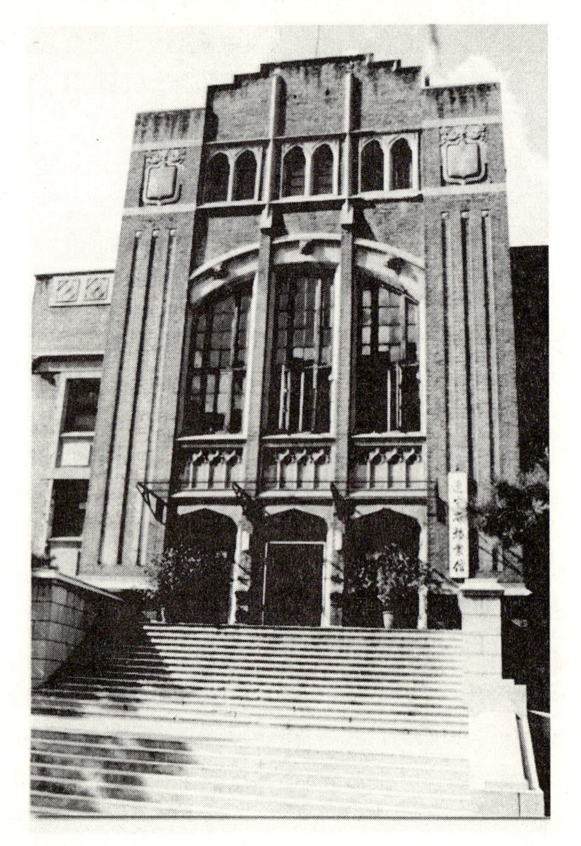

图 14　东北大学图书馆入口

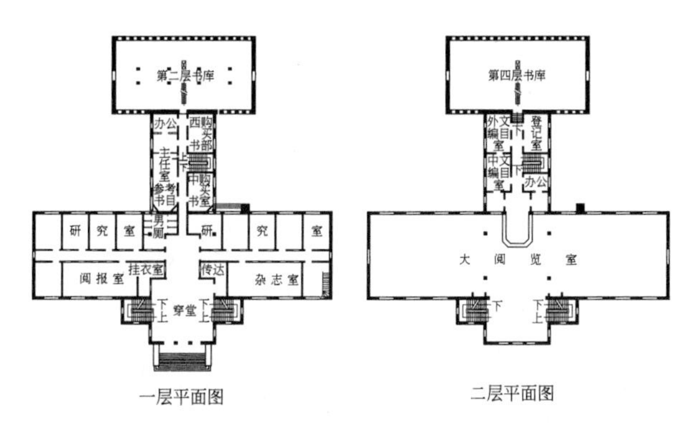

图 15 东北大学图书馆平面图

度。下面 2 层以四框和中间的两颗柱子形成三等分，每柱间一门、一窗，并用一个统一的拱券将它们组合一体。上面则以三组对窗和阶梯形山花顶饰和下面的一跑大台阶相呼应，将立面中的重点强调出来。两侧以两个楼梯间作为中央体量的过渡，与两翼较为简化的处理形成主从分明、重点突出的整体式构图。

文法学院课堂楼(汉卿南楼、汉卿北楼)(图 16、图 17)于 1929 年建成，南北两楼完全相同。建筑面积各为 4864m²。平面为一字型，中部前后稍有突出。中间 4 层，两侧 3 层。室外大楼梯直达二层。每层皆布置教室和办公室。建筑外墙为清水红砖，拱券大门，门上是挑出半个六角形平面的方额凸窗。顶部的三角山花增强了入口作为构图中心的作用。双坡马尾屋面亦设有女儿墙。

化学馆(图 18)平面呈“山”字形。楼内主要设教室和实验室等房间。以中间走廊将两侧的房间串通在一起。在中部后面设大教室，作为合班课和大型学术活动之用。建筑外观采用与文法学院课堂楼相似的手法与形式，取得建筑群体构图的对称和协调。此楼毁于火灾，至今未恢复。

体育场(图 19)建于 1930 年。平面呈椭圆形，钢筋混凝土和砖混结构，建筑面积 3960m²。东、西、北三侧建有钢筋混凝土看台，长约 530m。体育场内跑道、球场、设施完善。田径场设 400m 圈和两条 100m 跑道。东、西看台中部设司令台。正门为砖砌城楼箭雉式造型，3 个大型拱券门洞，两侧各有中式传统琉璃披檐方窗一个。座席栏杆用水泥做成仿清式做法式样。

体育馆(图 20)1930 年 3 月由杨延宝先生设计，因投资问题及“九一八”事变等原因终未修建。

校园中的主要建筑凡经杨延宝先生设计，均是以简化的英国都铎哥特式结合中国传统做法的一种尝试，充分地显示着中国建筑师将中西文化相互融合的大胆探索和具有前卫性意识的高深素养。至今仍向我们展示着这一重要研究课题，并留给我们许多有益的启示。

在校园各分区之间有大片的草坪、树木等绿化环境，既起到分隔空间作用，也为校园带来了宜人的景观和良好的生态环境。

原东北大学的校园规划及其中的建筑，是我国近代大学校园规划的一个范例，也是中国建筑师早期建筑活动中的重要成果。

图 16 东北大学文法课堂楼外观

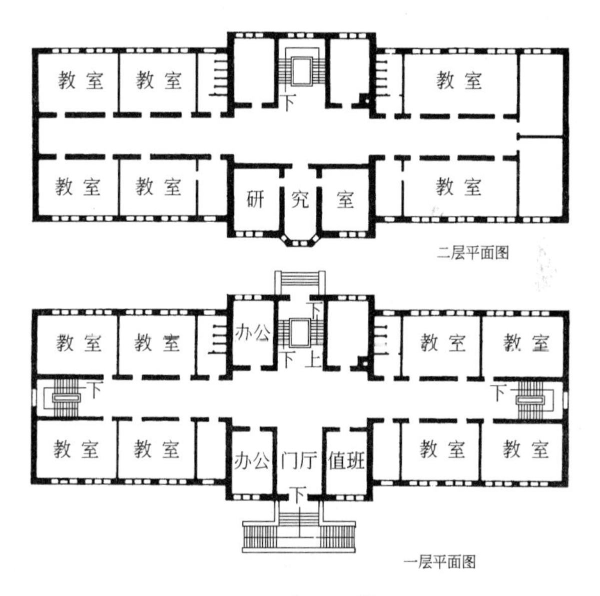

图 17 文法科课堂楼平面图

图 18 东北大学化学馆正立面渲染图

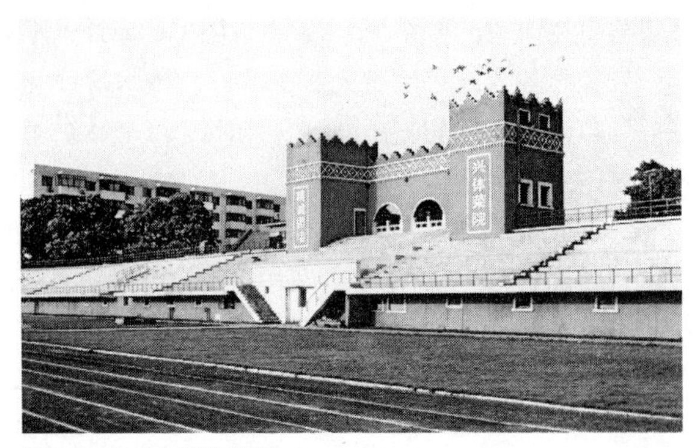

图 19　东北大学体育场

图 20　东北大学体育馆设计立面渲染图

(四) 帅府红楼群

在张氏帅府西院共建有 6 座楼房(图 21、图 22、图 23)，原是张作霖生前为他的几个儿子拟建的寓所，后称帅府红楼群。

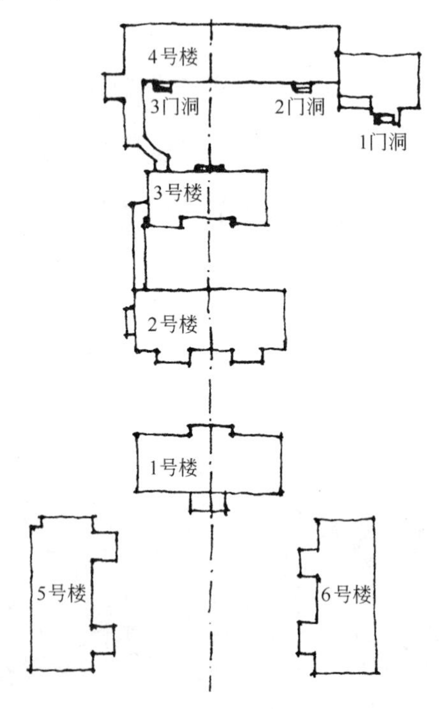

图 21　红楼群位置示意图

图 22　红楼群 1 号楼

图 23　红楼群 4 号楼

张学良曾为这组建筑公开招标设计。当时，天津基泰工程司老板关颂声获此信息后，考虑到投标截止日期迫近，连夜派杨廷宝乘飞机赶赴沈阳。杨廷宝到沈阳后立即至现场踏勘，并连夜拟出方案参加竞标。在中外建筑师众多方案中，杨廷宝的方案被张学良夫妇选中，委托一家荷兰建筑公司承担施工任务，并于 1929 年开工。但至 1931 年“九·一八”事变，仅地下室建完，工程刚至室内一层正负零地坪，因无人为此继续承担经费投入，而被迫中止。后经荷兰公司与张学良在荷兰海牙的一场国际官司，裁定由日本人继续投资，才又重新开工。仍由荷兰公司按照杨廷宝原设计图纸建设，1939

年最终建成。

帅府这6座楼房均为红砖坡顶，设有阳台、山花和老虎窗等，建筑风格统一。6座楼房均为3层，地下1层。南面3座楼房一正二厢，形成大门入口的前院。后面3座皆南北向，并由2层的过廊相连。造型设计手法与杨廷宝同期在沈阳设计的奉天同泽女子中学、东北大学图书馆、文法学院课堂楼等相近。但手法更为细腻、活泼，建筑造型生动、凝重，又具生活气息，充分体现了少帅府的显赫地位与气氛。在以西洋新古典手法为主体的同时，杨廷宝先生又巧妙地将中国传统文化融入其中。比如2号楼的大厅吊顶，用斗栱造型作为吊挂天花的装饰构件，在大厅的周围设置了一圈很有特色的光槽。真乃中西合壁、古今融汇的杰作。近年被大家称道的广州花园酒店大堂吊顶装修的设计手法，在这杨先生60多年前的建筑作品中竟可以找到最初尝试与探索的实例。

帅府红楼群建成后名为中央图书馆奉天分馆，实则先后由奉天第一军管区司令部和国民党市党部及接收大员等占据。解放后辽宁省图书馆曾设于此处，1995年新馆建好后，图书馆主体部门迁出，现为辽宁省文化厅用作办公楼。

杨廷宝早年在沈阳的主要作品一览 **附表**

	建 筑 项 目			
原 名	京奉铁路沈阳总站	同泽女子中学	东北大学	少帅府
今 名	沈阳老北站	沈阳同泽中学	辽宁省人民政府、沈阳军分区、沈阳体育学院	辽宁省文化厅
地 点	和平区总站路一段	沈河区沈阳路黎明里1号	皇姑区北陵大街四段1号	沈河区朝阳街少帅府路
设计年代	1927年	1927年		1929年
建成年代	1930年	1929年	1925—1930年	1939年
规划设计			基泰工程司杨廷宝	
建筑设计	基泰工程司杨廷宝	基泰工程司杨廷宝	基泰工程司杨廷宝；魏德公司	基泰工程司杨廷宝
建筑施工	荷兰治港公司			荷兰公司
建筑类型	交通建筑		科教建筑	居住建筑
建筑结构	砖石、钢结构	钢筋混凝土 砖木		砖混结构
建筑层数	3层	地上3层、地下1层		3层
建筑面积	$7000m^2$			$15000m^2$

在历史建筑附近增建项目所应遵循的几项原则

2004年

沈阳是中国的历史文化名城，这一点是在我们思考将沈阳城作为工业基地，作为东北的政治文化中心，还是作为东北地区经济发展城市群建设的核心节点时，都不可忽略的重要方面。我们不仅要看到对沈阳城历史文化的展示和利用所带来的巨大效益，更应看到历史文化遗产保护工作的重要性。因为这不仅关系到沈阳自身和当前的建设与利益，更是关系到可持续发展和人类文明传承的大事。

历史上的大东区，清代曾是沈阳老城区的一部分，近代它是沈阳城中民族工业与民族文化事业的重要策源地。闻名中外的沈阳军工产业，沈阳最早的教育、卫生、宗教、城市公用设施，以及众多奉系军政要员的公馆、府邸等一大批重要的历史建筑都分布在大东区的疆界之内。

保护历史建筑，无论是出于对文化的关心，还是出于对经济利益的考虑，已经形成一种带有公众性的意识和自觉的行为。在“保护历史建筑”的大旗下面，历史的文明与遗产幸运的遗留下来或从濒临匿迹的边缘上得到挽救，使得城市建设在现代化的进程中，也在不断的积淀着文化与历史的厚度。与此同时，也是在这面大旗下，制造假古董，曲解历史的现象并非个别，尽管大部分属于“好心帮倒忙”的无意行为，但其并不比毫无文化意识，仅为眼前利益而有意损毁历史建筑的危害要小。某些不够明晰的认识，反而可能带来适得其反的结果。这正是本文所要澄清的问题和提出以下几项原则的目的。也供大东区在现代城市建设中，作为如何利用和保护历史建筑的参考。

一、真实性原则

保证历史建筑的真实性对建筑保护工作是首要的，也是必须充分遵从的原则。历史建筑的价值在一定意义上，取决于它所形成的特定的历史时期和历史背景。它作为那一时期文化与技术的见证，被保留下来并存在下去。保护它的这种真实状态，使人们透过它可以了解到当年的社会生产与生活，这是我们的根本目的。历史建筑与所有的文物一样，在它上面所作的任何涂改，都会削弱或降低它的历史价值。保持建筑真实的历史与现状，应该是建筑保护工作中的第一选择。意大利在建筑保护工作中所取得的经验，值得我们认真汲取。残缺不全的古罗马大角斗场(图 1)，在后人的心中都会引起强烈的震撼。在它的面前，人们眼前总会出现角斗士们圆瞪血红的双目凶残地相互杀戮，身边震耳欲聋地呼喊与歇斯底里地狂叫交织在一起；总会出现建造过程中庞大的奴隶与工匠队伍，在军士们的看管下，艰难地搬运和精细地雕凿，所创造出来的这一伟绩；总会出现这座古老的建筑历经沧桑，时间在它身上所刻画下的历史痕迹。虽然它的局部破损了、坍塌了，但是文物保护的意识使得意大利人没有去修复它。它正像一本教科书，生动的阐述着如何保护文物的思想与方法。同样的原因，对维纳斯雕像的崇拜(图 2)，并不在于它是否失去双臂，

图 1　罗马角斗场

图 2　维纳斯

也没有必要刻意为她补上那双残肢，最重要的是她那优美的艺术形象和她所体现出的当年的文化与历史背景。所以有一点是公认的：补上双臂的维纳斯永远无法替代我们心目中的残臂女神。

因此，对于正在面临破损、毁坏的历史建筑，首要的措施，应该是设法控制住它继续遭受破坏的条件，采用技术措施，尽可能地使它维持现状，努力延长它的寿命(图 3、图 4、图 5—著名的世界遗产给我们提供了可贵的经验与范例)。所采取的各种维护与加固措施，又应在外观上，与当年所采用的材料与技术效果吻合，并按着“修旧如旧”的原则去做。在有些特殊情况下，需要对已被损毁的重要历史建筑重新修复、恢复它的原貌时，必须对其原貌掌握有充分的依据。原汁原味地恢复历史，保证历史的真实性。尤其要注意避免历史依据不充分或缺少可靠性，带有某种主观性和猜测性的行为(图 6—对照沈阳老怀远门的历史照片，由于新怀远门缺乏历史依据的重建给我们留下了遗憾与教训)。事实上，这种缺少依据的修复情况多有发生，它往往对“真实性原则”构成最大的威胁。否则，不如干脆将它建成与历史情况完全不同的式样，使人们从中既可以了解历史故事，又不会因此而鱼目混珠。以往的许多教训应该引起我们的警觉，不要使我们宏伟的经济发展与城市改造计划，因掺进损害文物的成分而留下永久的遗憾。

在某些情况下，需要对历史建筑进行局部改造或扩建时，真实性的原则就更为重要。一方面要在维护历史建筑原来基本特征的前提下，使新建部分与老建筑协调一致，另一方面又要避免以新充老，使新建部分与老建筑有明显的区别，让我们能够明确的分辨出它们各自的位置、范围和做法。巴黎的奥赛博物馆(图 7、图 8、图 9)是由一座非常著名的火车站建筑改建而成，由于原建筑是被列为国家级注册保护的纪念性建筑，当局在向全世界进行建筑改造设计竞赛的宣传书中，提出了一

图 3　帕伦克宫殿遗址

图 4　杰姆古罗马竞技场

图 5　阿尔勒城古罗马剧场

图 6　沈阳老怀远门

图 7　奥赛博物馆古老的外观

图 8　奥赛博物馆新旧分明而又相互协调的室内改造

图 9　奥赛博物馆内景

个充分体现其历史建筑保护意识的要求：既要使旧车站满足博物馆的各项功能，又必须保护旧建筑的原貌；在新加入的建筑元素中，不可对老建筑进行形象模仿，又要做到新旧部分协调共存。巴东等人的方案完美地使这个构想变成了现实。使它成为一座体现“真实性原则”的成功范例。

对一般性历史建筑(除去那些需要绝对保护的特殊重要者之外)的保护，可以采取在外观不动的前提下对内部空间进行适当的改造，以适应现代功能的需要。不过应使改造部分与原建筑既有区别又相协调，正如奥赛博物馆的做法。但在有些情况下，特别是建筑的内部空间具有其独特性、同样具有历史价值时，对其内部空间、构造和装饰也应采取必要的保护。比如沈阳某些“洋门脸”式近代建筑，建筑外部为西洋样式，内部反映为中国传统做法。这种“洋门脸”反映着中西文化交融的过程与历史，是沈阳近代建筑的特色之所在。因此，对它们之中的特色鲜明者和重要者进行改造时，应给以充分的注意。

二、显露与突出原则

对于重要的历史建筑，既然要保护它，就不应将它淹没在新建筑或增、扩建部分之中。应尽量减小对它的遮挡或抢去它的“历史风头”。应将它们显露出来、突出出来、强调出来，令新建部分作为它的配角。

其实，对待这一原则，实现它的手法是可以多种多样的。作为管理部门应避免一些机械性的规定。如“在位置上一定不能凸在被保护对象的前面”、“必须与被保护建筑拉开一定的距离”、 “在高度上一定不能超过它”……可以肯定，类似上面的规定，在一定程度上会对保护对象起到某些正面的作用。不过，也有许多成功的案例，恰恰采取了与此相悖的作法，反而突出了老建筑的形象，又使新老建筑之间取得了一种整体性的、相互支撑的关联。如：天津西开天主教堂 (图 10)是一座1916 年建成的古老建筑，由于与城市干路有几百米的距离，落到了临街建筑的背后。后期临街修建的天津国际商场，充分考虑了环境条件，将商场分成了两部分，并拉开一定距离，使教堂建筑中轴线与这条“缝”的中轴线重合。街上的人们从这两座建筑之间刚好看到教堂全貌，犹如是一个景框而突出了教堂的形象。商场临街立面简洁利落，更衬托出古老教堂建筑的精美风韵。二者间的主从关系明确，尽管两个时代的建筑风格迥然不同，但却缺一不可，似乎比当初更为完美。

美国花旗银行大厦的建筑基地上原坐落着一座精美

图 10　天津西开教堂

的小教堂。建造者出于对文化保护的责任感，将新建的72层大楼用四根巨柱架到一个平台上面，使新建筑“骑”在老教堂之上，这一构想，使新老建筑相得益彰：新建筑由于与老教堂的和谐关系更为世人关注，老教堂由于这座著名的摩天大厦而身价倍增。

所以，对哪一条原则都不可用机械化、简单化的方式，如同套用公式一样去寻找解决问题的途径。重要的是对原则精神的认同，和用建筑语言对它恰如其分的表述。

三、对比原则

“新”与“老”、“新建与保留”——它们本来就是一对矛盾。在一般意义上，没有必要把这对矛盾掩盖起来。只有把它们各自的属性真实地表达出来，才符合客观的逻辑规律。以现代的形式表达新建的内容，而不是处心积虑地去捏造假古董；用当年的办法去维护保留下来的历史建筑，而不是以现代的“包装”去掩饰或更新当年留下的历史痕迹。这样做的结果，就必然形成“新”与“老”的对比。而这种对比，正是建筑保护所应遵循的一个原则。在实践中，这种原则不像“协调原则”那样容易被人理解、被人接受。其实，若对这种客观矛盾采取遮蔽的办法，模糊或掩盖了建筑中所应体现出它所代表的那个时代的精神，无论主观还是客观上所造成的后果，才是真正意义上的破坏文物。这样的例子却不胜枚举：沈阳新乐遗址是出土的原始社会新石器时代原始部落生活的遗址。为了向游人展示当年的实况，在每个房址上面按照今人的想象，搭建起一个个茅草屋，屋里又用蜡像塑成原始人不同的生活情节，将文物舞台化。这种类似“看图识字”式的做法虽然将遗址的形象表述得十分透彻而直观，却使遗址原貌遭到一定程度的破坏，其损失是难以估量的。而隔路建成的新乐遗址博物馆(图 11)，却采用了现代建筑材料和几何造型的构图方法，抽象地表达原始人马架式的住居形式，又让人一眼看出是现代人所为，获得了成功。两种不同的做法，体现了两种不同的文物保护观。

德国柏林的威廉二世教堂(图 12)，二战时期遭到枪击炮轰，今天仍以塌痕弹孔的原貌座落在广场上，向人们诉说着它与这座城市所经历的历史磨难。在它旁边，矗立起的一座完全现代形式的新教堂，与它形成了鲜明的对照，成为描述和平与战争题材的最有说服力的城市标志。

图 11　新乐遗址博物馆

图 12　威廉二世教堂

在美国亚特兰大的一个十字路口处，有一座二层的传统小住宅，它在与之紧邻的一幢摩天大厦的对比下十分抢眼，正是这种“孤零零”的感觉，把这座建筑抬到了至高的地位。小院入口处一块标牌点出了这个城市的良苦用心：“这里是《飘》的作者玛格丽特·米歇尔”的住所。

正是对比的作用，使历史建筑进一步被强调出来。不可忽视的是，对比是一把双刃剑，通过对比，被强调的可能是彼也可能是此。只要我们分清主次，就会合理地用好这一原则。

四、协调原则

从城市设计的角度，我们在历史建筑附近所建的新建筑或改、扩建部分与老建筑往往共同构成一个整体——一个城市的微型单元。这时，就必然要求在它们之间形成一种沟通或联系。这一点，往往是容易为大家所共同接受的方面，当然，也是很重要的一个原则。新建建筑决不可对位于“身边”的历史建筑采取一种漠视的、以我为主的态度，而“自顾自”地塑造其自身的形象，抢占主角的位置。令新旧建筑和谐相处，形成一个整体，并使历史建筑在其中的位置不被削弱，甚至由于新建、扩建的原因，使它得到进一步的强调和提升，使不同历史时期的文化都在其中得到清晰的表述，这正是应该被倡导的。城市好比一本书，翻开它，通过建筑语言，我们可以读懂这个城市的历史和发展，读懂在这里曾经发生的动人故事，以及人们对今天和未来的美好畅想。这就是我们对城市建筑的一种期待和企盼。

在这里，我们必须明确“协调”的正确含义。建筑间的相互协调应体现为在它们之间形成一种整体性所需要的某种关联与默契。可以通过建筑的形体、空间、材料、色彩、体量、尺度、技术……不同的方面去寻求和实现这种关联。但，协调不是“模仿”，更不等同于“克隆”。事实上，我们的许多失误恰恰是由于对“协调”的曲解和片面的认识所造成的。在新建筑中生硬地“模仿”和套搬老建筑的手法，全然不顾今天的生活、材料、技术与过去的区别，非要把一个朝气蓬勃的“新生代”装扮成古色古香的“老先生”，这不是“协调”，更不是对历史建筑的保护。在新建筑中复制、克隆古建筑的做法会在一定程度上成为制造赝品的过程，其结果只能导致当代生活对历史的迁就或真实生活的舞台化，以致后人对新老建筑难以分辨，这种以假乱真、鱼目混珠的做法，反倒降低了老建筑的价值，因为它同时违反了“真实性”的原则。

贝聿铭先生是一位协调新老建筑关系的大师。他在三个十分著名的项目中，采取了三种截然不同的方法达到了“协调”的目的。

汉考克大厦及与它相邻的古教堂：一个是钢与玻璃构成的现代大厦，另一个则是由传统材料建造的老房子；一个是造型挺拔、光溜溜的“冲天柱”，另一个是雕琢细腻、头顶大穹顶的“矮墩子”。在这里，新建筑对老建筑没有些许模仿和搬套。贝先生只是将大厦的幕墙采用了镜面玻璃，令老建筑走入新建筑中，一新一老影映成趣。

华盛顿国家美术馆东馆同样没有延用或移植老馆的一个标志或一个符号，只是在总图的轴线关系上，在建筑的尺度、材料和颜色方面与老建筑形成默契，使得它能够以不同于历史建筑的新面貌出现在一片传统建筑之中，却又取得了与之和谐统一的效果。

贝先生卢浮宫“玻璃金字塔”式的入口处理（图 13、图 14），再次以材料、技术、造型完全与老建筑毫不相干的方式，将一种通常被用作“三角形天窗”的造型加以夸张，通过利用材料的透明性和缩小地面各部分的体量感等手段，有效地化解了一系列的矛盾和不利条件，取得了巨大的成功。（图 15—新老建筑在体量、色彩和材料的一致使二者十分协调，但在立面处理手法上新建部分摒弃了古典的做法，划清了它们各自修建年代的区别）、（图 16—由于建筑体量、院落构成和胡同与巷门的保留使新建部分与原存建筑和谐地构成一体，又以完全不同的色彩与材料以及迥异的设计手法使新旧部分形成对比，令老建筑本身在陈列馆中成为最重要的展品）、（图 17—好似从山中生长出来的建筑与山融为一体，但这种绝妙的构思并非是将建筑做成山的造型所取得的效果，而是建筑与山的完美结合）。

当然，适当地采集老建筑中有代表性的符号，或直接、或加以抽象和变形后运用到新建筑中，将传统习俗和传统文化，许多有代表性、有地域性的情节体现到现代建筑设计中，也不失精彩的案例。但若将新建各部分作为老建筑的延续，用古老的建造方式生硬地套用到新建筑上的做法却是不恰当的。

总之，“协调原则”既要使新旧建筑融为一体，又要反映出它们各自的时代精神，将有机的、生长着的历史体现在建筑之中。

对历史建筑的保护，最根本的问题，来自城市管理者、文物工作者、建筑师和广大市民的文物意识和责任感。希望丰厚的文化与历史遗产不会随经济和城市建设的发展而消逝，相反更散发出它们夺目的光彩。

图 13　卢浮宫玻璃金字塔

图 14　玻璃金字塔内

图 15　德国本斯贝格市政厅

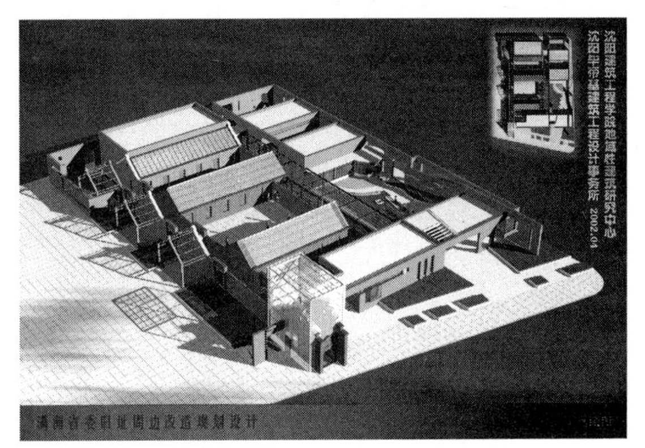

图 16　中共满洲省委旧址陈列馆设计鸟瞰

图 17　法国圣米歇尔岛

边业银行与边业银行建筑

2006年

一、边业银行的沧桑

(一) 创立

边业银行创立最初是由于北洋政府秘书长、西北筹边使徐树铮认为边疆地区各种事业不发达，缺少金融机关，而提议在库伦(今乌兰巴托)设立银行，又由于是以发展西北经济，活跃边区金融为宗旨设立的，故取名边业。1919年(民国8年)7月开始筹备，翌年9月成立。该行是股份制机构，除经营一般银行业务外，还得到发行钞票和代理金库业务的特权。资本额定为1000万元，分为10万股，实收资本250万元，即行开业。开业后，营业状况良好，前期(旧边业)是北疆的官商合办银行。

1921年，从苏联流窜到蒙古境内的白俄，勾结蒙匪陶克陶胡致使外蒙古发生动乱(当时外蒙古还在中国版图以内)，银行的业务遭受重大打击，陷于停业状态。当时的军政要人曹琨、靳云鹏、张学良、倪嗣冲等合资将其接收过来，并将总行移到天津继续经营。1924年军阀混战，边业银行因时局动荡，金融萎缩，营业陷于困境，各股东经过协商，一致同意转让给张学良，张学良出资私股买下。同年12月10日接交完毕，旧边业银行宣告解体(图1)。

(二) 发展

1925年4月10日新边业银行正式成立，任命张学良为总经理。新边业银行原定资本2000万元，实收525万元，其中张学良500万元，吴俊生和阚朝玺各10万元，北京政府财政部5万元。于1925年10月正式开业，经营普通银行业务，并继承了旧边业银行发行纸币

图1　位于帅府附近的奉天边业银行

和代理金库业务的特权。1925年(民国14年)11月由于直奉战争，张作霖部下郭松龄倒戈反奉，张学良感到总行设在天津有所不便，遂于1926年6月1日，迁至奉天省城大南门里(今沈阳市金融博物馆处)，继续营业。除办理存放贷款、贴现、汇兑等一般银行业务外，还拥有发行货币和代理国库之权。营业繁荣，信用颇佳，在全国有分支机构28处，与东三省官银号并驾齐驱，成为东北最大银行之一。此时资本总额已超过2000万元，张家股份已占95%以上，实际上边业银行已成为张氏父子的私家银行。现在在张学良旧居陈列馆里展出的张家金柜中，有一只内盖上写着："计开，放未发行两角票二十包……"等字样，足证明，边业银行拥有发行权。也证明是张家的私行。从1925年至1928年，共发行13474万元。流通面较广，除东北外还在京、津、山东等地流通(图2)。

图 2　纸币

（三）衰落

1931 年 9 月 18 日，日寇发动“九一八”事变，侵占沈阳。山河变色，民生凋敝，财产易主。据当时的国民政府统计，官方财产损失 170 亿。张学良的私人财产中，仅边业银行损失就达 1000 万元以上，银行中还有张家寄存的黄金 4 万多两和许多古董。该行在东北各地分行总资产约 6000 万元，被日伪中央银行没收。

当年 10 月，在日寇刺刀的逼迫之下，“奉天”边业银行勉强开门营业。但已是物是人非，江河日下了。一代民族银行，在见证和亲历山河沦陷、国破家亡的历史后，也就带着齐家、兴国、富天下的梦想，消失于岁月的遗恨之中。

二、边业银行建筑

（一）建筑概述

边业银行东临朝阳街，南临帅府办事处，西北是赵四小姐楼。建筑占地面积 4967m²，总建筑面积为 5603m²。与沈阳早期兴建的银行相比，边业银行无论在设计水平还是施工技术都有了很大提高。因边业银行的资金雄厚，在建造的过程中采用了先进的结构形式和高质量的建筑材料，建筑采用钢筋混凝土混合结构，地下一层，地上两层，局部三层。

1. 立面

在总体设计构思上，结合周围环境，根据组成部分的功能特点，将银行大楼设于用地的南部，面临城市主干道，以适应银行大楼面向街面的功能要求，并以鲜明的建筑形象丰富城市的沿街景观(图 3)。

图 3　边业银行正立面透视

建筑正立面为 18 世纪流行的古典复兴的建筑样式。采用“三段式”构图手段，由明确的台基、柱子和檐部组成。在 10 级台阶上设有门廊，由 6 根直径为一米的爱奥尼式巨柱组成，并且全部由花岗岩石雕刻而成，柱式贯通两层，支撑着三层的出挑阳台部分。高大的柱廊总是给人坚固和豪华之感，同时又表现权力的威严和基业的稳固。三层挑台上有六根短小的爱奥尼柱式承托屋檐，柱顶饰花垂穗。门廊两侧墙面也有平面化壁柱，外墙均由假石贴面，一层的石材以及建筑转角的石材和窗楣、窗套檐口的线角，都表现了强烈的西式风格。建筑整体严谨壮观，比例均衡。除了明确的体量关系，正立面还考虑到了许多建筑细部，在檐口、柱头以及上下两层窗间墙上都有精美的浮雕花饰，在粗犷中不失细腻。但其他各立面则简化处理，除腰线和檐口线外，干净的墙面和无任何线角的长方窗表现了现代的设计手法，外墙饰面设计为单纯的清水砖墙。

2. 平面

建筑的平面为锯齿形，功能分区明确完善。与现代的银行相比它在设计中对于功能分区的考虑一点也不逊色。在平面和空间的组合中，使各部分空间区域相对独立，又可有机联系。边业银行主要功能组成大致可分为三大部分：

(1) 首层平面前部为对外营业、公共活动部分，包括营业厅、交易厅等，是为外来客户进行各种金融活动的大空间场所。营业大厅 437m² 占据两层空间，二层上空设置玻璃顶棚，镶彩色玻璃，既华丽又可为大厅采光。人们进入营业大厅即可感受到银行的庄重气魄。

(2) 内部职能部分，包括营业事务办公、其他职能业务办公、管理用房等；主要围绕营业大厅布置。

(3) 库区部分，分别是发行库、材料库、现金库、营业库、储藏库及其辅助用房。对各组成部分的特点进

图 4　营业大厅采光顶

图 5　营业大厅采光顶构造

行分析，其他职能业务办公设于各楼层，另设门厅组织内部办公人流的出入。金库是各种货币及证券储存之地。库区是银行的重要部分，为防止遭受外来袭击和盗窃，将其设于大楼的地下室，并在外部设一条专用通道，直通地下室入口，与其他部分的人流截然分开，使得库区对外只有一个出入口，提高了安全度和保密性。

整个首层平面分区明确，布局紧凑。前半部为对外服务区的营业大厅；中部是办公区，设置总裁室、经理室以及客厅、会计、夫役等办公用房；而后部就是对内服务区，为厨房及餐厅。建筑设有 4 个出入口，两部楼梯，外来人员与内部工作人员的交通互不干扰，并且在设计中充分考虑了私密性，行员、经理、总裁的活动区域是独立的，就连厕所也是分开的。建筑二至三层多为行内办公室、阅读及宿舍，动静分离。边业银行的内部空间变化丰富而且比较宽敞高大，首层空间高差变化大，最大为 2.85m，并且窗和门的尺度比较大，一层的层高为 5.2m。建筑内部的装修精致华丽(图 4、图 5、图 6)，楼内走道采用地砖拼花铺地。室内地面在钢筋混凝土楼板上铺拼木地板。

(二) 边业银行建筑的地域特色

中国 20 世纪 20 年代经济的繁荣带来了金融市场的发展，同时也给作为金融活动的主要场所提出了新的要求。虽然银行建筑在公共建筑中不属于大量性的建筑，但因其所体现的金融形象，在某种程度上却能反映出社会经济的发展水平。边业银行的兴建正值沈阳近代建筑

图 6　营业大厅顶棚局部

突飞猛进发展之际，无论是建筑形式、空间还是建筑材料都得到了空前发展，更重要的是沈阳建筑正摆脱中国传统营造方式。边业银行采用先进的钢筋混凝土结构，华美庄严的西方古典复兴建筑立面，丰富的功能组织与空间变化，同时又具有强烈的地域性特征。

首先是注重气候适应性。由于沈阳地处北温带，冬季漫长、寒冷而干燥，边业银行为了争取更多的日照，不仅设置开阔的院落，而且各功能房间都采用周边式围绕天井及院落布置，保证房间有良好的采光(图 7)。房间布置在走道一侧，走道也可以自然采光，满足对阳光需求。并且建筑的平面布局虽然设有天井，但是并不是开敞的，其上部用玻璃封顶，既不影响采光，又能防止形成冷空气拔风。同时，为了抵御冷风侵袭，建筑表现出厚重，闭实的特征，并且追求大体量变化，体块分明，反映出北方建筑的豪放粗犷之气。

其次是注重运用地方材料。边业银行除正立面采用

图 7　中庭院落

假石贴面，其余三个立面采用沈阳当地烧制的红砖砌筑，外部不做罩面，清水砖墙。最后是注重地方文化特色和建筑文脉。虽说银行是舶来品，但边业银行的内部空间不像其他银行建筑在基地中只是围绕营业大厅、功能流线布置房间，而留出的空地则在建筑外作为广场或绿地。边业银行的内部空间更像中国传统的金融建筑——票号。用中国传统建筑组成中最特色元素——院落组织其内部空间。边业银行中各功能房间围合出 4 个空间院落，这里既是交通空间又形成了中国传统建筑中的虚空间，并且丰富了建筑竖向层次，这是对传统建筑的传承。其次对于银行的正立面，虽然是地道的古典复兴样式，巨大的柱式突出入口，简化的壁柱，明显的三段式，华丽的线脚等等，但是在这些西方的建筑符号中也有对中国传统文化的体现。在壁柱的柱头装饰上，上下窗间墙的花纹，都是用中国的梅花作为装饰符号（图 8），它们在这样西式的建筑中不会显得格格不入，反而很和谐的被运用到建筑中去，比起那些完全移植西方风格的建筑来说，更有味道，是中西方文化结合的又一例证。银行内部装修，家居布置也呈现了典型的中式特点，反映了人们大胆接受外来文化的同时还是以传统生活方式、审美原则为准，并没有盲目的追求外来文化，而是对外来文化因地制宜地加以吸收，这也证明了人们始终固守着属于中国传统文化的那一份真情，突出了文化的交融性(图 9～图 15)。

图 8　柱头梅花

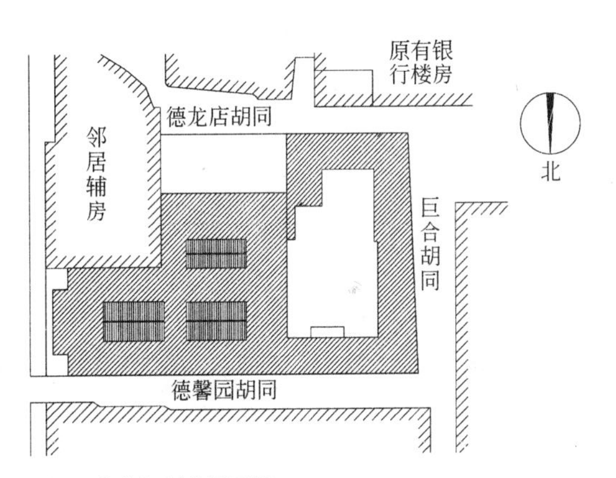

图 9　边业银行总平面图

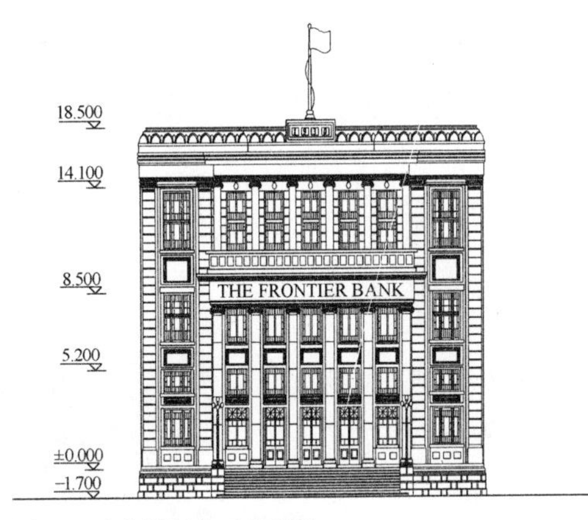

图 10　边业银行东正立面图

三、结语

边业银行的施工精巧，它是沈阳近代建筑的典范代表，具有很高建筑艺术价值和实用价值，它是那个特定历史时期的社会、经济、文化背景的产物。政治风云是一时的，而文化积淀是永恒的。它将成为沈阳市金融博物馆的新址，重新投入使用，给这个见证了历史沧桑的建筑又注入了生机与活力，使它重回人们的视野，成为现代生活中不可分割的一部分。

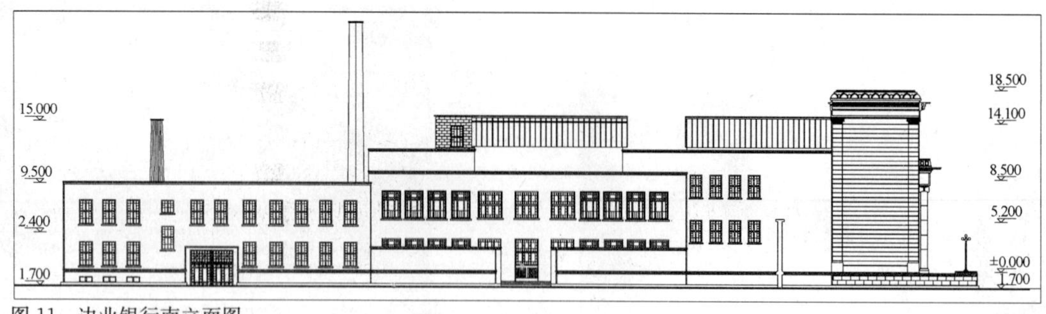

图 11　边业银行南立面图

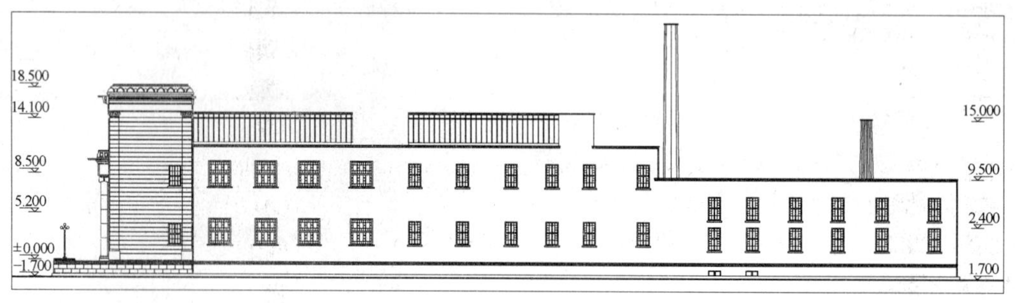

图 12　边业银行北立面图

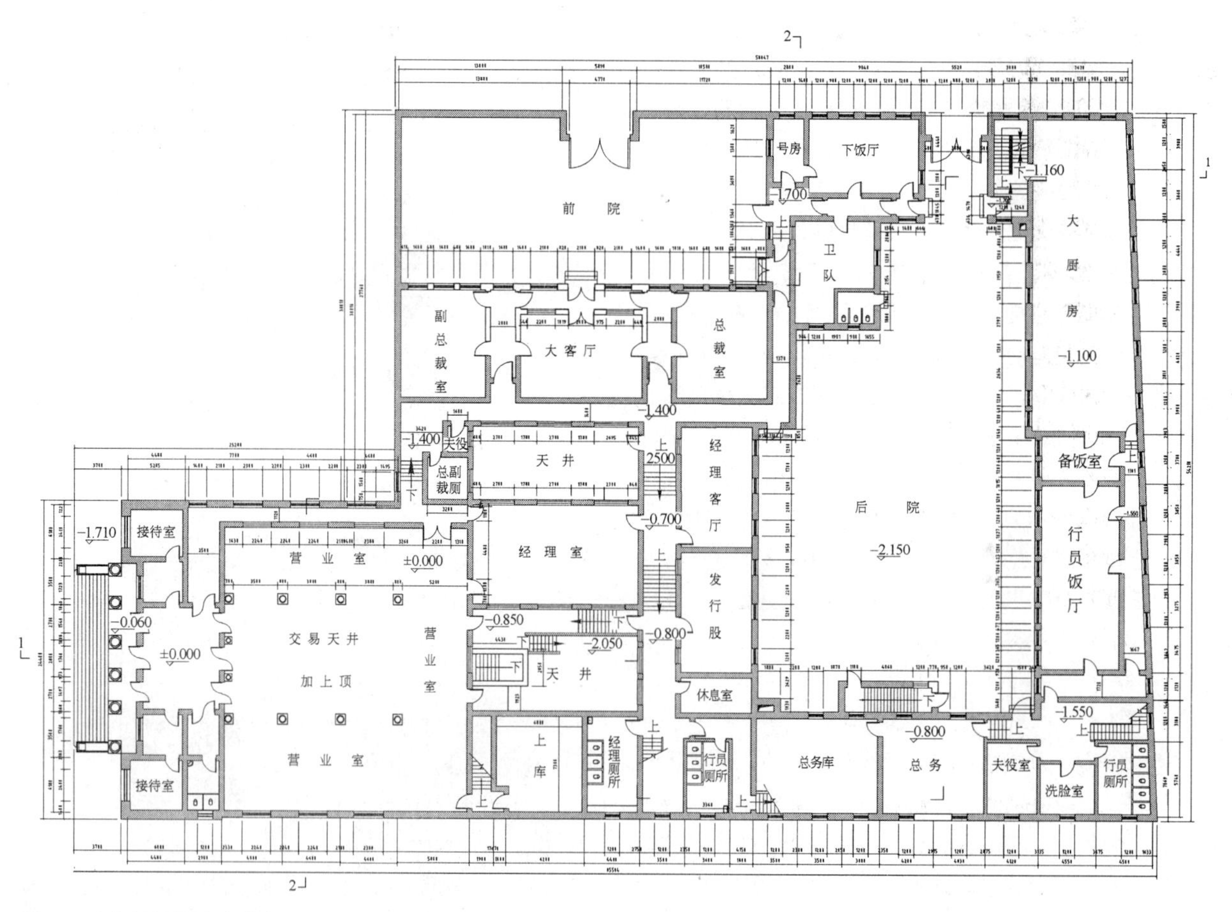

图 13　边业银行首层平面图

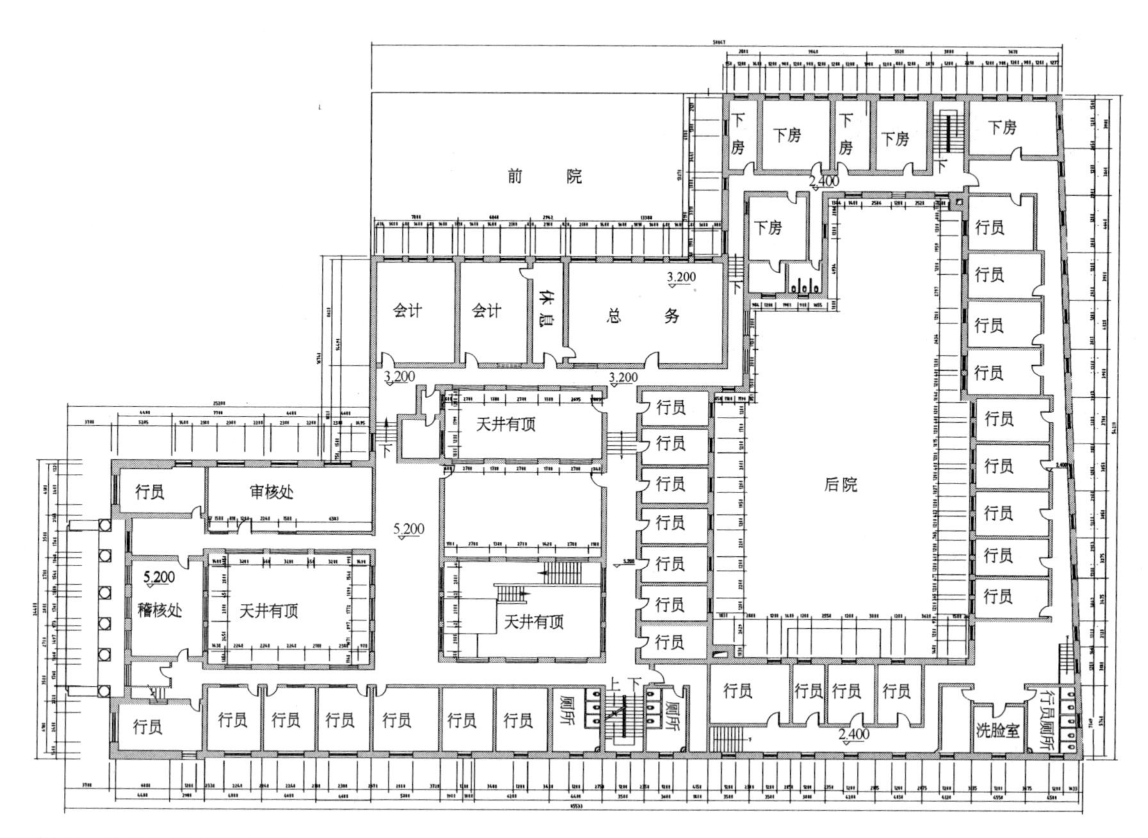

图 14　边业银行二层平面图

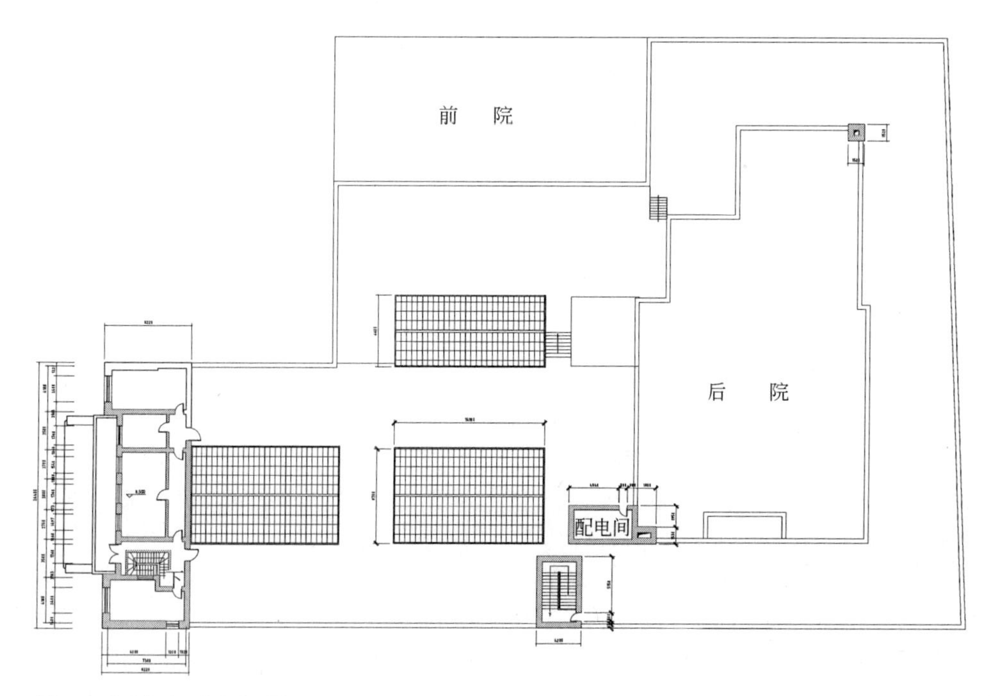

图 15　边业银行顶层平面图

沈阳近代建筑管理机构与建筑技术人员资格审核制度

2006年

随着近代建筑在沈阳的发展传播，近代建筑在类型、功能、材料、施工方面的要求日益复杂，兴起了与近代建筑相伴而行的建筑师行业。

1903年(清光绪二十九年)10月8日，清政府与美、日分别签定了《中美通商行船续约》《中日通商行船续约》，被迫将奉天(今沈阳)、安东(今丹东)、大东沟等地开辟为商埠，允许外国人居住、经商。1906年，清政府又被迫将沈阳古城西边门外21km^{2}的地方辟为“商埠地”，成为城市的中心地带，供外国人在这里租地建房、居住、经商。外国人在沈阳兴建大量近代建筑的同时，也将西方的建筑制度引进沈阳，客观上促进了国外建筑形式和管理机制在沈阳的传播和发展。

1921年(民国10年)后，一部分建筑公司开始由从国外学习建筑专业的知识分子或国内学校培养出的专业人才开办，使建筑公司的素质发生了变化，由过去建筑一般民房、客站、商号、小工厂，发展为能承担较为复杂的大型建筑工程，特别是随着奉系军阀地方军事工业、民族工商业、文化教育事业的发展，使得私营建筑公司迅速发展，并产生了一批具有近代施工技术与经验的建筑工人，但同时也出现了建筑技术人员专业水平良莠不齐的现象。

为了便于管理和规范建筑市场，1923年(民国12年)8月，奉天省将沈阳古城区及商埠地一带划分为市区，开始了作为市的建置，“王省长以省垣市政不良，由于素未请求之故。兹为壮观瞻、便交通起见，拟施行省会市政仿京办法，组设市政公所，以专责成，而利进行”，正式成立第一个市级管理建筑业的机构——奉天市政公所，下设工程课(课长谢永镐)，作为建筑业的管理机构，专门负责建筑市内道路及其他工程，并制定《沈阳市政工所暂行新章》(参见附录1)。

根据奉天省的规定，将奉天省警察厅管理的奉天市道路、沟渠、桥梁建筑及其土木、市区规划交奉天市政公所工程课管理。工程课制定了一些建筑章程，要求建筑活动必须符合章程。凡兴建房屋均要按章程设计，并交工程课审批，申请中要求包括建筑主、包工人、建筑地址、原有建筑、施工图纸、担保人等近十项内容，工程课派技工到现场实地考察，真正合格者方可领取建筑许可证。沈阳近代建筑管理机构的成立标志着沈阳近代建筑业的形成。

随着建筑营造业的发展，奉天市政公所在1927年(民国16年)对全市建筑营造业进行调查，发现各类承建单位具有“管理知识或施工经验的不过十分之一二，而资微艺劣，以旅馆为宿地广肆招摇，以营业为名行欺骗之实者十居八九。承建工程只粉饰外观，不务实际，有些工程未竣工而建筑物即倾斜，甚至中途背约，携款匿居”。针对这种情况，1927年6月29日，奉天市政公所发布《建筑公司及与建筑公司有同等性质营业者规定》，对私营建筑公司实行营业许可证制度，对包办建筑工程者、绘制图样的营业者、工程师、建筑制图师和其他从事建筑营业的技术人员进行资格审查，对审查合格的建筑技术人员发给建筑技术人许可证，无证经营和聘用无证技术人员的建筑公司都要进行罚款等相应的惩罚。

对建筑技术人员的资格考核主要有两种方式，一是建筑师自己申请免试，这要求只有在建筑专门学校毕业或从事建筑专业3年以上者才可以申请，同时要求有一定经济实力的商户推荐和担保。国立北洋大学毕业的建筑师穆继多、辽宁省立第一工科高级中学土木科毕业的杨遇春、美国工科大学毕业的陆绍初等，很多沈阳近代优秀建筑师都是这时申请免试合格，发给建筑技术人许可证的。

第二种考核办法是统一报名参加资格考试。在报名申请中需要详细填写姓名、原籍、年龄、现住所、学历、经验、主要技能等，然后通过市政公所审查的申请人会通知参加统一的考试(参见附录2)。参加1929年(民国18年)6月建筑技术人资格考核的共有16名技术人员，其中有缺考和成绩不合格者5名，其他均通过考核(表1)。

民国18年六月七、八两日考核建筑技术人评定分数表　　表1

人　名	构造强弱学	建筑材料学	建筑施工法	实地设计	总分	平均分
孟传魁	74	78	100	94	346	86.5
刘如璋	57	89	88	85	319	79.75
刘锡武	60	83	78	97	318	79.5
朱仲三	70	79	69	86	304	76
张香圃	70	77	63	85	295	73.75
孔恭寿	45	83	85	73	286	71.5
李瑞祥	45	47	84	74	250	62.5
吴甲三	67	63	42	76	248	62
高玉书	44	64	56	80	244	61
许瑞增	45	63	55	79	242	60.5
蔡阔亭	60	64	53	64	241	60.25

考试共分四个部分：构造强弱学、建筑材料学、建筑施工法、实地设计。四个部分的考题借鉴了国外建筑学教育体系，注重结合地域的特征，能够根据沈阳的气候、地理条件有针对性地考核，考题包含了建筑结构、建筑材料、建筑构造、建筑施工、建筑预算和建筑造价、建筑设计等问题。可见，当时管理人员的专业水平和对建筑技术人员综合能力的要求是很高的，考核是全方位的，对专业知识的掌握要求扎实，不仅要精通各种建筑样式，能够根据不同业主的需要，提供相应的建筑设计方案，并且要求有一定的实际工程经验，指导建筑施工，“专任监查各种工程解释图说之疑义，查视工匠有不合格者即令包工人去之，指定存料地点、临时供给本工程各种建筑物之详细大样，说明做法，试验各种材料之品质，如品质不良有碍建筑之坚固指令包工人当即换之，如承包人所呈某项代替之工料是否与说明书有相等价值亦由工程师斟酌审定”等责任。

这些建筑技术人领取许可证后，由各建筑公司聘任，聘任期间要求服从公司管理，所设计和绘制的建筑图都属于该公司的工程项目。他们参与设计了许多优秀的建筑物，如刘锡武加入义川公司，主持施工了沈阳YMCA大楼(沈阳基督教青年会)，孙恭寿被宝全建筑公司聘请为建筑技师，设计绘制了商埠袁绶卿电影院等。他们在沈阳全市范围内，指导参与建筑活动，使沈阳近代建筑的设计水平普遍提高，为沈阳的发展提供了物质基础和生活场所，是沈阳近代建筑队伍的骨干力量，创造了沈阳近代的建筑历史。

1931年(民国20年)9月21日，日本关东军侵占沈阳后，日伪将沈阳改为奉天市，将沈阳市政公所改为奉天市政公所，下设工务处土木建筑股，主管城内各关、商埠地房屋规划、营造、修缮；土木设计、估价、投标；新建工程请照、调查；已建工程查验等事宜，奉天地区的建筑市场完全被日本人垄断。

1945年(民国34年)，抗战胜利后，人民解放军进驻沈阳，将奉天市恢复沈阳市的名称。1946年(民国35年)3月，沈阳被国民党军队占领，国民党沈阳市公务局成立，负责管理建筑物登记、建筑执照、建筑物设计、都市计划及施工监督等事宜。

自民国初期以来，经伪满到国民党统治时期，沈阳地区对建筑业的管理体制主要是通过采取营业许可证的制度，来加强对承包者资格、设计、施工、质量及招标的管理，但是由于当时政治形势的紧张和统治者出发点的不同，始终没有形成统一规范化的管理程序，但是从中反射出沈阳近代建筑师的执业水平和沈阳近代建筑的发展。

附录1　沈阳市政工所暂行新章

(来源：盛京时报，民国12年8月11日)

已请明省长批示

全文凡18条于五日呈报省公署批示，施行其大要如下：

(一) 奉天市行政区域以省会为限惟历诸时势之要求得呈请省长扩张之

(二) 奉天市暂行章程适用于奉天市全部

(三) 市之行政范围包括左列各项：

1. 市财政及市公债

2. 市公产之管理及处分

3. 市之街道沟渠桥梁之建筑及其他关于土木工程

事项

4. 市之公共卫生及公共事项

5. 市之户口及市之选举

6. 市之教育风纪及慈善事业

7. 市之交通、电器、瓦斯水道及其他公用事项

8. 省政府委任办理事项

(四) 奉天市设市政工所直隶省长以为市政之办理机关

(五) 奉天市设总办一员监督全市行政事宜，设市长一员综办全市行政事宜，设协理一员坐办二员辅助市长之策划办理

(六) 市政工所内暂设左列各课：

1. 总务课

2. 财务课

3. 工务课(工程课)

4. 卫生课

5. 教育课

6. 事业课

(七) 每课置课长一人掌理本课时务，课员三人至四人分司本课事务，均依公所至委任呈报省公署备案

(八) 设技师一人，技士四人，专司一切技术事宜，依公所之委任呈报省长公署备案各课，并得设雇员若干人

(九) 总务课之掌管事务如左：

1. 市选举之办理

2. 主管文书保管印章

3. 章程之编制并统计报告之办理及其他编译事项

4. 职员之进退纪录

5. 市政工所经费预决算之办理

6. 庶务及其他不属于各课事项

(十) 财政课之掌管事务如左：

1. 市费之征收

2. 市公产之管理

3. 市公债之办理

4. 关于省库辅助金之收入及经费

5. 全市行政经费预算之办理

6. 其他关于市之财务事项

(十一) 工程课之掌管事务如左：

1. 市区之规划

2. 道路、桥梁、沟渠、水道及上水道、电车等项之建设及修理

3. 关于街树之种植及保护

4. 图案之测制

5. 公园及公共建筑物之经理并私人各种建筑物之取缔

6. 其他关于市之工程事项

(十二) 卫生课之掌管事务如左：

1. 街道及公共厕所之清除

2. 公立市场、屠场、菜场、浴场之管理并戏园、旅店、妓馆及饮食营业之取缔

3. 市民厕所之取缔

4. 检疫所各种传染病院之设立及管理

5. 医生及药房之取缔

6. 户口调查

7. 其他关于公共卫生事项

(十三) 教育课之掌管事务如左：

1. 市立各学校之管理

2. 市立私立各学校之监督

3. 图书馆阅报处及讲演所之管理

4. 市民风纪之维持及不正当营业之禁止

5. 各种戏园及公共娱乐场所之取缔

6. 市立慈善事业之经营

7. 其他关于市之教育事项

(十四) 事业课之掌管事务如左：

1. 电力、电车、上水道、瓦斯及其他公共事业之经理

2. 现有之商办各公用事业之收回及管理

3. 自行车、马车、人力车及河船之取缔

4. 其他属于公用性质之各种事业

(十五) 各课之办事由公所定之

(十六) 市会得斟酌缓急之情形再行设立其规则别定之

(十七) 本章程由公所长呈请省长批准后颁行之

(十八) 本章程应有增减之处时得随时呈请省长修正

附录2　1929年(民国18年)6月建筑技术人资格考核考题

(来源：沈阳建筑业志、沈阳市档案局)

(一) 构造强弱学

梁之断面 4×8 时向垂直载重于长边与载于短边其强度之比较如何?

就沈阳市冬季风雪关系，旧式住宅应如何改善，并用何种材料方较经济与耐久，试详言之。

最强洋灰砂，需用洋灰、石灰、河砂及水各几分之几掺合而成。

沈阳市最优砖与最劣砖比较，其吸水量各为砖重之几分之几?

（二）建筑材料学

泥土地层墙基，必入土中较深。如遇有气孔及引湿材料时，须用何种方法，可免潮湿上升，并举有气孔及引湿材料之种类。最强洋灰砂，需用洋灰、石灰、河砂及水各几分之几掺合而成。

（三）建筑施工法

拟在泥土地建筑二层楼房一座。关于该楼之地基，用何种施工法为相宜，试用挖槽述之工竣。如遇石砾地层与砂土地层，其地基应如何做法，试各言之。

（四）实地设计

某居家族十人，内有小孩三人(在10岁以下)，外有男仆三人，女仆二人，拟在磬折形黄土地皮上(形势如图3)，建筑住宅一所，预备工料费现洋一万五千元，试计划其房屋及围墙，应如何建筑，其工料费用简单说明，并绘具平面图及主房正面图。注意：比例用中国营造尺百分之一，工业区及成城图各大街及楼房应绘正、剖、平、侧、背五面并须附带说明之。(注：该考题标点为作者添加，原图本文未附)

城市建设与建筑设计

大连渔人码头设计意匠

2005年

一、由制约激发的构想

有幸在美丽的北方海滨城市——大连拿到一个设计项目，建设地点又恰恰位于海边风景区内的城市景观大道——“海滨路”的南侧。满怀创作的欲望与激情，来到建设现场。此处位置极佳：海边一片倾向浩瀚大海的南向阳坡；它的东、西两侧分别是著名的付家庄风景区和星海广场；北面紧邻大连动物园停车场，并与动物园的南入口隔路相望。

然而，建设用地的地形条件却十分不利：甲方原本留给设计师的建筑用地是一块位于上、下两片坡度很大的陡坡之间，面积只有 70m×50m 大小的一方台地。它距坡下海面和坡上滨海路垂直距离各约 18m 高——距海面太高，对诱人的海景可望而不可及；台地上的建筑高度和体量也受到限制：建筑过高、体量过大都会影响景区环境质量，并遮挡海滨路上车与人的观海视线；建筑过低又会影响用地效益。诸多的不利，似乎留给设计者的仅是一个不容回旋的创作空间。然而，激发创作灵感的火花往往来自各种看似不利的制约条件。站在这块狭小的场地上，时而俯瞰海面上的碧涛、巨礁，时而转首仰视山坡上的巨石、绿荫，脑中涌起一潮潮此起彼伏的排浪，敲击着思维之门。蓦然，眼前一亮：由上往下看，仿佛出现了一支停靠在海湾中，高扬片片白帆的待发船队；由下往上看，当年沿长江乘舟所见，岸边攀岩修筑的石宝寨之绝世奇景似乎落到了这片陡峭的山坡之上。设计一座“船队形的现代石宝寨”——一个突发的构想，令自己兴奋不已(图 1、图 2)。

图 1　长江畔石宝寨

图 2　大连现代石宝寨

二、构想的实现

“现代石宝寨”的构想，把最初仅仅局限于平坦台地上的建设用地，一下子扩展到它上、下的陡坡，又一直延伸到海面之上。这一构想，也在现实中得到了支撑：基地周围的海面和陡坡，原被认为不能用作建设用地而被闲置。新的设计理念，既充分得到了业主的认可，也得到了城市管理部门的大力支持。于是，“爬坡入海”成为实现这一构想的主要方式。一层层攀岩而上的白色平台，好像从山石之中生长出来。台地上的观海塔楼与海面浮台上的玻璃灯塔相互呼应，打破了横向延伸的水平构图，它们具有时代感和人工雅韵的体形，在这处秀美的自然景观中形成十分惹眼的亮点。

建筑与环境的相互融合，除体现在对基地地形的充分尊重和巧妙利用，也体现在对自然地貌与植被的生态性理解和表现。用地范围内外的茂盛树木、茵茵山草、裸露于山坡地表和凸现于水面的山石与海礁，都作为建筑内外环境塑造的重要因素，被精心地保留下来。大自然的赋予与人工的雕凿相互对比着、配合着、穿插着，融于一体。它们有的环绕并簇拥在建筑周围，共同构成这座海滨城市的新的风景线；有的出现在建筑内部，一片片凸凹不平的山体、石壁，一方方块石，一丛丛茅草，一缕缕山泉细流，一株株望叶林木，都活灿灿地生长在经过精心雕凿的人工环境之中。室内外环境互相渗透着、交融着，使人们在建筑之内处处体味到大自然的无私关爱。基地内最大最美的一棵老榆树，原地不动地被巧妙地组织在宾馆大堂空间之中，并为它设计了玻璃顶罩。自然的古榆、山石与人工的墙地面铺装、渡桥相映成辉，独具匠心，别有情趣，又特色鲜明。即使在寒冷的冬季，也使得绿色景观和优越的自然环境在这幢建筑之中得到了延续。

业主为这幢建筑赋予了“渔人码头”的名称与内涵，使它原本仅供建设单位办公使用的单一功能，随着用地范围延伸到陡坡和海面之上，又扩展为一幢为城市提供宾馆、餐饮、娱乐和办公等综合性功能的公共建筑。特殊的基地条件、复杂的使用内容，为设计工作增加了许多难度，同时也增加了诸多的兴奋点。设计方案将建筑体量化整为零。灵巧舒展的体型，既有效地展现其风景建筑的性格，又有利于综合性功能的分区布置。“渔人码头”的主题，不仅仅体现在建筑本身的形式与功能上，也成为贯穿室内外环境的一条主线：桅杆、铁锚、白帆、渔灯、栓船桩、渔具、甲板、灯塔，以及水波纹图案的铺地广场，在蓝天碧水的映衬中，为这座现代的建筑增添了丰富的文化内涵与海滨风情。

三、视线、流线

考虑到基地北侧的海滨路，向西会有一个小山丘遮挡住路上人们眺海的视线，向东又恰逢道路转弯点。我们的设计，一方面令建筑总高度按规划要求，不超过海滨路的路面标高，使人们得到良好的眺海视野。另一方面，在滨海路向东转弯后的道路中线延伸到基地之内的恰当位置，竖起一个高耸的塔楼，使它成为东向道路的“端景”。无论是从西向沿路绕过山丘，还是从东向顺路而行的车中游人的视线，都会一下子被它所抓住，并随之转向茫茫海面(图 3)。

图 3　视线分析

建筑内不同的功能部分：办公、宾馆、餐饮、娱乐，既为之创造了各自相对独立和分别能够单独对外的条件，又便于管理和方便使用，在室内可以相互连通，浑然一体。此外，除需满足各功能部分各自的性质与功能要求之外，与海面的关系成为最重要的设计依据。设计方案根据各部分的性质特点，优化布局方式，使“四者争海”的矛盾得到了合理的解决与满足(图 4)。宾馆部分，除大堂和主入口设在一层正立面方向之外，将客房部分沿上坡攀爬而筑。各客房都可以穿过建筑与山坡绿林之间构成的“观海视廊”取得眺海的最佳景观位置，同时也有效地避免了入口广场上繁杂人群对客房的干扰。面向正面的办公部分占据了二层以上南向最宽阔的观景视野，使长期在此工作的内部人员与大海结成的特殊感情受到了充分的尊重，也取得了优越的工作条件。虽然位于它南面入口广场前方大约 8m 高差的下阶台地上，现有一片对景观略有影响的平房厂区，而且短期内不可能被拆迁，但考虑到办公部分毕竟归内部人员使用，位于下方的这片平房厂区又丝毫不会遮挡办公部分的观海视线，这种布置应该是相对较为妥切的选择。餐饮、娱乐部分被布置在层层跌落的下段坡地平台之上并一直伸到海面。跌落式的剖面形式，使餐饮、娱乐空间更多地获得了层层面海的机会。浮在水面上以及处于不同标高上的室外平台，为人们提供了步步趋近大海的条件。在这里，游人或临水而憩，忘情地享受海风的抚摸，或登船下海，全身心地投入大自然的怀抱。层层平台随着海水的潮起潮落，它们中的某几层或许被暂时淹没，或许会重新升出水面，成为人们最接近海面，得以释放迷恋大海情怀的梦之地。

由滨海路上分支出来的一条坡道，将人与车辆直接引向位于上下坡地之间的台地广场，建筑各功能部分的主入口都设在这个广场上。各个入口的位置与导向，明显而又互不干扰。仅将宾馆厨房的进货入口设在建筑后

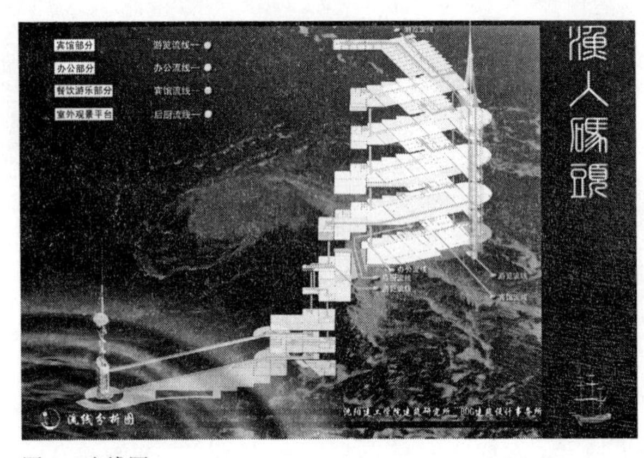

图 4　流线图

面的内院之中。该广场也为人们提供了休闲和观海的空间与条件。

在宾馆大堂中设有专为登上观海塔楼的景观电梯。从这里也可以沿室内景观通廊，拾阶而下，经过层层跌落的餐饮娱乐部分，从海上灯塔中的玻璃旋梯直达水面的浮台码头。另一条室外步道，则为希望最大限度融入自然的游客提供了更为趣味有加的平台梯步，同样可以将游人导向最下面的水上浮台。

位于坡地上方滨海路旁的动物园停车场，是滨海路上可供游人观海的一处重要的驻足点，也是一处游人必然会产生进一步接触大海潜在心理的地方。于是，在这里为停车游客设置了休息廊架和观海景窗——为过路和专程去动物园的游人提供短暂看海的驻足之处。同时，也设置了一个供游人进入建筑和达到水面浮台的步行通道。人们可以在这里停车后，穿过建筑屋面上的人工庭园，沿着屋顶廊架，进入观海塔，“更上一层楼”登上观海厅。也可乘景观电梯，沿室内廊道下达宾馆大堂或餐饮娱乐部分以及水上浮台，取得宾馆、办公、餐饮、娱乐各部分流线组织直接顺畅，互无交叉的最佳效果。

建筑设计要有一个别致而有特色的构思，这个构思又必须建立在对客观环境的科学分析以及合理的功能与技术依据的基础之上。这是我们对建筑设计意匠的基本理解。

地域文化在新城区中的延续与生长

2001年

昔日沈阳的北市，正如老北京的天桥、南京的夫子庙、上海的城隍庙地区——它在沈阳人的心目中留有不能殒灭的印象，占据着不可替代的地位，是城市中一处浸透着浓郁的地方文化色彩和传统文化风情的特殊地区。北市的发展历史记载了外来文化与本土文化相融的过程。在城市现代化的过程中，如何让北市地区重新焕发生机，再度繁荣，使其所蕴藏的经济和文化潜能得到最大程度的发挥，保持它当年在沈阳城中的重要地位，为沈阳的经济腾飞和社会进步作出新的贡献，这无论从社会和经济发展的角度，还是从发扬传统与地域文化的角度，都是一个刻不容缓、又需要深入细致研究的问题。面对这一问题，我们从对北市地区的历史和地域文化的研究入手，探索和寻求北市地区改造性规划与建设的依据和设计思路。

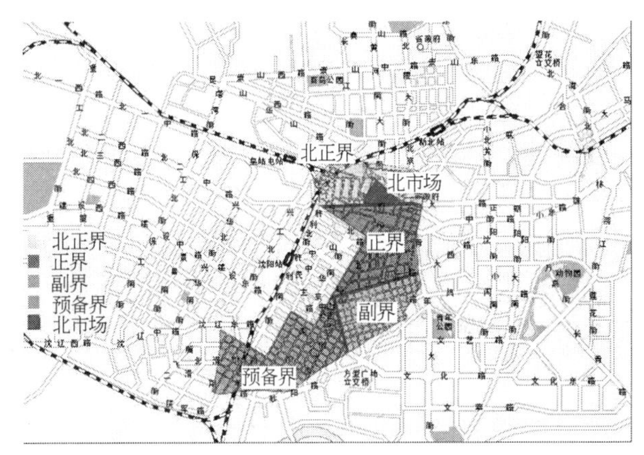

图 1　商埠地位置图

图 2　商埠地四周的主要建筑

一、北市地区的地域文化之源

北市位于当年奉天城商埠地“北正界”的区划之内(图 1)，在其南面的曾被称为“十间房大街”上行驶着沈阳早年具有历史文物价值的马拉铁道，北面是京奉铁路沈阳总站的站房，东面是英美烟草公司，西面是有名的“奉天纱厂”(图 2)。

(一) 北市形成的历史背景

北市地区是在一个特定的历史背景下形成的。鸦片战争以后，腐朽的满清政府与外国列强签订了一系列丧权辱国的条约，割地、赔偿、开放通商口岸。1916 年在当时沈阳的老西门外，满铁附属地以东，正式划定了“奉天省城商埠地”地界，并由“奉天交涉署开埠总局”管辖。这里原本是城内两片城区之间的空地，开辟为商埠地之后，划分为正界、北正界、副界和预备界四部分。正界是最早开发的地区，外国领事馆、银行以及军阀、官僚和外国人的洋房、别墅拔地而起，很快成为一块主要为外国人服务的繁华地带。正界的发展逐渐扩展到与其南、北相邻的副界和北正界。1918 年由于周围地区设施对娱乐和商业服务条件的需要，军阀张作霖为开通地面，发展民族经济，与外来势力抗衡，下令在皇寺地区的“十间房”附近开发北市场。北市最早仅由位于“平康里”的数家妓院和饭馆组成。在一场大火烧毁了大部分设施以后，这里的建筑得以重建、扩建，形成了一处商业服务娱乐中心。随着奉天衙门开放地号，一些大商人、大地主争先进入领地，组地建房，规模日趋扩大，在几年之内涌现出北市、民生、中原三大百货商场，中山大戏院(今沈阳大戏院)、大观茶国(今辽宁青年剧场)和共益舞台(今北市剧场)三大剧场，保安电影院(今群众电影院)、云阁电影院(今人民电影院)和奉天座(今民族电影院)三家电影院，以及数量繁多的金店、饭馆、浴池、妓院、茶庄、客栈、服装店、钟表店、理发馆、照相馆、烟馆等商业、服务、娱乐设施。人口数量剧增，市场空前繁荣，成为一处灯红酒绿、弱肉强食的“杂八地”，成为与中街、太原街齐名的沈阳城内三大商业中心之一。此后，随着政治气候的变化，北市的繁华又经历了衰落的过程，直到解放前夕，北市的许多中小企业已尽数倒闭，包括有名的三大剧场也关了门。解放以后，人民政府对北市进行了大规模的改造，根除了乌七八糟的设施与场所，对城区的环境卫生、城市基础设施进行了改善，提高了北市居民的生活质量，也对健康的、具有地方文化与风情的娱乐及商业活动进行了正确引导，令其得到延续和发展。1958 年人民公社成立后，在这里组织创办了一些小工厂，如电器厂、橡胶厂、小五金厂、木器厂、耐火材料厂等。这些小型企业虽然在短时期内缓解了就业，增加了一部分收入，但在一定程度上破坏了作为商业、服务和娱乐中心的经济结构和城区规划布局。“文化大革命”期间，红卫兵当作“四旧”，砸毁了许多门面上留下的反映当时历史文化的花纹、图案等装饰物和建筑构件，极左思潮使北市处于半瘫痪状态。以后虽又有所恢复，但一直未得到大规模的改造和治理。在历史上曾经辉煌一时的北市，饱经历史沧桑，几经波折和兴衰、建设与破坏，但它在沈阳人的心目中，始终占据着重要的位置。

(二) 北市地区现存的重要历史建筑

北市地区保留有一些具有重要历史文化价值的建筑和文物保护单位。

实胜寺，全称为“莲花净土实胜寺”，又名皇寺，是全国著名的喇嘛寺。始建于 1636～1638 年，是清太宗皇太极为蒙古喇嘛赠送的吗哈葛喇佛而建的。清朝历代皇帝以至后来民国时的军阀张作霖均对实胜寺倍加尊崇，多次维修庙宇，增建房屋，使之日趋完善。极富盛名的“皇寺钟声”乃盛京(沈阳)八景之一。实胜寺每年正月初七至正月十五举行的(跳神送鬼)八天庙会，亦是当时沈阳的重大盛事。可以说，北市的发展最早可以追溯到实胜寺和宝灵寺(现已不存)形成的庙会文化。

位于实胜寺西侧的“太平寺”，是全国惟一的锡伯族家庙，建于清康熙四十六年(1708 年)。规模虽不大，但它却记录了锡伯族人南迁盛京的经过，以及锡伯族近 300 年的发展史，是研究锡伯族文化的重要的历史文物。

北市地区的另一重要历史建筑是中共满洲省委旧址。在一个狭窄的小胡同中，坐落着一组平凡而朴实的合院式建筑。这一组建成于 20 世纪 20 年代的平房，几十年来以它在历史上做出的杰出贡献而生辉，至今保护和恢复如初。它是我们的党源于人民，奉献社会，功绩与日月同辉的历史见证。

除上述被确定为文物保护单位的建筑之外，这里还存有一些优秀近现代建筑，如沈阳大戏院、人民电影院、民族电影院、登瀛泉浴池等等。

二、地域文化在新城区建设中的延续和成长

(一) 将北市建设放到沈阳历史文化名城建设的大构思之中

北市地区的改造设计应该立足于沈阳历史文化名城的大构思，不应脱离开城市整体的大环境。北市在沈阳城的发展史中占有重要的地位，它的历史代表了沈阳商埠地的发展史，它所蕴含的民俗、民风、商业、娱乐文化对于沈阳本土文化的形成具有很重要的影响。

从沈阳的城市功能角度分析，对于将旅游业作为支柱产业之一的城市，除去“一宫两陵”(沈阳故宫、清福陵、清昭陵)再难推出吸引市民和中外游客驻足，具有品牌效应和文化深度，享誉中外的好去处。北市地区正是一处具有此种潜质，又亟待开发的老处女地。

(二) 坚持北市地区改造的整体性

北市地区可改造的用地范围受到周边现状和城市规划的严格制约，虽然具有建成一处市级中心的潜在条件，但必须保证它的面积和规模不再被占用、肢解和令其内部功能多主体这一前提。

北市地区改造规划方案采用了三条轴(景观中轴、文化走廊和商业一条街)构成空间组织的控制性构架。三条轴的交点处为北市地区的中央广场。这不仅是一处具有文化品位和市井气氛的空间构图中心，也是连接现代与历史的实践节点(图 3)。

按照城市规划要求，和平大街将北市地区截成东西

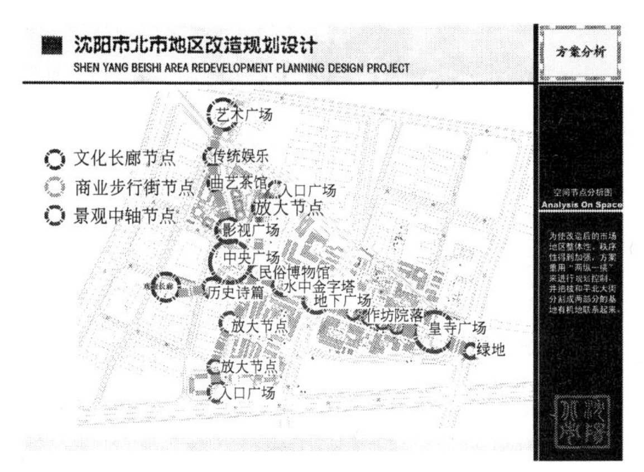

图 3　北市规划设计中的主要空间构架与空间节点

两部分。针对这一不利条件，采取了一系列措施(如跨越道路的下沉广场、地下商城、过街天桥)，既严格遵从了城市规划的要求，也有效地将东西两部分从空间上连为一体，人车分流，并为城市街道增加了亮丽的景观，巧妙地化不利为特色。

(三) 单体建筑风格的确定

1. 能够体现本地区文化传统的现代建筑形式

市民和人大代表都希望这一地区的开发要能够保留住对历史的记忆，应延续和传承北市地区诱人的传统文化。这一主题不是仅在未来的经营内容上做文章，更应将它以建筑语言表达给广大市民。因为建筑给人的印象最为直观、最为强烈。但是，这种传承并不意味着复旧，不是把旧北市原封不动地重现在现代城市之中，对于北市地区内有历史价值的建筑(如文物保护单位和近现代优秀建筑)必须坚决予以保护，而对其他建筑没有必要去恢复其原来破旧、粗陋的形象与败落的环境。21世纪的建筑应该反映新时代的精神，在反对“假冒”的今天，更不应制造建筑中的“假古董”。我们的任务，就是去创造一种能够在现代建筑形象中读出这一地区历史文化的建筑形式(图 4)。

2. 平民文化氛围的建筑环境

北市地区是沈阳老百姓最爱去的地方，市井文化、民俗风情在这里体现得十分充分(图 5)，因此，应努力将这种氛围编织到高品位的新的建筑设计之中。

3. 交错的街道机理和院落式的空间结构

老北市以交错的街道和院落空间给人们以深刻的印象。本设计注意保留了原地区的空间结构和肌理形态。

4. 小尺度的建筑体量与空间

近人的小尺度是体现本地区平民文化的关键。高大的建筑、宽阔的街道和一览无余的室内外空间虽然能带给人们一种全新的现代化的感受，却会使老北市的氛围

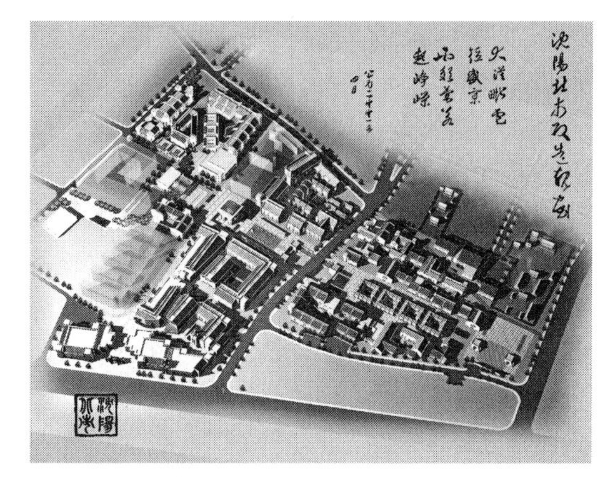

图 4　北市规划设计图

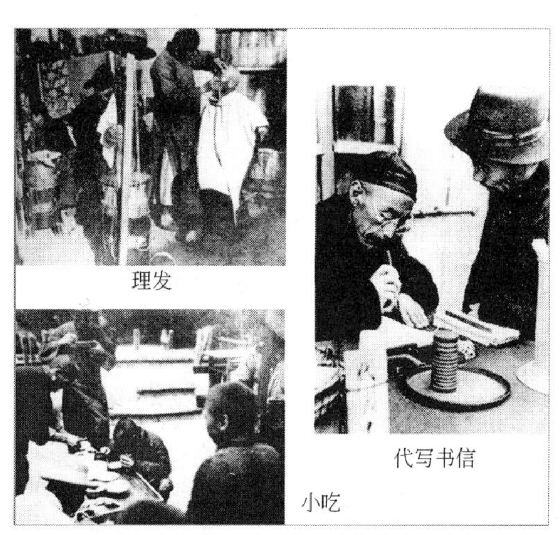

图 5　老北市的街头生活

图 6　新北市对老环境的承袭

一扫而光。虽然我们要创造的是“新”而不是“老”，但毕竟是“北市”。小尺度恰是连接新、老北市的一架桥梁(图 6)。

5. 历史的标签——“洋门脸”

所谓“欧风”并不是当今时代的建筑符号。当年北市场的“洋门脸”随处可见，它是建筑对当年那段屈辱历史的见证。地处商埠地的北市场，较早地接触到西洋文化的影响，欧风装饰好似一张面具戴在中式结构的建筑外面，恰恰表达出当时强大的西方势力硬性地与中国文化相互交织又难于相溶的矛盾状态。这种被扭曲的历史和浸透着屈辱经历的烙印表现在今天的建筑中，将永远记载着当年北市所经历的繁荣与辛酸，令人引起对老北市及其历史的回忆(图 7)。

6. 硬山屋顶与有特色的山墙造型

我们把它作为一种母题，反复地出现。在今天的设计之中，将会带给人们的一种强烈的回忆与联想，因为老北市建筑中的这些作法，会给每一个有心人，留下难以磨灭的印象(图 8、图 9)。

图 7

(四) 历史建筑的保护与新旧建筑的关联

北市地区分布着几座重要的文物保护单位和优秀的近现代建筑，在我们的规划当中，不但要使它们得到妥善的保护，还应尽可能地改善它们的环境，充分体现它们的历史价值。

实胜寺、太平寺和中共满洲省委旧址原被淹没在成片的棚户之中，虽依法保护，注意维修，但难以“显山露水”，价无所值。在我们的设计中，将它们分别暴露于街道旁，丰富了街道景观，又令它们得以“重见天日”。在实胜寺前建造了皇寺广场，更为庙会和城市生活塑造了新的和富有文化内涵的城市空间。

图 8

一道折线形的文化长廊将原保留下来的影剧院和新建的文化观演设施串在一起，形成北市的一道散发着古雅芳香的新景观。

图 9

北市地区的规划按照演艺区、文化古董区、餐饮区、商业区、健身娱乐区的功能区划，形成不同的特色区域。这些区域的定位，既考虑到它们各自的功能与人流、交通组织，也照顾到它们各自不同的历史位置对当今设计的影响，使它们的布局能够体现出现代生活的氛围，又能引发人们对历史场景的联想。(图 10)

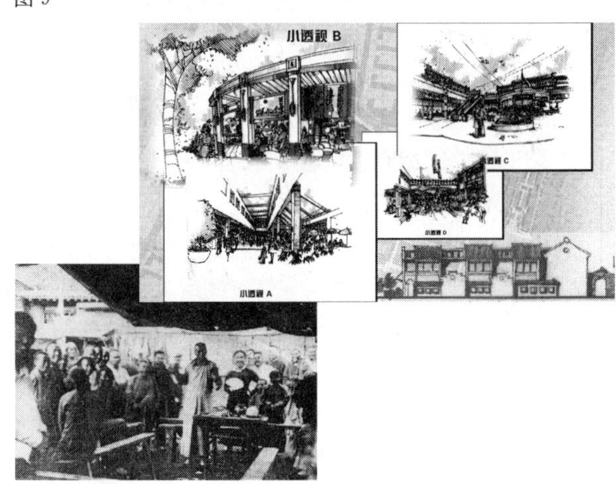

图 10

新建筑与老建筑有机地组合在一起，室内外空间相互交融、渗透，建筑造型、建筑尺度、建筑材料与颜色相互协调、相互关照，新老建筑和谐地共同构成了北市场的新环境和新景观。

(五) 重视室外空间的塑造及其对寒冷气候的适应性

露天的娱乐活动、街头的商业交易与室内的各种设施是老北市市井文化的空间载体。今天的北市规划必须令这种文化得以传承并使活动的质量得到提高。室外空间与环境设计是北市规划中不可被忽略的重要部分。要着重解决好各种活动的室外环境条件，解决好室内外空间的交互与关联。这在温暖的南方本不是难点，但在气候寒冷的沈阳，则应从规划到单体，以及环境景观设计都要给予充分的考虑和恰当的处理。

地域文化为沈阳北市地区的改造注入了深刻的内涵和高品位的设计理念，也为在新城区建设中，体现本地区有特色、有价值的历史与文化传统提供了理论上和实践上的课程与机遇。

用地域文化纺织小城镇的建设特色

2001年

在中国的大地上，星罗棋布的小城镇从经济起步，又牵动了建设的迅速发展。一批批乡镇企业明星脱颖而出，一座座现代化城镇拔地而起。小城镇与大都市的携手发展是提高中国城镇化水平的关键。城镇建设的实践验证了“小城镇大战略”这一具有中国特色的战略思想的远见和卓识。然而，发展与问题永远是一对孪生兄弟，问题是发展的必然，也是发展的障碍。到中国的东北地区走一走，小城镇建设的一些问题就会十分尖锐地摆在我们的面前。

“摆大架子”——小城市不按小城市办事，一味模仿大城市的做法：不符合具体情况的城市构架、超大尺度的街道和建筑、外环套内环同心圆式的发展模式……完全失去了小城镇的味道和小城的优势。

“沿过境道路的线性布局结构”——所谓“道路经济”，成为东北小城镇发展的一种重要经济模式，也成为构成东北小城镇畸型布局的根源。小城镇的主体沿着一条过境道路越拉越长，道路两侧的建筑大多被红线限定排成两列，相互间距一致、高度相等、体量相近，又由于缺乏总体设计，各建造者之间相互模仿，建筑的式样甚至材料相差无几。人车严重混杂，城镇空间及建筑形体乏味。

“缺乏特色，千篇一律”——小城镇建设虽然发展很快，但在一定程度上它们之间的区别除了反映在地理位置和城镇建设速度等方面之外，其环境空间和建筑形态却变得越来越缺乏个性。原因主要在于小城镇建设中忽视了对它们各自所依赖的客观条件的分析和体现，尤其以漠然的态度对待地域文化对城镇建设的影响。事实上，小城镇相对大都市，在人口构成、经济结构和文化体系等方面都更加具有地方性。因此，地域文化对小城镇建设特色的形成有更加突出的作用。

面对上述问题，我们试图通过对上夹河镇的建设研究，探索以地域文化展示小城镇建设特色的方法和途径。

上夹河满族自治镇是位于辽宁省东部新宾满族自治县境内的一座小镇。镇辖面积252km^2，常住人口18184人，其中90.1%以上是满族。它地处长白山系龙岗山脉地区，平均海拔70m，属寒冷地区大陆性气候。它虽处于全国贫困县之列，但悠久的文化历史背景和得天独厚的自然环境为它奠定了突出的地域性优势。

上夹河所属的新宾县是清前女真的发祥地。清太祖努尔哈赤出生在这里，并于此登基称“汗”，建国大金——女真从这里迈出了推翻明朝征服中国的第一步。“关东三陵”的永陵修建在这里，努尔哈赤的父亲、祖父及其先祖——肇、兴、景、显四皇帝皆葬于此。清永陵以爱新觉罗氏祖陵的独特地位显贵了几百年。上夹河作为新宾的西大门和努尔哈赤母亲家族的领地，自古是联系东西商贾的要道和兵家必争之地，也是满族爱新觉罗氏的祖祠地和清王朝发祥地内惟一留有旁系皇族的居住地。当年努尔哈赤出山征讨之路从上夹河镇中穿过，至今称为“罕王路”。古战场、古关隘、古山城、战壕、烽火台的遗址遍布全镇。此地也发现有青铜器时代和许多高句丽的石棺墓，以及曾派荆轲刺杀秦王未果后的燕太子丹逃到辽东而修建的“太子城”。由于当年努尔哈赤时代的满族人皆迁入关内，今天居住在新宾地区的满族人则属于阿塔的后代。康熙二十五年，努尔哈赤三祖父索长阿的后代爱新觉罗·阿塔被派回新宾永陵守陵。他带着七个儿子和一行队伍从京城出发来到上夹河，见此地山清水秀，物饶地丰，便将家小安置于此，仅携带第十二子巴图赴永陵上任。他留在这里的六个儿子的后代，随着岁月的更迭，繁衍发展成当地现存有包括全国最为典型，并被列为文物保护单位的满族老宅和一批典型的民居(图1)。面对如此丰富而又与众不同的历史文化遗产，我们不但不能障目不视，更需要认真研究和积极挖掘，将它们作为今天上夹河建设的珍贵资源和规划设计立意与构思的重要出发点。

上夹河的另一个优势是它得天独厚的自然环境。镇区南有五龙山，北有莲花山。除镇名之源的上夹河(又名五龙河)贯穿全境之处，苏子河和南嘉禾河也流经其间。蜿蜒伸展的山峦遮风蔽荫，恰是一处理想的天然聚息地。这里峰峦拱卫，植被丰富，古树参天，清流环绕，水草丰美，景色宜人(图2)。鲜活的山珍野物和神奇的传说掌故蕴藏其间，幽深奇绝，如诗如画。

图1　肇宅外观

图2　上夹河自然环境

其实，作为地域性的资源绝非仅此。若我们以积极的态度对待“贫困县”的头衔，这也是为在经济不发达地区建设小城镇所作的一种典型探索，将有利于形成更鲜明的设计特色和具有更高的实践价值和典型意义。地域性资源在于挖掘。任何一座小城镇都有它们自己的客观条件和优势，关键在于我们要把它们开采出来，加以精选、提炼和加工，它们就必将能够成为小城镇建设创作的理念资源。

上夹河的规划设计，在充分满足其经济发展和人民生活需要的基础上，我们主要突出了两条主线去建构这一东北小镇的建设特色：对满族历史文化厚度的和对自然环境的充分适应与利用。

在上夹河镇区规划中如何反映满族的历史文化，我们主要坚持这样的两条原则：

一、建设现代满族小镇(图3)

尽管这里具有许多历史遗迹文化和历史的积淀，现存有许多历史遗迹和文化传统，但新建的镇区不应是对传统建筑的纯粹模仿。新时代的城镇和建筑应反映新时代精神和功能需求，应在体现对传统继承的同时，又体现出对传统的创新。新与旧之间要有关联，要互相协调，要形成一条历史文化之链，但决不应相互混淆，真假不辨。只有这样，才是对历史的真正尊重。当然，体现这一理念要比单纯复旧或单纯创新都艰难许多。我们必须了解和吃透满族传统的历史文化内涵和明确传统设计中的具体思想与作法，又要将它们充分而恰当地融入新的镇区规划和建筑设计之中(图4)。对于研究与设计过程，要经过一个“跳进去”(深入研究历史文化、研究传统布局与传统建筑的过程)和“跳出来”(脱离单纯模仿，在传统的基础上创立时代职能与时代精神的过程)。

二、强调当代与历史的关联

鉴于上夹河镇将旅游业作为经济发展的支柱产业之一的要求，使得众多旅游者来到新宾这块满族发祥地寻求满族历史之源的同时，又能够亲身观察具有浓郁特色的当代满族人的生活情况，看到满族的巨大发展与变化，深刻体会满族文化在现代与历史之间的相互衔接与传承关系。我们在上夹河镇区的建设规划中，不仅注意将这种思想体现到镇区的规划、环境与建筑设计之中，也注意将镇区周围的古城、古战场、古关隘和传统民居等重要的历史遗迹和文物形成紧密的空间联系，共同构成一组反映历史与当代满族文化的展示体系。

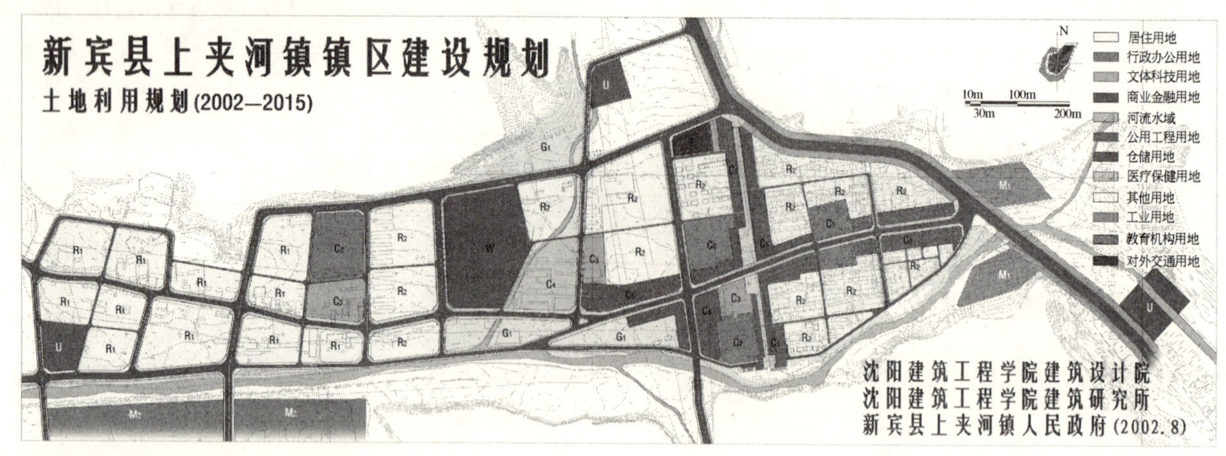

图3　上夹河镇区规划

图4　上夹河步行街

充分体现对自然环境的适应和利用是上夹河镇区建设的又一重要理念。在充分利用镇区依山傍水的优越条件，将周围的山水美景组织或利用到镇区之中的同时，在规划和建筑设计中，充分体现景观与环境设计的内容，利用好每一个景观因素，在镇区的每一个环境空间中，在景观与建筑设计的每一个环节中，都突出地体现出生态思想和环境意识。使得自然环境与人工景观相辉映，真正建设成一座优美宜人的山水镇区。

上夹河镇区的建设研究是一项列入国家科技部2001年的重点科研项目，它作为全县小城镇建设示范工程，将成为一个特色鲜明的小城镇模式，也将成为地域文化理论研究和理论应用于实践的一个典型示例。

延续历史街区的氛围探索

——沈阳站广场改造

2004年

沈阳站广场地区是沈阳重要的历史街区，是沈阳对外的门户之一。它给人们留下了美好的回忆，而记忆是不该中断的，保留了记忆就是对现在的一种激励。在改造沈阳站广场的设计中，确立了保护街区氛围的原则，建筑改造中注重整体性，突出历史建筑的主体地位。保留了人们对此的认同感、归属感；同时，又使街区恢复和再现了生命力，重新焕发了生机。

一、现状

沈阳站广场的使用现状(图 1)比较混乱，人流、车流混杂，严重影响了沈阳站的使用和本街区的整体形象，因此沈阳市政府与沈阳站决定对沈阳站广场进行整治。通过广泛的调研分析，笔者认为沈阳站广场混乱的原因如下：

(1)整体建筑形象混乱：由于沈阳站售票厅与行包房的建筑风格与第三候车室差别过大，导致整体形象受很大影响。(2)人流交叉严重：在 10：20～10：26 时列车抵达沈阳站，出站人流平均流量 136 人/min；在 14：40～14：50时列车抵达沈阳站，出站人流平均流量 88 人/min。其中 75% 从北部出站口南行穿越沈阳站广场，经入站口与入站人流交叉。(3)人车混流：出入站旅客约 75% 南入，5% 跨横栏，20% 北入(部分人流穿过出租车停车场)；虽然单独设有汽车入口，但南北入口均有汽车出入，形成人、车共用，人流、车流混杂的状况。(4)出入口狭窄：导致人流、车流高峰时疏散不畅，在广场南北出入口出现交通阻塞现象，人员、各种车辆聚集，形成“三难”，即行路难、乘车难、行车难；同时胜利大街交通极受影响。(5)服务设施不足：旅客在广场各部分站立，多集中在售票厅前，纪念碑周围，

图 1 沈阳站广场现状

出站口长廊下，旅客无处可坐。(6)地下空间利用不足：通道入口标志不明显，人们也不愿走地下，很少有旅客从此疏散，地下空间利用率低。设计中将延续该地区的历史文化氛围，保留人们对此认同感作为改造设计的目标。

二、注重整体性，突出主体的建筑改造

沈阳站原名奉天驿，现第三候车室设计于 1908 年。设计人是日本现代建筑的开创者——辰野今吾的学生太田毅和吉田宗太郎，于 1910 年竣工。1919 年和 1934 年，分别修建二、四候车室。建筑为两层，局部高起，为红墙白线条，绿色穹顶，相当优美。现站前广场两侧为售票厅、行包房，形象与整体不谐调。根据目前沈阳

图 2　改造后的候车室立面

站发展的需要，二、四候车室现拆除重建，对站前广场进行改造。

在新建和改造建筑的形象设计时，笔者确立了注重环境的整体性，突出历史建筑主体地位的原则。新建部分在样式、比例、色彩等方面沿续原有建筑的“辰野”风格，但注重控制其体量，简化装饰，求得新旧谐调，突出主体的主旨。采用延续连廊的手法，将广场上的各个建筑有机地联系起来，对广场形成强烈的围合感和整体性，形成一个完整的特色延续的街区。鉴于现在的使用情况和沈阳站的经济状况，决定对两侧的售票厅和行包房进行改造(图 2)，使其与整体氛围协调。

三、以人为本合理组织人流、车流

历史街区亲切的人情氛围是极其珍贵的，也是最应该延续的。广场设计要以人为本，合理组织人流、车流(图 3)。

(一) 人流

(1) 出站人流：出站口由北部调整到南部，并以地下部分建筑为主、地上广场为辅，旅客能便捷地疏散至公交汽车场、出租车停车场和未来规划的地铁站。将出站人流有效地控制在沈阳站前南部的局部范围内。

(2) 进站人流：主要在地下一层(过街地道、小车和未来规划地铁站)，地上人流为辅(出租车临时停靠、公交车站和买票后直接进站)；接送——主要在地下一层完成；休闲——主要在地上和地下一层，与车行流线完全分开。

(二) 车流

(1) 公交车：售票厅南侧大型地上停车场。

(2) 出租车与私车：地下一层出站口附近设出租车与私车停车场，并设接站台。广场北部设地上临时停车点。

(3) 货运：广场北部设货运停车场与装卸场，以侧廊分隔车流与广场的空间和人流。

(4) 静态停车：设于地下建筑二层部分，供停留时间较长的内部办公停车和公用停车位。

沈阳站的设计采取了立体交通的流线组织方式：将出租车辆引入地下一层为接人的动态停车场；将社会车辆引入地下二层为静态停车场；公交车停靠场设于南侧。在地下一层，也将人流与车流分开，保持人流顺畅的出站、过街，同时，行包房有单独的停车场、装卸场，并用连廊与中央广场分开，保证中央广场的亲人气氛(图 4)。

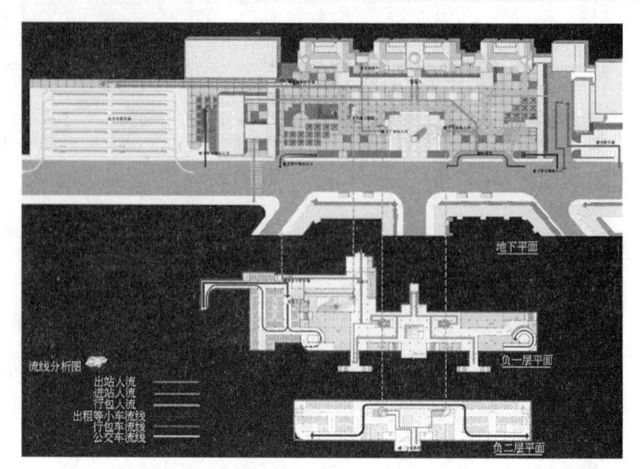

图 3　沈阳站广场的流线示意图

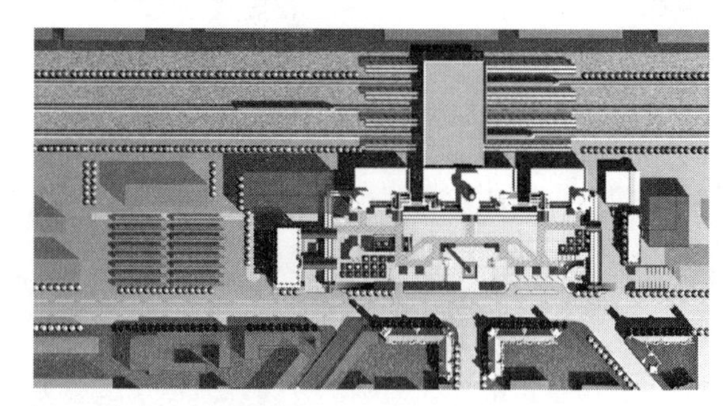

图 4　改造后广场平面图

四、注重尺度的把握和细部的设计

现在很多历史街区整治后，氛围减弱的重要原因之一是未能维护街区的亲人尺度和缺乏周密的细部设计。笔者在设计时，非常注重这些方面。如在中央广场设计时，通过相对的分区来转换尺度的维度。广场大体呈现为三部分，即中央的城标区、南侧的历史文化景点区和北侧的“沈阳腾飞角”(图 5)。在中央区，将现有体量过大的苏军纪念碑移走，在与地下一层贯通的玻璃天顶上作“盛京城图”的九宫格图案，中央为反映沈阳特色的城标(图 6)。南半部为沈阳历史文化景点区，设 13 个与卧式展牌结合在一起的圆形休息坐椅，展牌的内容为沈阳的历史文化景点。坐椅中间还种植了一棵高度适中，造型优美、伞状的亚乔木“垂榆”。广场北部是以现代风格的水景雕塑、不锈钢灯柱和玻璃地面组成的腾飞角。各部分又相互联系，体现沈阳站广场的气氛，又具有浓郁的人情味。

笔者对细部也进行了精心的推敲设计，如在南部靠近出站口处设有一个矩形天井，以改善地下空间采光、通风，丰富了空间的层次，加强了上下的联系。中部在雕塑旁设一圈跑马廊，人们能透过顶上的玻璃天窗看到地下的雕塑，从而使地上和地下的空间产生了交流与对话。北部的带状玻璃和顺着曲墙而下的流水营造了一个清新、舒适的休息场所。

图5 沈阳腾飞角

图6 反映沈阳特色的城标

建筑形体组合格律

1990年

建筑是一种有机体。我们可以按其功能、结构、构造、形体关系等不同需要把它肢解开，从而发现和分析每一基本组合单元的构成情况。反过来，也可以在形成这些基本组合单元之后，按照某些规律把它们组装起来，获得各种不同的建筑。这里，让我们暂且抛开功能、结构、技术等诸多方面的问题，单纯讨论一下建筑的形体组合关系。

建筑形体同样可以按照“肢解”、“组合”这两种顺序进行分析和塑造。通过对其构成的分析，从中可以发现一些规律，它们控制和制约着形体组合的变化。作为“格律”可能在一定程度上反映了形体组合的规律性，而其本身也必然存在束缚思想的一面，所以，只有在设计中对此加以灵活运用，才能有所裨益，否则运用不当，并不一定比“自由式”思考问题更好一些。

一、组合基形及其变化

(一) 组合基形

建筑造型是一种三维空间的形体构图。为了说明问题方便，我们先来讨论两维的平面形式。

正像红、黄、蓝“三原色”构成了绚丽多姿的色彩世界一样，在图形的天地里，也同样存在着“三原形”。这就是：圆、三角形和正方形(图 1)。任何一种复杂的形状，都可以看作是由它们分别演变而来，或者是由它们间相互组合的结果及其近似形，因此，对三原形的分析必然成为研究形体构图的起点。

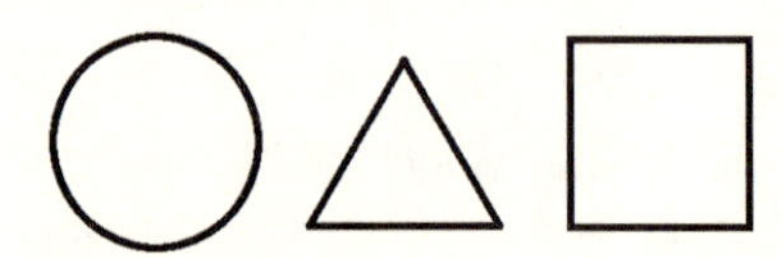

图 1 “三原形”

让我们利用表 1 来分析它们的图形特色。

三原形的特性及作用 表 1

三原形	性 格	稳定性	运动与力的心理
	内向，柔和，具有紧凑感和均匀的向心作用	自身成永恒的稳定性	当它处于环境的中心位置时，呈平衡状态；当它与其他形状结合，且不在中心时，产生力并引起旋转感
	外向，尖锐，具有方向性	边在下方时，呈自身稳定，否则不稳定	当尖在正下方时，处于不稳定的平衡状态；当尖朝下，但重心线不经过支撑点时，呈倾向一边倒的转动状态
	中性，代表一种纯粹性与合理性，静态，没有主导方向	边在下方时，呈自身稳定，否则，不稳定	当尖在正下方，处于不稳定的平衡状态；当尖朝下，但重心线不经过支撑点时，呈倾向一边倒的转动状态

在进行建筑设计时，我们可以根据它们的不同性质有目的地使之与建筑性格对应起来，其作用会是十分明显的，比如在一个广场中间拟建一个喷水池，若设计成圆形就会强调它在广场中的主导作用，有利于把它作为广场的构图中心，反之，就不宜将其做成圆形。这是充分利用了圆形具有中心感的特点。同样道理，古典教堂多采用圆形平面，这样有利于强调其主导空间，也利于突出“神”在内部空间中的崇高地位。所以，建筑师对建筑形状的选择常常是要把各种形状的性格作为依据之一的(图 2)。需要指出的是，这不是惟一的依据，还应结合地段形状、结构要求、功能特点等多种因素综合决定。

上海体育馆以圆形平面观众席取得等高距的视觉效果，也突出了比赛场地的中心位置

林肯纪念堂以方形平面给人以稳定庄重之感，无论从哪个方向看都十分完美

路旁停车场上的白三角餐厅(日)，像块路牌指示着方向

图 2 “三原形”在建筑中的应用

我们可以说，三原形又都是来自点。点的运动构成了线，而线的运动则形成了面。如果继续推下去，三原形经过平动或旋转，就会派生出五种形体。这就是“五原基体”：圆形的运动产生了球体和圆柱；由三角形产生了圆锥和棱锥；由正方形产生了立方体。勒·柯布西耶指出：“……立方体、圆锥体、球体、圆柱或金字塔式棱锥体，都是伟大的基本形式，它们明确地反映了这些形状的优越性。这些形状对我们是鲜明的、实在的、毫不含糊的。由于这个原因，这些形式是美的，而且是最美的形式。”五原基体(图 3)各有其自身的性质。这些性质分别与形成它们的三原形的特色有关，也由于它们在各自形成体量的过程中，又产生了新的个性。我们仍旧可以从其性格、稳定性、运动与力的心理等角度来分析它们的性质，不过还需再加上一点：这就是从不同视点看它所表现出来的形状和体积感。这些形体同样对建筑设计具有一定程度的影响。大家也可以参照表 1 的办法来分析每个五原基体的个性及其与建筑的关系。

(二) 组合基形的变化

三原形和五原基体是一切形式的母体，通过它们自身的变化可以衍生出多种形式，特别是产生出一些不那

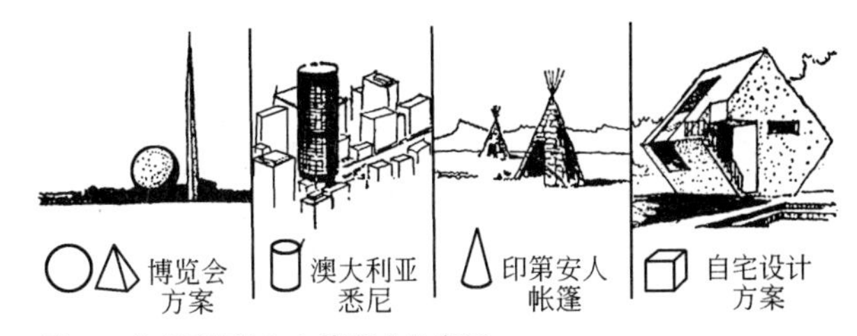

图 3 “五原基体”在建筑中的应用

么规则的形式，这类变化为建筑的形式构图提供了更广阔的途径。我们可以把它们归纳为三种变化情况：量度变化、减法变化和加法变化。

(1) 量度变化：使一种形体的一个或多个量度发生改变，从而其形体也产生了某种变化。随着量度变化的幅度，该形体的面貌可以发生程度不同的演变。但是，仅仅量度的变化并不能引起形体特性的变化。改变后的形体仍保持原先的那些性质，比如，一个立方体的高度、长度不变，使其宽度缩短或延伸，它可以变为不同的长方体。若仅高度不变，其长度与宽度的改变也会使它成为另外的形状。若长、宽、高都发生变化，还会出现许多新的形式。一个球体若使其一条轴线发生量度变化，不同的椭圆或卵圆体就出现了。一个棱锥体通过变化其底边的量度及顶点的位置与高度，它又可以产生无穷的变态。同样，圆锥、圆柱等形体都会随其量度的变化，发生着千变万化。以这类变化后的形状所构成的建筑物的形象也是屡见不鲜的。

(2) 减法变化：对任何一种形体，我们都可以削掉它的一部分或一些部分，使之发生变化。这正像雕刻的过程。由此形成的建筑形象给人以一种“雕塑感”。如果在对原形体的削减过程中，不破坏它的棱或角，仅在内部做一些挖凿，或对其外部仅做局部的改变，是不会使原形体的性质发生变化的(图 4)。这是因为，人们的视觉感受往往存在着寻求构图的完整性与连续性。人们通过联想总会越过中断了的局部缺欠感到其形体仍然是连续的，仍具有整体性。事实上，我们所见到的建筑常常并非是全貌。它可能被树木、车辆、其他建筑或其自身的某一部分等物体所遮挡。但这些并不会妨碍我们对其整个体形的理解(图 5)。但是，在削减过程中若对原形的外部轮廓，特别是对其边角部位破坏较大，一旦超出了人的视觉连续性的范围，联想中断，人们就会感到原形的状态发生了变化，原形的性质就会模糊起来，以至变成了另外的形状(图 6)。辽宁体育馆的平面是沿圆切割而成的正 24 边形，它给人的印象仍为圆形(图 7)。假如我们将圆的部分切割大些，变成四边形平面，它的形象就会完全改观了。

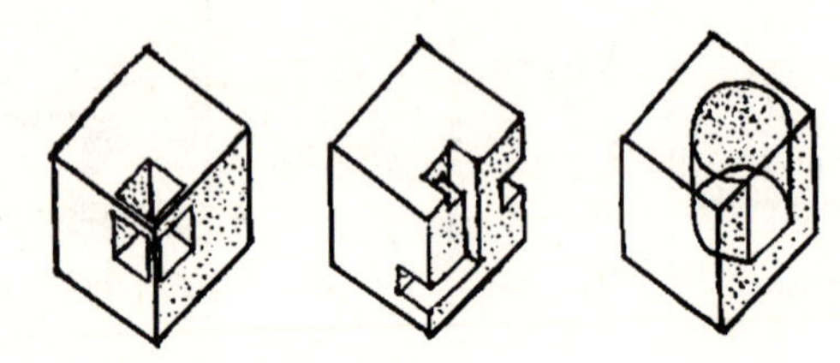

图 4　原形体性质仍被保留

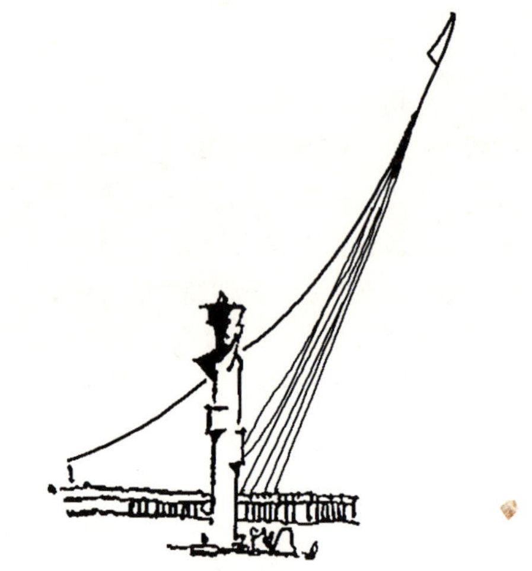

图 5　视觉的连续性作用

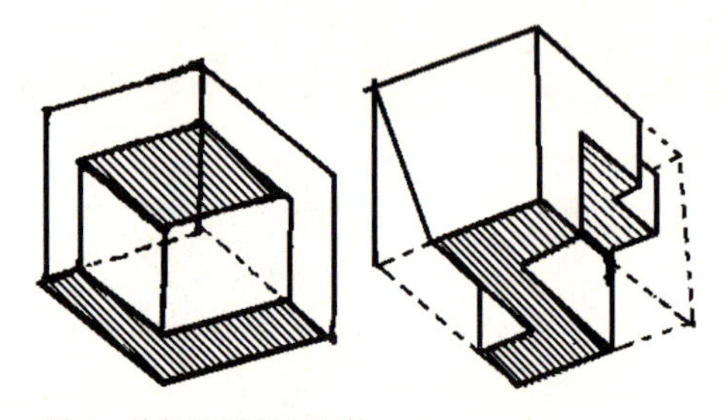

图 6　他们已不是立方体

图 7　辽宁体育馆

减法变化的手段常被运用于建筑之中。著名的东馆和高曼住宅就由此而呈现出一种雕塑美(图 8)。共享空间又是在室内运用了减法的结果。

(3) 加法变化：这是将一种形体附加到原形体上，也可以是将两种或两种以上不同的形体结合到一起而形成新的形体。前一种情况构成的形体表现为主从关系，而后一种情况则呈现为共栖关系。这种变形要求各形体

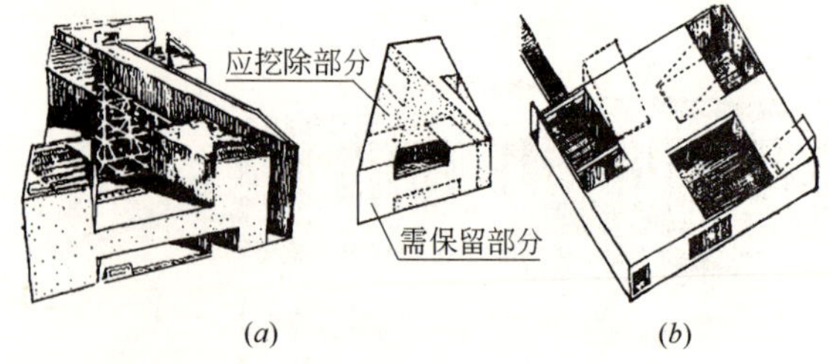

图 8　减法变化

(a)华盛顿东馆；(b)高曼住宅 1968

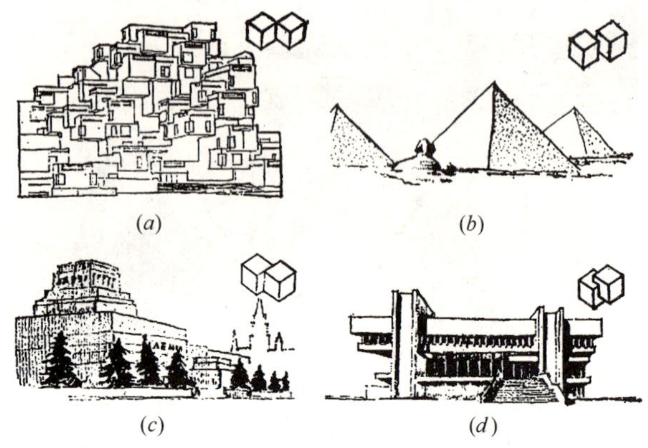

图 9　加法变化

(a)边接；(b)靠近：加法变态的一种形式；(c)面接；(d)咬接

之间存在着一定的内在联系，并且又须为紧密交织的关系(图 9)。只有这样，它们才会构成一种形式统一的图形。而统一又是作为一个完整形体的基本属性。

二、形体组合的类型与叠加

(一) 形体组合的类型

多数情况下，建筑并非仅仅以一种单独的形体孤立存在，它们经常需要由若干形体相互组合起来，构成一个复杂的有机体(上面的加法变化实际上已接触到此问题)。随着建筑空间和功能向复合化趋势的发展，对建筑形体组合的研究越发变得重要。如果说过去的一幢房子仅仅作为一所住宅、一座电影院、一个诊所或一家商店，它还有可能呈现为一种单一的体形。那么，今天越建越多的这种集多种功能于一体的“中心”、“综合体”之类的大型复合建筑，就往往需要通过以多空间、多体形相互组合起来的有机整体去满足需要了。从形体角度上说，我们可以将这些组合归结为 6 种类型：向心型、离心型、集合型、线型、多元复合型和网络型。

(1) 向心型：这是一种以位于中间形体为核心的主从式构图。它一般由一些次要形体围绕着一个主导形体产生足够的视觉引力，才能够占有明显的主导地位和具有凝聚力。主形体的形状一般以采用具有向心性的规则

体比较有利。位置适于放在一条中轴线上或两条相交轴线的交点处。次要形体的数量较多时，可以使它们围绕在核心体的周围。数量少也可以依附于某一侧或几侧(图 10)。次要形体的尺寸和形状可以相同，也可以不相同，但在形式上它们相互之间应有一定的呼应。

向心型组合主要有这样一些作用：①用在庄严隆重的纪念性建筑或以一个大空间为中心构图的建筑之中，比如教堂、宫殿、纪念堂、火车站、体育馆等(图 11)。②作为轴线式构图的起点或终点。印度泰姬·玛哈尔和穆塔兹·玛哈尔陵墓就是在由水池引导的中轴线上，以辉煌的向心型宫殿作为构图的终点和高潮(图 12)。

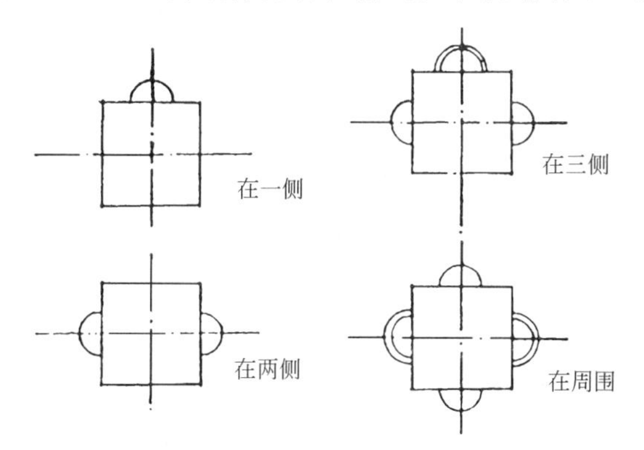

图 10　主次体量位置关系

图 11　华盛顿苏格兰礼拜堂

图 12　印度玛哈尔陵墓

③作为具有向心性环境的构图中心。原位于哈尔滨喇嘛台广场中央的东正教大教堂，就是充分利用这种向心作用，成功地控制了广场空间的典型实例。

(2) 离心型：由一个核心体向周围呈辐射状扩散，伸出多条支干而构成的组合形式。对这种组合体除非从高视点俯视，否则其形体特征不甚鲜明。三叉体、十字体、风车体等都是按这种形式组成的。一般情况下，其核心体亦多采用规则形体。各条支干可以是一字形，也可以为其他形状；可以呈对称布局，也可以是自由布置的。这些支干的形状与位置一般要视构图、朝向、景观、地形条件、相互间的功能联系等多种具体情况而决定。从功能上分析，其核心部位常布置为交通枢纽和公共使用空间，而将各功能相近的次要空间按类或分组分别布置在各个支干之中。这种形式对要求具有相对独立又有方便联系的多单元组合类建筑的空间组织十分有利。全国第一届大学生设计竞赛一等奖方案(图 13)利用离心式布局，较好地满足了作为建筑师之家设计这种较为复杂的功能要求。在实际工程项目中，采用离心式布局的例子为数甚多(如三叉体形的北京长城饭店、西苑饭店、国际饭店等等)，在此不赘述。

(3) 集合型：它是指将若干不同体量集中到一起所形成的一个巨大的、集中的体量。这是一种由多体向单体回归演变而来的形式。尽管它在外部形体上被充分简化，但其内部空间和功能却十分复杂。该组合方式往往是由建筑功能的复合性所导致。它的外表轮廓面小而覆盖空间体积大，因此带来了占地少、内部交通短捷、结构简单、经济性高等优点。但也会有设备条件(人工采光、通风等)要求高、流线组织困难、内部空间层次少、造型单调等不利条件。而重要的是其内部具有能够提供

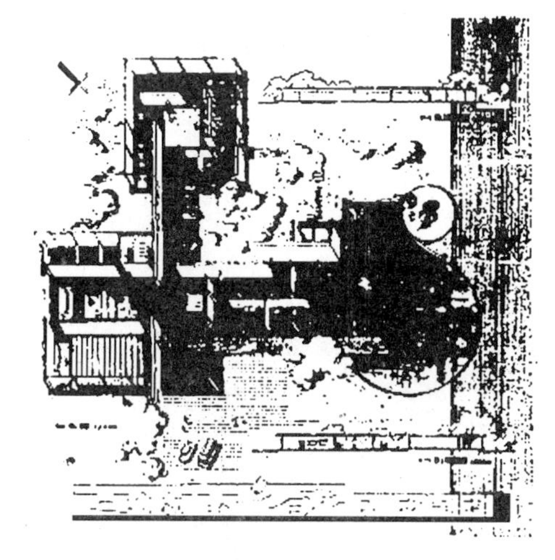

图 13　全国第一届大学生设计竞赛一等奖方案

大空间，再按使用要求进行灵活分割的可能性。这恰恰是现代生活对建筑形体构成的一种新要求。蓬皮杜艺术文化中心等许多综合体都采用了这种形式。

(4) 线型：它是将一个单体的量度顺某个方向延长，或是由多个单体沿一条线排列起来组合而成的形式。在后一种情况下，各单体之间可以相互衔接，也可以被另外的一个线型空间联系在一起(图 14)。各个单元体的形状或是同样的，或是不同的。这种组合型往往出自序列性功能的要求。线型构图可以按直线发展，也可以根据地段形状、建筑功能等要求采取折线、曲线等不同形式，因此它具有较强的适应性。作为建筑重点部位的位置，允许设于该线型上的任何地方，当然，又以设在有某种特性的位置上更会令人注目，比如设在转折处、端点上、曲线的波峰或波谷处。重点部位的体量、形状等在注意统一性的情况下，也宜有所变化，以对比手法使其更加突出。这种构图的开端和结尾一般需加以处理，使之有所交待。除将重点部位放在首尾处之外，将首尾部分的形体略加突出或使之与环境相互融合在一起。总之，要避免无头无尾或虎头蛇尾之感。全国大学生设计竞赛某获奖方案，就采取了线型布局(图 15)，使建筑与地形十分自然地交织在一起。线型组合也可以出现在竖直方向。很多以垂直交通部分作为支撑体，向外悬挑的枝干式建筑或塔式建筑都属于这种类型(图 16)。线型建筑对外部空间的隔离或分划具有巨大的作用。无论何时，它都是形成外部空间最重要的因素。曲线或折线型组合，对其回曲一面的外部空间产生收敛作用，有益于形成集聚中心或构图的重点部位，而凸出的一面，则对外部空间具有发散与隔断的作用(图 17)。

(5) 多元复合型：这是一种最常用的组合形式。它是把若干个形体或若干组形体，按照一定的秩序，通过紧密连接的方式组合在一起。其中每个或每组形体一般是依据相近的形状或功能类型分别形成的。这种组合与向心型组合不同，在于它不受几何规则性的限制，不具收敛作用，是灵活多变的，并可随时增减而不影响组合体的基本性质。它又可以分为分构式和重复子体式两种情况。

分构式是指构成组合体的每个子形体允许具有不同的视觉特征，但要通过紧密连接建立起相互间的联系(图 18)。有些建筑类型的功能常常要求为分构式的布局，而构成了对这类组合形式的物质要求，比如，以性质相近的幼儿班为组合单元的托幼建筑，以各科进行分组设置的医院建筑等等，都可能采取分构式多元复合型组合的形式。有时，一些组合体并非属于这种先由若干

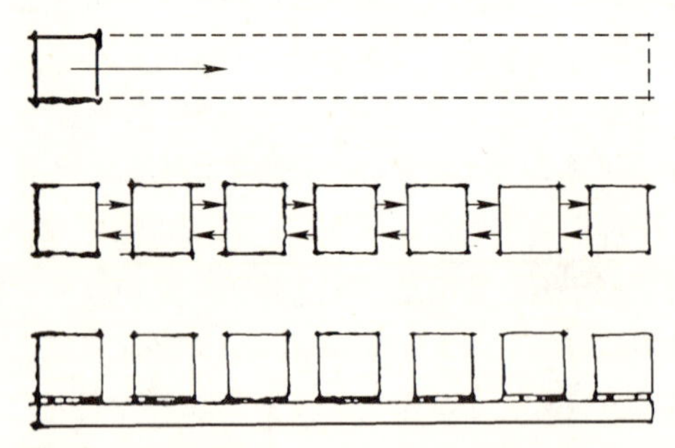
图 14　线型组合

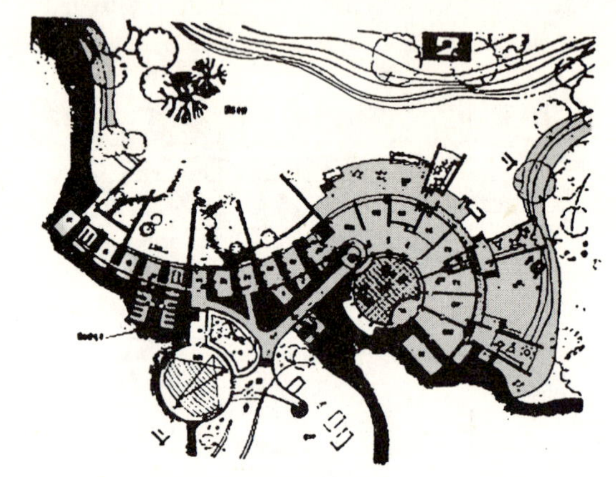
图 15　全国大学生设计竞赛获奖方案

图 16　竖直方向的线型组合

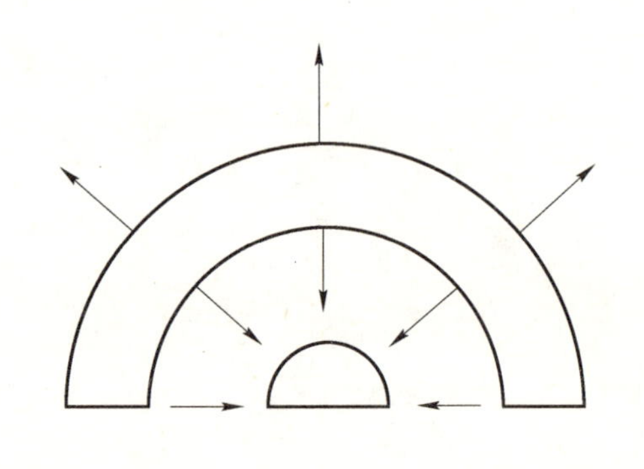
图 17　曲线型组合的力感

房间构成一组，再以组为基本组合单元的组合类型，而是以每一个房间即为一个基本组合体的分构式组合，如考夫曼别墅(图 19)、悉尼歌剧院(图 20)，都属于这种类型。这种形式也可能是由一个联系空间把各个基本单元串结成一个整体。但这个联系空间的体量不能过大，否则当它超过每个基本单元的体量时，就会丧失了这种组合形体的特性，而变为线型或向心型组合体。

重复子体式是指由具有相同视觉特征的子形体重复出现紧密相连而构成的多元复合型组合体，如蒙特利尔67住宅(图 9(a))和蒙特利尔博览会联邦德国馆(图 21)。它通常是由功能形状相近的子单元组成，并通过工业化生产而形成的一种动人的组合形式。尽管每一子单元形状基本相同，但由于组合无一定格局，又可随需要增减，其造型必为灵活而不乱，多变而统一，具有天生的韵律和节奏。

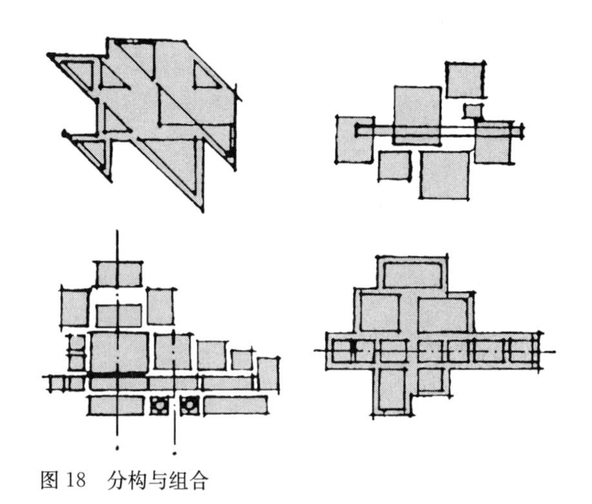

图 18　分构与组合

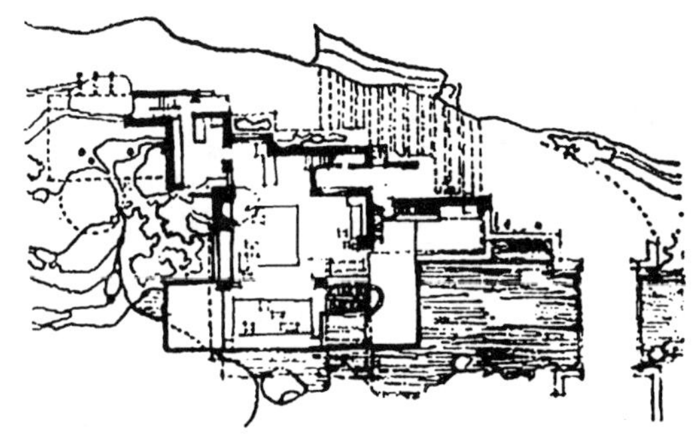

图 19　考夫曼别墅(莱特)

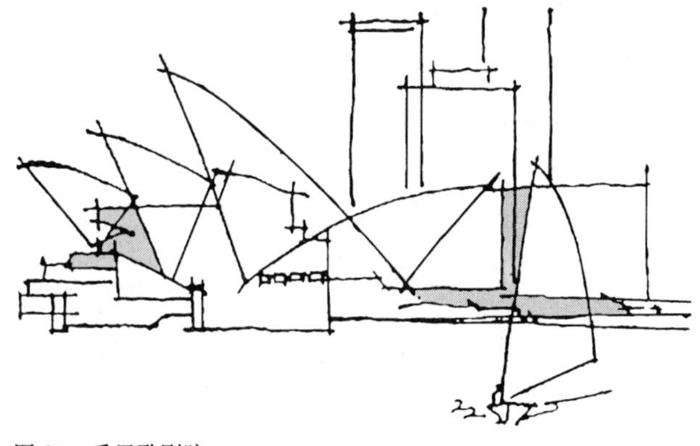

图 20　悉尼歌剧院

(6) 网络型：它是按照具有模数关系的三度空间网格进行构图所产生的规律性组合。由网格所构成的图形基本上属于中性，且没有方向，给人以一种均匀感和统一感(图 22)。这种形体构图多来自框架结构体系，因为框架本身就是一种网络。网络的组合力产生于图形的规则性与连续性。由于网络中的图形要受到网格系统的规定，因此它们组合而成的形体就必然在尺寸、方向、形状等方面都存在着一种共同的内在的关系，使得形体必然会呈现出变化的规律性与整体性。我们如果使网络系统发生改变，则能给组合形体带来更为丰富的变化，为了适应场地条件和建筑功能的需要，可以将网络进行局部的扩充或削减，使之产生外部体形轮廓与内部空间的改变；也可以将网格的局部量度加以改变，或使网格发生错位，则必然会由此产生新的形体；还可以或将网格局部中断，或使网格发生局部的位移，或局部旋转，在这种变了形的网络中，又将引起更多的变化，也为在规律性的空间中开辟一方特殊空间(如重点空间、自然绿化或趣味中心等)创造了条件(图 23)。

在以上六种型体组合类型中，我们又可以发现，有些组合形式(如重复子体式多元复合型、网络型以及其他类型中的一些情况)本身就具有较强的规律性和连续性，其组合体必然会呈现出协调、统一的特色。我们把这些组合类型又可统称为“软质组合”。在软质组合中我们不必再去为整体协调问题花费注意力，而经常需要在如何加强重点部位的局部对比效果方面下功夫，以达到强调重点、打破单调感的作用。新加坡科学馆中心(图 24)即在主导空间的体量和形状上都进行了相应的

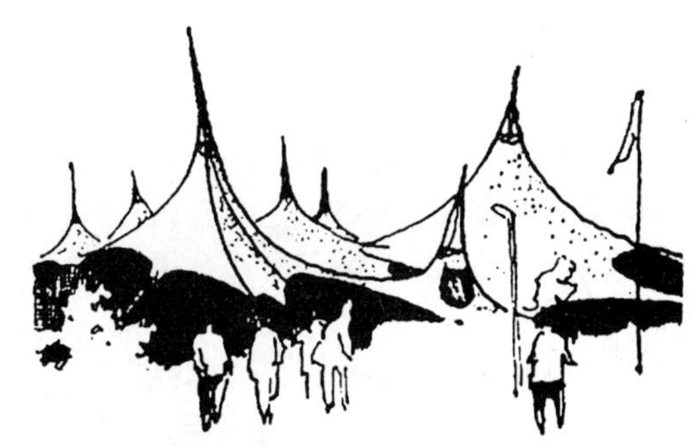

图 21　蒙特利尔博览会西德馆

图 22　日本中银舱体楼(1972 年)

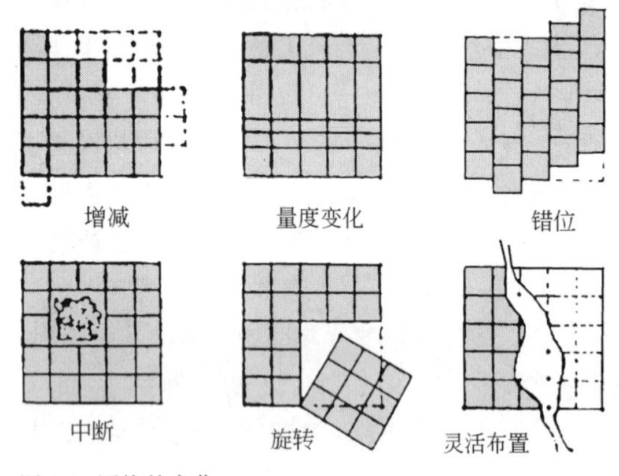

图 23　网格的变化

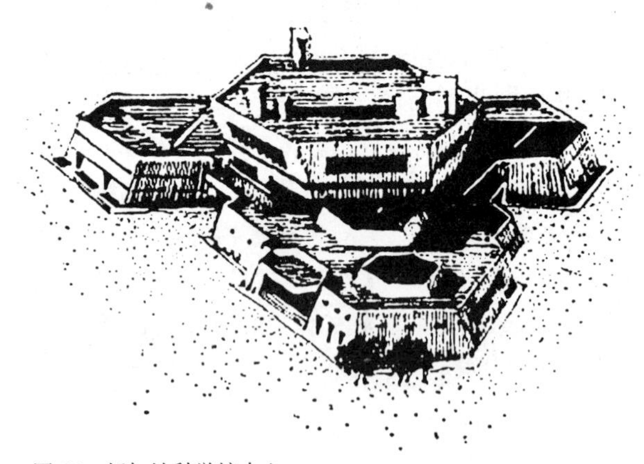

图 24　新加坡科学馆中心

对比处理，既保持了建筑整体的统一性，又使重点部位一目了然，具有明确的主从关系。

另一类属于“硬质组合”。这种组合本身不但没有很强的协调感，相反有可能出现互相对立的几何构图，比如三角形与圆形，直线与斜线，球体与立方体等必须组织为一体的情况，因此，在处理这类问题时要努力使它们相互之间协调，使矛盾得到软化。

(二) 形体的叠加

有的情况下，两种不同的几何形式发生了相互间的碰撞或贯穿，每个形体将在视觉上产生对优势和主导地位的争夺。这种情况的产生并非完全来自主观选择，经常是由一些客观制约条件所决定的，比如建筑基地的特定面貌(不规则的场地边缘、不可破坏的植被、相邻的结构物、穿越建筑基地的通道等)使得在一个规整的图形中不得不挖去或增加一块，而产生了直与斜或曲与直的叠加；为了满足形式、象征意义或内部空间等方面的不同要求，也可能产生几何形式的叠加等等。我们仅以圆与正方形或两个相互斜置的正方形为主，对如何解决它们间的排斥力问题作一些分析。

(1) 可将它们相互重叠，使其失掉各自的本性，而形成一种新的构图(图 25)。莱特设计方案圣玛可之塔(图 26)，就是将方形平面作了扭转以后重叠在一起，形成了生动的造型。

(2) 使这两种形式中的一个完全包含在另一个之内，这也是使矛盾得到调和的一种方式(图 27)。帕拉蒂奥的名作圆厅别墅(图 28)和许多建筑内部的共享空间的平面处理也都采用了这种形式。

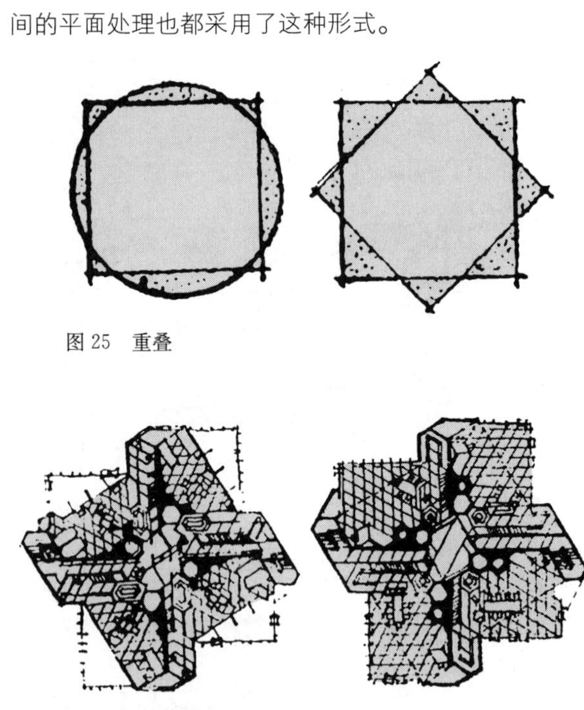

图 25　重叠

图 26　圣珂可之塔(莱特)

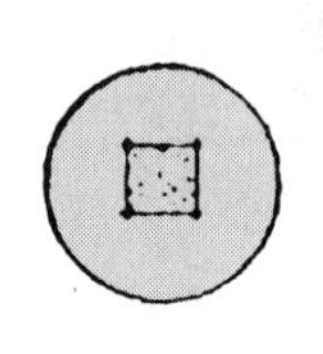
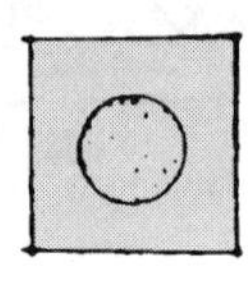
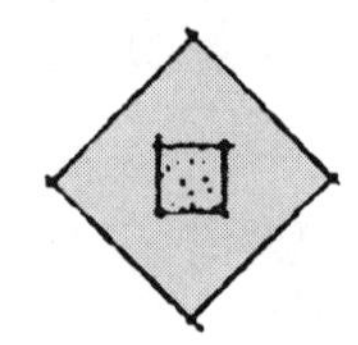
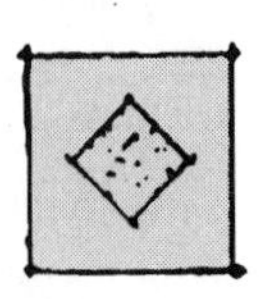

图 27　包含

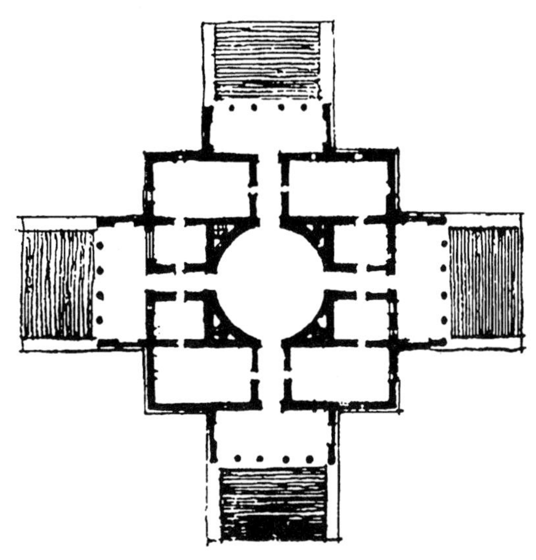

图 28　圆厅别墅(帕拉蒂奥)

(3) 解构式处理方法：对于两个相互冲突的形式，如圆与方，我们可以将其打碎而形成多个圆与方，再重新把这些元素混合编组。于是它们不再那么格格不入，而易于达到统一。这是因为在新的机体中众多的圆与方分布在不同的位置，从而它们之间处处可以得到协调，其矛盾的一面被削弱了。在我们已往的构图过程中，对不同形状的结合常常要在其他部位找一些关系，作相应的构图处理，目的在于构成相互间的呼应，也就是这个道理。巴西利亚国会大厦(图 29)把一个球体一分为二形成两个半球，且颠倒了方向，与一分为三的两个竖向和一个水平放置的长方体组织在一起，不仅不会产生仅由一个球体与一个长方体组合而带来的矛盾，反而相处和谐，成为一个对比协调的佳例。

(4) 当二者成贯穿位置时，我们可以将其纳入到同一网络系统中(图 30)，或采取网格相互叠加的办法(图 31)，这也是一种十分有效的手段，先人在此不失精彩的创造。

(5) 过渡体的联系办法：将两种不同的形式分离，再用第三要素将它们联系起来。这个联系体最好能与原来的形式之一相呼应，也可形成一种完美的构图(图 32)。日本建筑师东孝光的联系空间理论即立足于这一点，并对此作了更为深入的阐述(图 33)。另一个住宅方案则是用一个过渡体将三种不同形状的空间有效地组织为一体(图 34)。

对以上这些几何形式的叠加方式，只要结合具体情况灵活运用，就会收到良好的效果，比如一条道路斜穿建筑，可以采取正斜网格叠加的办法去处理(图 35)；若需要强调偏位的入口时，不妨使圆与之相交，以由此

图 29　巴西利卡国会大厦

图 30　萨沃依别墅

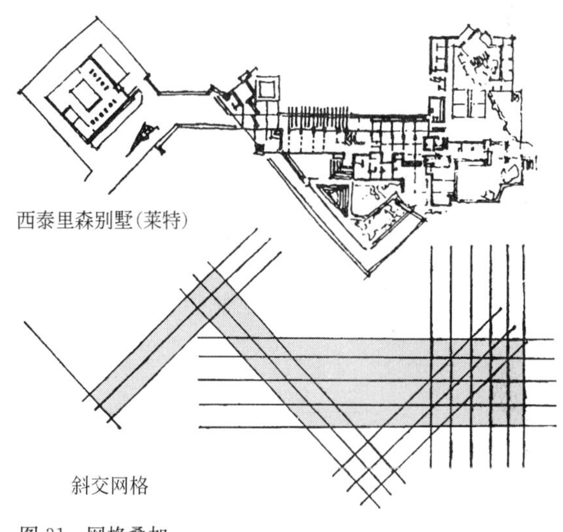

图 31　网格叠加

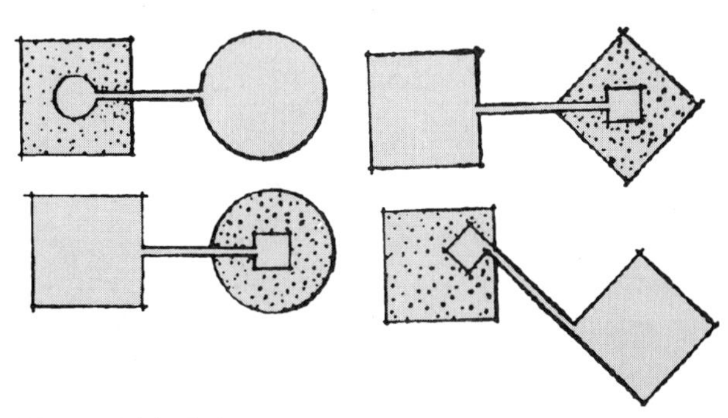

图 32　过渡与联系

而产生的轴线去达到突出重点部位的目的(图 36)，当场地出现斜边时，还可以通过错位来避免产生斜线与直线带来的矛盾(图 37)。

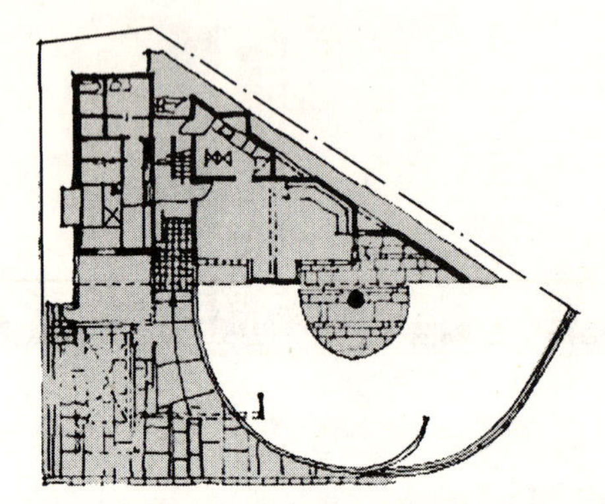

图 33　冈畑宅一层平面（东孝光）

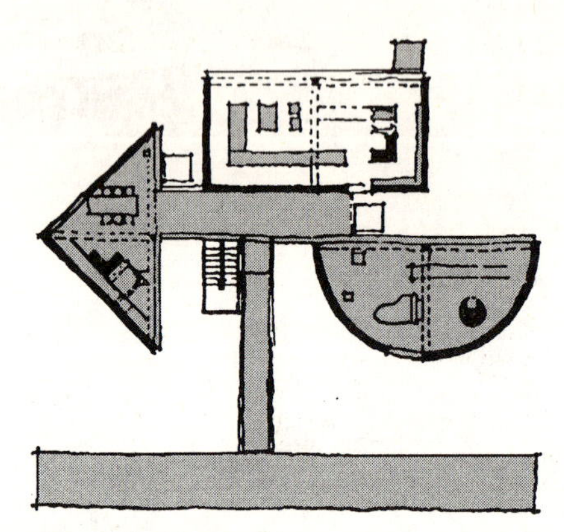

图 34　过渡体联结

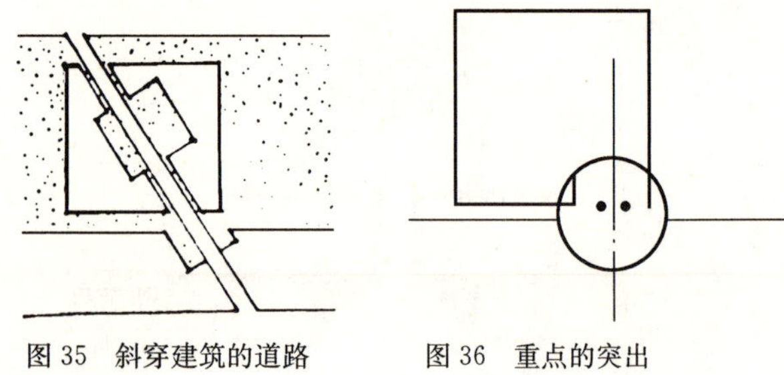

图 35　斜穿建筑的道路　　图 36　重点的突出

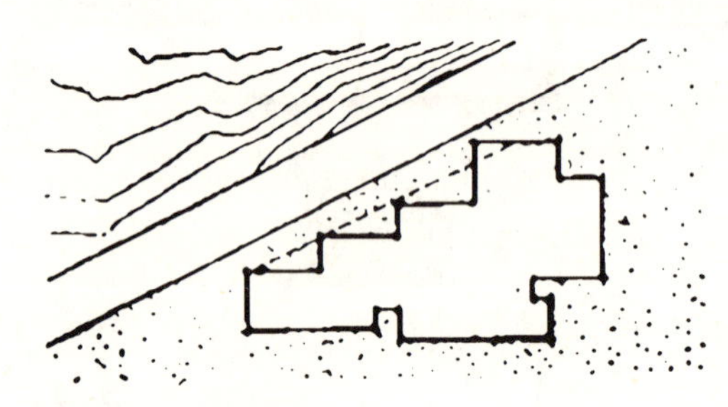

图 37　斜与直的协调

总之，笔者希望通过对形体组合格律的归纳与提炼，为我们的设计带来一些方便。最重要的是要结合具体情况，灵活地加以运用。当然，又需要在实践过程中对这些格律的科学性和完整性作进一步的补充、完美和验证。

中共满洲省委旧址保护及其陈列馆设计

2002年

在沈阳城内北市地区的一片平房居住区中，坐落着两座再平凡不过的小房子，所不同凡响的是在它们的院墙上挂着“文物保护单位”的牌子。这里就是曾在中国近代历史上起过重要作用的中共满洲省委旧址。1927年以后的几年中，中共许多重要的领导人曾在这里工作。今天，它作为重要文物被保留下来，成为那一段历史的见证、缩影和写真。现存的两栋平房，一前一后分布在福安巷的西侧。南面的一栋是当年中共满洲省委机关所在地(图1)。另一栋是刘少奇同志在此任省委书记期间，在今天的沈阳北站地区住过的旧居，后因新建火车站而被迁移到这里按原貌重新修建的(图2)。这两栋房子伴随着它们的主人在中共的历史上留下了浓重的一笔。但由于当时的条件所限，它们被隐没在今天繁华而高耸的现代城市当中，显得十分不起眼，甚至鲜为人知，几乎被人们所遗忘。

图1　省委机关旧址

图2　刘少奇故居

福安巷——除了胡同口那座很有味道的巷门之外，在北市一片平房居住区中，是一条再普通不过的小巷了(图3、图4)。由于最近开通的城市干道“和平北大街”的建设，不仅拆掉了巷子东侧的一排民房，而且令福安巷这条具有历史意义的小巷已无“巷”可言，成为和平北大街人行步道的一部分——中共满洲省委旧址的房院被完全暴露于大街之上(图5)，仅那座很有特点的巷门仍被孤零零地留在十字路口旁。

整个北市地区也已经被纳入城市旧区改造的实施计划之中，并已开始了大规模的拆迁和改造重建。正是在这样的背景下，我们接受了对中共满洲省委旧址进行保护性建设的工程任务(图6、图7、图8、图9)。

图 3　福安巷巷门

图 4　拆除前的福安巷

图 5　暴露于大街上的房院

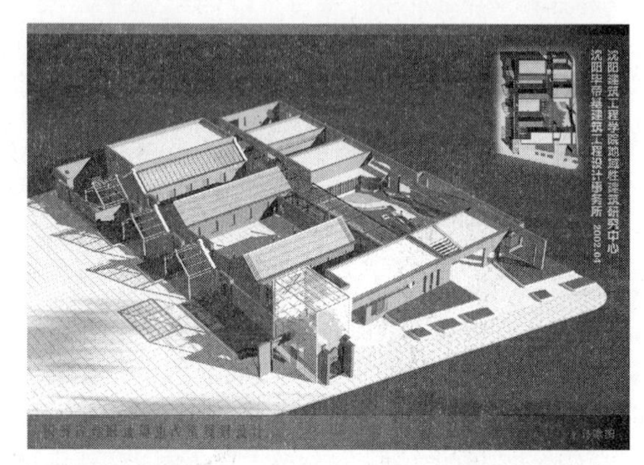

图 6　设计鸟瞰图

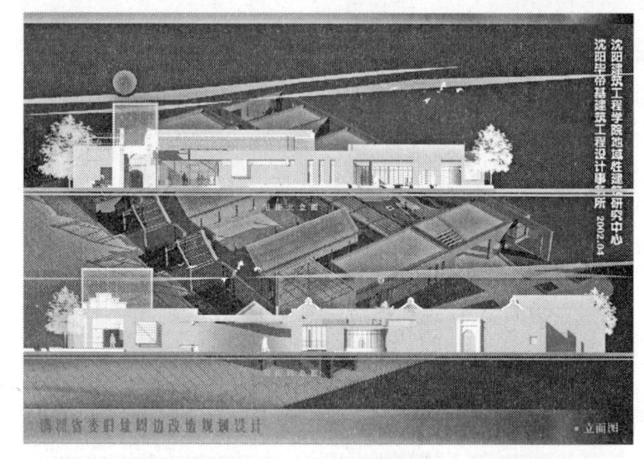

图 7　北、西立面图

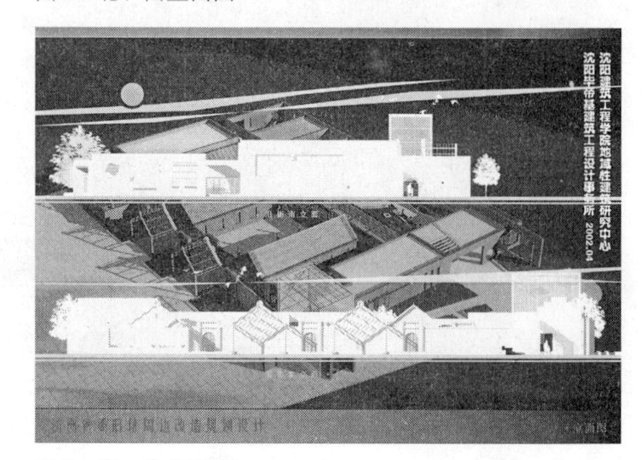

图 8　南、东立面图

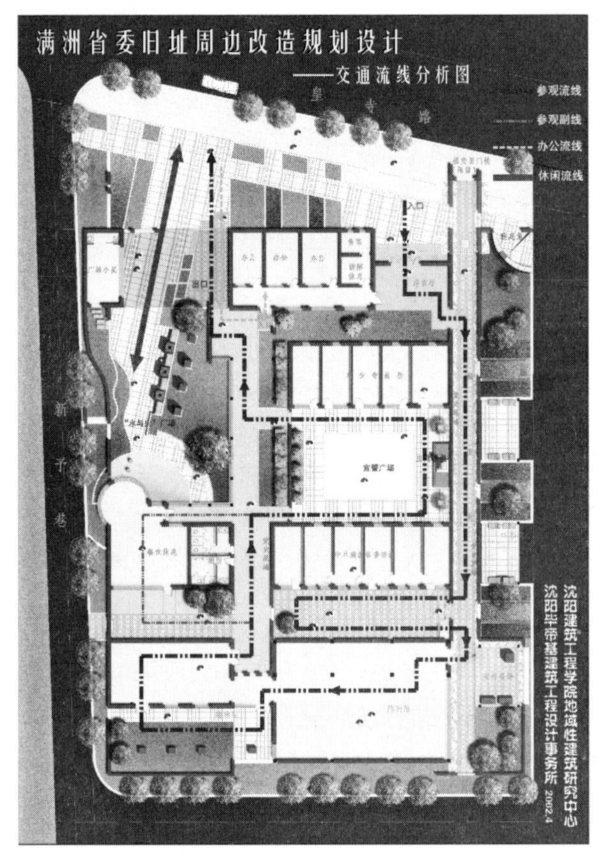

图9 平面图

一、设计理念的建立

我们面临的设计条件非常有限，加上原有文物建筑，规划用地一共 0.27hm²，其中 30% 用地还要作为城市绿地使用，建设投资也受到十分严格的制约。

我们从这样的几个方面去实现我们的立意：

(1) 要保留的不仅是两栋曾被用作省委机关和刘少奇住居的平房，更重要的是要保留当年中共满洲省委工作的环境和气氛——一种根植于百姓之中，从事秘密工作与斗争的环境和条件。

(2) 对两座文物建筑完整保留的同时，又要将它们作为历史的展示物，并扩建为陈列馆，从原被淹没的环境中强调出来、突出出来，成为城市的一处新景观。

二、设计要素的选择

(一) 胡同

从恢复“福安巷”入手，改变“旧址”已完全暴露于十字路口的窘境，避免人们失去对当年秘密工作环境的理解。由于基地条件所限，我们的设计以一面侧墙代替已被拆除的巷东侧的民房，重新形成了“胡同”的空间效果。在胡同东侧已被拆除的民房位置，以三角形的山墙、具有现代感又反映着原建筑屋脊形象的钢架造型、原用于室内的青砖铺地和坐凳，示意出当初的建筑体量与形态，也成为和平北大街旁的装饰小品和行人可驻足的休憩空间。新形成的小巷之内又恢复了狭长的巷道、胡同两侧的院门、残旧的青砖墙面与石板铺地……(图 10)。步入其中，立刻将人们带回到当年的生活氛围之中。为进一步展现和描述地下工作的环境背景，反映当初选址时所要求的“一旦情况紧急便于疏散”的条件，将福安巷两端胡同口及旧址通向西面街道的院落出口都在设计中采取了示意性的表达。

图 10 恢复后的巷道

(二) 院落

当年中共作出将省委机关设在这片居住区之中的选择，是出于一种植根于群众，并掩护自己真实身份的双重目的。这种生活氛围所对应的建筑形态主要地体现为“院落”的空间模式。在设计中，我们仍旧以院落作为空间组织的重要元素，以“院落串”构成参观流线上的一个个空间节点，形成了空间上有开张有闭合的收放效果，也使人们时时感受到其中的生活气息。参观流线沿着重新恢复和按照基地的原有感觉塑造出来的几条“胡同”以及由它们串联起来的院落空间，形成有起伏、有高潮的序列性，并以室外参观流线为主，尽量令参观者贴近当年“胡同、宅院、平房”的空间感受。

(三) 小尺度

造成当年工作与生活气氛的另一个重要因素，在于建筑的体量。我们在设计中坚持原有住宅区低矮的建筑尺度和以“建筑、院落、胡同”为元素共同组成的空间机理，使新增建的展出陈列部分仍按照已拆除民房的位置和体量重新建造起来。使“旧址”仍然处于一片低矮的环境之中，保持着原民房居住区的空间尺度，也与周围新建起的高层建筑形成了有效的空间分隔。

（四）场景

在环境设计中，我们运用类似舞台布景式的手法，强调场景效果，塑造出当年的生活情景。

我们十分精心地保留了原福安巷口那座富有特色的巷门，并把它作为“旧址”的标志物加以强调——用构造精细的“点索”式玻璃幕墙将它罩在其中，仅将其“前脸”露在立面上。再配上嵌在玻璃罩中的灯光照射，使它犹如镶嵌在琥珀之中的华美装饰品，渲染出它的历史文化价值(图 11)。

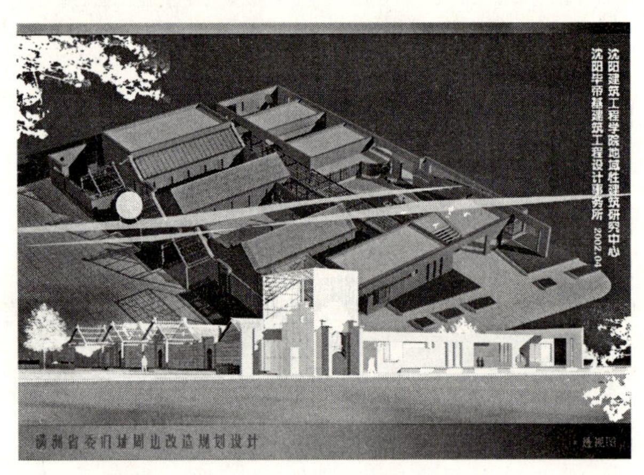

图 11　透视图

在幽深的胡同中，布置有一方面积不大的小院，上面红色的两坡三角形钢架和下方被它覆盖着的绿色草坪，衬托着特地保留下来的一段粗矮的树桩及其旁边一眼手压柄式旧水井。一根倾斜弯曲的木线杆上，张贴着颜色发黄且残破不全的广告……

在陈列厅旁，还辟出一个雕塑园。园中以形象生动的雕塑造型向人们描述着当年这幢建筑的主人生活与工作的场景。人们在展厅中透过落地玻璃窗可以观赏这历史的一幕，也可以步入院内，回到逝去的年代之中，品味切身的体验与感受。

三、设计手法的运用

（一）协调、对比与强调

若对文物保护单位“动土”，“协调”无疑是在处理它与新建部分、与周围环境关系时被优先考虑采用的手法。对于中共满洲省委旧址陈列馆工程，我们所思考的包括新扩建部分与老建筑、老环境的协调，也包括它们与周边正在建设的新建筑、与新时代的协调。要在这对矛盾双方的夹击下实现它们的协调，虽有其难处，但这毕竟是我们最常遇到的问题。我们主要从新建部分的建筑尺度、细部处理(如对原民房中的山墙造型、铺砌材料、门窗洞口……)和建筑空间组织等方面找到了解决问题的方法。

而对于这个设计，我们更加侧重的是“对比”与“强调”手法的运用。从历史建筑保护的概念出发，使它们不遭到损坏和尽可能地维护其原来形象的本质，在于维护历史的真实性。后期对它的任何改动或在其周围进行新建、扩建时，特别需要避免因追求与原有部分的过分“协调”，而造成新旧不分、真假难辨，甚至以假乱真的负作用。其结果是令后人失去对历史真实的判别条件，或者说在客观上形成了对历史的歪曲。这不仅不是对历史建筑的保护，恰恰是一种“好心”的破坏！这一点正是我们在提高对遗产保护工作认识的过程中，常常陷入到的新的认识误区。

我们在建筑造型上对新建部分采用了现代的、简洁的处理手法，与两座保留下来的文物建筑形成明显的对比。使“旧址”整体既延续了原有的民居环境氛围，又使“旧址”原形十分突出地“展示”在新建的陈列区之中，令它作为保护对象的同时又作为展品的地位被强调到极致。新建部分(除个别院落或胡同处欲塑造特殊场景效果外)普遍采用了红色的外墙，使它们与原“旧址”建筑的灰色外墙形成对比，也是对该建筑的革命性寓意的表达。

（二）内部与外部的关联

针对本设计，内部与外部的关系存在两层含义：一是室内空间与室外空间的关系；另一层是指陈列馆与城市的关系。

尽管这里位于寒冷地区，为了延续“旧址”原有的“胡同——院落——房屋”的空间构成关系，我们在将其扩建为陈列馆的设计中，仍采取了室内外空间互相穿插与贯通的设计手法。除新建的陈列厅部分按照展出的空间方式处理之外，对入口的序言厅、展廊、展院、宣誓墙、结束厅等部分都采用了室外空间的方式，并尽量减少参观流线上室内外空间相互转变的次数。虽然这种做法在当地、当代的建筑设计中很少被采用，但带来的效果将更有利于参观者对所展出内容及其环境背景的切身体会与理解。

在陈列馆与城市的关系方面，我们除了力图把这组面积和规模都不很大的建筑塑造成沈阳城市之中一处重要的景点之外，也在许多方面使它为城市环境带来更多的益处。

陈列馆出口廊的西侧设置了一个内庭院。与其说是陈列馆的内庭，不如说是一方城市广场，因为它是按照城市规划的要求留给城市的一处绿化与休息空间。我们把它放到陈列馆的环绕之中，避开城市的喧嚣，为人们提供一处闹中取静的小天地。从与它相邻的西和北两个方向的城市街路上都可以进入其中。小广场的南面设有一个茶室，为方便陈列馆的封闭管理，开馆时它主要为馆内的参观者使用，仅设服务出口，可同时为小广场上的人们提供露天茶座服务。陈列馆关门后，它又可以关闭连通陈列馆的入口，而将广场上的人们迎进茶室之中，为广场增添一份热情。这个布置有水面、雕塑、景墙、绿化和灯光的温馨的小广场，借助陈列馆的背景，又被赋予了“革命”的主题——“水与火的红色的广场”。今天的平和与过去的斗争在这里被交织、被融合。走在临近陈列馆出口处的“廊架胡同”中，一道玻璃隔墙划出了内与外的界限，使陈列馆与城市被有效地被区分开，方便了陈列馆内部的封闭管理。与此同时又使陈列馆与城市、与小广场相互关联，空间、内容都透过似见非见的玻璃墙而相互渗透、互为因借、相得益彰。

位于陈列馆主入口附近的原巷门，虽然按城市规划的要求已越过了建筑红线范围之外，占据了人行步道的空间，但是由于它的特殊作用被“特赦”保存下来。我们一方面用玻璃罩对它实施了特殊的“关照”，又因为它前面已无足够的空间，而将进入“福安巷”的入口改在原巷门的西侧并向后退出足够的距离。在原巷门的玻璃罩上开设平面上呈“T”形的门道，可以让步行道上的人们从中穿过，以缓解步行道被它阻隔而可能造成的人流不畅。为便于陈列馆的内部管理和塑造场景气氛的需要，在巷门口设了一座大小同真人尺度、着装与神态反映当年中共满洲省委人员步出小巷的写实性雕塑，在它后面有玻璃墙将胡同内外隔开。无论位于内或外面的人们都能由巷口看出去或望进来，体会到当年这条小巷的通透与纵深感，感受到贴近历史的场景效果，又实现了将陈列馆与城市空间相互沟通、相互转换、又相互隔开的多重意图。沿着主入口的人行步道从巷门玻璃罩的门洞横穿而过，在它后面的东南角，一方平面为扇形的小环境为路人提供了一处可以驻足小歇的微型空间。铺地图案中一支从扇形圆心伸出来的指针，指向雕有“1927”字样的坐椅椅背，让人们记住这一年中共满洲省委在这里正式成立的历史时刻。

一处处围绕着“旧址”而展开的空间与环境，使内与外的关系充斥着矛盾与统一，这也正是对我们所追求的设计理念的一种有效的反馈。

室内设计与建筑设计的一体性

1989年 ——从沈阳新乐遗址展览馆设计谈起

坐落在沈阳北郊的新乐遗址展览馆(图1)，以其新颖且颇具想象力的造型，展示着建筑自身的性格。成为沈阳人引以为自豪的一座建筑。

图1　新乐遗址展览馆

新乐遗址展览馆的设计者，以原始社会新石器时代马架式建筑作为其造型创作的原始模型，经过成功的抽象和简化，用符合现代美的构图手段和现代建筑材料，塑造出这座既具有时代精神，又明确地体现着建筑主题思想的优美造型。它的成功，首先在于设计者从一开始就抓住了把展览馆与原始遗址形象之间的联系作为建筑创作的基本依据，而这一立意是十分恰当的。另一方面，建筑立意基于把展览馆本身作为展品的一部分，因而使它更具有内在的魅力。其次，作者为表达这种马架式的建筑姿态，以两个棱台和两个棱锥作为形体构图基调，其建筑设计构思和表述技巧得体而别致，使设计师的建筑立意得到了充分的体现。因此，新乐遗址展览馆的创作经验，主要地应该归结为设计者在创作的立意、构思及其表达技巧方面所取得的成功。

然而，遗憾的是创作的主题思想在建筑的外部设计中被得当地表达之后，却嘎然中止，成功的外部形态与乏味的室内设计形成了突出的矛盾，既看不到与其外部造型在立意与构思方面的联系，也未体现出其他特色，落入室内装修俗套，显得苍白而无生气。此外，棱台和棱锥的外部造型尽管带来了内部空间的一些变化，但是却没有将它与展品的陈列方式构成有机的关联。统一模式的展柜、规整的排列方式，让人们感觉不到它们与形状、大小都在变化着的室内空间有任何联系，似乎这些变化也成为多余。联想到目前比比皆是的程式化的“室内装修”现象：所有的商店、所有的旅馆、所有的餐厅、所有的……到处都为清一色的模式。

只有工匠式的装修，没有真正的设计；只有模仿，没有个性。这种新的千篇一律，或是由于建筑设计本体缺乏思想性，或是由于室内设计与建筑设计缺乏一体性所造成的。

严格说来，没有立意、没有思想的设计是不存在的。设计者总是有意识或者无意识地按照自己的设计哲学进行着创作，其作品也就必然反映出设计者对建筑以及对世界的理解。也许有的体现为某种哲学观的物化，有的体现为人与环境的关系，有的体现为现代科技的进步，有的体现为当代与传统的接续……当然，也有的仅仅体现为单纯的实用功能关系或局限于某种流行的套路。总之，任何一座建筑都是作者某种设计思想的表达，不过有的层次高些，有的低些，有的可以称作真正的建筑，甚至成为人类文明的珍品，有的充其量不过是间“房子”。建筑的今天，要求我们提高设计思想的档次，在建筑创作的立意及其表达方面不吝更大的投入。

我们说，建筑的构成应该遵循着一种秩序。这种秩序把不同的空间、不同的机能、不同的形体、不同的环境……把建筑的各种元素凝聚在一起，构成了一个完整的有机的整体，否则，它就会成为零散的、互为孤立的和杂乱无章的。因此，在建筑设计中，也就必然要充分地把握住这种秩序，使建筑体现出“一体性”。一幢好的建筑，不仅在于它巧妙的组合、丰富的变化，更在于它贯穿全局的主题思想，在于从群体到单位、从整体到局部、从室外到室内、从内容到形式，以至方方面面都反映出某种内在的联系，体现着一个共同的主导思想和表述逻辑。

室内设计既然是建筑设计的一部分，它与建筑设计之间也必然存在着这种一体性的关系。

室内设计与建筑设计的一体性，首先反映为创作立意的一体性。我们说，室内设计是建筑设计的深化与继续。但这并不意味着建筑设计的结束方为室内设计的开始。室内设计不应成为建筑空间形成之后的装修或装饰，而是从建筑设计立意伊始，它就随着建筑空间的形成而同时展开。室内空间的大小与联系、内外环境的相互关系、室内人们的行为要求、空间的艺术效果、室内气氛的创造等等，从建筑的总体到每一个细节的处理，都应遵循某种总的意图，得到综合的考虑，并随着设计的深化而逐趋明朗。古根汉姆博物馆(图2)就是从建筑整体着眼进行设计的佳作。在赖特这一名作的内内外外，处处体现着他以“组织最佳展览路线”为目的的立意。他运用了螺旋体的形式，以旋转而上的展览坡道围绕着一个设有玻璃天顶的圆形共享空间。坡道的直径由下而上逐渐扩大，充分地实现了他所追求的让参观者在连续的展览线上轻松欣赏展品的设计思想。其外部总体形象与内部统一，形成上大下小、曲面旋转的独特风格，给人以新意。另一座建在上海西郊的新苑宾馆则意在突出庭园民居式的风格，强调乡土气息，反映江南农家的风俗情调和富有特色的地方风采。设计者以“农”字为主旋律，在“土”字上下功夫，从建筑的造型、室外环境、室内空间处理、装修装饰材料、甚至建筑及内部房间的命名和招待员的服饰，处处散发出一股“泥土芳香”。设计主题突出，典雅古朴，富有诗境，是个很有特色的作品。这些成功的设计，都说明将创作的立意贯穿设计过程的始终，是实现建筑设计一体性的关键，是取得有特色的建筑整体效果的重要环节。

建筑立意表达方式的一体性，是室内设计与建筑设计一体性的又一个重要方面。在建筑立意确定之后，就需要发挥科学的、创造性的想象力，运用建筑语言，使设计者的意图在建筑中得到充分的体现。这种表达既要明了，又要新颖和具有独特性。有时，建筑的立意颇具吸引力，但由于缺少得当的建筑表述语言，使人很难理解设计者的意图。这也就是我们平时常说的构思过程。室内设计在构思上刻意深化原有建筑的设计意图，就会

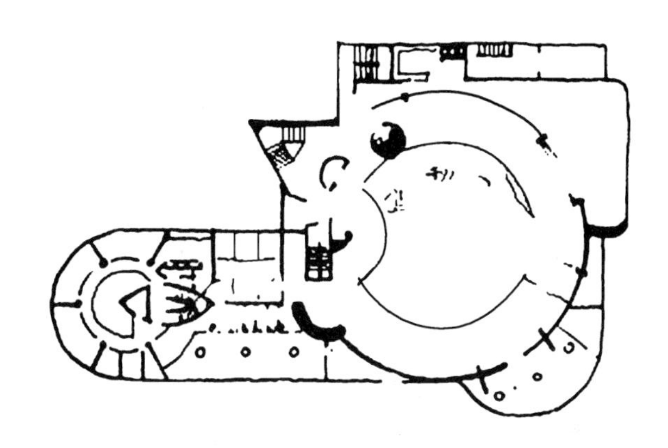

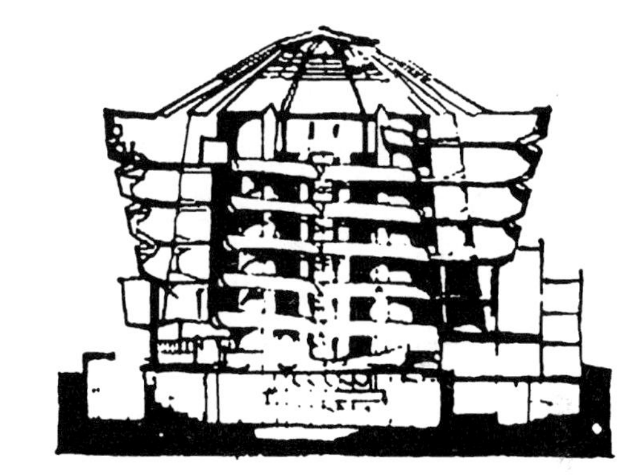

图2　古根汉姆博物馆

使室内设计与建筑设计的一体性最终实现。反之，如果偏离了创作主题，就会显得缺乏表现力，以至导致整体设计的失败。因此，设计意图的表达方式，甚至某些设计符号都应该是贯穿内外的。贝聿铭先生设计的北京香山饭店，从室外到室内部采用了一种方形的石灯，明确地把这种室内外设计中的整体性与连续性意图传递给大家。

当然，作为同样的建筑立意，可以通过多种表达方式予以实现。由此而获成功的例子是不胜枚举的。让我们回到新乐遗址展览馆的室内设计问题上。对它的室内设计究竟应该怎样去做呢？是把室外的设计手法延续到室内，用现代设计手段和材料去造成原始人的生活气氛，使观众有如身历其境地观赏展品；还是采取一种与室外设计完全相反的手法，强调现代与远古的对比，突出它们之间的反差，以加强展出效果；或是其他一些别

的手法，这并无关紧要。而新乐遗址展览馆室内设计的缺陷主要在于它既无对比，又无联系，处于一种内外脱节、缺乏关联的状态，这是问题的关键所在。我们只要将统一的立意贯穿于建筑设计的全过程，则完全可以采取不同的表述手段和不同的表达技巧去实现之。目标明确，许多道路都有可能走得通。建筑创作从来就没有固定的格式。但是，室内设计与建筑设计的一体性——建筑的秩序之一，则是把握室内设计成功的一条重要原则。与创作主题互不相关，或相互背离，或对主题起削弱作用的室内设计，都将酿成建筑设计中的败笔。

当然，新乐遗址展览馆的室内设计也有其成功之处。最突出的是它丰富的空间变化。沿着展出路线，室内空间在大小、高低、形状、光线等方面都呈现出有节奏的转换。低缓的过渡与开阔的展出空间交错出现，充分利用了开张闭合与律动规律，造成了空间的一张一弛感。在室内的流线组织上，各展厅围绕着一个小巧的内庭院形成了循环序列的方式。内庭院尽管面积不大，但它恰到好处地创造了一个人工与自然相接触的环境，实现了室内外空间的交融。我们可以看到，新乐遗址展览馆室内设计的成功之处主要来自建筑设计的统筹策划，而它的内部装修与装饰设计相对是薄弱的。比如内部材料的选用、灯具与家具设计、展品与环境背景的关系、展品的布置方式等问题，都存在一些不足。因此，作为比较完整的室内设计过程，既包括室内外设计的一体性问题，也包括在其具体表达过程中对空间的塑造、室内装修与装饰、自然因素的运用、心理状态的反映、技术措施的保证等多方面的问题。

总之，建筑设计是一个整体过程，它不仅要负责建筑单体的设计，也负责它与城市关系的处理，以及室外环境和室内环境的塑造。孤立地看待室内设计，只会造成它与建筑整体的脱节，甚至破坏。因此，把握住室内设计与建筑设计的一体性原则，是搞好室内设计的核心，也是我们作为建筑设计工作者和建筑教育工作者所应共同注意的问题。

以旅游业带动上夹河镇经济发展的构想

2005年

一、上夹河镇现状调查与分析

(一) 上夹河镇的自然地理概况

1. 地理位置及人口情况

上夹河镇隶属抚顺市新宾满族自治县，地处新宾西北 60km，是新宾的西大门，北与南杂木镇接壤，西与抚顺县汤图乡毗邻，东南与木奇镇相接。镇中心地理位置为东经 124°29′，北纬 41°51′(图 1)。镇辖面积 252km²51，有 11 个行政村，62 个自然屯，常住人口 18184 人，其中 93%以上为满族；非农业人口 2713 人，农业人口 15471 人。

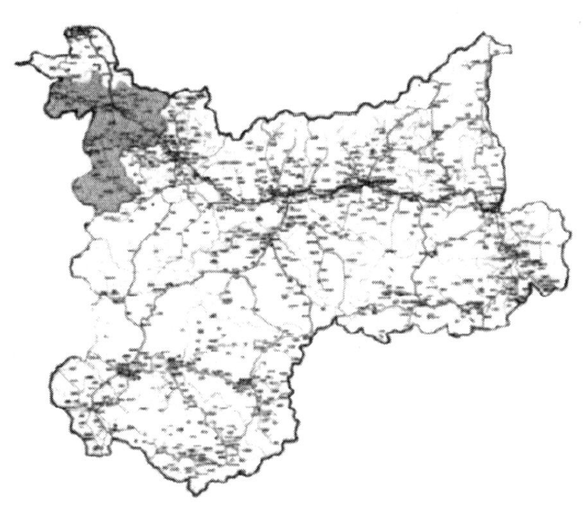

图 1

2. 气象气候

上夹河镇属中温带大陆性气候。全年无霜期 130d 左右，平均气温 4.5℃，最高气温 32℃，最低气温 -35℃，有效积温 2800℃。年平均降雨量为 700mm，适宜果树及各种农作物生长。

3. 水文资源

上夹河镇具有丰富的水力资源。苏子河流经镇域内 60 华里，是浑河流域主要水源之一；五龙河流经上夹河村、腰站村和胜利村，流入苏子河；河上游建有得胜水库；南加禾河发源于吕家村三块石角下，流经吕家村、徐家村和南加禾村，流入苏子河。

4. 物产资源

上夹河镇具有丰富的矿产资源。现已探明五龙村有硅石矿和花岗石、马尔墩村蕴藏石墨、吕家村有金矿、胜利村有铁矿。

5. 地形地貌与自然景观

新宾县境内东经 124°5′以东基本是海拔 500～1000m 的中等切割山地，是地壳上升形成的地段，褶皱与断层十分丰富，因而山谷交错起伏、地势陡峭，属中、低山和沟谷平地镶嵌组合的地貌群体。东经 124°5′以西多为海拔 200～500m 的浅切割山地和丘陵，是地壳上升运动与强烈剥蚀、侵蚀占优势的地段，丘陵、岗地、台地发育，地势相对低平开阔。特殊的地质地貌造就了上夹河镇秀美的自然风光。镇区南有五龙山，北有莲花山。另有人工山洞、原始次生林等秀丽的自然景观。

6. 人文古迹

古代上夹河镇位于交通要道上，是联络东西的商贾要道和兵家必争之地，从而造就了上夹河镇如今丰富的历史文化资源，该镇市级文物保护单位有古勒城、高句丽山城、胜利石棚、扎喀关、代珉关 5 处(图 2、图 3)；县级文物保护单位有阿塔故居、龙头山古城、腰站御路及古榆等 10 处。另外还有许多古战场、古城墙等遗迹。

图 2　代珉关

图 3　扎喀关

(二) 上夹河镇历史概况

上夹河镇的历史从文字记载或文物考证上看，可追溯到原始社会的新石器时代。几千年不同的历史时期、不同民族、不同的风云人物在上夹河土地上各领风骚。尤其是明朝，上夹河是建州右卫的首府；是建州女真杰出代表人物王杲(努尔哈赤的外祖父)的领地；是努尔哈赤度过少年时代的地方；也是他的祖父和父亲惨遭杀害而致使他愤然起兵的场所；还是努尔哈赤建立后金国前那些名垂史册的大小战争的古战场。时至今日，上夹河的腰站村还是东北境内最大的一个“八旗子弟村”，是关东历史上与清代帝王联系最多的村庄，是现代满族的发祥地。

(三) 社会经济发展状况

1. 社会经济状况

新宾县是全国贫困县之一，而上夹河镇又是新宾县经济条件相对较差的乡镇之一，属于典型的经济欠发达地区。2004 年全镇国民生产总值 6730 万元，其中第一产业为 2850 万元，二产业为 2750 万元，三产业为 1130 万元。2004 年全镇人均纯收入 1450 元。根据《小城镇规划标准研究》，人均纯收入低于 2000 元的地区为经济欠发达地区，从而可确定上夹河镇为经济欠发达地区的小城镇。

2. 经济欠发达的原因

通过实地调研、调查与分析现状资料，总结出如下制约上夹河镇经济发展的因素：上夹河镇处于经济相对落后的地区，新宾县又偏离辽宁省的经济发展带——沈大经济发展带，因此该镇的发展呈现出滞后于其他地区的明显特征；对于区域的城镇体系而言，目前由于上夹河镇核心度低，城镇体系的职能结构较松散，呈现小城镇与乡村发展相对均衡及城镇体系结构等级弱化的特征；思想不够解放，没能抓住改革开放 20 年里经济腾飞的几次机遇，发展的滞后导致财力紧张，资金短缺又制约了发展中的投入，没有形成区域经济发展的良性循环；农业结构性矛盾突出，普通产品多，名优特产品少，农产品的市场占有率低；农业产业化整体经营水平低、规模小，科技含量和产品附加值低；市场体系不完善，农产品销售困难，农民增收难度大；农村富余劳动力无法向第二、三产业转移。

二、挖掘潜力、调整产业结构是促进上夹河镇经济发展的有效途径

目前上夹河镇以第一产业为主，二、三产业为辅。第二产业的比重有逐渐超过第一产业的趋势。上夹河镇产业结构中的突出问题是第三产业比重始终不高，因此只有调整产业结构，发掘第三产业优势，才能使一、二、三产业协调发展。

通过实地调查与分析，笔者认为上夹河镇可挖掘并具有潜在价值的资源有：一是旅游资源，该镇具有环境秀丽的自然景观和历史悠久的人文景观，为该镇发展旅游业提供了得天独厚的基础条件，因此培育和发展旅游业应成为其城镇建设突出的特色和新的经济增长点；二是水利资源，大伙房水库二期引水工程竣工后，上夹河

镇是惟一受益镇，在镇域河道内，可开发阶梯电站多座，从而使上夹河镇成为电力能源镇；三是矿产资源，含量丰富的花岗岩石材、硅、金、铜、铁等矿藏的开发，将带来直接的经济效益；四是根艺市场，可发展成为全国最大的专业根艺市场。

在上述可挖掘的资源中，以旅游资源的优势最为突出，所以本文重点谈以“旅游业带动上夹河镇经济发展”的构想。

三、上夹河镇发展旅游业的可行性分析

（一）旅游区位优势明显

在辽宁、抚顺相继提出旅游大战略以来，抚顺市尤其是新宾县的清前文化旅游随着每年风情节的开展越来越火热。上夹河镇作为抚顺到新宾旅游线的必经之地和中间站，是了解满族历史文化和满清中兴的前哨。处于这个“旅游圈”里的上夹河镇，发展成为旅游型小城镇是其必然趋势。

（二）旅游资源丰富

上夹河镇是新宾县清前史迹、文化遗存、满族传说最多的地区。新宾县共有65处县级以上文物保护单位，其中有15处在上夹河镇。上夹河镇可开发利用的人文、自然、民族风俗资源从规模数量上远远超过永陵，这些旅游资源具有类别广泛、清前史迹突出、民俗文化丰富的特点，是该镇发展旅游业的先决条件。

（三）交通方便，客源潜力巨大

上夹河镇交通极为便利。东南公路（东江沿——南杂木镇）在镇境内16km，路宽16m，是通往抚顺、沈阳、新宾、通化等地的交通要道。目前沈阳至南杂木之间正在修筑高速公路，沈南线修好之后，由沈阳到上夹河镇只有一个小时的车程。方便的交通条件便于各地游客到达本地。

（四）浓郁的满族文化特色

新宾是全国第一个满族自治县，而上夹河镇腰站村是关外爱新觉罗氏惟一的祖祠地和清王朝发祥地惟一留有旁氏皇族的居住地，该村的居民在居室、礼仪、称谓、饮食、祭祀等许多方面仍保留着浓郁的满族风情。1999年夏腰站村被抚顺市旅游局定为“满族民俗村”，堪称新宾满族第一乡，镇区的整体建筑也体现了满族特色。上夹河镇旅游业的发展可以促进形成“以满族文化为纽带，贯穿抚顺、沈阳、承德、遵化、北京，连接韩、朝、日，‘满’字号的全国满族、清史特色大旅游线路”。

（五）基础设施建设不断加强

上夹河镇几年来重点抓了交通工程，共投入资金162万元，修建桥涵30座，改造乡村公路15km，使全镇13个村的交通有了很大改善，2000年又投入资金70万元铺筑了镇内1.2km街道的柏油路面。完成了给水排水工程和镇区中心农电、通讯线路迁移地下工程。初具规模的基础设施建设为旅游业的发展创造了良好的条件。

（六）具有丰富的可开发挖掘的旅游产品

在上夹河镇252km^{2}的区域面积中，山林占了221km^2，可谓“八山一水半分田，半分道路和庄园”，其中有林面积108km^2，森林蓄积量为61万m^3。“八山”中盛产中草药、山菜野果、林蛙及菌类，各种季节果树满沟遍野，山野菜等可开发为旅游业的特色食品。该镇还具有中国北方最大的根艺市场，占地面积20600m^2，建筑面积5100m^2，共有21间风格各异的展厅、室，现有经营业户68家。以经营根雕艺术产品为主，兼营奇石、书画等，其根雕等工艺品可适度开发为旅游纪念品。

四、上夹河镇发展旅游业的意义

（一）上夹河镇发展旅游业的经济效益

一是提升新宾整体旅游业实力，带动新宾经济。新宾境内现已对外开放的旅游景点主要有“清永陵”、“赫图阿拉城”及“猴石森林公园”。“清永陵”与“赫图阿拉城”同在新宾县的永陵镇内，与自然奇秀的“猴石森林公园”相距30km，只能满足一日到两日游的需要。上夹河距离“清永陵”40km，距“猴石”25km，如把上夹河镇也开发为旅游景区，就会与上述两个景区共同形成新宾旅游的强劲三角（图4），变线为面，丰富内容，提升品位，使游客到新宾后真正实现三日——五日游，并进行“食、住、行、游、购、娱”多项旅游活动，从而真正实现以旅游业带动新宾经济的作用。

二是牵动上夹河镇经济全面发展。伴随开发建设的投入，大量的资金会涌入上夹河镇，全方位的基础设施建设会彻底得到加强，为经济全面发展奠定基础。景点开发后，游客会逐渐增多，一、二产业全面激活，物流畅通，经济繁荣，整体发展将步入良性循环，财政收入会不断增加，人民生活水平会逐渐提高。

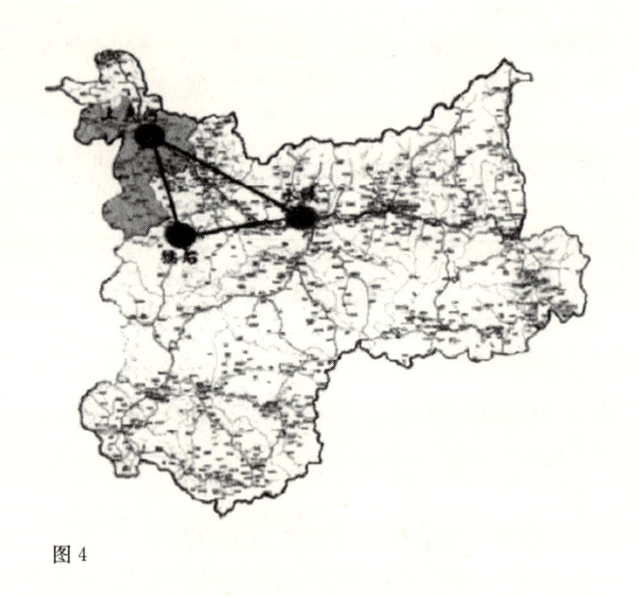

图 4

（二）上夹河镇发展旅游业的社会效益

通过旅游业的发展，必将系统挖掘该镇满族文化习俗。这样不仅可以保护民族文化，促进本地居民对本地文化的认识；通过现代建设中的传承，还可以把满族文化瑰宝发扬光大。满族的文化和精神本身也是中华民族文化和精神的重要组成部分，弘扬满族文化，也会对上夹河镇的精神文明建设起到极大推进作用。

（三）上夹河镇发展旅游业的环境效益

通过旅游规划设计与建设，不仅可以推动上夹河风貌塑造与景村景点建设，还可以推动人居环境的改善、建设与景观环境的提升。

五、结语

把旅游业作为上夹河镇的支柱产业和主导产业，作为第三产业的龙头，实施旅游牵动战略，通过旅游搞活流通，拉动工业、农业的发展，促进产业结构调整，使上夹河镇的产业结构模式从“农业—工业—服务业”逐渐向“服务业—工业—农业”转变，进而实现通过旅游业的发展带动上夹河镇经济建设的目的。

“九一八”纪念馆设计中的“得与失”

1997年

“九一八”纪念馆落成后，发挥出重要作用。它不仅在爱国主义宣传和爱国主义教育方面成为沈阳市以至辽宁省的一块重要阵地，而且也为沈城增加了一处新的景点。该作品(图1)获1994年辽宁省优秀设计一等奖及辽宁省“十大优秀建筑”之一等殊荣。在沈阳市乃至辽宁省诸多建筑中它的设计立意、它的建筑特点都很突出。建筑设计是一个综合解决矛盾的过程，往往尽管从总体上看是成功的。但在一方面“得”，就有可能在另一方面“失”，也正因为如此它格外地引人注目。所以把评论的焦点对准它，分析当前建筑设计中的有关问题将会更具有典型性和说服力。

图1 “九一八”纪念馆

一、杰出的创作意匠

1990年，为修建“九一八”纪念馆项目举办了一次设计竞赛。尽管许多建筑师和美术师提出了数十项设计方案，但设计头奖还是被鲁迅美术学院的贺中令教授摘取。事实上，他的这一创意并非第一次提出，而是其本人在此次竞赛以前就曾发表过的“九一八”纪念碑雕塑的“再版”。他的构思十分巧妙，将国耻纪念这个较难体现的主题表达得非常贴切和深邃。他的方案中选理所当然，也是众望所归。

建筑以一本翻开的台历造型去反映这个严肃而悲壮的主题。台历上的日期永远地停滞在1931年9月18日这一每个中国人都不堪回首又刻骨的日子，台历以残缺不全的造型和上面残留的枪痕与弹孔向人们诉说着国土被践踏，国人遭欺辱的血腥历史，几行文字更把这段不能磨灭的史实刻在碑面和参观者的心上。

纪念馆的选址也很有意义，就坐落在当年日本人制造“柳条湖事件”的原址。日本侵略者为了纪念他们的“胜利”，在这里留下了一座以半截埋入地下，半截露出地面的炸弹为造型的纪念碑，这座“弹尾碑”至今仍倒置在新建成的纪念馆旁，成为历史的见证和对侵略者下场的无情嘲讽。

二、艰难而成功的建筑设计工作

与当年的“残历”雕塑不同的是，这不是一座纪念碑，而是一幢纪念馆。“碑”与“馆”一字之差，其设计工作却有本质的区别。一般说来，前者仅是一种对外部体量的展示，而后者却包含了对内部空间的要求。为了把必要的展示内容和观览空间都放到碑体之内，除不得不放大碑身尺寸和在一定程度上牺牲原碑的优美造型之外，还不得不为迁就固有条件，在建筑的空间设计和结构设计中，克服由碑体的外部约束所带来的巨大困难和先天不足。中国建筑东北设计研究院接受了此项任务。建筑师煞费苦心在这个极为有限的容积中，尽可能充分合理地创造必要的展示空间和安排观览流线，又要设法使内部的空间设计与展出内容有机地结合起来，使之具有一定的建筑特色。结构工程师挖空心思并采取非常规的手段，把不规则的外形和内部空间支撑起来，保持住。“馆”的规模虽然不大，但设计工作却非常复杂与棘手，它的建成确是体现了设计师们的辛勤劳作。

三、置馆于碑内，弊大于利

把本来需要一定空间和面积的“馆”硬性塞入体量本不允许太大的“碑”中，加大设计与施工难度，并使碑体造型受到较大损害，是否是必要的呢？不是这样。按照原“残历碑”的方案，其造型要求是严格的。又由于它属于一种具象型的雕塑，其尺度和体量都要受到一定的限制，而不能像抽象雕塑那样有较大的伸缩性，否则作品的造型就会因尺度不当而产生失真感并影响其艺术魅力。所以把纪念馆放入纪念碑之内无疑违反了客观规律，必然带来一系列弊病。可以设想，若将纪念馆放到地下，并在馆前形成一个下沉广场，使“残历碑”保持其固有的“体形”和尺度，并单独设置。令纪念馆、下沉广场和纪念碑三者形成一个有机体，不但“馆”与“碑”各得其所，而且使其室外空间增加了层次，也更加有利于对整体环境的塑造。当然这种方案必然要增加建设投资，在经济上要多花钱。但是，应考虑到该建筑属于重要的纪念性建筑，它所创造的价值用经济帐是算不清的，若要建，就要有能力投入，这类建筑是不可“因陋就简”和仅仅考虑短期效应的，否则不如不建或缓建。

四、苍白的环境处理

应该看到，对纪念馆的设计所下的功夫是不小的，但其环境却缺乏基本的处理。房子盖好了，孤零零地摆在场地上，没有陪衬，没有烘托，令建筑本身减色不少。当初的设计更没有考虑到后来紧临道旁高高架起的立交桥的影响，如今在高大的立交桥的对比下，本来体量不大的纪念馆就更加显得不起眼，像是道旁一座无人问津的小房，而大大削弱了它在城中所占有的地位和庄重的纪念作用。今天人们对任何建筑都应注重其环境的处理，把建筑与环境分开考虑，只管室内不管室外，只管建房不管环境的做法已造成了许多城市弊病。更何况这种纪念性建筑，无论考虑建筑本身的效果，还是它对城市的整体作用，对其外部环境的精心设计和塑造都是更加重要的，应该说环境的处理本是纪念馆建造工程的重要部分。

五、违反设计逻辑的设计过程

毕竟建筑不是雕塑，不能仅仅以其外部造型如何作为品评建筑的惟一标准，甚至它在大多数情况下也不是最主要的标准。建筑设计有它自身的规律：功能规律、空间规律、环境规律、技术规律、经济规律等等。在建筑设计时最忌讳的作法，就是在设计之初先确定一种建筑的外壳，而后再把内容填进去。这样做的结果必然导致多方面的不合理和整体关系的紊乱，甚至最终连原来的外型也不得不被迫改动。这是每一个设计者都有深刻体会的“大忌”之一。正确的设计步骤是根据每项工程的具体条件，综合处理功能、空间、环境、心理、经济、技术，也包括造型等矛盾，权衡利弊得失，而最终决定最佳方案。仅以外部造型作为品评建筑的决定性因素，甚至是惟一因素，先定外部造型、后填入内容的作法是违反设计规律的，也必然会在很大程度上影响设计的效果。而“九一八”纪念馆的设计过程就是一个失误，幸好设计师们以较高的设计技巧处理，才对这种违反设计逻辑的作法可能造成的结果有所补救。也正是这个原因，最终成为阻碍该建筑在国内外取得更大成就的主要因素。

六、结束语

从客观上对“九一八”纪念馆设计加以分析和评论，是为了在今后的建筑设计中汲取成功的经验和失误的教训。“九一八”纪念馆设计的成功之处提供了有益的启示和经验，它的不足同样可以使我们有所收益：在当前的设计工作中，存在着许多类似的问题，如果能以此为参照，就会将设计市场中流行的诸如仅以立面如何作为评价方案的惟一标准，违反设计规律、缺乏环境意识等问题揭示出来，并使之逐步得到解决。从以往的经验和不足中去发现问题，加以总结，使设计工作更上一层楼。

关于大学城建设的若干问题

2006年

由于沈阳建筑大学新校区位于城市总体规划所划定的大学城的范围之中，它的建设对沈阳大学城的形成起到了至关重要的作用，从中我们可以归纳出目前大学城建设对城市带来的重要影响及其建设过程所应引起关注的一些问题。

21世纪初，中国教育经历了一个跨越式的发展时期，这个时期的主要标志体现在：①大学招生规模急剧扩大，大学教育由精英型向普及型转化；②高等院校的数量和办学规模迅速膨胀；③高校新校园和校园建筑建设成为在中国建设大市场中占据了硕大比重的建设类型，并成为高等教育硬件建设的重点体现；④以院校合并和评估为形式与手段的高校管理层面上的转变，成为这个时期高校软环境建设的显著特点；⑤大学城建设被作为经济、文化、城市建设和教育发展的重要推动力，多种形式的大学城首次出现在中国的许多城市之中。其中，大学城建设无论对城市功能、城市环境、城市经济，还是教育本身，都具有重要的影响。

一、大学城给城市建设带来的影响

（一）腾出市中区用地，拓展城市发展空间

大学城建设大多采取了在城市边缘地带另辟空间，将多所大学集中一处，形成大学校园集中区的做法。这些大学在城区内的原校址通过土地置换等方式，被转变为其他城市功能。随着城市化水平的提高，城市空间愈发紧张，在城市用地压力与日俱增的情况下，不得不采取向外扩展的方式。这种势态必然冲击着原有城市空间格局和城市功能的有机性与完整性，打乱了原有的秩序却又难以建立起新的、合理的城市系统。然而，大学城的建设相当于从城市中分离出去的具有主题功能的卫星城。它与城市中心区之间具有相对的独立性，有效地增加了城市的拓展空间，又减小了因城市扩展所产生的诸多矛盾(如对城市结构的破坏、对城市交通系统的冲击等等)。对于大学来说，本无十分的必要在拥挤的城区之内插上一脚。大多市区中高校校园的规模在整个城市用地的比例中占有不可忽略的份额。高校的迁出，不仅可以利用颇为可观的土地级差为教育的发展和大学城的建设筹集必要的资金，也为缓和城市空间压力创造了有利的条件。

（二）形成新的经济增长点

显而易见，万人规模的大学、以至于几万人、十几万人的大学集合体所产生的经济影响是可观的。一个大学城必然会启动一个新的经济圈的形成。一系列的产业、服务业、就业机会……围绕着大学城的建设应运而生，并不断地扩展和产生出发散式的影响。新的大学城的出现，必将成为城市的一个新的经济增长点。然而，这些大学由城市中心区的迁出，它们的空缺迅即会由新的功能单位所填补。老城区的经济关系将很快得到平衡，其影响并不会十分明显。因此，大学城建设对经济发展的作用将是一种单向性和推动性的因素。

（三）关于城市绿地率的问题

有人认为大学从城中区的迁出，会导致城市绿地率的下降。问题产生的原因，自然在于大学校园相对宽松的建筑密度和容积率。这种影响从一般意义上讲，具有一定的必然性。但问题的关键却在于对可持续发展思想

在城市建设过程中的体现与落实，将对城市绿地率的把握贯彻到大学原址的再利用方面。在新项目的建设过程中，实行有效的控制，合理拓造城市的开放空间与绿化用地，保持理想的绿地率指标。

而且从另一角度看问题，绿地的实效更应反映在它的利用效益上。将原被围困在校园之内、为固定人群所专有的绿化条件向社会开放，使原校园中大型化、集中化的绿地空间变为小型化、散点化，使自然更加接近于城市人群。这种绿地的应用效应并非单纯从数字上可以反映出来的。

（四）建设标准问题

在大学城及高校建设过程中，目前亟待解决的问题聚焦于高校的建设标准上，这是合理控制建设用地和建设规模的主要依据。目前所依据的标准有二个，一个是由国家建设部、国家计委和国家教委于 1992 年颁发的《普通高等学校建筑规划面积指标》，另一个是目前用于指导普通高校水平评估文件中的评估标准。必须看到这两个标准都不适合于作为目前大学建设的设计依据。1992 年的标准是国家处于计划经济时期，以国家计划投资为校园建设的主要渠道而制定的控制性指标。它的目的主要在于控制建设规模，指标规定的是建设规模的上限，以避免大学的超标准建设。显然，这个标准针对投资渠道和高等教育形势都发生了巨大改变的今天，已经不合时宜了。而另一个作为目前对普通高校进行水平评估所提出的建设标准，又是完全忽略了投资主体，对大学教育设施所提出的是办学的最低要求，是建设的下限指标，而对合理控制用地与投资规模并无上限规定。显然，这是不足以作为设计与建设依据的。由于教育形势的发展，以上两个标准相互之间又存在着很大的矛盾，甚至评估标准中对建设规模下限的要求比 1992 年标准中对上限的控制指标还要高许多。因此，制定并出台适合于目前高校发展要求的建设标准是大学城或单座大学建设的当务之急。

（五）两个社会问题

大学城的建设除了为城市带来发展机遇之外，也会产生某些负面影响。对这些影响只要事先有所考虑和采取应对措施，并从全局出发，就可能找到妥善的解决办法。仅举二例：一是，大学城将使学生过于集中。年轻人具有较强的社会敏感性，也难免存在对待社会问题的偏激性和片面性。无疑年轻人过于集中容易使得某种情绪相互传染，迅速蔓延，促进社会不稳定因素的激化，甚至导致局面失控。这是在大学城建设中所应引起重视的一个问题。二是，大学城位置的选择要充分考虑教师的生活问题。对上班族来说，工作单位的远近对其家庭生活的影响甚至优先于对办公条件的选择。在远离市区地段建设大学城不仅会影响到教师本人每天的工作强度，也会影响到家庭其他成员的工作与生活。此外，又需解决好看病、购物、文化生活、小孩上学等一系列问题。只有这些问题得到统筹解决，大学城的建设才会是成功的，否则可能造成“房子建好了，教师流失了”等得不偿失的局面。

（六）大学城建设的关键条件在于政府介入

目前中国的大学城主要分为三种类型：

——广州式：政府运作，高校入驻。从建设到管理皆由政府主持，各高校在入驻和使用过程中共同组成协调机构，建构大学城的新秩序。

——沪浙式：由政府和各高校共同组成管委会，政府在其中发挥协调作用。

——廊坊式：类似房地产开发的经济运作。由开发商搞建设，以经济手段提供给大学利用，政府在其中起协调作用。

无论哪种类型都离不开政府的作用，政府介入是大学城运作的关键因素。仅靠大学自己组合、自行操作，脱离政府的行为或政府未做实质性介入的大学城，只见失败之实例而未见成功之典型。

二、“没有围墙的大学”

大学城建设除可获取诸多效益之外，最主要的目的还在于实现各大学之间的资源共享。将原属于各大学独资投入、单独使用的多种设施集中建设，在大学城中建设供多所大学共同使用的图书馆、体育馆、共同的实验室……若能做到这一点，确实可以节省可观的重复性投资，极大地提高教育设施的利用率。将分散投资集中使用以后又可以提高各种设施的质量和条件，无疑这是一个十分科学与合理的大局思路。

于是，打开围墙，打开大学校园的封闭空间，这是许多人的主张和渴望。然而面对现实，这种理想不是在设计方案阶段就被校方的实际管理者们所否定，就是在建成以后又重新将大学校园以围墙圈绕起来。其结果甚至还不如当初干脆按有围墙设计的效果更好。原因在于理想必须符合现实条件，校园的安全必须得到充分的保障。

此外，大学之间在教育设施的共享利用方面也存在着诸多难以逾越的障碍，有观念上的问题，也有实际使用和操作上的矛盾，毕竟共用的设施没有独自使用来得方便。要解决这些矛盾，需要通过对大学城建设的通盘思考以及日后一段时期的“磨合”与尝试，逐步走到真正实现物质资源全面共享的层面上来。今天大学城的建设必将为今后实现这一目标做好有益的铺垫。

事实上，大学中最重要的资源莫过于教师，大学之间最有价值的共享也在于师资的共享，大学城建设的主要效益，应该来自通用的教师队伍和授课体系。大学城拉近了大学之间的空间距离，使得学生跨校选课成为可能。因此，目前封闭的教学体制成为禁锢资源共享的真正“围墙”，只有突破各校之间在培养过程中各自为政的这道坎障，做到校与校间相互承认学分、统筹设计课程体系、开放教师资源，大学城建设的最大效益才能真正显示出来。这种“无形的围墙”应该比“有形的围墙”更先被拆除；这种“软件的共享”应该比“硬件的共享”得到更快的实施。

大学城的建设又是全面实现大学后勤社会化的最佳时机。学校不再包办社会，这在几年前就已经取得了共识，并已经在付诸实施。但是，相互位置分散的大学只能将社会服务引入校内：只是将原来学校的食堂、宿舍、医院……交给××公司去管理，而在空间位置上仍然保持着学校与后勤一体化的关系。其结果往往会造成社会行为对学校秩序的干扰，或者后勤社会化在某种程度上流于形式。大学城，既然是“城”，它就可以建有共用的商业中心、共用的宿舍区、共用的饮餐店——在城中建有公共服务区。这些并不一定仅仅属于某一所大学，而是作为公共服务区中的“公共建筑”。大学城使得它们终于得以从学校的围墙之内分离出来——管理上与空间上的全面分离。后勤走向了社会，学校可以专心致志的去应付自己的事情。

因此，大学城应该不仅仅是多所大学的简单集合，而是对各所大学之间相互功能与空间秩序的重新组合。换言之，大学城是高等教育深化改革过程中所呈现出的一种新的建筑形态。

大学城的出现给城市建设和教育改革都带来了新的课题与莫大的机遇。我们应该结合中国的国情，使大学城的建设越发走向理性，走向成熟。

创建新世纪的大学校园

2001年——沈阳建筑工程学院新校区设计投标方案评述

沈阳建筑工程学院在沈阳城的东南部置地66万m^2，作为新校区用地，聘请了7家国内外的设计单位参加设计投标(德国GMP建筑设计公司、澳大利亚墨尔本大学、上海现代建筑设计集团有限公司、中深建筑设计有限公司、中国建筑科学研究院、沈阳建筑工程学院建筑设计院和沈阳市规划设计研究院)，共收回投标文件6份。

这次投标恰逢世纪之交，各方案均表达了设计者对新世纪的大学办学方式和现代大学校园建筑的构想与探索。

沈阳建筑工程学院新校区位于浑河南岸的沈阳高新技术开发区之内，城市规划为沈阳大学城用地的一部分。地势平坦、方整。东西长约1000m，南北长660m。用地北侧是一条横穿开发区的宽为80m的城市规划主干道，南边界是一条由沈阳到抚顺的铁路线，东临张官河，西为开发区的规划次干道(此路上空将设有向北跨浑河通往市中心的高架轻轨线)。

参加投标的六个方案可以分成两种类型。

一、第一类“创新型”包括的方案

6号方案(中深建筑设计有限公司设计)

2号方案(德国GMP建筑设计公司设计)

3号方案(澳大利亚墨尔本大学设计)

这三个方案，都体现出较强的思想性，意在创新，特色明显。

(一) 6号方案

这个方案出于对新世纪大学模式的一种探索和尝试。全新的大学设施不仅在于改善目前的办学条件，也在于改革当前的办学模式。它强烈的表达出设计者开放办学的主张：

它强调各学科之间的相互渗透与交叉。一改各学院(系)、各学科自成系统，封闭办学，分别设楼的传统做法。将教学楼设计成以80m×80m的网格为基本单元的网络式平面，令各学院(系)相对独立又共处一楼。不同专业的学生和教师可以相互交往和影响。同时，又非常适合在寒冬和酷暑同样都很长的大陆性气候条件下的使用要求。

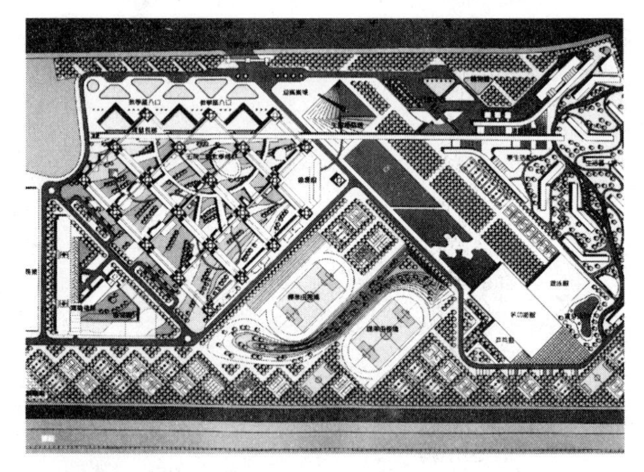

图1 6号方案总平面图

它强调实习实验设施与图书资料的综合利用、资源共享和对社会开放。将试验中心设在用地的西南角上，有室内通廊与教学楼相连，也便于与社会联系。图书馆与建筑展览馆、现代教育技术中心设在一起，毗邻水面，也与教学楼有连廊相通，它同时可以便捷地接待来

注：评标专家组的评选结果，六个方案的排列顺序依次为：6号方案、2号方案、4号方案、3号方案、1号方案、5号方案。

图 2　6 号方案局部鸟瞰之一

图 3　6 号方案局部鸟瞰之一

自社会的使用者。

它强调高校后勤全面走向社会化。学生生活区与教学区可分可连，二者统一设计，统一施工，但学生生活区的资金来源和日后的管理、经营均由社会力量承担。其位置在校园用地的东部——规划中的大学城一侧，有利于未来大学城建设对学生生活区的共同开发与利用。一条称为“建艺长廊”、全长约 700m 的室内廊道使教学区与学生生活区相互连通。这不仅是一条通道，在靠近教学区部分它与教学楼的内部空间结合一体，布置有研究生教室、制图教室等；在靠近学生生活区一侧又与大学生服务中心组织在一起，设有商业街、超市、大学生活动中心等用房。

教学楼部分底层架空。校园中大片的草坪、绿荫延伸到网格状的内庭院之中，视野通畅，扩大了绿地面积，丰富了环境空间的层次，也打破了内庭院的封闭感。反映出较强的生态意识。

一条沿带状池岸展开、起始于学院正门、终止于体育馆的景观中轴，将主建筑的正立面、学院标志塔、过街廊、图书馆、运动场、体育馆、游泳馆、绿荫碧草连同水面垂影等这些点睛之笔联系起来，形成一道精彩的风景线。

建筑形式不求奇艳，而以其整体性和时代感去适应大学校园的文化品位和科技氛围。

正是这些富有才华的构思，赢得了专家、领导和师生的赞誉和认可，最终被确定为实施方案。这座现代化的大学校园将于 2002 年展现在人们面前。这个方案也存在着一些不足。如交通面积过大、对寒冷气候条件考虑得不够充分、教学楼内交通的可识别性不强、单体建筑在某些方面的处理尚存在问题等等，有待进一步深化和调整。

（二）2 号方案

该方案力图从三个方面反映新时代大学校园与建筑的概念：发展与适应性、生态环境观和建筑中的科技含量。

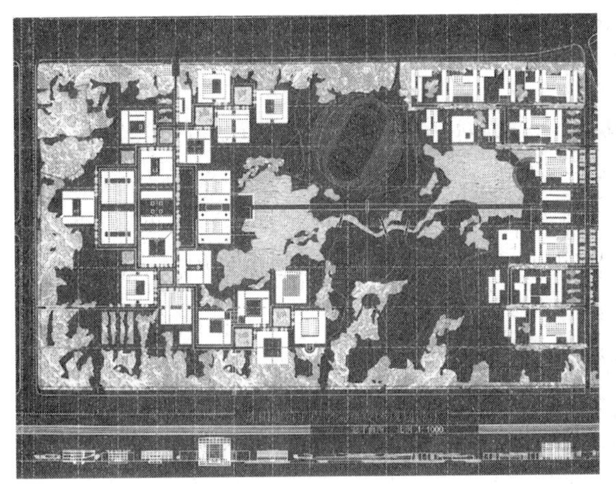

图 4　2 号方案总平面

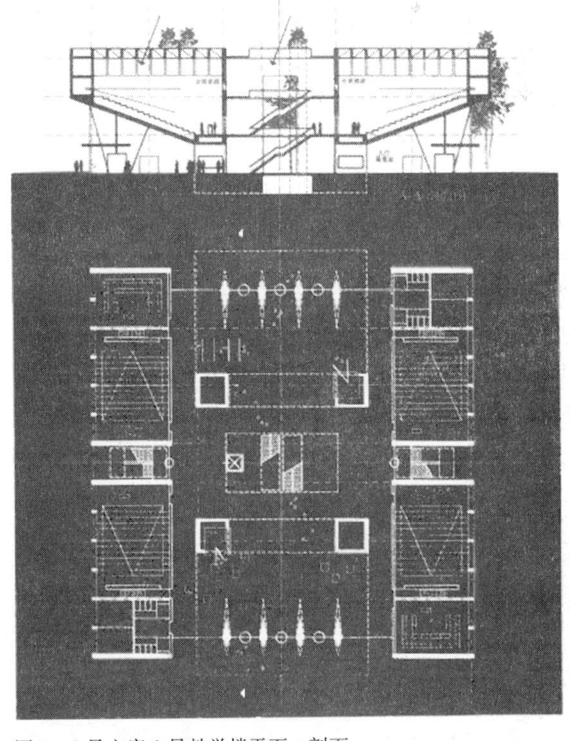

图 5　2 号方案 1 号教学楼平面、剖面

它同样运用了模数式的平面组合方式，与6号方案有所不同的是，设计者使用的网格是隐性的而非物化的。这是由若干个75m×75m的大正方形网格，风车似地围绕一个小正方形相错布置成的一个基本的网络体系。每幢建筑均为60m×60m的正方形平面(图书馆作为标志性建筑有所例外)，高度一律为四层的正方体建筑。高密度的建筑群相互错位、叠加，产生出时宽时窄、丰富有趣的空间秩序和室外环境。分级而设的道路将这些大大小小的广场与空间串在一起，使规矩与变化对立地统一在无形的网格体系之中。这种具有强烈逻辑规律的构图，使得在预留用地中补建新楼时，同样要遵循这个最初它们规定好的秩序，得以不断的发展和生长。体量相同的建筑又便于校方可以轻而易举地介入设计者的工作之中，随意提出建筑间相互调换的要求，使校方得到充分的满足，设计者又不会感到任何为难。制造这些严格“规矩”的德国设计师，自己给自己提出了十分艰难的课题——如何将这许多功能、规模具有相当大区别的内容分别装进同样体量的不同单体建筑之中?设计成果成功地展示了德国设计师的非凡才能和对每一幢单体建筑的深思熟虑。他们初始的目的近乎完美的实现了。

一个在绿荫的覆盖下，大片平静的湖面与运动场地构成的“中央公园”将教学区与学生生活区组合在一起，又分隔开来。这就是被设计师称之为“幻想森林”的标志性场所。它被期望成为一个不受外界干扰的大学生天地，一个内部科研、教学与生活的“保护伞”，又是一个大千世界的缩影。依靠教学区与学生生活区高密度的建筑布局，换取的大面积的生态环境，又将它的树木与草地零散地延伸到建筑物之间的空间和广场之中，分散的建筑与整片的植被构成了现代大学的新理念。

校园内的建筑又被作为供建筑院校学生随处可阅的教科书。建筑中凝结着设计师们的科技思想，展示着多种科技成果，具有较高的科技含量。建筑立面上交替采用了实体墙面和通透的玻璃窗。在它们的外面设有可控制光线和日照的横向和纵向的百叶幕墙。通过百叶的开合可随时调节室内光线与温度，也使得建筑立面呈现出一种会“变脸”的戏剧性效果。建筑物内部以一流的设备向人们展示着建筑发展的科技进程，以其内部的高质量、高品位代替了在建筑立面和造型上的过分追求。

但是，正是这些导致了建筑造价过高和建筑密度过大的缺憾与不足。它与国情、地情、校情之间都存在着较大的差距，也成为难以割舍又不得不舍的最终原因。

二、第二类“传统型”包括的方案

4号方案(沈阳建筑工程学院建筑设计院与沈阳市规划设计研究院合作设计)

1号方案(上海现代建筑设计集团有限公司设计)

5号方案(中国建筑科学研究院设计)

图6　4号方案模型

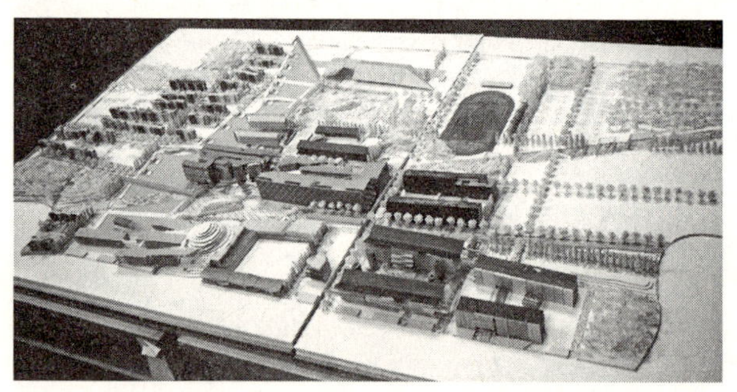

图7　3号方案模型

图8　1号方案透视

图9　5号方案透视

事实上，这些方案也都在努力探索在大学校园设计中如何能够体现新时代的要求，并且也都在某些方面有所创新和突破。但就其对现代大学的办学方式和对大学校园的理解而言，在基本理念上仍未走出传统的圈子。这类方案更多地把注意力放在解决一般性的功能要求问题上，放在对构图与造型美的追求上，放在对经济技术指标的控制方面。在这类方案中，尤以 4 号方案最为突出。它的设计者非常深刻地理解校方的意图，准确而全面地满足了招标任务书中的每一点要求。建筑处理有板有眼。除在设计手法上令人感到有些功力不够之外，几乎没有更多的缺陷。1 号方案则在校园的空间环境和平面构图上别具匠心。特别是对校园主轴线上的建筑、广场、水面、实地、绿化等，组织得十分得体，形成一串令人赏心悦目的空间构图。设计有深度，表现充分。只是在某些方面出现了一些不应存在的功能问题。

总之，这一类方案相对于以往的校园，具有其新意；相对于未来的大学，又令人感到有点“传统”。也许，这正是今天大学校园比较适合的模式？但在改革开放的国度中，在面向世界、面向未来的今天，人们的心理天平往往更容易倾向于创新。从沈阳建筑工程学院新校区的设计投标中，更激起我们对这一敏感话题的思索。

沈阳建筑大学新校区设计解读

2005年

一、设计导读

沈阳建筑大学新校区位于沈阳市东南部的浑南新区，占地面积66万m^2；建筑面积约30万m^2，其中教学约17万m^2，学生生活及辅助用房约13万m^2。

……新校区设计据……

沈阳建……

大学城的范围之内，为一东西长1000m，南北宽……的矩形用地。地势平整，原大部分用地为水稻田，仅东部有少量果林及葡萄园。基地南侧则以沈抚铁路之间作为校区的南边界；北临宽度达80m的浑南新区最重要的东西向大街——浑南大道，在该方向布置着新校区的主要入口；基地东面是张官河绿化带及规划中的公交汽车总站，学生生活区的入口设在这边；西临另一条南北向的城市道路，在这里布置有为学校科研、实验部分对外联系的次要入口。

正对学校北向主入口的校区景观主轴，北端起始于入口广场，南面终止于体育中心。它化作一条犹如从体育中心倾泻而出的宽宽的水带，映射着体育中心的壮丽倒影，又从二层的长廊下面穿越而过，并形成一抹叠水瀑布滚落到下沉广场的水池之中，成为校前区为学生提供的一处休憩与举行大型集会的宜人空间。它们与分别坐落在水域两岸的校部行政办公楼，微型自然保护区和建筑博物馆、图书馆共同构成了校园中最秀美的一道风景线(图1)。

这条景观轴又将整个校区分成东西两部分：东面是学生生活区，西部为教学区。一条巨型长廊横跨水面，飞架东西，将教学区与学生生活区联系起来。体育活动区则位于校区的南面。

教学区建筑是以80m x 80m的“口”字形平面作为基本单元组合而成的网格状布局(图2)。它是由多个用作室内交通转换和空间过渡功能的“节点塔”将一幢幢一字形的教学建筑相互连接在一起，并围合成若干个内庭院所构成(图3)。所有大大小小的教室和院系办公室等教学用房都布置在这个网格体系之中。在建筑之内可以通达任何一个学院或任何一个班级，也可以进入到同样用连廊与教学楼联系在一起的建筑博物馆和图书馆之中。它们以及分布在教学区中的各个学院亦都有属于本部分的单独出入口，既可相互联通，又可单独对外。

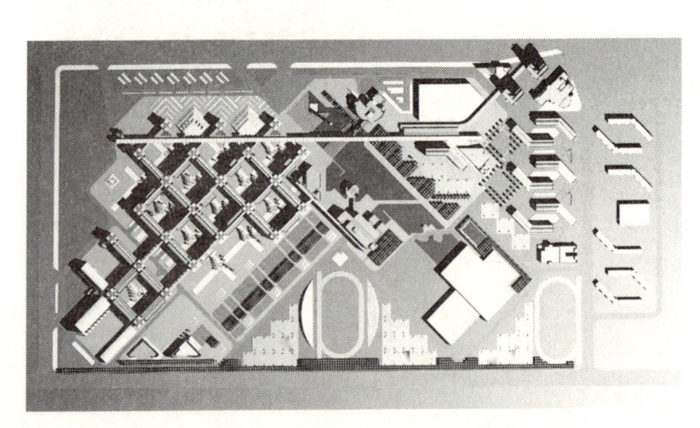

图1 总平面图

注1：由俞孔坚教授设计的稻田景观区获2005年美国景观设计奖

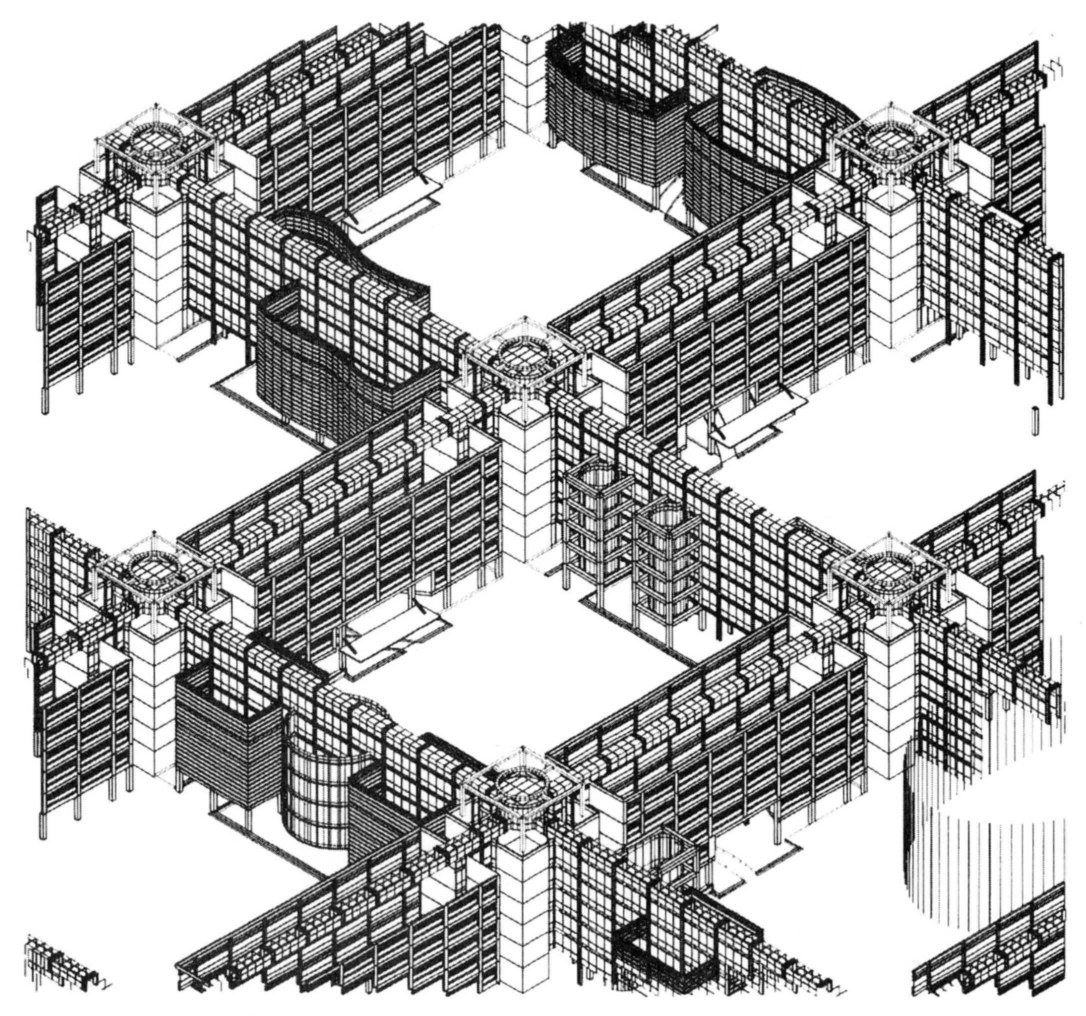

图 2　教学区“网格式”布局

图 3　从“节点塔”看内庭院

科技园及学校的试验中心布置在教学区的西部，与各个学院一道相隔，又通过两条跨道连廊将它们联系起来。

学生生活区位于校区的东部，几座平面呈折线形的多层宿舍楼，既争取了宝贵的南面朝向，又围合出一方方具有个性化且尺度宜人的室外小环境。两幢高层宿舍楼为留学生、研究生提供了良好的生活设施，也作为学校的专家招待所。它们成为整个校区的制高点，打破了校园整体偏于低矮的水平向构图，也提供了一处俯瞰校园全景的视点。学生生活区中设有食堂、超市、银行、邮局、大学生活动中心等各种生活服务与课外活动设施。还另外开设了一条“商业步行街”(图 4)——书店、咖啡吧、小吃店、洗衣店、眼镜店等应有尽有，成为学生课余非常喜欢的去处之一。

一条全长为 756m 的“建艺长廊”将学生生活区与教学区相互联通(图 5)，成为整个校区平面构图的线性主干。它的二层和三层分别为师生提供了一条室内通廊和一条露天通道，无论严寒或酷暑，无论外面的雪、雨、日晒，还是夜深人寂，师生们穿梭其中，都会获得通畅便利、安然自得、舒适安全的感受，又可以通过开敞的南向落地玻璃窗带，充分享受到阳光、水面、绿化等优美的校园与自然景观。由于它的作用，通常大学校园内令人伤脑筋的自行车存放和管理问题在这里迎刃而解：人们不约而同地放弃了“校园自行车族”的身份，而选择了室内步行的方式。长廊靠近教学区部分，又与教学楼空间结合一体，布置有教室、制图室和各个学院的办公室等用房，它成为校园利用率最高，也是极具特色的一部分。

由于基地南临铁路线会对教学、生活形成一定的声音干扰，而将体育活动区布置在这里，形成了一片宽阔、深远的隔离带(图 6)。体育活动区与学生生活区、教学区平面上呈“品”字形布局：无论是体育课还是课下的体育活动，都保证了适宜的步行距离。它与教学、生活区之间又分别有一片水稻景观区和水域景观区相隔，避免了运动场上的运动与噪声对教学与生活区的干扰。透过平静的稻田和水面，身着色彩斑斓服装的运动员与背景上疾驶而过的列车，形成了一幅动静交织的生动画面。它也隐喻着现代化的大学与这块用地古老的农田历史、与沈阳老工业基地之间紧密的文脉关联。

图 4　校园中的商业步行街

图 5　建艺长廊

图 6　体育活动区

二、理念突破

大学新校区设计不仅是为师生提供一处宽敞的教学、科研与生活空间，更是为了创造一种先进而新型的办学模式和育人环境。

沈阳建筑大学新校区设计立足于建构一种与传统办学方式有所不同的现代化的办学模式。按照传统的办学规律，一所大学中包含的各个学院、各个专业都具有相对的独立性，占据有属于自己的教学楼，自成体系。本方案则主张打破这种相对封闭的办学格局，主张学科、专业之间的相互影响，相互渗透，相互交叉。它摒弃了校园设计中以“标志性建筑”、各学院的专属教学楼以及各种公共设施相互组合的传统规划设计手法，而是按照整体性的设计思路，以方格网的形式，将各个学院、各种教学设施都布置其中。同时也注意到使每一个部门相对集中，利用“网格”围合成的一个个内庭院为它们划分出相对独立的空间领域，避免了它们之间的相互干扰。该设计将“university”一词转化为“univercity”的理念，按照一个“室内大学城”的思路塑造教学环境。四通八达的走廊犹如加了顶棚的街道，为人们的交通、交往和交流提供了便利与机会。各个专业面对走道开敞的展室、悬挂在走廊墙壁上的学生作业(图 7)，以及每天有上万人过往的建艺长廊所提供的展示空间，为全校各专业师生提供了宣传、观摩、交流与相互学习的丰富机会。在学科领域趋于拓宽、学科内容不断发展的今天和未来，这种方案无疑具有积极的作用和影响。特别是对于沈阳建筑大学这类专业特色十分鲜明的高校，以校园环境为手段和载体，在全校形成一种浓郁的建筑氛围，对于沟通各学科、各专业之间的内在联系，促进学科发展和深化办学特点，是十分有益与符合校情的。

该校园的建筑设计和景观设计尤其提倡环境育人的

手段与效果，旨在突破以课堂教学为惟一形式的传统作法。设计者有意识地将建筑中不同的结构形式（如框架、悬索、网架、预应力、膜结构……）、构造作法（如梁柱、吊顶、幕墙、铺地……）（图 8）、建筑设备（如空调、管线、自动扶梯……）等暴露出来，甚至以醒目的色彩展示给学生，使他们随时随地可以从这些最真实、最具有说服力的“大教具”中汲取知识，受到熏陶。校园内的各种设备用房（如锅炉房、换热站、水处理间、配电室、空调机房）都紧密结合相应专业的实验教学需要进行设计，使它们兼备专项功能与教学功能的双重作用。在校园中，注意利用各种环境条件向学生进行关于专业、历史、人文的教育。校园内到处都有“故事”（参见建筑学报 2005 年第 5 期上陈伯超的文章“现代校园中的历史情结”），随处都会给人以启迪（如稻田景观区[1]、微型自然保护区，中西文化广场、四季日光投影铺地，雷锋庭院……）。校园本身就是教师，就是课堂，它以不同的形式、不同的时机在不经意间实现着育人的效益和作用。

图 7　面向走道的展室

图 8　校园鸟瞰

此外，该设计也在后勤社会化、设施与资源的开发与共享，以及学校的可持续发展等方面做出了卓有成效的探索。

三、问题与不足

在一定意义上，设计的过程是一个权衡利弊、综合运筹的过程。无论多么优秀的设计成果也只有相对的合理，无一能做到十全十美。当然对于忍痛割舍所带来的缺憾，有些还是可以从另外的方面加以弥补，以求消除或减弱这种负面的效应。

沈阳建筑大学新校区规划是一个特色鲜明，优点突出的设计。它也不可避免地存在着一些不足和问题，当然这全然不会诋毁它作为一个十分优秀的作品。但还是应该对它们进行归纳，可以作为我们今后设计工作的借鉴。

网格式的布局，给我们的办学方式开辟了一条新的途径，这一点是该方案所取得的最大成功。与此同时，这种构想又必然带来两个方面的问题。一是交通空间过多，可能造成使用上的浪费。对这一点，该方案给予了较多的注意，它从提高走廊的服务面积和赋予它们以重要的附加功能等方面，使缺陷得到了较好的补偿。二是网格状的走道系统，纵横交错，必将造成进行中的定位困难，产生“迷宫”后果。这一点在教学区中体现得比较明显。特别是后期设计对重点部位的标志性未给予充分的重视，也未采取有效的弥补措施，再加上设计中令有些大型教室的位置堵死了某个方向的内部通道，以及对出入口管理上存在的问题，使得迷路、绕路情况多有发生。问题的根源并不在于对“网格式”空间组合形式的选择，而是后期弥补措施的不力。

另一个问题是对寒冷气候的关注不够。偏大比例的外围护结构面积、某些部位对玻璃幕墙的大面积使用，北向阴影中的室外大台阶设置、对水域驳岸抗冻胀设施的忽略……，给建筑节能、结构寿命，日常围护与管理和正常使用都带来了一定的困难和损失。

以上看法皆为作者对该设计的理解和评析，未经设计者本人认可。如有不当，欢迎批评指正。

高校阶梯教学楼设计中的新问题

2004年

教育事业的发展(如高校办学规模骤增、师生比提高、教学手段现代化、管理方式转变等)使得大学教学设施也发生着明显的变化，建筑师依靠以往的设计经验已经难以应对今天高校教学设施的设计要求。比如信息技术的革命，将原高校图书馆的设计规律几乎完全打破，并且这一趋势仍将继续，未来的图书馆恐怕会在很大程度上失去传统图书馆的某些基本特征；后勤社会化冲击着原高校生活设施的使用标准、功能构成、空间格局等，这一现实促使着我们重新审视、思考与探索现代大学教学设施设计这个迅速变化着的领域。本文以辽宁工学院阶梯教学楼设计为例，对校阶梯教室设计中的几个问题做些探讨。

辽宁工学院阶梯教学楼(图1)是设计中标后实施的项目，建筑面积为15000m²，可供近7000学生同时在楼内上课。楼内容纳不同规模的合班教室、阶梯教室共52个，其中300人的阶梯教室4个，150人和110人的阶梯教室分别为18个和24个，另外还有70人的教室6个(图2)。阶梯教学楼将全校较大规模的教室集中于一幢建筑之中，成为整个校园中规模最大、位置最显要、容纳人数最多、利用率最高的主体建筑。

图1 透视图

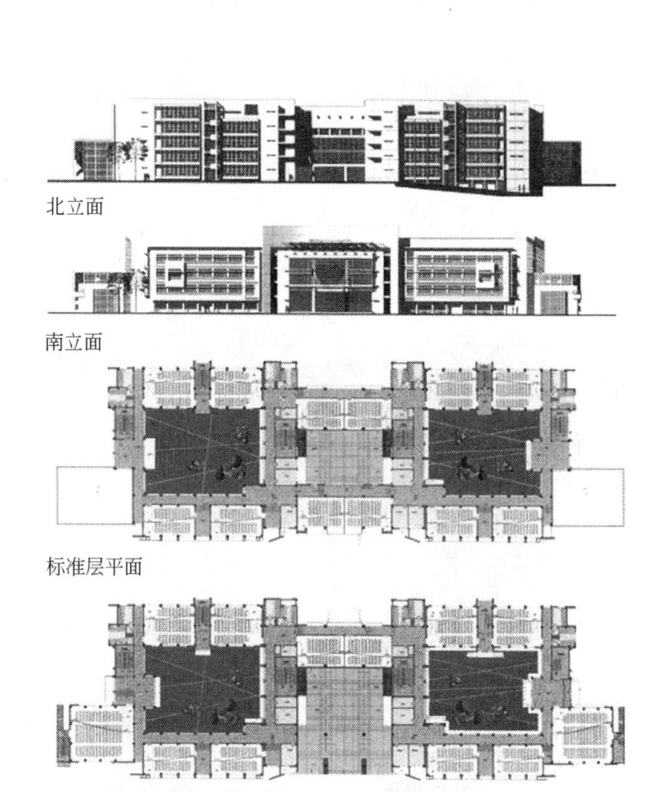

北立面

南立面

标准层平面

二层平面

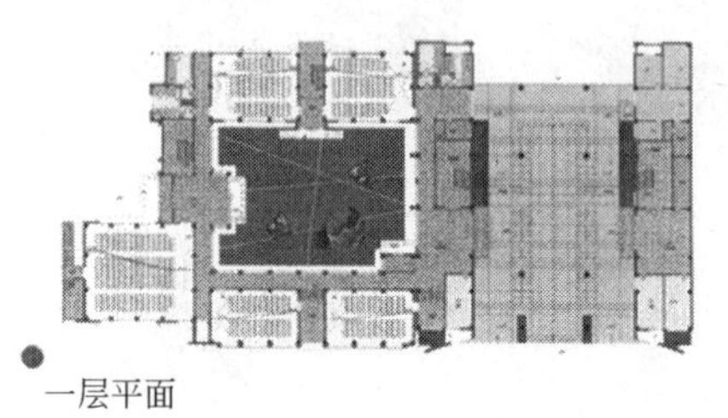

一层平面

图2 平立面图

虽然在当前全国高校校园建设高潮中，这幢建筑仅属规模居中的教学建筑，但与以往的教学楼相比，它在单幢教学楼的容纳人数以及每个教室的规模方面，都做

图 3　阶梯教室

出了新的尝试。应该承认，“规模”的增长给高校阶梯教学楼设计带来了一系列新的问题。事实上，阶梯教室规模、内部布置方式和教学方式的改变，使它的定义已经发生了演绎，国外大学将这类教室命名为“Theater”。的确，如此规模的教室，其桌椅、走道、讲台等设施的布局方式，可能更接近于剧场或报告厅，但在使用方式上，又与它们有着本质的区别。

目前许多较大规模的阶梯教室，都是比照剧场的模式进行设计，它依赖于人工照明和空调设备去满足使用要求，而忽略了天然采光和自然通风因素。也有很多设计仅在教室的后侧墙开窗，虽然部分地解决了采光问题，但由于进光方向与使用要求完全不符，不仅令讲课教师面对眩光，也给听课记录的学生造成很大不便，多数时间仍需依靠人工照明作为重要的补充；同时由于通风不足，也使阶梯教室在夏季很难离开空调，因此这种设计值得商榷。在辽宁工学院阶梯教学楼设计中，针对北方的气候条件，设计者着力于将全部教室置于南向，并坚持侧面采光的原则，特别对 300 人和 150 人这些规模较大的教室，更做到了双侧开大窗，使教室内空间明亮开阔，有效地提高了窗地比和光照的均匀度，也由此带来了夏季的穿堂风。笔者认为：坚持以天然采光和自然通风为主，应是设计较大规模阶梯教室的一个重要原则。

对于大规模的阶梯教室，疏散也是设计中一个必须予以足够关注的问题。除了在座位排列及走道布置设计时，应充分满足有关规范的具体要求之外，教室出口的位置和宽度也很重要。一般来说，在保证其总宽度要求的基础上，至少要有两个以上出口，设计规范还对两出口的间距有所要求。所以，在满足这些基本要求的基础上，应尽量减小教室内远点至出口的疏散距离，在可能的情况下最好在教室的前后分别开门，尽量避免将两门皆开在教室前或后面的同侧墙面上。对此则必须解决好由于室内起坡所造成的前后地坪高差问题。在辽宁工学院阶梯教学楼中，公用楼梯同时用作调整教室与走道之间高差的手段(图 4、图 5)。另外，在课间休息厅中设置必要的踏步，这些做法既有益于保证室内的空间效果(避免了在阶梯教室内或走道中另设疏散踏步的情况)，又合理地利用了建筑空间，有效地节省了建筑面积。

图 4　局部透视一

图 5　局部透视二

阶梯教室的扩大，使其内部所进行的教学过程在形式上也必然发生变化。空间的扩大，使得教师靠自然声和黑板书写的授课方式受到了冲击，教师不得不辅以现代化的教学设备与手段。因此，在大型教室的设计中，最大视距、水平视角以及设计视点的选择等不应再遵循于传统的设计方式，而需要随讲课方式的变化相应做出调整。比如，教室中大屏幕集中演示或是多屏幕多点演示予以屏幕与黑板不同的结合方式等，它们对视线设计的要求是不同的。另外，还要考虑扩音、多媒体教学、幻灯演示等不同设备的使用情况和控制方式。这些在方案阶段就需要给予充分的考虑。

阶梯教学楼内的交通组织也是另一个重要的问题。对于上下课时人流的集中与疏散、楼(电)梯的数量、宽度、位置、走道的宽度、灭火工具的设置等，都随着阶梯教学楼内容纳人数的增加而提高了要求，增加了设计难度。在这些问题上，必须充分满足有关设计规范的要求。同时，由于多个教室集中布置在一幢建筑中，学生上下课的时间相同，下课时，原本分散在各间教室中的学生同时涌出房间，教学楼内必须为他们提供充分的课间活动空间。这些空间在规模上应适当，既要避免尺度过于宏大、位置过于集中，又要保证它具有一定的空间规模，可以容纳课间活动的学生，并提供交流、休息与放松的环境条件。对此，笔者建议按照教室的布局，将这些空间均布在楼内，并提供较好的景观、服务与休闲条件。此外，在楼内设置教师休息室、售货点、电话、宽带网、问讯、教学咨询以及 IT 技术指导与维修等服务性设施，也应该是现代化教学楼所必备的条件。

教学改革、现代教学技术的发展给建筑师提出了新的课题，也为建筑师提供了一个具有挑战性与开创性工作的新领域。

论建筑机能和空间复合发展的趋向

1986年

在我国，这样的一个事实已经产生，并且正在迅速地发展着：很多城市中的建筑越发不能根据它们的功能特点进行分辨和比较，建筑机能的类别变得模糊化了。一幢传统住宅楼，现在往往又增加进商店、办公、餐馆、银行等等许多性质上似乎并不相干的内容。同样，电影院也可能附设了饮食、百货、杂修、旅店、娱乐等部分。甚至当建造者在给他的建筑物命名时，不得不放弃那种“××旅社”、“××餐厅”、“××商场”的传统字号，而统统把它们称作“××中心”或“××大厦”了。这个事实意味着，一种叫做“复合建筑”的类型今天已经得到了比以往任何时候都迅速的发展，并仍处于不断上升的趋势。应当指出，“复合建筑”并不是一种新的发现，只不过是由于在某些建筑中对复合功能的需求越来越突出，进而要求我们把具有这种共同特点的建筑类别归纳到一起来进行研究，并赋予它以新的概念。所谓“复合”，主要是指建筑机能和空间构成的综合性。在这类建筑中包含有许多不同性质、不同功能的建筑空间，无论其各部分所占的比例多少，它们都具有各自的独立性，有时也含有某种内在的联系。

这种建筑功能与空间的复合，并非仅为今日之需要，溯其历史，渊源甚长。

从功能和空间极其单一和明了的原始建筑到“下铺上居”或“前铺后居”的住宅商业混合体，从山东孔府、北京故宫或上海豫园式的综合功能组群到现代建筑大师勒·柯布西耶的马赛公寓，建筑机能经历了一个由单一到复杂的过程，而建筑空间在一定的范围内则表现为单体——群组——综合体(复合建筑空间)的演化趋势。我们从中可以发现在复合建筑的发展过程中，它的空间构成方式经历了一个由“数”式组合到“量”式组合的过程。在它的初级阶段，建筑功能的要求是用建筑空间“数”的增加来表现的。这是一种在水平方向上的扩展：将各种不同用途的部分，分处在不同的“单座建筑”中。由一座变多座，由一组变多组，一个层次接一个层次地置于一个大空间之中，构成广阔的、有组织的人工环境，将封闭的露天空间、自然景物同时组织到建筑的构图中来。当复合建筑发展到了比较成熟的阶段，不同性质的空间变为在立体的三维方向上增殖。这是一种“量”式组合：将更多更复杂的内容组织在一座房屋内，由小屋变大屋，由单层变多层，以单座房屋为基础，在平面以至在高空中作最大限度的伸展。因此产生了一系列又高又大的建筑物，取得了巨大而变化丰富的建筑“体量”。

复合建筑空间构成方式的这种变化，并不仅仅取决于建筑师的主观意念，更反映了客观世界对它的要求、制约和为它所提供的生存条件，反映了主观世界与客观世界之间的矛盾存在和矛盾运动。它是现代社会要求的必然产物。复合建筑得以发展的原因有以下几点：

一、现代生活特性对建筑空间的要求

密斯·凡·德·罗说过：“我们时代的基本趋向就是追求现实世界的生活。”“真正的(建筑)形式，是以真正的生活为前提的。”我们要了解一个时期的建筑，总要了解那里人民的生活状况。目前我国的现代社会生活大致具有三个基本特征：

(一) 多样性的生活要求

当代和过去给人感受最深刻、最直接的区别，莫过于社会生活内容的不同。因为这种巨大的、明显的变化渗透到人们生活的每一时刻，渗透到人类存在的各个角落。现在人的生活内容之丰富，恐怕使古代骄奢于万民之首的帝王也望尘莫及。看电视、逛超级市场、游迪斯尼乐园，这是历代皇帝都没有享受过的乐趣。但在今天，这却纳入到每一个百姓生活之中了。一般人的生活已由单纯物质型转向对物质和精神的双重需求，变得十分丰富和充实。

社会生活的多样性对建筑空间的复合性提出了相应的要求。比如，作为一个行政机构职员的工作，就不再局限于他的办公室之中，他可能要了解来自各方面的信息，要与其他部门联系、交往、协调和洽谈，也要向社会宣传自己部门的职能并提供情报。同时，他还需要休息、娱乐、饮食、购物、交际。这样，一幢行政办公楼就可能与很多其他单位的办公楼组合到一起，又可能与广播电讯、情报资料、金融、会堂、商业服务、居住、公共交通及各种娱乐设施结合起来，而失去了原来纯粹单一功能的性质。现代生活的要求就使得建筑师要创造出像马赛公寓那样的，以至内容更多、规模更大的复合建筑空间。

（二）相互关联的社会生活

“在城市中，人并非像鲁宾逊那样，只是一个人生活。这是因为城市生活的本质有分工，城市化越来越发展，个人只能担负社会上极为专一化的一部分……只要进行分工和专门化，就必须把它们加以连贯综合，特别是在今天这样复杂的社会，不进行分工和综合，就不能提高效率。”这是现代城市生活的特点之一。在生产力水平较低的社会中，封闭型小生产的、自给自足的经济体制允许以个人或小集体为单位进行生产和生活的全部过程，不需要与外界发生任何联系。但是，随着社会的发展，这种小团伙结构再不能适应生产力的发展，而导致最终解体。专门化程度的提高，对由单幢建筑结合而成的建筑群组来说，就必须充分地脉络化。这里所谓的建筑群组，并不是单体建筑算术式的集合，而是指经过很好的脉络化、内部化所形成的建筑综合体——复合建筑。在今天的城市中，不可能设想哪个部门可以脱离开社会的其他部门而孤立地存在。开放型社会系统和信息时代已成为现代社会生活的重要特征。任何一个社会单元的存在与发展都有赖于社会各界的配合协作，同时也要求彼此间的信息交流，并及时取得反馈信息，获得最广泛的默契和支持。一个城市同样也是如此。有时，这种相互关系在城市中并不十分明显，但只要略去其中任何一部分，缺欠就会立刻显示出来。这就是城市的“共栖现象”为了共同的利益，而把不同的部分结合到一起。把不同功能的空间，安排在邻近的位置上，对于每一种功能都可能是有利的。晚上，人们来到剧场，附近的饭馆就得到了更多的生意。如把商店放在这个饭馆附近，那些食客们又会被吸引到商店买东西，或到剧院看戏。因为这些功能之间，有着一定的内在联系。在一个城市里有成千上万的人，每一个人都有不同的生活方式，每一个人都有不同的爱好、感情、习惯和各自的联系，他们都需要用城市环境来协调各自的不同要求。因此，城市建筑就必须是充分丰富的和复杂的，这样才能妥切地满足这些不同的需求。如果把一些互相依赖互相补充、又互相影响着的双方或多方硬性分隔开来并不是一种明智的作法。对于城市建筑来说，死板地、教条地强调功能的“相对孤立”（或曰“功能分区”），不但不利于提高它们的效率、创造各自的优越环境，而且对城市整体来说，却使它失去了生气和人性，失去了现代城市生活中一些十分重要的内容——由于某些功能的复合及其相互对比而造成的活力与丰富之感。当然，为了达到这个效果把那些不同功能的空间揉合在一起，就必须首先去调查人们的基本活动——工作、游憩、交通和居住——独立存在和相互依赖的要求，以弄清哪些机能不宜组合在一起，哪些机能宜于互相搭配又怎样才能把这些不同要求、不同大小、不同性质的空间有效地组织在一幢复合建筑之中。

（三）快速的现代生活节奏

时间与空间一样是作为一种物质形态存在的。时间的观念是现代人必须具备的思维素质。新技术革命的不断发展，经济活动中的竞争局面，逐步加快了各种社会生活的节奏和效率。以前的生活节奏是缓慢的，这是由于古老的自然经济的影响，小农业生产的季节特点，再加上当时生产水平低下所造成的。它使我们习惯于以“年”、“季”、“节气”作为时间的计量单位。这种慢拍的节奏反映到建筑上，就是普遍性的单一功能的建筑形式、城市中“功能相对孤立”的格局或多种功能分散式的空间组织。但是以轿、马代步的时代过去了，汽车、火车、飞机、电报电话等先进的交通通讯设备使现代化的社会生活处处给人以紧迫感。为了适应这种生活状况，复合建筑空间作为一种与高节奏的时代相适应的建筑形式受到重视和发展。人们上下班可以不必再从东城跑到西城，购买东西也不必穿街走巷，联系工作、休息、娱乐这些都在一个地区之内，甚至不出楼门就都可以办到了，每人每天节省了大量的时间和精力。无疑，这对现代化建设、对人们的生活都是十分有益的。在这里并不是排斥单一功能建筑存在的意义，只是提出了另外一种适合时代要求的建筑形式。这两种形式的建筑空间将根据人们生活的基本活动要求，确定各自在城市中的份量，共同承担现代生活的重负。另外，在此也并不否定“功能分区”的意义，而是主张城市分区不应过于死板。要允许不同功能在位置上的相互渗透和参与，可以把这种分区适当地由城市空间纳入到复合建筑空间之中，并且设法用发展起来的新技术、新工艺手段，逐步解决污染和干扰等环境方面的问题，从而达到一种新的平衡。

二、城市建设的要求

把城市划分为不同功能区域的理论，至今仍被认为是毋庸置疑的城市规划准则之一。它的确曾为城市生活带来了一定的秩序和良好的环境。但是随着时间的推移，由此而产生的弊端也逐渐地显露出来——给现代城市生活带来了很多不便，人们的生活越丰富，要求越复杂，这种不便的感觉就越大。因为，往往在人们居住的区域内，再无法满足生活的多种要求。严谨的功能分区往往把人们每天从城市的一方调到另一方，甚至在全城跑来跑去。仅以沈阳市为例，这是一个270万人口的城市。它的工作区大多位于城市的西部——铁西区，但在那里工作的多数职工居住在城市的另一方。因此，造成了将近一半城市人口每天两次的大迁移。人们只好早起晚归，虽然工作时间为八小时，每天很多人却要在路上用去两、三个小时。时逢上下班之际，城市交通拥挤不堪，大大地影响了工作效率，而且带来了很多不安全因素。此外，由于商业区、娱乐区又相对集中，居民们要买东西或者游息娱乐也常常要跑很远的路，耗费大量的时间。

由此带来的另一个问题是城市交通问题。仍以沈阳市为例，市内主要街道几经增建、改造和拓宽，并未真正解决交通拥挤问题。目前很多街道只得把自行车请上人行道，与步行者混在一起，问题十分严重，原因并不完全在于市内人流大量迁移造成的自行车与公共交通的紧张，更在于因城市功能的“相对孤立”而极大地增加了市内运输量，对于一个工厂来说，它每天要运进生产原料、要推销产品、要联系工作、要办职工福利，需要来往穿梭于城市的许多区域之间。这就使人常常在想，为什么一定要片面地强调功能分区，而不将这些需要经常联系的部门适当地集中一些呢？因此，解决城市交通问题的根本办法，也不能仅仅在道路上做文章，更主要的是建立合理的城市布局结构。

在发达的资本主义国家中，某些城市的畸形发展使得这方面的弊病更为突出。那里的人们白天离家上班，居住区被弃于不顾，几乎变成了空旷地带。晚上喧闹异常的小商业和服务业白天竟然很少有人光顾，生意萧条，这也增加了人们为家中遭到洗劫和盗窃的担心。每天下班以后，人们又蜂拥般地离开了工作区，于是这里又陷入了沉寂，而变成“死城”。此种情况引起了市民们的报怨，他们怀念和向往丰富热闹的、不夜的城市生活气氛，对这种病态的、半死不活的城市生活（每天有一半时间城市生活处于停滞状态）深感不满。在那些城市里，建筑物成了孤立的单元，否认了人类活动是要求流动的、连续的空间这一事实。建筑师（和城市规划师）的责任，就是要把分散的、孤立的部分结合到一起，使它们的形式及活动互相补充，重新创造一种复合的、有生气的城市生活。马丘比丘宪章（Charter of Machu pichu）终于对此作了有益的修订：“规划、建筑和设计，在今天，不应当把城市当作一系列的组成部分并在一起来考虑，而必须努力去创造一个综合的、多功能的环境。”“……目标应当是把那些失掉了它们的相互依赖性和相互联系性，并已经失去其活力和涵义的组成部分重新统一起来。”怎样去实现这种统一呢？以复合建筑作为多核心城市的组合细胞恰是一种有效的解决方式之一。在这个方面，国外虽已有一些设想和尝试，但更进一步的经验有待我们结合本国的情况去摸索和总结。

城市是一个有机体，每个城市都处于不断的新陈代谢过程之中。“凡天地之间者，莫不变，故夫变者，古今之公理也”。“大势相迫，非可阏制。变亦变，不变亦变。”我国现有城市基本上严格地履行了功能分区的原则。要想改变我国城市的组合结构，主要靠旧城改造，而不是新城规划的途径来实现。在社会生产迅速发展的时期，我国旧城的格局和体态的改造任务非常艰巨。这种改造，并非仅仅是以新代旧，在城市形象和个体建筑质量上的变动，也不仅仅是以高代低，从平面到空间的体量上的变动。因为这些变动仍局限于个体、局部和表面，不但不能真正解决目前城市中存在的问题，而且会因个体建筑规模的增大，反而扩大了功能相对孤立所产生的副作用，带来更多交通与生活中的不合理因素。因此，着眼点应放在调整城市整体结构的问题上，抓住其实质。作为旧城改造工作的困难，正在于不能像建设一座新城那样随心所欲地大砍大杀，只能一个部分，一个地区逐步地实现整座城市的改造过程。复合建筑恰恰有利于协调旧城改造中这种“全局着眼”与“局部着手”之间的矛盾。根据城市总体要求并结合旧城现状构思出多核心城市的总体布局。然后，分别去形成这些“核心”——对组成这些核心的细胞进行计划和布局，并提出对每一座复合建筑及单一功能建筑、绿化、道路等因素的具体要求，这就是“从全局着眼”。但在旧城改造规划实施的过程中，却须按其逆向过程——由局部到整体的顺序去完成。每一座复合建筑恰可以区域性地结合原有建筑的具体情况，在城市的每一个局部，有目的、有步骤地建造，从而实现整个城市结构的调整计划。这就是“从局部着手”。所以我们说，复合建筑空间的构想不仅对新建城市，而且对需要改建的旧城都是有现实意义的。

三、科学技术提供的条件

建筑与科学技术之间从来是休戚相关的。建筑空间的形式不过是科学技术发展的一个标志，而一定程度的科学技术力量又是造成一定形式建筑空间的前提条件。

“20世纪最基本的特点就是技术的惊人发展”——国际建协第十三届国际会议总报告。

今天，科学技术的巨大成就为复合建筑空间的发展提供了充分和必要的条件。人们多样性和方便、快速的社会生活要求终于可以在建筑空间中得到尽多的体现。随着科学技术能力的提高，空间复合形式和规模也必将向更高水平前进。

以多用途建筑群——北京故宫作为一个典型，让我们仅从科学技术的角度来分析一下，当时的建筑采用平面的“数”式组合究竟有什么必然性？又为什么不能把它设计成一座像今天日本的“太阳城”那样的复合建筑空间形式呢？故宫包括了供生活、朝政、娱乐等多种功能的建筑空间，完全是一组综合性机能的组合体。但是，它的空间构成并没有形成“量”式组合的复合建筑空间。其中最主要的原因，是由于当时我国的木结构系统所致。这种结构形式虽然有着适应性强、建筑时间短、施工方便等很多优点，但是对于建造真正的复合空间却局限极大：故宫内诸多的功能要求很难想象放到一幢木构的“庞然大物”之中去解决。又由于当时结构形式的单一，造成了结构理论的片面发展。对于传统的木结构形式，我们积累了许多宝贵的经验，掌握了一套成熟的分析和计算理论。但是对于以前未曾尝试过的高层、大跨、大体量的空间结构形式，则缺少理论依据和计算手段。因此，建筑师选用了“数”式组合法就在情理之中了。除此之外，现代化的建筑设备也是实现复合建筑空间的必要条件。建造故宫的年代，是无法想象电灯、上下水、空调和各种机械与电子设备在建筑中应用的。为了解决建筑的采光、通风问题，只有从控制房屋的间距、朝向、进深尺寸等方面着手，从建筑本身的平面位置上去寻求缓解矛盾的办法；为了解决建筑的采暖问题，只有从控制建筑的体形、内部空间的大小、外墙的长度、开窗的尺寸等方面入手，以利于建筑的分幢采暖为基本手段，去应付现代化集中采暖和空调设备本来可以不拘建筑空间类型轻而易举办到的事情；为了解决复杂的内部交通问题，只有从功能分区、人口布置、院落组织等方面入手，在平面上动脑筋，以逃避用自动扶梯、传送带、高速电梯、空间编组电梯系统等现代化室内交通工具可以从容解决的垂直和水平交通问题；为了解决建筑防火问题，只有采用分散的平面布局形式，忍痛牺牲宝贵的可用空间，避免“火烧战船”式灾情的连锁反映，以代替现代化消防设备所担负的功效。偌大的故宫、众多的内容，如果建成复合建筑，还将带来管理上的巨大难题，这在当时也是无法解决的。只有在科学技术高度发展的今天，才有可能为复合建筑的综合管理提出了多种途径。比如，日本鹿岛建设公司研制的一种叫做“KEBEC-1”管理系统，利用电子计算机、光导纤维、各种传感器等先进技术进行建筑的综合管理。这个系统，可以对整座建筑集中控制，也可以进行分区、分层、分室的分散控制；可以为适应工作自动化的需要，将室温、照明等室内环境控制在最佳状态；还可以对建筑防灾、防盗进行有效的监控。通过它可以十分方便有效地管理起整座建筑物。因此，在没有这些先进技术手段的年代，把故宫设计成复合建筑是不合时宜的。

科学技术高度发展是复合建筑空间的前提条件，而复合建筑由简到繁、由分散到集中的不断进化，又提出了大量需要解决的问题，促进着科学技术的进步。这种相互作用，使得建筑机能与空间的发展出现了一个不断肢解，又不断综合的过程。人类的生活内容最初是单一的，它所要求的建筑空间也极其简陋，随着生活内容的逐渐丰富，为满足不同的要求建造各种类型的建筑空间成为科学技术必须解决的问题，即要求人们学会处理较多类型的单一功能建筑空间。这就是建筑空间的分解过程。人们生活要求的再提高，则趋于把这些内容重新有条理地纳入到一个较大的整体空间中去，这对科学技术的发展又提出了更高的要求。就这样，建筑空间随人们的生活要求几经肢解和综合的循环反复——建筑机能和空间越分越细，空间复合规模越来越大——科学技术则被推向更高的水平。

现代科学技术的高水平使人们有能力、有条件创造出适应各种要求的单一功能的建筑空间，也完全能够把它们组合到一起，形成一个巨形的整体——复合建筑空间。当然，今后随时代的发展、随科技水平的提高，建筑的机能和空间形式也还会继续分解，并出现更大规模和更高水平的复合。

四、经济性的要求

“经济活动对各个领域的发展来说，经常占据优势的地位。在建筑与经济发展之间的关系上，在许多方面都要求有一个总的全面的看法。”

一般说来，复合建筑往往能够获得更大的经济利益。也只有如此，它才能得以发展并显示出广阔的前景。让我们从以下三个方面来说明复合建筑的经济性：

（一）复合建筑使城市土地得到充分的利用

西方城市人口爆炸似地剧增，土地问题变得越来越尖锐。城市面貌、工作生活条件、交通组织、生态环境等一系列问题都随着土地价码的膨胀而激化。面对这样的现实，建筑的出路在哪里？很显然，就在于开拓高空和地下尚未得到充分利用的空间，把二维城市变成三维的、多层次的城市。我国城市土地问题目前虽然没有像国外一些城市那样严重，但是人们也已经充分认识到这种城市设计思想的意义，感到我国大多单核心同心圆及平面式的城市布局必会并已开始导致土地资源紧张的趋势。这是一种不经济的、有待改革和更新的模式。

复合建筑是一种可以充分利用地面、高空、地下空间，且布局十分紧凑的建筑形式之一。它把许多单一功能建筑的内容囊括到一起，并把大量的城市公共交通紧缩为步行交通和垂直交通的形式。同时它又可以把零散的辅助用房集中起来并加以适当的合并。若把它与其所包含的各种单一功能的内容释放出去所形成的若干建筑单体比较起来，在用地方面显示出的巨大经济性是显而易见的。甚至它比单纯的高层建筑形式更为有利。因为它还可以充分利用高层建筑之间的闲置空间，乃至把它们在地面、空中和地下连成一体。法国里昂信贷大厦是一座包含了办公、餐厅、旅馆、银行、内部停车和其他内容的复合建筑。它的总建筑面积为 72136m^2，而它的基地仅占 0.56hm^2。美国芝加哥水塔广场大厦总建筑面积达 284106m^2，其中包括了商店、办公、旅馆、住宅，车库和其他许多内容，而它的基地仅为 1.05hm^2。可见，它们的建筑密度是可观的，城市用地十分经济。

（二）功能互利带来的经济效益

相互关联着的不同功能的建筑空间组合到一起，尽管有时会带来一定的相互干扰，但更多的却可能是相辅相承的互利作用。特别是那些公共福利性设施，不仅会有利于人们的使用，也有利于各家的经济盈利。作为房地产商、企业家兼建筑师的波特曼获得巨大成功的关键，就在于他认识到并充分地利用了这一点。在波特曼风格的旅馆中，除了客房是用来赚钱的有效空间之外，具有强烈精神功能的中庭，也是一个有巨大经济收益的地方。这里不但是一个多功能用途中心，一个人流的集散地，四周又往往设有各式各样、令人眩目的商店、餐厅、舞厅。它本身也是一个大面积的餐厅和游乐场所，到处摆设着餐桌、茶座，中庭不仅为旅客服务，又为当地居民服务。由于它引人入胜，因而促进了内部商业的经营，为旅馆招揽了大量的客人。由于采取了这种明智的办法，他所设计和经营的旅馆在美国旅馆业十分不景气的时期，例外的兴盛繁荣，吸引着国内外的大量旅客，又使客房保持着很高的上客率。我们再来看另外的一个例子：中街是沈阳市一条重要的商业街，街旁布满了各类商场、服务和娱乐场所。它们之间和睦相处，互相提供着方便和效益。当然，这种关系处于平衡状态时，一切都是那样有条不紊和理所当然。而一旦打破了这种平衡，问题就明显地暴露出来了。1984 年 7 月处于中街的光陆电影院因失火停业，立刻给附近一些部门带来了不利影响，使它们的营业额产生了不同程度的向下波动。

这种功能之间的互利作用对社会经济效益的影响是普遍性的。因此，按照人们的行为心理、市场的购需规律、功能类型的互补关系，将不同性质的建筑空间适度地且有一定比例地复合在一起，是有其经济意义的。

（三）能源与市政管线的节约

建筑行业是消耗能源的一个重要方面。长期以来，我们对某些建筑的成本核算缺乏研究，不重视项目投产使用后经常费用的开支，有些无形的浪费在企业化经营管理之后就逐渐地暴露出来了。因此，进行建筑设计不仅应考虑一次性投资问题，也要对建筑的经常性费用给予重视，努力减小能源的消耗量。

复合建筑建造起来在技术上、结构上、设备上、材料上的要求较高，不能像单一功能建筑那样用比较简单的建筑空间形式就能满足。但是，它可以把很多个体空间集中在一起，用少量的围护面，形成整体性的复合空间，这又比把这些不同功能的空间——游离出去各自形成独立系统，在土建和管道设备上都节省得多。因此建造过程中的一次性投资，复合建筑比单一功能建筑不一定有明显的优势。但是在日常使用过程中，由于复合建筑充分地集中和紧缩了建筑空间，同时又有效地缩小了外围护结构的散热面和管网能源的自然消耗量，因而就可以节省较多的能源，提高建筑的经济性。

再从城市的角度看，把分散铺满城市地表的单一功能建筑有秩序、有系统地进行归纳和组合，形成一些大体量的复合中心，又将使城市管网和其他市政设施的布局做到相对集中。这种复合法对提高市政管线和工程的经济性也是大有好处的。

正是由于现代生活、城市建设、科学技术和经济性等多因素的共同作用，为复合建筑的发展创造了充分和必要的条件。因此我们说，建筑机能和空间由单一向复合发展在一定的范围内是一种必然的趋势。在此，还应再次指出，建筑机能与空间的复合终将是有限的，也是有条件的，并不是无限和惟一的建筑形式。单一功能建筑与复合建筑的共生将是合乎实际需要和长期的。所以，我们的建筑设计和建筑理论不应再仅仅局限于对单一功能建筑及其相互关系的研究，也要把复合建筑空间及其与城市关系的研究纳入到我们的课题之中。为此，我们应该着手解决这样一些目前尚未得到普遍重视的问题：

(1) 建筑空间的复合内容及规模的研究；

(2) 复合建筑与单一功能建筑和城市环境的关系；

(3) 复合建筑的空间特征及空间构成法研究；

(4) 复合建筑设计要点；

(5) 对作为城市的组成部分——符合建筑的综合评价标准。

巴黎德芳斯、新宿副都心、底特律的文艺复兴中心、深圳的国商大厦，复合建筑以巨大的声势冲进了已布满千姿百态单一功能建筑的城市之中。它丰富了建筑的内容和城市的形象，也打破了旧的建筑设计的观念。今天的建筑设计已经变成了从室内到室外，从地面到空中和地下的综合多功能环境设计，变成了城市设计。这就要求我们，努力扩大我们的知识领域，研究新问题，承担起时代赋予我们的新的职责。

现代建筑中的传统信码

1989年

现代建筑创作似一张由形形色色的矛盾所织成的网，在这些错综复杂的矛盾中，很多问题常集结于“新与旧的相贯”这样一个交点上：“如何使新建筑与传统建筑相协调?”“如何创造有中国特色的现代建筑形象?”对此，中外建筑师都曾付出了艰辛的努力，在如何处理传统与现代化相互联系的问题上进行了不失为成功的探索。

本文结合一些建筑实例，对在现代建筑设计中如何纳构传统因子进行一些分析和归纳。分析仅限于对现代与传统相贯的外在表现手法方面，特别是对传统符号如何折射到现代建筑之中作些典型分析。

将传统建筑的局部、片段按照今天人们的审美观，或加以简化，或加以变形，或加以抽象，投射到现代建筑之中，使现代建筑配带着传统的符号。这是一种十分有效的表达手段和许多其他设计手法的基础。我们可以将其粗略地归纳为以下十种典型的手法：

一、置换法

“张冠李戴”，往往是指无意中闹出的差错，在这里，却是有意的。把用在别处的构件，用到这里，如果构思巧妙，常会收到出人意料的效果。特别是在现代建筑中点缀一些传统构件，除了起到新的沟通的作用，还可能取得画龙点睛的奇效。布达佩斯拜克宾馆翻建工程中，原屋顶上一个具有很强装饰作用、做工精致的玻璃天窗罩拆除以后，被“废物利用”，装到了新建宾馆酒吧柜台的上面，在休息厅的大空间中由它罩出了一个低空间。这一代换实在是恰到好处。它勾起了人们对以往的记忆和丰富的联想(图1)。在广州花园大酒店的门厅中，设计师把承重用的斗拱改派到顶棚上用来悬挂灯光槽板(图2)，这个古老的有代表性的传统建筑构件，在这座现代化的高级宾馆中散发着“余热”，起到别致的装饰作用。

图1　布达佩斯拜克宾馆休息厅

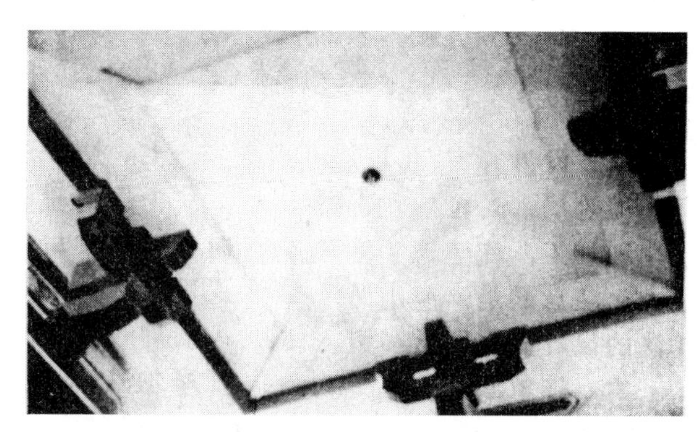

图2　广州花园大酒店门厅天花

二、夸张法

将传统的构件进行夸张变形(或从尺度上或从形状上、或从位置上、或从材料色彩上)后，置于新建筑所要求的部位，很容易使该部分变成构图中心。这种作法效果十分显著，往往起到事半功倍的作用。北京西单商场设计，将原西单牌楼的造型加以简化和抽象，把它从地面挂到建筑的立面之上，使商场的建造地点、它的文脉联系、建筑个性以及建筑入口都通过这种夸张而极大地加强了，给人以深刻的印象。日本神户竹中大工道具馆是一个小型博物馆，把一个模拟法隆寺金堂的木柱和斗拱模型从建筑上取出来，放在前庭院子里(图 3)。其显赫的位置加上别出心裁的处理，突出了建筑的性质，并成为该建筑的标志。

三、虚幻法

一般说来，既无空间又无实体的建筑是不存在的。其实不尽然，一个建筑还可以“寄生”在另一个建筑之中，这就是虚幻法的功用。它更妙的功能，还在于把传统最直截了当地寓于现代之中。匈牙利布达佩斯市被多瑙河一分为二，河东侧的佩斯的历史长于河西侧的布达。原在佩斯的周围筑有城墙和城楼，后来由于城市现代化的要求被拆除了。人们出于对历史的怀念，希望重现古城风貌。但是他们没有耗费资金和占用宝贵的城市用地去恢复旧城墙，而是在原来城墙和城楼的位置盖起的一幢建筑的山墙上，以图案的形式再现了古城墙的剪影(图 4、图 5)。图案与墙面采用了不同的材料，并略有凸凹，使人感觉好像是拆除古城时所留下的遗痕。这

图 4　匈牙利布达佩斯市以图案形式再现古城墙剪影 1

图 3　日本神户竹中大工道具馆前庭

图 5　匈牙利布达佩斯市以图案形式再现古城墙剪影 2

种既少耗资、少占地，又生动地记载了城市的历史，把古、今巧妙地联系在一起的构思，很值得我们借鉴。虚幻法的另外一种较为普遍的应用方式，是在新建筑朝向有保留价值的历史建筑一面，采用大面积的镜面玻璃幕墙，使老建筑在新建筑中形成虚像，相映成辉。也有的在新老建筑之间设置水面，使二者在水中相互交融，于是矛盾被软化了。

四、拟构架法

中国古代建筑与西方建筑相比，一个最大的特色在于木构架。因此，这种将拟构架法作为新旧建筑形象的相贯手段，就有其必然性了。苏州文物商店用钢筋混凝土模拟木构架的作法，恰当地表现了该商店的性质，又与姑苏古城环境非常贴切(图 6)。由黑川纪章事务所设计的泰国 Thammasat 大学日本研究所，利用暴露的框架，使人联想起日本的格子结构形式，是一个把现代与传统自然结合的杰作(图 7)。

图 6　苏州文物商店

图 7　泰国 Thammasat 大学日本研究所

五、局部模拟法

这是一种简单而省力的办法，应用也最为广泛。将新建筑的局部效仿传统建筑形象，使新与旧之间产生某种联系。此法用得好，会收到良好效果；如果不经过认真构思，简单模仿，必然导致不伦不类的结果。因此，不可滥用。中国“建筑者之家”设计方案，将坡屋顶、马头墙等局部的传统作法加以简化和加工，使建筑性格平易近人。注意的是，滥用局部模拟法的设计，也不乏实例。

六、抽象法

对欲表达客体的形象进行简略、提炼和加工，使之典型化，和具有更深的内涵。抽象的关键；一是合理的变形，抽象客体要经过审慎的选择，必须有一定的代表性；二是经过抽象以后的形象要避免晦涩难懂，陷入令人难以理喻之境的抽象是不成功的。美国罗孚展览馆，对西方古典的传统尖顶进行了净化使建筑形象简洁、明快，引人入胜(图 8)。大家熟知的龙柏饭店，则是对基地内原有建筑的坡屋顶抽象变形为斜墙面，取得了良好的艺术效果。

七、逆反法

为达到与参照物协调，有时可以采取与参照物相反的方式进行，其结果常常更容易为人所理解。在由后现代派建筑师摩尔设计的美国新奥尔良市意大利广场，把室内甚至舞台布景的设计手法用到了室外，使这个广场既真又假，既是内又是外，既现代又古典，既通俗又超脱。匈牙利街头一家店铺的标志，其形状是对檐口混凝土花饰的简化和变形，方向却相反，使得这个标志既有很强的现代味道，又与古典花饰十分协调，而且明显夺目，充分发挥了它的功能和艺术作用(图 9)。

图 8　美国罗孚展览馆

图 9　匈牙利街头一家店铺的标志

八、时间残留法

对那些不要求绝对保护或需要继续保留，但又需扩大规模，转变功能的古建筑，视其具体情况，在可能情况下，可以局部保留下来，作为新建筑的一部分。这种作法往往可以取得一举多得的效果。首先，它可以使历史得到延续，又易于使新建筑与周围的古老环境得到充分的协调；还有利于降低建筑造价，充分发挥原有建筑的作用。由清华大学设计的中国儿童剧院(图10)，构思十分别致。它完整地保持了原有建筑西洋古典式的精美正立面，将扩建部分用大块玻璃面对在周围，更为突出了传统形象的同时，又使人感到现代化的气息，形成鲜明的虚实、材质和时间对比。匈牙利布达山上的希尔顿饭店，建造在一条古堡街上，它的旁边坐落着有名的哥特式的马休斯大帝教堂。在这个环境中，建造高标准的现代化旅馆，难度是很大的。设计者利用了时间残留法，将旧有建筑的局部保留下来，使新旧建筑交织穿插，浑然一体(图11)。设计十分成功。

图10　中国儿童剧院

图11　匈牙利布达山希尔顿饭店

九、断裂法

断裂(disjunction)的意图是使不连续的、性质不同的体系突然相冲突，产生一种冲击性的对比协调。断裂法是西方的现代设计思潮之一，当被用于新与旧的外在关系的表达上，往往在于新与旧的突然中止，从而起到新旧联系和强调作用。美国的诺琪公司是BEST公司的一个展销部，它被设计成用一个豁口和一堆可以推来推去的“碎砖块”作大门(图12)，含有双重的隐喻：一方面它象征着现代与过去的断裂，尽管建筑的造型是现代化的，但从这里人们很容易联想到以往发生的事情；另一方面使顾客面对这个被置于一边的残角和建筑上的“BEST”商标而大为惊讶之余，联想到其中的暗示该公司鄙视劣质商品。图13所示的设计模型，更是把“传统”凌驾于“现代”之上，中间用一条玻璃裂缝将二者连接起来，暗含对传统的高度重视之意。

图12　美国诺琪公司

图13　设计模型

十、景框法

景框限定了空间边界，收敛了观者视线，对该范围内的景物起到了强调的作用。在特定条件下，如果把新建建筑作为对原存重要历史建筑的景框，取舍得体，必会取得明显的效果。成功的实例是不胜枚举的。天津国际商场临街而建，基地的后面恰好是一座古老而精美的西式教堂建筑。若新建商场的巨大体量平地突兀而起，必然将这座教堂遮在背后，从而使这段历史隐没在一片新建筑之中。设计者充分考虑了环境、社会和文化因素，将商场分作两部分设计，同时，将这两部分之间拉开一定距离，使教堂中轴线与这条“缝”的中轴线重合。街上的人们从两座建筑之间刚好看到教堂的全貌，尤如一个景框突出了教堂的形象。商场街立面以实为主，简洁而充满新意的处理，更衬托出古教堂建筑的风韵。二者间的主从关系十分明确，尽管两个时代的风格迥然相异，但却缺一不可，似乎比当初更完美。传统与现代化的结合是个大课题，为了中国建筑的今天和未来，我们应该研究的不是怎样去地道地仿效传统形式，也不是怎样追随外国的建筑模式，而是要走出一条有中国特色的现代建筑发展的道路。

构思·创新·求索

1986年

——谦谈“北方农宅1616系列设计方案”的设计构思

建筑设计作为一种创作活动，其关键是什么呢？有人认为应把满足其功能作为建筑设计的主要问题，因为人们建造它的目的主要是为了使用。这是从建筑的物质价值方面得出来的结论。另有人则认为，最重要的是塑造出新颖优美的造型，如此才能形成丰富多彩的生活环境。这是以建筑的精神价值为主而得出的结论。无疑，二者都是在建筑设计中必须满足的条件。但是更重要的不是把建筑设计当成一种生产过程，也不是把它当成艺术过程，而是作为一种思想过程。使它反映某种意念，具有一定的思想性。

一个成功的建筑作品，首先要来自好的构思。建筑师总是要把自己对社会、对科学技术、对艺术和对人的理解，用建筑空间的形式表达出来。因此，从某种意义上说来，建筑就是作者本人建筑哲学思想的表现形态。美国当代著名建筑师波特曼的作品之所以受到欢迎并在世界很多地区掀起了一股“共享空间热”，就是因为波特曼把“人要作为建筑主体”的思想充分在他的作品中体现出来，而带来了生动壮观的空间效果、方便多姿的生活环境、新颖别致的建筑造型和十分可观的经济收益。同样，我国青年建筑师李傥的“功宅”设计方案并没有把重点放在如何处理复杂的功能关系或创造奇特的建筑造型上，而是把笔墨重点用于创造出一种富有浓郁中国传统气息的修炼气功的环境空间，使他的方案具有强烈的思想性，并在日本主办的一次国际竞赛中独占鳌头。

前不久参加了全国村镇建筑设计竞赛，使我对建筑设计如何创新等问题有所体会。人们往往认为农村住宅做来做去就是那个样子，大同小异，很难有所突破，我对此深有感触。题目虽不算大，所含内容也不很复杂，但难就难在怎样为设计方案注入一种有深度、有创见又有现实意义的思想素质。经过认真的思考，我感到，这次方案设计的主导思想需要落实在这样几个问题上：如何适应当前农民住房的需求特点？如何跳出以往农宅设计的格式？如何满足目前农村施工条件的要求？如何建立一种新的设计方法？而弄清目前农民对住房需求的特点，又是问题的焦点。

通过对部分地区农村现状调查。我们看到，党的新的农业政策和农村经济体制的改革，大大促进了农业生产的发展，迅速改变着农村的面貌，农民逐步富裕起来，盖新房的要求已经不仅限于个别富裕户，很多地方出现了新房成片起的兆头。农宅的大量建造和村庄规划的问题已经提到日程上来。因此，从整体上看，农民对新宅的要求既存在“质”的问题，也存在“量”的问题。不仅应为一宅一户设计，更要满足批量设计和环境规划的要求，这是目前农村建筑形势的最大特点，也是使本次农宅设计与往年不相雷同富有个性的关键所在。

虽然已经找到了本次设计应解决的主要问题，但怎样把这个思想变成建筑师的语言体现在方案之中，又重新使我陷入僵局。在一个偶然的机会看到的一堆玩具积木，使我受到很大启迪：仅由十几个简单的几何形块体就可以拼装成各式各样精美的建筑造型，这其中蕴含着深刻的哲理，反映着自然界中某种普遍规律。由此联想到，红、黄、蓝三原色及其相互调合，构成了五彩缤纷的色彩世界；点、线、面三原形组成了复杂的形体；人、建筑、道路、绿化组合而成一座座充满生气的城市；有限的几种化学原素则构成了这个气象万千的物质世界。

从微观到宏观，处处都存在着这样一个现实：简单构成了复杂，简单存在于复杂之中。组合，是自然界中一个带普遍性的规律。玩具积木这种简单的构件、巧妙的拼合、丰富的造型，不正是我所寻求的解决难题的出路吗！于是，以积木为线索的“北方农宅 1616 系列设计方案”(以下简称“1616 方案”)就从这里展开了。

1616 方案有如下特点：

一种板型：为了便于农村的施工、有利于构件的定型化和大规模生产，在这个方案中仅采用了 3.3 一种板型。

六种空间组合单元用 3.3m 一种板型构成了甲型(3.3m×2.1m)(仅作楼梯间)，乙型(3.3m×4.5m)、丙型(3.3m×3.9m)、丁型(3.3m×5.1m)、戊型(3.3m×2.1m)、和己型(3.3m×3.0m)等六种不同尺寸的空间组合单元(图 1)。使用时，可以根据它们各自的适应性，满足不同的功能需要。例如：乙型空间可以用作厅，也可以作为居室；己型空间可以用作仓库、书房、方厅、厨房或小型居室。做到标准空间，灵活使用。

十六种户型组合：因为设计的着眼点在于千家万户，而非一宅一户，因此，“1616 方案”的立意则为探讨用尽少类型的构件，拼成多种多样的空间组合形式。为了满足北方农村生活的需要，这些不同组合要建立在一系列的前提条件之上。这些条件包括：尽量加大建筑进深，做到平面紧凑，有利墙体保温；主要居室和生活空间取得南向，且无北向外墙；底层房间满足“一把火”取暖要求；家家有南向室外晒台；各居室设南炕或顺山炕，符合东北农民的生活习俗；厨、厕、厅都有自然采光与通风；厕所满足土法水洗条件；避免北向入口，并设外门斗，还要满足北方农民日常生活中的各种行为要求。在这个基础上，用六种标准空间作为基本组合元素，提出了十六种户型组合示例(图 2)。当然，这十六种户型并非包括满足以上条件的一切组合类型。方案本身，仅是对这种设计方法的探讨，用这种方法，还可以组合出更多的户型。

这种空间组合式设计，对丰富建筑造型，对一个街坊、一个村落建筑风格的统一，十分有利。

建筑平面的多样化，带来了建筑形体的丰富多彩。一般说来，建筑标准化的弊端常常在于建筑造型的单一。在以往的设计中，也出现过无个性的单体，兵营式的小区之类的问题。因此，如何处理标准化和多样化之间的矛盾，一直是大家努力解决的问题。本设计探讨用建筑平面组合形式的变化，取得建筑造型的多样化。例如：A、B、C 三个户型，由于平面不同，形成了各自的造型(图 3)。同时，它们又可能做成二层楼房式组合，也可能形成一层平房式组合；可能用平屋顶，也可能是坡屋面，还可以做成平、坡屋面相结合的形式。从而，为建筑造型的多样化创造了条件。

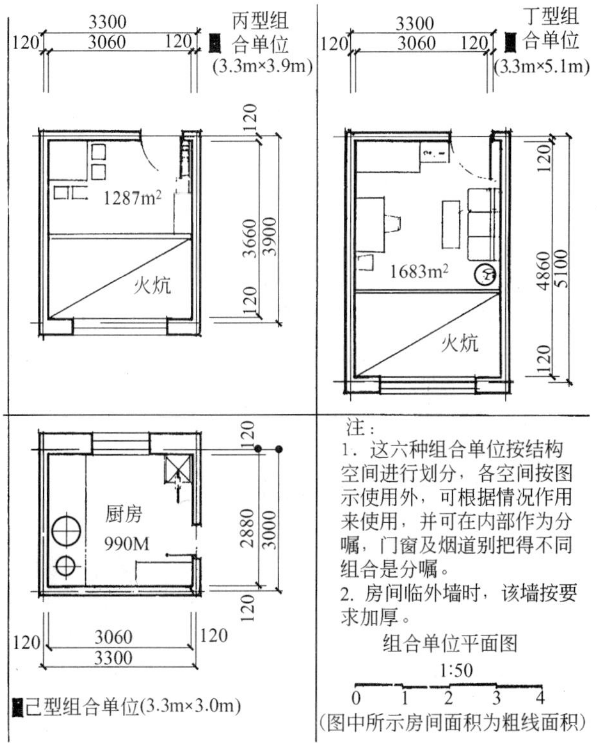

丙型组合单位(3.3m×3.9m)
丁型组合单位(3.3m×5.1m)
己型组合单位(3.3m×3.0m)

注：
1. 这六种组合单位按结构空间进行划分，各空间按图示使用外，可根据情况作用来使用，并可在内部作为分嘱，门窗及烟道别把得不同组合是分嘱。
2. 房间临外墙时，该墙按要求加厚。

组合单位平面图
1:50
(图中所示房间面积为粗线面积)

图 1-1 空间组合单元丙丁己

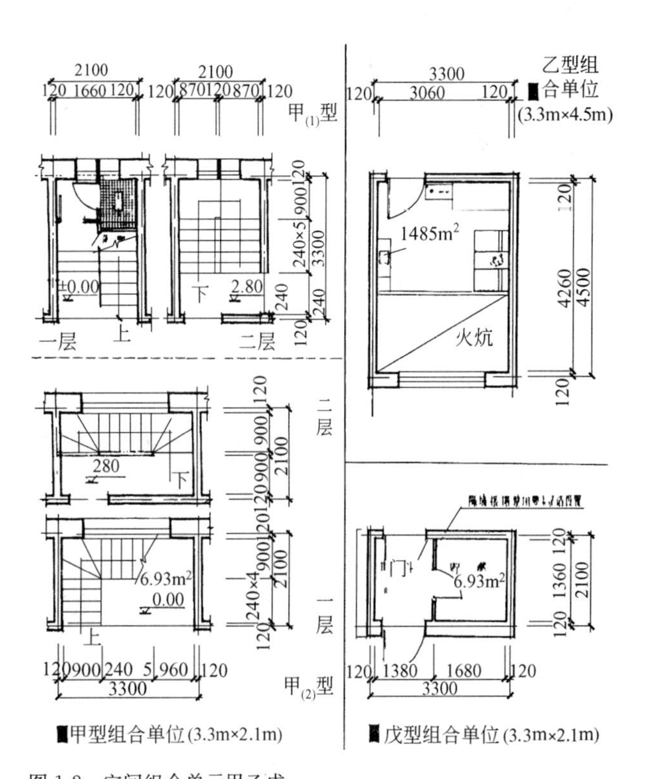

图 1-2 空间组合单元甲乙戊

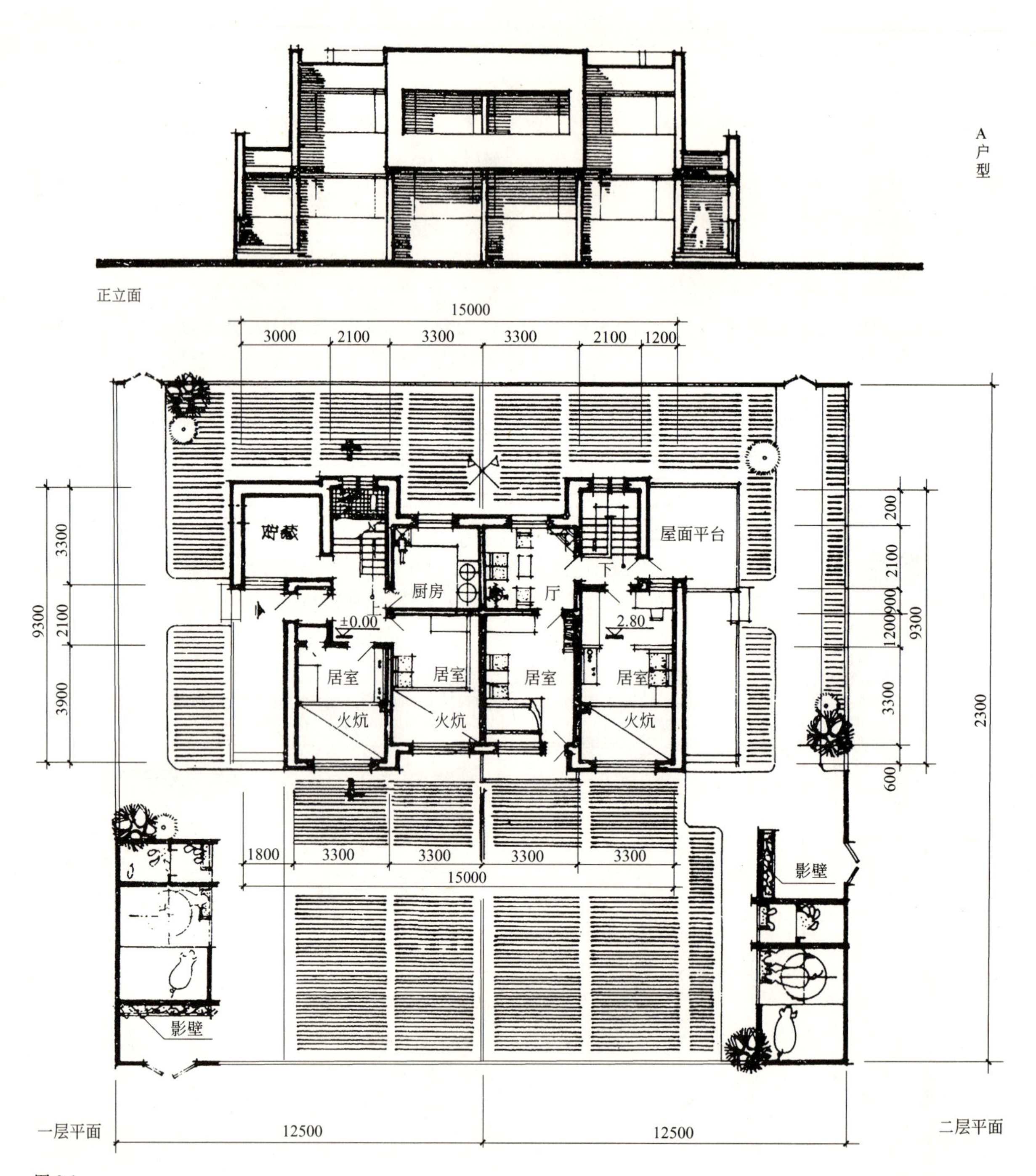
A
户
型
正立面
15000
3000
2100
3300
3300
2100
1200
3300
2100
3900
9300
贮藏
厨房
厅
屋面平台
±0.00
2.80
居室
居室
居室
居室
火炕
火炕
火炕
200
2100
900
1200
3300
600
9300
2300
1800
3300
3300
3300
3300
15000
影壁
影壁
一层平面
12500
12500
二层平面
图 2-1

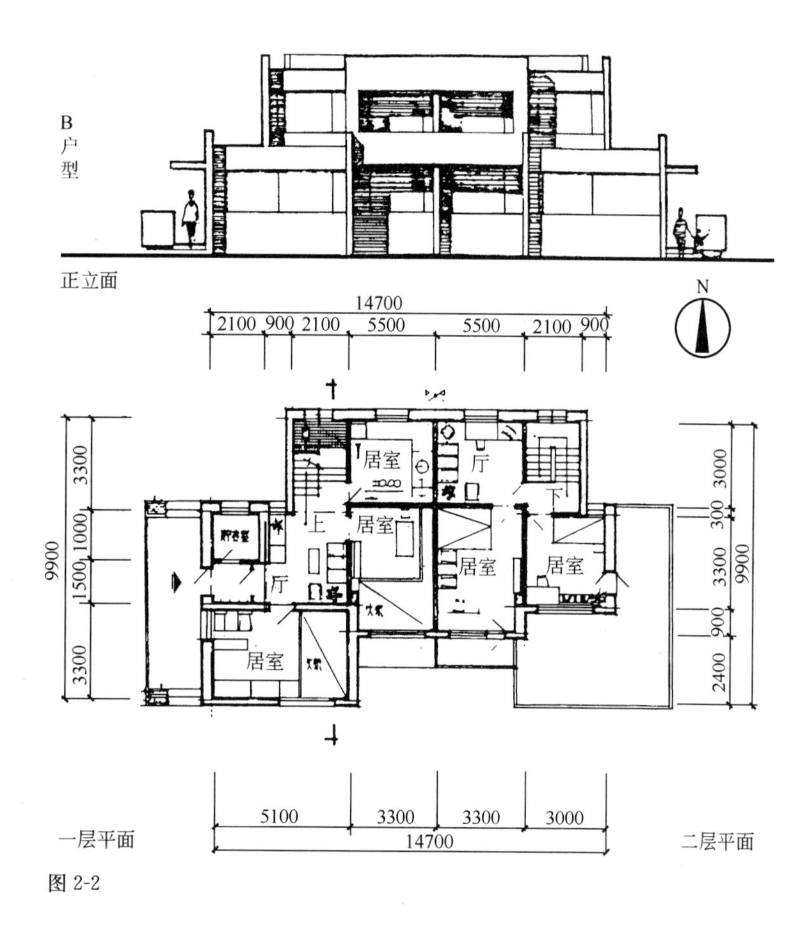
B
户
型
正立面
14700
2100 900 2100 5500 5500 2100 900
N
3300
1000
1500
3300
9900
居室
厅
上
居室
厅
居室
居室
下
居室
3000
300
3300
900
2400
9900
5100 3300 3300 3000
14700
一层平面
二层平面

图 2-2

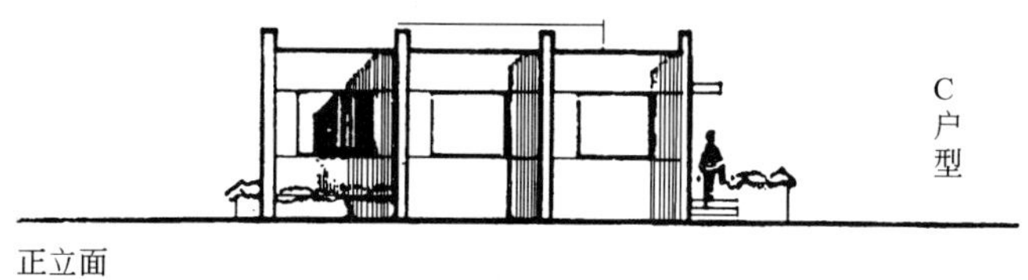
C
户
型
正立面

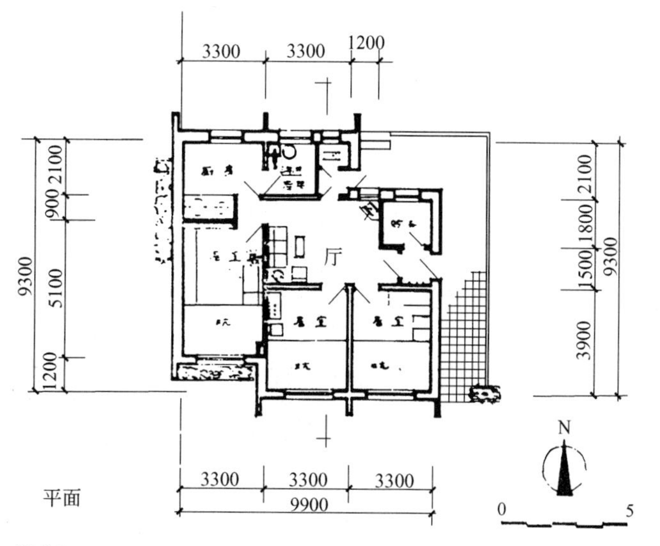
3300 3300 1200
2100
900
5100
1200
9300
厅
2100
1800
1500
3900
9300
3300 3300 3300
9900
N
0 5
平面

图 2-3

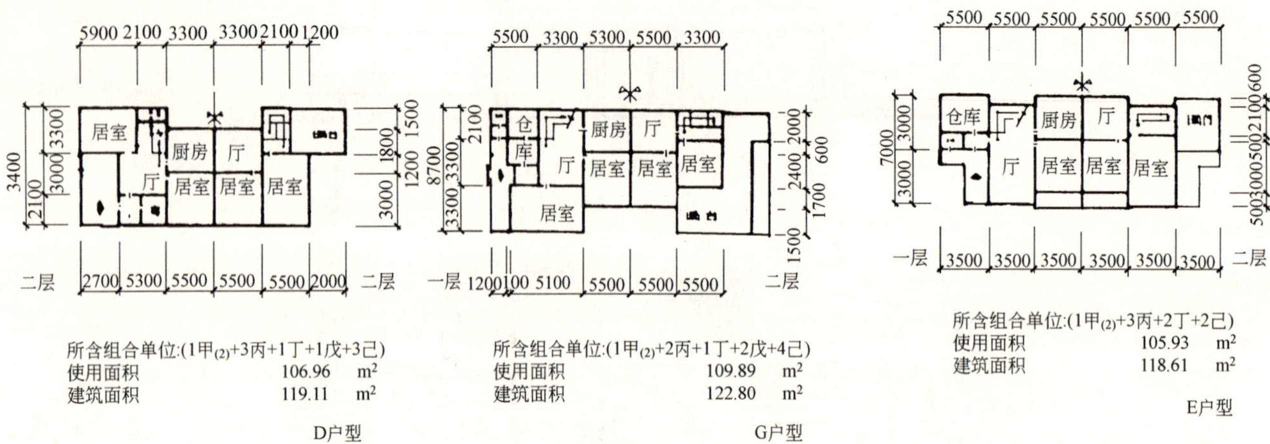

所含组合单位:(1甲$_{(2)}$+3丙+1丁+1戊+3己)
使用面积 106.96 m^2
建筑面积 119.11 m^2

D户型

所含组合单位:(1甲$_{(2)}$+2丙+1丁+2戊+4己)
使用面积 109.89 m^2
建筑面积 122.80 m^2

G户型

所含组合单位:(1甲$_{(2)}$+3丙+2丁+2己)
使用面积 105.93 m^2
建筑面积 118.61 m^2

E户型

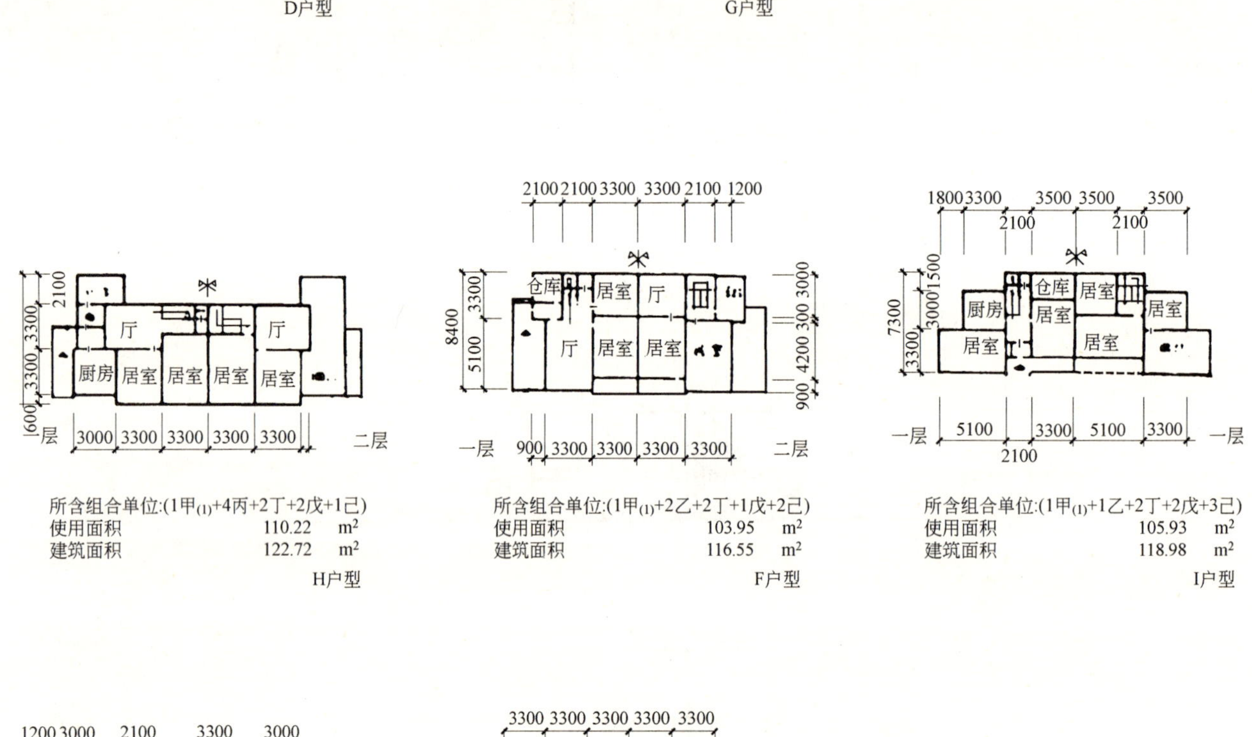

所含组合单位:(1甲$_{(1)}$+4丙+2丁+2戊+1己)
使用面积 110.22 m^2
建筑面积 122.72 m^2

H户型

所含组合单位:(1甲$_{(1)}$+2乙+2丁+1戊+2己)
使用面积 103.95 m^2
建筑面积 116.55 m^2

F户型

所含组合单位:(1甲$_{(1)}$+1乙+2丁+2戊+3己)
使用面积 105.93 m^2
建筑面积 118.98 m^2

I户型

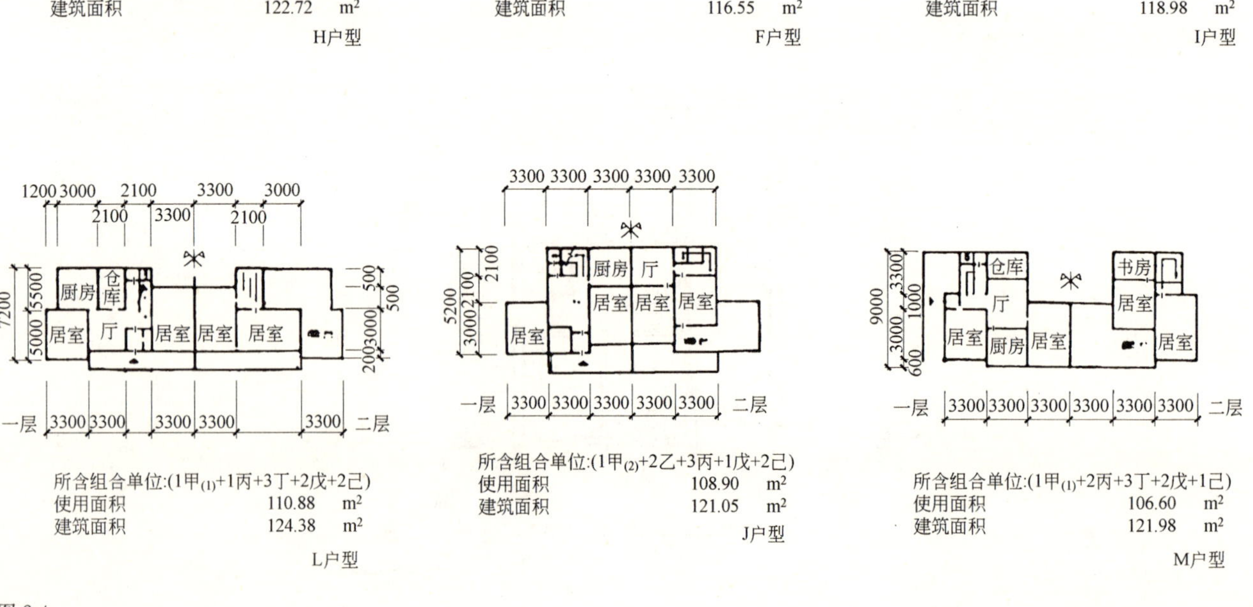

所含组合单位:(1甲$_{(1)}$+1丙+3丁+2戊+2己)
使用面积 110.88 m^2
建筑面积 124.38 m^2

L户型

所含组合单位:(1甲$_{(2)}$+2乙+3丙+1戊+2己)
使用面积 108.90 m^2
建筑面积 121.05 m^2

J户型

所含组合单位:(1甲$_{(1)}$+2丙+3丁+2戊+1己)
使用面积 106.60 m^2
建筑面积 121.98 m^2

M户型

图 2-4

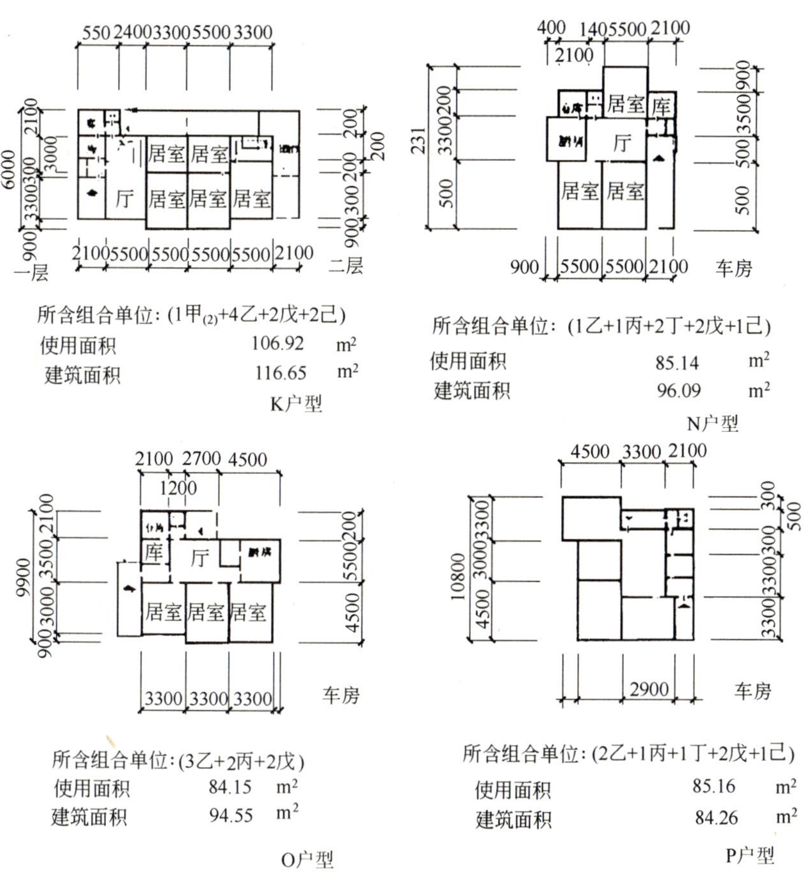

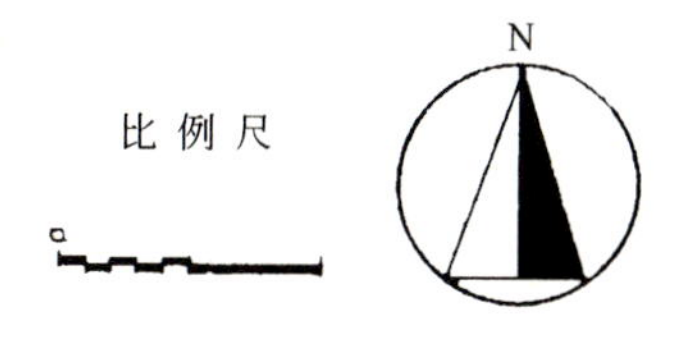

1. “1616”农宅设计用一种板型(3.3米)、六种组合单位为您提供了十六种户型组合示例，构成系列农宅方案。
2. 既可组合成楼房，又可组合成平房，并取得多样的造型和统一的风格。
3. 此十六户型组合仅为“示例”，可利用电子计算机，组合出更多的方案。
4. “2甲”——即表示在该方案中，包括两个甲型组合单位。其他类推。

户型组合

图 2-5

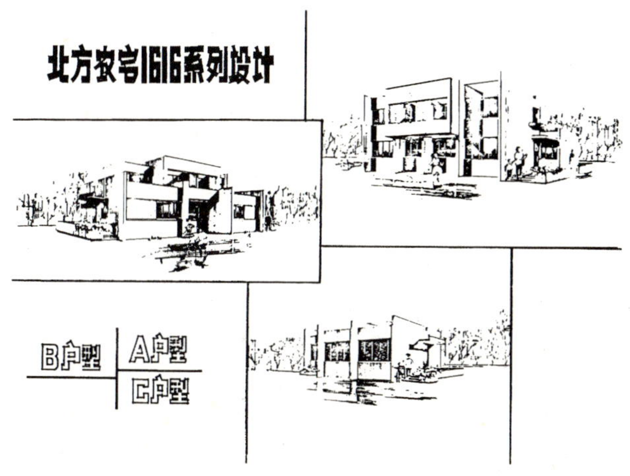

图 3　三种建筑造型

空间组合单位的标准化，带来了建筑群风格的统一。由于建筑的基本组合单元——“间”仅有六种类型，有较强的规律性，因此，由这六种空间组合而成的建筑体量，在风格上很容易做到一致。“局部多样，总体统一”，这是建筑构图的一条原则。如果把每幢住宅视为局部，它们应该是丰富多彩的。过分的重复，就造成单调。对于一个街坊、一个村落来说，需要的就是风格的统一了。处处对立，会造成杂乱无章。当然，这种统一，是在多样基础上建立起来的统一。但如果把一个街坊、一个村庄看作是局部，那么，它们又各自应有各自的特色，而在更大范围的整体中去寻求新的统一。“1616 方案”这种空间组合式设计，恰恰对作到户户有个性、村村有特色是十分有利的。

在“1616 方案”的设计过程中，对建筑的继承与创新等问题有所思考。从某个角度上看，建筑的历史可以说是继承与创新之间的竞争史。某种建筑风格在一个时期内可以风靡一时，建筑师们为它的完美和登峰造极而竞相献技，群众也以此崇为时尚，引为自豪。但往往就在它盛极一时之际，一种新的、截然不同的建筑风格却在酝酿着，随即破土而出，并逐渐取而代之，形成一种新的热浪，从而完成了一种风格的持续和另一种风格的创新与发展过程。但是，人们的继承要求并不局限于某个时代之内，喜古、好旧的思想作为人们的一种文脉要求，也表现在对过去建筑与过去习俗的怀念之中。因此，在建筑的发展史上，常常穿插了一些复兴古典建筑风格的时代。即使是一种全新形式流行的时候，也不难从中发现很多传统作法的片断和符号。继承和创新就是这样互相竞争又互相渗透的一对矛盾。二者都是时代的需要，是缺一不可的。然而，在这二者之间，并不是均等关系。创新是主要方面，是永恒的，而继承是要受到一定制约和有时间性的。因为历史的总趋势是新事物的不断产生、发展、壮大与旧事物的衰落和消亡。

创新是建筑创作的精髓，没有创新就没有生命力。“1616 方案”在这个方面做了一些努力。

除了在设计方法上试图探索一条新路之外，在建筑的空间关系和建筑造型方面，也立足于创新。东北传统的民居空间构成是一种以堂屋为主向两侧伸展的组合形式。但随着农民生活水平的提高和生活方式的变化。这种以堂屋为中心的组合形式已不能满足人们的要求，需要建立一种新的生活秩序。“1616 方案”大胆突破了传统格局，用厅取代了堂屋的中心地位，形成了更加紧凑、亲切、方便的空间格局(图 4)。在建筑造型方面，东北地区原有的泥土建筑和简易的砖石农宅造型简陋而无特色，不应该过分地强调继承。因此，本着简单易建、美观大方的原则，进行了大刀阔斧的创新，力图形成一种表现新技术，新材料的特色。考虑到为适应单座住房建造的可能性，在建筑材料、颜色和建筑体量关系上，努力与周围环境取得协调(图 5)。

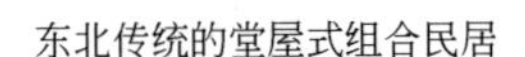

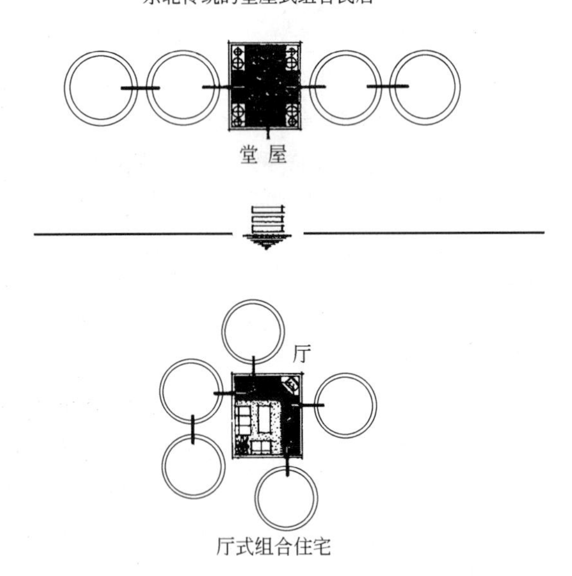

图 4 建筑的空间关系

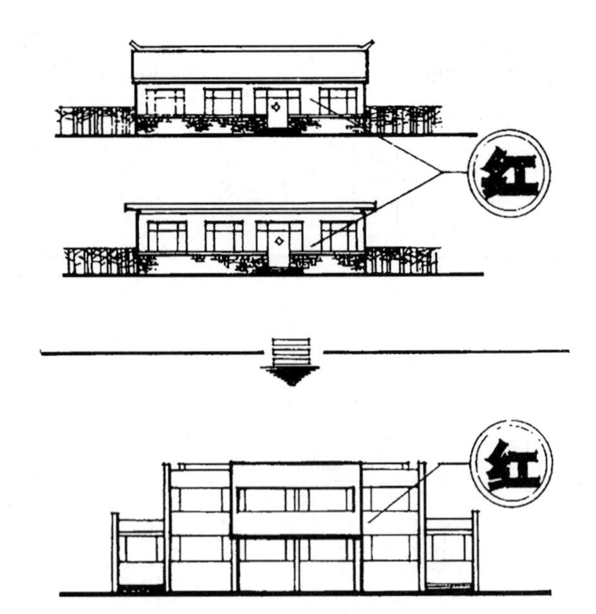

图 5 建筑造型

创新从来都是在原有技术和风格基础上的创新。世界上没有任何东西是凭空臆造出来的，哪怕是最伟大的发明、最离奇的创造，也是博人所长，借鉴和吸收了先人的经验教训，再经过突破性的发展得来的。因此，发掘和继承优秀传统，既反映了人们心理和习俗方面的要求，也是发展和创新的需要。创新不能排斥、也不能替代继承。当然，继承不是历史的重复；不是要人们不根据、不考虑今天的建筑技术、材料、社会、经济、思想等情况，而盲目照抄、照搬过去的或他人的东西；也不是仅仅把古董旧货改头换面、迁强附会地用到现代建筑中。那么我们应该从传统建筑中学习什么呢？这包括两方面的内容：其一是要抓住优秀传统内在的、实质的东西。用黑川纪章的话说，叫做“学习那些眼睛看不到的、精神上的东西。”比如中国古典哲学思想对建筑的影响，中国民间习俗在建筑中的反映等等。这些都是看不见、摸不着的东西，但是它对建筑空间的构成起着很大的作用，使得中国建筑具有与外国建筑截然不同的鲜明特点。这恰恰是我们建筑师应该研究的重点。其二，是把那些优秀的、强烈反映着传统特征的局部，经过提炼、抽象和改造，运用到我们的建筑中来。通过这些传统的片断和符号，唤起人们对过去的记忆，使建筑更具有人情味和时空上的连续性。二者之中，前者是本质，后者是皮毛。大概近乎我们常说的“神似”与“形似”的关系。当然，只要不把它们当成作茧自缚的教条而阻碍创新的步伐，这两种作法，都不妨在我们的设计中尽情体现。颠倒了“神似”与“形似”的关系和把“神似”与“形似”对立起来的看法，都是片面的。“1616 方案”注意把现代设计方法与中国民居中那些“看不见”的优秀传统作法结合起来，作了一些初步的尝试。中国传统的空间构成是以“间”为基本组合单元，由“间”组合成“房”，再由“房”围成“院”。这每一个院又进而成为空间组合的基本单位，组成街坊，以至形成棋盘式的城市布局。但在近代住宅设计中，由于学习了国外的设计思想，对这种以“间”为基础的组合式设计反而忽视了。目前大多采用以“户”、“宅”、甚至以更大范围空间为单元的组合设计或整体式设计。“1616”方案则重新采用了“间”式组合手法。这对于农村的施工条件，批量设计与建造、建筑造型和计算机的参与都大有好处。但是，这种“间”式组合，并非机械地模仿古典式仅在平面方向上的叠加，而是更适合现代生活和现代建筑技术与材料要求的多向性组合，努力使继承与创新达到统一(图 6)。在空间布局方面，“1616 方案”采用了以厅为中心的处理手法，这不过是学习运用我国传统中庭空间的作法。在北方四合院式建筑中，它的“院”实质上是这组建筑的中心。四周的房屋都围绕着它，成为它的背景和环境。因此，这个院就自然成为全家人休息、聚汇、交通等公共活动的枢纽。它相当于中国民居中的“波特曼空间”，只不过这仅是一种平面上的共享空间。“1616 方案”努力把来自民间的这一传统习俗在新式住房中反映出来，形成了以“带顶的院”——“厅”为中心的空间构成格局。

此外，该方案在紫扉影壁和白围墙什锦窗等局部处理方面，也尝试运用符号、标志等手段，努力加强建筑的乡土气息和亲切感。

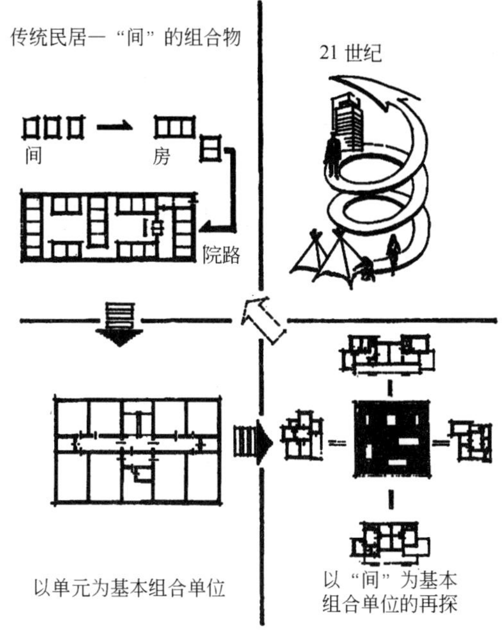

图 6　间式组合

建筑设计如何做到在时代建筑中独辟蹊径，现代建筑又如何结合传统，这是一个吸引我不断追求和探索的课题。不少建筑师在创作实践中，做过多方的尝试有成功，也有失败，但都使我们从中获益，有所提高。让我们用共同的努力，换来建筑创作的繁荣。

面对建筑创作的思索

1990年 ——参加戴欧米德岛建筑设计竞赛的体会

建筑创作的过程，主要应该归纳为三个层次：立意、构思和表达技巧。这三者按其排列的顺序逐层深化，并贯穿于设计过程的始终。

所谓立意，是建筑师设计意图总的体现，是其作品的主题思想之所在，是创作的灵魂。意在笔先，在建筑创作之前应先有立意。任何艺术创作，都必须有一个明确的主题。文学、音乐、美术无不如此，建筑也依然如此。贝聿铭以寻求在现代建筑中反映中国传统文化的立意，塑造了北京香山饭店；波特曼以改善人文环境建立协调单元的立意，创造了共享空间的建筑形式；而在"虽为人作，宛若天开"的立意下，产生了中国的古典造园艺术。

构思是在创作立意确定之后，围绕立意进行的积极、科学的想象过程，是建筑师运用建筑语言表达立意的手段。建筑构思要力求新颖，避免雷同，又要具有巧妙性。南宁体育馆围绕节约能源的立意进行设计构思，它采用了透空观众座席的方法，带来了比赛大厅上空良好的自然通风，既不会影响场地上比赛的正常进行，又充分显示了南方炎热地区的功能要求和灵巧通透的造型特色，是一个新颖且十分巧妙的构思。同样的立意，又可以有不同的构思方式。莱特在"有机建筑"的立意下，根据不同的客观条件，采用不同的构思，使其设计各具特色。他的草原住宅、古根汉姆博物馆和考夫曼落水别墅的构思如此独特，各不相同，充分显示了他善于抓住设计的特定条件，从精辟的分析中，寻找出最为恰当的解决方法。

表达技巧是建筑师实现其创作立意与构思的保证。只有掌握了良好的设计手法和技巧，才能使建筑师的设计思想在其作品中得到完美的体现。

因此，一个成功的作品总是作者把自己对建筑、对世界的理解，通过科学的思考和高度的想像，建立起有创造性、有特色又有科学性的立意，经过恰当而巧妙的构思，选择最充分又有逻辑性的建筑语言，再运用纯熟的表达技巧，使建筑的思想性在作品中得到淋漓尽致的体现。

1989 年 3 月我与其他同志合作，参加了由美国和前苏联联合举办的一次国际建筑设计竞赛活动——戴欧米德岛建筑设计竞赛(Competition Diomede)。我们主要在建筑设计的立意和构思上做文章，收到了一定效果，也得到了较深的体会。

下面以此为例来进一步说明我们对创作构想的理解。

一、戴欧米德岛建筑设计竞赛的背景

当今世界由冷战走向缓和，由对立走向对话，两个超级大国由明争暗斗转向明和暗斗，在表面上都努力给人以积极谋求和解与接触，致力于世界稳定的印象。这次建筑设计竞赛正是美国和前苏联两国在这种形势下所共同做出的又一姿态。

戴欧米德岛是由位于美国和前苏联两国最接近地区——由白令海峡上的两个小岛组成的。靠近美国阿拉斯加一边，面积略小的一个叫小戴欧米德岛。靠近苏联西伯利亚一边面积稍大的一个，叫大戴欧米德岛(图1)。最初，白令海峡仅有 100m 深，戴欧米德也还不是岛屿，而是一些小山脉。它成为连接阿拉斯加和西伯利亚的水上通道。以后，随着地壳运动它逐渐为海洋所淹没，仅冒出两个海拔 500m 相距 10km 的小岛屿。尽管戴欧米德岛在北极圈以南，但仍属北极气候。每年12

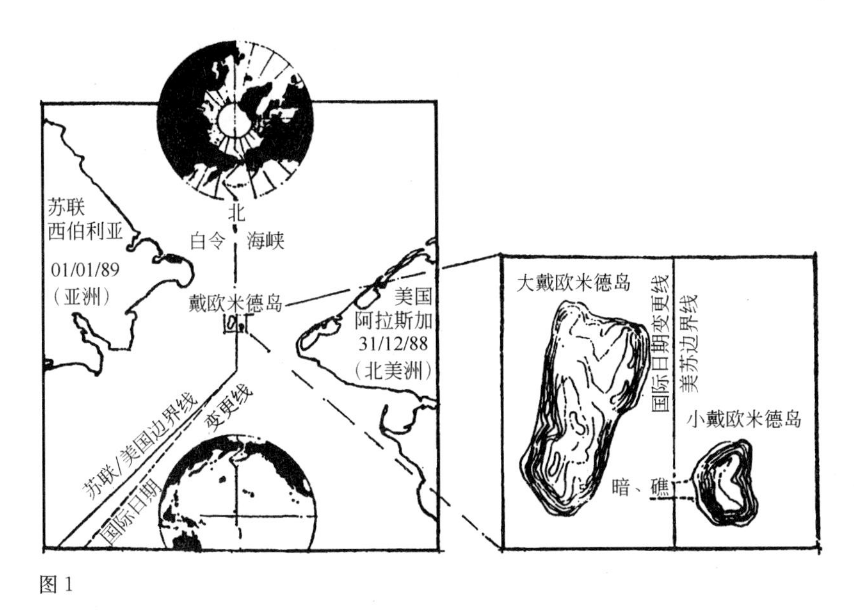

图1

加上时间上的反差。

最近，美国与前苏联双方在白令海峡都向对方表现出“友好”的姿态。一个名曰“穿越大陆”的展览已在美苏双方人类学家的共同努力下，于1988年10月在华盛顿展出。1987年夏天，美国游泳运动员列尼·库克斯从小戴欧米德岛横渡到大戴欧米德岛，成为40多年来美国第一位合法从小戴欧米德岛进入苏联领土的人。1988年6月，一些住在美国的爱斯基摩人乘坐阿拉斯加州的飞机到西伯利亚去探望亲人，并且阿拉斯加州正试图建立定期航班，以便加强两国人民间的联系。

月到次年3月，岛屿之间的海水完全冻结，甚至可以用来做飞机跑道，成为它们相互之间的“桥梁”。

19世纪初，俄国沙皇宣布了对阿拉斯加的主权，并在那里建立了俄美贸易。直到19世纪中叶，阿拉斯加殖民地对沙俄帝国来说，并不十分重要，只有180名官员、水手和传教士生活在那里。1867年美国以700万美元从俄国手中购得了阿拉斯加的主权。至此，俄美两国的边境线就被划定在大小戴欧米德岛之间了。事实上，戴欧米德岛在当时仍是十分平静的。岛上的爱斯基摩人并未因此受到约束，争执也并没有渗透到这两个超级大国的“尾巴上”。1948年关闭边境线以前，爱斯基摩人可以来往于西伯利亚和阿拉斯加之间。正如1937年一位美国作家描写的那样：在小戴欧米德岛林肯的画像悬挂在学校的墙上，而大戴欧米德岛学校里却悬挂着卡尔·马克思的画像。这两个岛都是每周放一次电影，小戴欧米德岛上放映好莱坞的明星们，而大戴欧米德岛上的电影来自列宁格勒。住在岛上的人们往往是看完一个电影以后，再到另一个岛上去看。两岛的人们相互自由交往，思想与文化被混融一体。

1948年“冷战”开始了。自此以后两个岛被严格分割开来。这里变成了两个天地。两个岛屿分别代表着两个不同的国度，两种不同的社会制度和两种意识形态，成为互不交往的两极世界的代表。

另外，十分重要的一点是国际日期变更线恰恰从这两岛之间穿过，并与美国与前苏联两国边界线相互重合。它使得两岛间的时差为24小时，大戴欧米德岛比小戴欧米德岛提前了整整一天的时间。因此，这两个岛屿之间除了政治、思想、文化等方面的强烈对比，还得

因此，这次建筑设计竞赛正是基于这样的背景，谋求通过这两个岛相互联系的构想，勾通两个半球、两极世界、两种社会制度和两种时间上的联合(Unition)。正如这次竞赛的评委菲力普所说：“建筑设计通常都是有明确目的的。为了满足人们新的希望或是一种急切的需要，去设计一块地方或一幢建筑。戴欧米德岛建筑设计竞赛就是一个急切的征求——目的集中但又不加限制，可以广开思路。它向建筑师和艺术家提出挑战，如何重新产生时间和领土的联合——一种在这双胞胎花岗石岛屿之间隐喻的联合。这两个岛屿既互相分开，又孤立于世界的其他地方。这次竞赛要求参赛者超出以往常规的设计，考虑功能和特定因素来思考一个由辩证的和综合复杂的困境所形成的建筑。这是一次合作的竞赛，目的是为了对话增进联系和表现建筑师巨大的潜力。”

二、我们的立意与构思

要解决问题，首先应该分析造成这种现状的原因。只有正确地“诊断”，才会找出有针对性的、有效的解决办法。我们设计的目的是要寻觅一条重新建立两个岛屿、两个国家、两个半球、两种社会制度和不同时间相互联合的途径。那么，究竟是什么造成了它们今天的对立呢？是白令海峡妨碍了它们之间的融合与统一吗？若真是这样，我们倒要在如何勾通两岛、两国的交通联系方面去动脑筋。但是，事实并非如此。历史上戴欧米德岛上的爱斯基摩人不是可以自由地往来于西伯利亚和阿拉斯加之间吗？那时，白令海峡就已存在于它们之间了。假如今天处于美国和前苏联边界线和国际日期变更线两侧的不是两个岛屿，而是一个完整的、相互连贯的

陆地，可以肯定，这条线两侧的土地上仍然会存在着相互戒备的不同国家、不同的社会制度与不同的时间概念。所以，造成它们之间相互对立的根本点，并不在于自然的、地理的和其他物质上的客观因素，而是人为所致。因为这条边界线和国际日期变更线都是人为划定的。显而易见，在大小戴欧米德岛之间若没有这条边界线，它们之间本不会比印度尼西亚各群岛之间的关系更为疏远。在同一国度中，仅相距 4km 的两个岛屿，即使被国际日期变更线所分隔，也有可能依照同一的标准时间记时。人为造成的矛盾，就必须从人为的方面去寻觅解决问题的途径。国界线和国际日期变更线尽管都是一种看不见摸不着的非物质存在，但它们的作用都是如此之大，成为“联合”的最大障碍。在这两条无形的线中，国界线又是矛盾的主要方面，只要解决了国界的问题，其他问题也就不复存在。因此，实现这种联合的关键就在于这条人为的边界线的划定和它两侧人们谋求和解的态度。而这次竞赛本身恰恰表达了美国和前苏联双方谋求对话与联合的意向。

基于上述原因提出我们的构想——将美国的国界线由大小戴欧米德岛之间移到大戴欧米德岛的西侧，而把前苏联的国界线移到小戴欧米德岛的东侧。于是，这两个岛屿为美国和前苏联两国共有，成为美国和前苏联两国领土“集合”中的“交集”(在这里，我们借用了数学中有关“集合”的概念，因为更改后两国在这一地区的领土关系，正是这样的一种数学关系。图 2)。美国和前苏联的领土不但没有因此而有所损失，反而都得到了扩大，因此，这一建议存在着为双方接受的可能性。这里将变成一个特殊的地区：它可能在使前苏联增加了一个加盟共和国的同时，又使美国的国旗上新添上一颗星。实际上，对美国和前苏联两个国家来说，更重要的倒在于其象征性的意义。一旦打开了这道人为的国界，一年中将近四分之一时间的海水冻结，加上发达的现代科技，两岛间的密切交往再不会成为什么问题。船舶、桥梁、海底隧道、填海造田、两岛统一的总体规划设计，多种多样的手段都可以使戴欧米德岛成为一个纯粹的“联合体”。岛上的人们(包括来自美苏本土的旅游者)再不会被那条想象中的线所约束。情感、文化及各种社会生活都将得到广泛的接触并融为一体。它又将促进和象征着美国和前苏联两国以至东西两半球进一步的沟通与联合。

我们的办法是要通过一种人为的和无形的手段，去排除原本那条人为的、无形的障碍，这就是解决问题的基本点。为了将这种无形的意图展现给两个岛上的居民和世界上的人们，也为了给这段历史留下一个永久的纪念，我们对这种意念采取了一种物化措施：这就是在两岛间树立起一个以“联合”为主题的地区标志物。

在从小戴欧米德岛延展出来的暗礁上，升起一组红兰双色不锈钢扁柱组成的抽象雕塑。它在平面上呈两条“U”形弧线，相互扭结在一起。这两个“U”分别取之于美国和前苏联两国国名的缩写字母(美国：USA，前苏联：USSR)，其平面形状又恰恰与这一地区调整后两国的边界线构成相似形，它象征性地强调着这一地区两国边境线的构成意图。两种颜色代表着两极世界。两组扁柱以由低到高、由疏到密的动态造型，引喻着两极世界及其联合不断发展的上升势态。每一颗扁柱又以不同角度的渐变迎向运动着的太阳而熠熠生辉。它们生长在大小戴欧米德岛之间的海面上，充分显示着这一地区的特色，象征着由大海相联结而生息着的全人类之间的永生的联合精神。

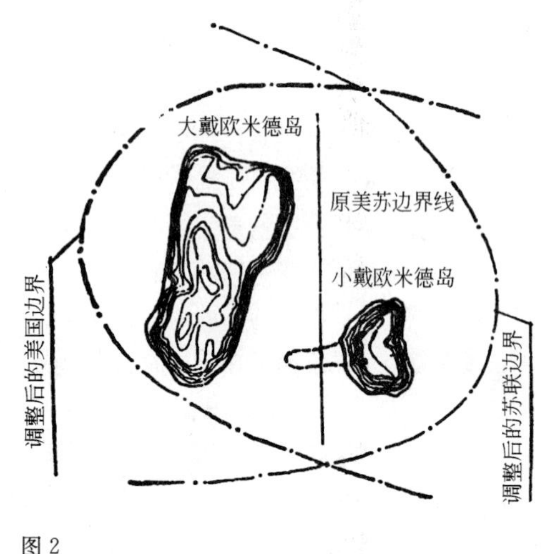

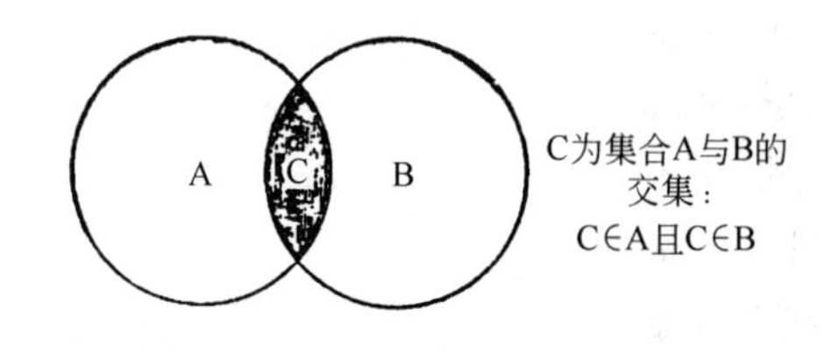

图 2

三、由此引发的议论

我们的方案主要从设计的立意与构思入手，重在人为而非物质的处理办法，去达到"联合"的目标。作为建筑设计的立意与构思，这仅仅是其中的一种情况。有的需要体现为某种哲理，有的则需要体现为现实的、物质的处理过程。但无论哪种情况，都必须基于对客观条件和最终目标进行有逻辑的、科学的分析。所采取的手段决不能根据主观意念和脱离客观实际的凭空臆造而决定。面对不同的设计题(项)目，应采取不同的对策，从而正确地确定自己的立意与构思。对于设计竞赛也存在着两种类型。一种为专题竞赛，例如日本的"现代方舟"、"水晶宫"、"未来乡土博物馆"和这次"戴欧米德岛"等设计竞赛。这类竞赛的目的在于激发建筑师对立意的重视，培养构思能力，重在引导学术上的争鸣与提高。竞赛要求设计者具有较高的艺术创作素质和较高层次的分析、思考问题的能力。另一种竞赛为专项竞赛，例如香港的"顶峰"、巴黎的"蓬皮杜文化中心"、悉尼的"歌剧院"设计竞赛以及各种设计投标活动。它们的目的在于针对具体建设项目，提出有创造性、又现实可行的设计方案。要求设计者在理论与设计实践方面既要有较深的造诣，又要对当代建筑发展状况有透彻的了解和较强的综合处理问题的技能。在我们的设计中，必须强调在建筑创作的立意和构思上下功夫的同时，又不能片面地因为追求某种思想而忽略了建筑的功能和技术等方面的要求，忽略了建筑的社会和工程属性。当然，对于不同的要求也可以有所偏重，但偏重决不能达到忽略的程度。

有的人在设计中对创作的立意和构思不够重视，把建筑设计仅仅理解为对使用功能和现实性的满足。其作品无非是按照面积、技术与工艺要求排排房间，再套套流行的形式而已。这决不会成为一件成功的作品，也算不上一幢真正的建筑。也有的人沉溺于某种"高深莫测的理论"，而忽略建筑的功能要求和现实条件。其作品或呈现为一种无法使用、又令人难以理喻的怪模样，或是一幢无法建成的"空中楼阁"，这也不是真正的建筑。建筑创作应以使用要求和技术条件作为前提，在使之充分得到满足的情况下，才有创新及其艺术内涵实现的意义。作为设计者的创作立意与构思，也应该使人通过对其作品的观察和体验产生明了的感觉。那种靠语言和文字说明进行长篇累牍解释的"设计构想"，都是不能令人信服的，其作品也必然是不成功的。

建筑创作的过程是一种在开拓道路上摸索的过程。我们每一个人都在这条崎岖的路上跋涉着，有苦也有乐，有教训也有收获。不妨大家都把自己的体会端出来，相互交流。从我们的得失之中，也许会使大家悟出更多有益的东西，并希望得到大家的批评与指正。

中国传统建筑的空间理论对现代建筑设计的影响

1989年

在中国传统的建筑文化之中，蕴含着丰富的宝藏：传统建筑对中国文化的衍生关系、建筑的阴阳效应、建筑风水观、建筑性格的不定性、建筑中强烈的哲理性、建筑的隐喻与象征、具象化的建筑艺术……建筑文化的渊远与丰富，建筑风格的浓郁与独特，都为我们今天的建筑设计提供了大量的研究素材。而中国传统建筑的空间理论又是这些素材中最有价值的内容之一。在这里，我们要讨论的仅是其中的几个问题。

空间与实体是构成建筑的两个基本要素。概括地说，建筑设计的基本任务就是要解决这样的两个问题：如何组织空间与怎样处理实体。这两个问题相互关联，缺一不可，建筑设计总是围绕着它们而展开的。但对待它们的侧重点是可以不同的。中国传统建筑重在建筑空间的组织，而西方建筑更重于实体的处理。直到近代，西方建筑师逐渐认识到建筑空间的重要性，对建筑空间的探索开始成为热点，并提出了“负体量(negative mass)”的新观点。当然，这仍是以实体作为基准点的。比如建筑构图理论，西方完全是从建筑的体量关系出发归纳和总结出来的，而在中国的古典建筑中，则是展开了一系列的空间设计，积累了空间组织的丰富经验。中国建筑的单体尽管很有特色，但更深刻的表达还在于群体环境的组织，在于对建筑空间的独到处理。因此，研究中国传统建筑不能仅把注意力集中于建筑的体量上，不能仅在它的斗拱、雀替、屋顶等构件上做文章。

一、空间与封闭

空间是由实体围合而成。或者说，建筑实体在自然界这个大空间中分隔出了新的人造空间。但无论怎么去认识，没有封闭就没有空间。中国建筑比西方更为强调建筑的封闭性。这是与中国社会长期的闭关自守政策和中国历史上的社会不安宁状态所分不开的。闻名遐迩的万里长城、连接起来比长城还要长得多且比比皆是的城墙、院墙、围墙，构成了层层的防护圈，中国就是这样一个墙的国家。人们生活在其中，才取得了安全感。传统的四合院建筑，将脊背朝外，对外不开窗，把立面放到院内，这些都充分表达了建筑功能的防御性特点。甚至把室内的床铺还要再围起来，有如室中之室。佛龛、神龛也都是受此影响的产物。由此可以看出，中国传统建筑由防御性而产生了建筑的封闭性，又由它的封闭性产生了建筑的多重空间效果。这些多重空间采取了程度不同的封闭(有的全封闭——如四合院外墙；有的相互联系——四合院的各进院落；有的迂回曲折——垂花门后的影壁及游廊；有的隔而不断——室内的各种罩)而形成了空间的不同层次与效果，给人带来丰富的空间感受。

二、空间与运动

中国传统的建筑空间是“伏在地面上”展开的，重在水平方向上的层次转换，与西方向空中发展的大体量形成对照。因此，中国传统建筑的单体造型虽有特色但并不丰富，注重于标准化(宫殿、寺庙、住宅、衙署……几乎相差不多，且拘于统一的模式)。然而，其群体组合却韵味十足。它更重于人在其中走动所看到、感受到的东西，重在人于其中运动时的全面感觉。这些传统杰作中的许多细部，未必是在图纸上能够想到的，需要身临其境，一边走，一边想。看看这边需要什么，那里需要什么，哪里要搞对景，哪里又需借景等等。比如曲桥，不仅是求其好看，而是引导人在每个转折都有所欣赏，在走的过程中把周围的空间环境都看到，又引导你走向新的空间。上海豫园中的一个不大的过渡院落，由一个小亭和一面云墙围合成一方亭水交融、充满诗意的空间。站在亭中的游客，透过水面上的一孔墙洞，可以看到墙另一侧的曲廊与人在水中的倒影。仅仅通过这水中的倒影使空间得到了延续，又引导着游人去寻觅新的天地，使人在其中周旋、回转。

中国建筑的空间层次丰富而玄妙，不让人一眼看透，具有很强的秩序性。这种秩序造成了空间的戏剧性效果，使得空间按照它欲表达的意境，一会隔，一会透；一会抑，一会扬；一会收，一会放。像谱一曲乐章，高低顿错，有平，有缓，有高潮，层次分明，境界深奥。如忽略了中国建筑的这一点，就会大大降低对中国传统建筑精华的继承质量。欣赏中国传统建筑仅仅在图上是无法体会到的，必须运动着去观赏，是一种动态的过程。正如欣赏一幅手卷，要随卷随看，一个局部再精彩，也不能就此作出全面的评价。只有看完全部，再细细咀嚼，才能品味出其中的奥妙。比如中国的院子，每一个院都有其特色，反映一种情趣，再按设计者的总体意图，把这些院子串起来。各院间既避免了相互间的干扰，又保持了相互间的联系与贯通，有如一场戏，不断地更换布景，使人走在其中，身临其境，而不自觉地进入角色，产生了心理上的共鸣。这也正是设计者的目的之所在。李允鉌先生在"华夏意匠"一书中举过这样一个例子：北京故宫午门门洞外方内园，从午门单体建筑来看，很不协调，但设计者是从建筑群体效果考虑的：几孔内外不同形状的门洞，在由午门分隔和联系着的前后院落之中显得十分得体。这确是一个反常规的杰作。因此，哪座建筑高些，哪座低些，每座采用什么形式，哪里全露天，哪里半开敞，哪里全封闭，更主要的不仅仅是根据每一座单体建筑的特点，而是由建筑的组群所决定的。建筑的动态空间及因此而产生的空间秩序，在中国传统建筑中得到了淋漓的发挥，具有鲜明的特色。这是在现代建筑设计和城市设计中所不可忽略的。理解了这点，我们就能够从中国建筑的优秀传统中获得十分有益的启示。

三、现代建筑空间与传统建筑空间设计的矛盾

中国传统的建筑空间设计中凝聚着许多宝贵的建筑艺术经验。但在今天的建筑设计中，并不是可以简单套用的。即使可以，也不会令人满意，传统需要今天的再升华。因此，应该认真地分析现代与传统之间存在的矛盾，使它们取得新的统一。

首先是土地问题。人口的增长带来了土地的紧张。古代与今天的人口相差甚大，人口的增长与对土地的要求是无法成比例的。现代建筑对土地的开发再不能用过去的方式来解决。于是，建筑开始由单层变成三、四层，又变成六、七层，再变成十几层以至于几十层、上百层。伏在地面上的空间序列"站"了起来。很多功能，如水、电、管道供应等等都对现代建筑提出了要求，人对建筑的享用条件也越来越高，像我们过去那样采用分散式的空间布局，变得越发昂贵与不合时宜。

另一个更重要的问题是时间。现代化科学化的生活节奏较之古代的生活节奏发生了巨大的变化。分散式的建筑布局延长了人们的行走距离，需要耗费许多时间。这个在过去不成为问题的问题在今天却变得至关重要。在一幢建筑中包罗多种使用功能的"复合建筑"的出现及迅速发展(数量越来越多，规模越来越大，涉及面越来越广)，正是这种要求的必然反映。新的时间概念也使现代建筑设计不能一成不变地搬用传统建筑的空间理论。中国古典建筑从组群到单体都是供人以缓慢的节奏、幽闲的心情去观看、体味。绘制精细的彩画、玲珑剔透的建筑饰物，是不可能骑在自行车上或匆匆忙忙的运动中给人以深刻的印象。所以，现代建筑设计所应汲取的并非仅是传统的分散式的空间处理手法，而应该认真地研究中国建筑的空间序列、空间的变化规律，也完全可能把水平的空间转换法则发展为立体的、多维性的，把室外的空间组织手法扩展到室内，并进一步加强室内外空间的渗透与变幻效果，更多地借用传统建筑中许多巧妙的空间处理手法(诸如"小中见大"、空间的内向性、空间色彩等)。现代建筑设计和城市设计可以从我国悠久的传统文化中汲取大量的营养，而这些又正应是构成具有中国特色的现代建筑的重要成分。

日本当代建筑师在研究他们自己的传统文化之时，比较善于捕捉其中的闪光点，并用于现代理论之中，从而取得的收益是明显的，应该作为我们的借鉴：

黑川纪章的"灰空间"和"共生"理论——提炼于日本的古代建筑现象和日本人的精神素质；

东孝光的"联系空间"理论——来源于日本传统建筑的空间组合律；

桢文彦的"奥"理论——是他从日本特有的传统空间概念中挖掘出来，而形成了他自己的空间理论之根。

现代西方建筑师也在努力学习中国传统建筑的空间构成方式，比如：框架结构空间——中国"墙倒屋不塌"的结构系统的演变；模数制——在"营造法式"中

就已形成了十分成熟的规矩；共享空间——四合院的竖向增迭并引入室内；重复单元——中国建筑群体组合律之一；庭院或露天空间与室内空间的结合——中国建筑空间水平方向联系方式的必然环节……事实上，中国优秀的建筑文化传统正在走向世界。当今世界的特点之一就是跨国界的学习与相互间的继承。我们好的传统是不应该、也不可能把住不放、不让别人学习的，而别人的东西我们也应该广泛地学习，纳入到我们今天的设计宝库，成为我们的库藏。所以说，继承传统绝不是仅仅继承我们自己的东西，只要是好的，统统可以拿过来。不要因为一提继承传统就把自己束缚起来，生怕外来文化淡化了我们自己古老的文化。果真如此，传统反倒变成了锁链，变成了发展的障碍。越是开放，兼收能力才会越强，发展才能越快，也才会形成有特色的、新的传统。其实，那种怕学习人家而丧失了国粹的想法是完全不必要的。因为，我们的文化背景、历史条件、所受教育、风俗习惯等等都打上了深刻的炎黄子孙的烙印，由此而产生的设计方案无论怎样去追求世界新潮，也难以摆脱长期以来潜移默化所形成的“中国流”。传统不是由于某些规定才会形成，也不应该永远保持和表现为一种固定的面貌。因此，在我们放开学习别人的同时，只要使我们的设计方案能够充分适应自己国家的条件，不忘掉我们自己的优势，不抛弃我们自己的长处，就一定是有中国特色的，就一定会使中国建筑文化的优秀传统得到继承和发展。

城市传统与城市更新

1989年

历史悠久的城市，都存在着城市传统形态的继承和现代化建设两个方面的问题。有人主张，对中国的传统文化要给予充分的保护和继承，城市的发展必须以不破坏传统的城市形态为前提，不能割断历史、摒弃文脉，特别应把那些历史名城本身作为一个完整的博物馆保留下来。否则，就会上对不起祖宗，下对不起子孙。也有人认为，现代化是历史的趋势，不应以古人的东西作为今天的楷模，束缚我们的手脚而阻碍发展的步伐，要大刀阔斧地冲垮一切禁锢，无所畏惧地实现城市现代化。否则，我们这一代人只能以祖先的灿烂文化为自豪而留不下新的东西，无法向子孙交代。不同的意见，尽管分歧是尖锐的，但它们的统一点，就在于都承认传统和现代是城市发展中的一对矛盾，它们都存在于城市建设的大过程之中。由此说来，这两个问题都是不容忽略的，应根据不同城市的具体情况，确定发展策略的侧重点，不可把二者对立起来。

一、新与旧的融合

新陈代谢是宇宙间事物发展的普遍规律。然而，新的东西并不会立刻把旧东西全部替换掉，从旧到新存在着一定的延续性和继承性。新和旧要并存一段时间，新旧相融是城市运动的常态。当然，今天的旧可能是过去的新，今天的新又可能成为将来的旧。新孕育于旧，并在旧中得到异化、发展、以至产生质变，发展是绝对的。

从人们的审美心理来分析，同样会发现人们既求新，也要旧。“喜新”和“恋旧”是多数人的正常心理。城市形态应该充分满足审美习惯和审美进化这两个方面的要求，成为二者的对立统一。

审美习惯的形成包含两个因素：一是社会环境对审美观念的影响。它可能是来自民族、国家、地区、家庭、社团或群体在一段时期内所形成的固有的审美势态。比如，近年来，由于经常听到来自方方面面对“国际式”建筑的批评，于是很多人并不一定真正了解现代建筑的真谛，只要一见到方形建筑，就盲目地冠以“方盒子”的罪名来加以否定，形成了一种审美模式。二是反复的审美活动频率的影响。这是由于对某些特定审美客体的频繁接触，逐渐形成某种审美标准。由于受中国传统文化长期以来的反复作用和对周围事物的频繁接触，使得中国建筑师的作品，无论怎样模仿西方的建筑设计手法，也总是难以摆脱我国建筑的内在因素。即使有时我们自己觉得很“洋”，但在外国建筑师眼中，仍然认为散发着浓郁的“中国味”。

审美习惯对建筑的发展有其积极的一面，也有消极的一面。它具有这样的特点：

(1) 可以促进某种风格和流派的形成与发展，使建筑艺术具有不同的地方特色；

(2) 有利于建筑艺术发展的规律性和条理性；

(3) 使人们能够充分享受以往人类创造的优秀建筑文化遗产，有利于保证历史发展的延续性和文脉关系，与历史形成某种约定俗成；

(4) 具有一定的惰性因素，偏于守旧，在一定程度上阻碍艺术创新，有可能产生审美的片面性，对审美对象的欣赏易有所偏嗜，而导致建筑艺术的畸形发展。

审美进化就是求新。它的形成基于这样三点：一是时代发展对审美活动的影响。主要来自科技力量的进步、文化水准的提高、生活习俗的改变、信息传递渠道的骤增和节奏的加快等，这些都促使着审美观念的不断进化。因此，一些人要求建筑形象“二十年不落后”的论点，是不符合审美发展规律的。二是人们对丰富变幻的客观世界的本能反映，锐意求新，追求摩登成为司空见惯、刻板和大一统观念的逆反审美心理。单一的、千篇一律的东西不符合现代人的欣赏情趣。山里人想吃海味，海边人喜食山珍。看惯了中国式建筑，往往把现代化西式的摩天大楼、玻璃幕墙联系在一起，而在霓虹灯下住厌了的外国人，又向往着自然情趣和充满神秘色彩的东方建筑格调。三是人们的超越欲、自我表现心理在审美方面的影响。这种心理有可能把人们带进一个崭新的艺术境界，也可能使人们产生一种扭曲的、怪诞的、不合逻辑的非现实性的艺术观。

审美进化的特点表现为：

(1) 促使建筑艺术的不断深化和发展，开拓新的艺术领地；

(2) 不断丰富建筑的艺术形象，有助于推陈出新和打破某种建筑形式的庸俗化及垄断化，使人们能够充分享受人类绚丽多彩的创作成果；

(3) 有利于建筑特色和建筑个性的形成；

(4) 极端和片面的求新欲，会使建筑创作脱离客观物质根基，走上空想、怪癖的歧途；

(5) 可能导致割断历史文化的艺术现象发生；

(6) 可能会形成无根据、无借鉴的构思过程，而降低了创作的起点和建筑的艺术质量。

现代城市的建设要求我们既要顾及审美习惯，又要重视审美进化，使二者有机地结合。新与旧的共栖，才符合人们的审美兴趣和审美需求，也才有利于“新”在“旧”的胚基上滋生和发育。

二、沈阳城的“新”与“旧”

我们以沈阳城为例，对如何解决城市传统和城市更新这对矛盾做一点分析。

沈阳是辽宁省的省会，既是我国重要的工业基地之一，又是东北地区的交通枢纽。在这里聚集着雄厚的科技力量，具备进行城市现代化建设的有利条件。

沈阳城又是国务院正式颁布的全国历史名城。在沈阳城内，既有象故宫、昭陵、福陵、长安寺等一类的重点文物保护单位，还有以银行建筑为主的西洋古典式建筑；有出自我国著名建筑家杨廷宝先生之手的沈阳北站、东北大学等早期的中西合璧式建筑；有沈阳南站、中山广场建筑群、和平广场住宅群等日本时期的建筑；还有许多解放后兴建的如辽宁工业展览馆、辽宁体育馆、新乐遗址等现代建筑。这些建筑记载着沈阳城所走过的漫长历程，代表着沈阳地区的传统文化。应该妥善保护这些建筑物，使它们的形象作为传统文化的精华被积淀下来。对这项工作，我们以往是重视的，但重视得还不够。尽管做了很多工作，但是还存在许多问题。沈阳城内一些有重要价值的历史建筑已经或者正在继续遭到破坏，搞好城市历史建筑保护工作已成为当务之急。我们应该把对建筑遗产保护的理解，从仅对故宫一类古建筑精华保护的狭窄方面，扩展到对整个城市历史风貌的保护和对具有重大价值的历史建筑保护这一更宽的领域。首先，应经过慎重研究，规定出沈阳城内需要进行保护的重要历史建筑。然后，根据其规模、重要性和历史价值将它们分成等级，详细确定出各个等级的保护程度、管理办法、维护措施和目前使用者的权限。建立起一套历史建筑保护的管理体制。沈阳的历史建筑保护工作可以分为三个层次：

地域性保护——以保护环境的整体风貌为出发点。对一些有重要历史价值的建筑区域、街道、广场、建筑组群进行重点的和整体性的保护。在该区域中，以环境整治为主，不宜大动干戈。在附近修新建筑时，必须以不破坏该地区的环境特色和原有建筑风貌为原则，并进行严格的审查和限定。

绝对保护——对那些有重要历史价值的单体建筑要给予绝对保护，使之作为重要的文化遗产而确保原貌。这些建筑一经确定，就要对其采取严格的保护措施，不允许任何单位、任何人随意改动。

一般性保护——对有一定历史价值的建筑进行一般性保护。对这些建筑可以进行适当的局部改造或扩建，但必须经过有关单位严格审查和批准，使用单位或个人不得擅自改造。平时要注意对这些建筑的维修，其局部改造必须以维护原建筑风貌和保证新旧部分的一体性为原则进行。

城市传统的继承若限定在一定范围之内，使整个城市基本上维持旧貌，则既为客观条件所不允许，也不会为人们所欢迎，不应花费很大的财力、物力去制造一些“假古董”。近几年，各地掀起一种复古热，到处兴造仿古一条街。沈阳也被传染上了这种“时髦病”，正在建造“清朝一条街”，暂且不考证它是否具有历史的真实性，也暂且不说因财力、技术力量所限，不经统一规划、精心设计所带来的“清不清”、“汉不汉”、“今不今”、“古不古”的不伦不类的效果，即使设计搞得十分成功，从别人那里模仿来的这种“时髦产品”会经得起时间检验吗？继承传统绝不是历史的倒演，艺术创作绝不是赶时髦。丹下健三说过“在继承传统的过程中，存在着对传统形式化的危险，因之要导入再创造，导入新的能量，因此，首先必须破坏传统”。

历史建筑与现代化，二者由历史的纽带相联系，是相辅相成的。人们以沈阳有悠久而丰富的建筑传统而自豪，又要求城市与现代生活相适应，要求城市形态的现代美。从沈阳城市建设的总体上来说，更应该强调的是创新。运动存在于一切事物之中，整座城市绝不应永远停留在继承传统的层次之上。即使像北京、巴黎、伦敦这样的老城，也都在随着社会的发展而变化。过去它们是世界名城，现在，这些城市经过不断的更新和现代化建设，仍为世界上最先进的城市。将来，还会继续发生这种由旧到新的演变，这就是社会发展的必然性。

作为沈阳的城市更新，存在着两个方面的问题。其一，与现存历史建筑的关系。笔者认为，实行“城市整体的创新和区域性的保留”是一个重要的原则。沈阳城内各个历史时期的重要建筑虽然广泛分布在市内的各个部位，但其中几个地区由于某类建筑相对集中，形成了很有特色的历史建筑区。这些区域的总体构图完整、格调统一、特点突出，应该注意加以保护。当这些需要进行重点保护的区域一经确定，整体和单座建筑的面貌就要严格控制，新建设施也必须强调与原有环境的协调关系，以不破坏原有风貌为基本原则。城市更新工作，在这些区域之中或附近，则从环境整治目的出发，既要改善当地人们的生活条件，又不可破坏当地的风土人情和传统的生活习俗。其二，在这些重点保护区域之外，则应大力鼓励创新，放开手脚，创造沈阳城的“新风格”、“新传统”，城市要有特色，要有个性。这种个性不是人为的，而是基于某些客观条件的必然产物。沈阳城的个性，应在于它的历史文化因素，在于它的自然地理条件，也在于它的城市性质。决策者和设计者，只有弄清这些客观规律，顺应这些条件，总结出相应的对策，才能使沈阳城的个性更加突出和完美。作为城市的个性不是凝固的，而是流变的。我们最终的目的绝不在于维持“古城风貌”，而是要在旧的基础上，建造一个新型城市。不是向后看齐，而要向前看。新建建筑，一方面要求它们逐渐形成新的地方特色，另一方面也希望其形式多种多样、丰富多彩。

三、传统框架与更新格局

保留不可没有框架，创新不宜限定格局。这是在进行城市传统与城市更新建设时的两个重要环节。

在进行城市历史建筑保护工作中，必须建立和健全传统框架。作为开展工作的权威，才能确保这项工作的落实。这个框架包括四项内容：制定历史建筑保护法规，使历史建筑的保护规范化、法律化，终止随个人恶好、从局部和短线利益出发损害全局的、长远的利益的现象；建立历史建筑保护工作的技术负责机构，负责执行和落实法规的各项条款，一切涉及到历史建筑保护的问题均归口于该机构做出决定；针对有关历史建筑保护的具体技术环节，开展科研工作；有计划、有系统地培训和建立一支多层次的历史建筑保护专业技术队伍，其中的关键是加速历史建筑保护法规的尽快出台和建立落实法规的权威机构。

同时，在进行城市现代化的创作时，不宜过多地限制模式。建筑形象应该是不拘一格的。我们今天的时代不再是以大家都穿同样的草绿军装为美的时代了，而是一个以形式多样的时装荟萃为美的时代。因此，在建筑的流派、风格、色彩、造型、材质等方面设置一些人为的规矩，只能堵塞建筑创作的思路，不利于新的有创见的艺术佳品的诞生。创新要求有良好的创作环境，有被鼓励去大胆探索、放开施展的设计条件，有不甘循规蹈矩、勇于打破常规的学术进取心。我们主张多样化、多渠道的开拓精神，各种风格的共存、各种手法的兼容并蓄，才能带来城市的活力，带来生活的丰富多彩。它们间的相互比较和竞争，才有利于城市的婀娜多姿和体现现代化的兴盛繁荣。

以“地域观”面对沈阳建筑

2006年

随着科学技术的迅速发展与全球化的趋势，“地域性建筑”、“生态建筑”、“智能建筑”……许多原本并非经典性的建筑名词成为今天点击率最高的建筑语汇，以致形成建筑领域中一种新的时尚。然而对于建筑而言，透过它的外部形象，无论是出于它的科技性、社会性或功能性等内涵，还是由于它百年长寿的特征，都会使我们认识到，盲目地追求建筑的时尚性，大多来自于对建筑的一种表层的、肤浅的理解。因此，在我们使用这些建筑语言之前，首先要弄懂它们的宗源、实质、内含和真正的意义，避免仅从表层上的理解，为“追风潮”、“赶时髦”而造出一些短命的、形式主义的劣质品。

在国际建协的北京宪章中对地域文化和地域性建筑做出了深刻的描述：“建筑学问题和发展植根于本国、本区域的土壤，必须结合自身的实际情况，发现问题的本质，从而提出相应的解决办法；以此为基础，吸取外来文化的精华，并加以整合，最终建立一个‘和而不同’的人类社会”。“建筑学是地区的产物，建筑形式的意义来源于地方文脉，并解释着地方文脉。但是，这并不意味着地区建筑学只是地区历史的产物。恰恰相反，地区建筑学更与地区的未来相连”。“现代建筑的地区化，乡土建筑的现代化，殊途同归，推动地区和世界的进步与丰富多彩”。

地域性建筑的实质在于：(1)不同地域的气候、地理、历史、文化、技术、民族、宗教等是构成不同地域条件的因素，又是形成地域性建筑特征的根源；(2)承认不同地域条件对建筑的制约，鼓励和支持反映地域条件与特征的建筑表述；(3)与建筑世界中的大一统观念相悖，承认不同地域条件影响下所构成建筑体系的独立性；(4)承认外来文化对本地区建筑的作用，也承认外来文化植地过程中的本土化转变，尤其强调这种本土化作用与结果的重要性。

以“地域观”评价沈阳建筑，则会得出一些有别于传统认识的结论。我们将此分成古代、近代、现代三个不同的时段作些探讨。

一、为沈阳古代建筑争鸣

沈阳是一个文明古城，她的城市史可以追溯到2300年前的汉代。由于地理位置的显要，历朝历代她都作为一座重要的军城，并逐渐发达、繁华起来。尤其在辽、金时期，她发展成为紧随辽阳城之后东北地区的第二大城市。1616年女真首领努尔哈赤称汗，建元大金，并于1625年迁都沈阳，这里成为满清入关前举国瞩目的都城。直至1644年顺治入主中原，沈阳城以陪都盛京的地位得到持续的发展。时至当代，沈阳城仍保持着当年的城市框架；沈阳城内存留下来的古代建筑除个别为辽代修建之外，大多是这个时期的遗产。城内众多的宫殿、庙宇、衙署、宅居等建筑饱受满文化的影响，保留着满族鼎盛时期的建筑韵味。

我们应该以中华民族宽宏的心胸和气魄面对历史、面对中国疆域内不同地域的文化。正如中国的疆界并非局限在长城以南一样，中华文明亦并非局限于中原文明。不同的地区都有着根植于斯、生长于斯的文化体系。它们与中原文化存在着千丝万缕的联系与相互之间深深的影响，又有其各自独立的文化根基与发展历程。它们既不应被视为外族文明或落后文化而遭忽略，也不应仅仅看到中原文化对它们的影响，而漠视了中原文明从它们那里所吸纳的营养。

满族是辽沈地区一支具有重要影响的少数民族。满族的建筑文化在这一地区更具有代表性。满民族在这里经历了从渔猎骑射到农耕经济的生产发展进程，经历了从山地丘陵到平川旷野的生活条件转变，经历了从寒林雪岭到和煦宅院的居住方式演化，他们所处的政治、经济和自然的环境及其发展历程皆具有很大的特殊性。他们的建筑(比如城市、民居、院落、宫殿、陵寝等)具有自己的体系与特征，成为中国传统建筑中很有特色的一个分支。

满民族相对来说，是一个起点较低但发展迅速的民族。一方面由于他们在主观上知其不足，肯于主动地吸纳先进文化之营养，是一个善于学习的民族；另一方面，又由于生活流动性大，开放性强，再加上语言相通(虽有自己的文字，却无过多的语言障碍)，方便交流，具有不断提高与发展的条件。外来文明广泛地被吸纳并融入到满族文化当中，满文化体系在自身特点不断强化的基础上，得到了丰富和发展。直到满人进入到辽沈地区，满文化(包括建筑文化)作为一个独立的体系达到了它的成熟和鼎盛时期，充分地彰显着满民族文化的自我。此后，随着满人进关，凭着他们对先进文化学习的主动性和对新环境必须适应的客观压力，在他们的文化体系中更多地吸收了汉文化——原本作为一个独立的文化体系开始被“溶解”，逐渐地实现着从量到质上被汉文化“同化”的过程。因此，作为满文化鼎盛时期产物的沈阳城及城中众多的古代建筑不应仅被视作汉文化的延伸和枝节——却又远远落后的蛮区文化，而应该充分地认识到，它是迄今为止一种频将消失且十分珍贵的地方文化的重要遗存。

事实上，我们还要将注意力引申到辽、金文化方面，他们同样有着自身的独立性。辽(契丹族——与女真族有着十分密切的关联)与金(女真族——满族的前身)均源于辽地，对满有直接的影响。当地的自然、人文条件所赋给辽、金以及后期的清前满人以十分相近的发展条件与背景。我们在研究中原文化对满文化影响的同时，不可忽略辽、金文化在历史的纵向方面对满文化、满族建筑的传续作用。辽、金政权又都曾深入到中原，亦曾作为一种“强势”，渗透和影响着中原及其在辽沈地区后续的文化体系。“辽代建筑基本同唐代”、“元、金建筑同宋代”的说法，虽在一定程度上反映了客观情况，但这种说法本身，却容易遮蔽对它们进行深入系统研究的一面，仅以汉式做法片面地替代了它们的地方特色、自身体系和发展规律。

因此，我们应该从沈阳传统建筑的重要遗存及其历史发展规律入手，弄清满族建筑、辽代建筑、金代建筑自身的建筑体系——这将是对中国传统建筑研究的重要补白，也将对辽沈当代城市建设起到文脉承续的有益作用。

二、沈阳近代城市与近代建筑的特殊性

在中国近代历史上，沈阳是一个具有特殊背景的城市。

中国近代，由于清政府的没落与懦弱，也由于军阀混战，政局如同一片散沙，面对西方列强的入侵，毫无还手之力，只能一再退让。中国很快落至面对西方列强的一方弱势，任其肆虐之颓势。于是在意识形态上，也由清末政府主张新政、推行洋务运动的积极方面，转变为消极的盲目崇尚西洋文明，麻木接受其政治与文化渗透。甚至为虎作伥，自我压制抵抗思想和力量。因此，为外来的近代建筑文化强行地长驱直入打开了门户。相形之下，本土文化的势力和作用被局限和削弱。这种情况又在不同地区力量对比的强度有所不同。

沈阳的特殊性表现在两个方面：一是，在侵入势力之中，日本相对于其他各国占据了绝对的优势。从政治、经济到文化上的强行入侵，在较大比例上主要来自日本方面，西方文化借日本之手的间接导入也占据了相当的比重。二是，自 1858 年(清咸丰八年)辽宁海城牛庄口岸开放，首先由传教士所带来的外来文化开始波及到沈阳，至 1931 年沈阳完全沦为日本殖民地之前的一段时期，沈阳是处于两大强势相互抗争、共同作用的背景之下。强势之一是以日本为首的以及俄国和西方各列强共同构成的外来势力，另一强势则是以奉系为主的本土势力。二者在政治、军事、经济、文化等各方面你来我往，各据一方。于是，外来的近代建筑文化在进入沈阳的过程中，并非得以居高临下、独往独来的势态，而是受到了本土势力的强力阻抗，更多地体现为被本土文化所吸纳和与本土文化相互结合的过程。

政治上两大强势的对垒，对于沈阳近代建筑的发展和演变过程来说，则体现为外来文化势力和本土文化势力之间的矛盾与融合过程。体现在沈阳近代建筑中的外来文化势力，并非仅仅来自外国人的强制性输入，也包括中国人的主动吸纳；而本土文化势力也不仅局限于地方文化的自我禁锢与壁垒作用，同时也来自外来文化的主动适应。

对待近代建筑，迄今为止“欧洲中心论”的片面思潮仍在中外建筑界中占有一定市场。认为近代建筑根植于欧洲，散落于世界各地的近代建筑皆是欧洲近代建筑

的“舶来品”。事实上，“欧洲中心论”在强调近代建筑产生于欧洲这个历史客观的同时，忽略了近代建筑的发育、成长过程，忽略了它导入不同地区，为适应当地条件而经历的本土化的变异甚至发生某些本质上异化的过程。而这个过程是建立起某种建筑体系实质性过程的重要部分。

因此，我们应该客观地看待和评价中国的近代建筑。(1)既承认中国近代建筑中外来文化的主流作用，也承认它在中国大陆植地过程中的本土化——结合于地域条件和地域文化的环节，承认它在这个过程中发生变异的结果。(2)建立起“外来文化本土化水平高者为上品”的评判准则。中国近代建筑的价值，恰恰在于外来文化的导入及其适应于本地条件的变异过程与结果。

在沈阳的近代建筑中，对洋风建筑原封不动地、克隆式引进的实例并不占很大的比重，大多建筑在引进过程中都揉入了本土精神、本土习惯和本土技术，实为一种“再创造”的过程。对于西洋式建筑，人们并不在乎是否“正统”，所关注的更在于是否符合自己的“口味”，是否满足使用的需要，是否具有技术保障的可操作性。中西方不同的思维、不同的手段、不同的艺术搅在一起，出现在建筑的空间组合、结构系统、内部装饰，以至建筑的外观形象之中。有人称之为“不伦不类”，却也有人说这是“洋为中用”、“尽为我用”。当然，这种再创造的水平不尽相同，有的使二者在一栋建筑之中结合得体，甚至比完全照搬更为合理而颇具创意。也有的较为生硬，给人以拼凑之感，并不成功。尽管在一座城市中适当地搬来少量经典之洋风建筑也是可以的。但从总体上说来，创造性的引进应属于建筑创作更高的一个层次。

三、沈阳当代建筑评介

近年来，沈阳发生了巨大的变化，她从一个文明古城、一个工业基地变成了一座现代化的国际都市。虽然城市的整体格局仍留有历史的痕迹，城中重要的历史环境和历史建筑风采依旧，但城市的空间规模变了，城市的总体风貌变了，城市的人居环境变了——城市有了明显的更新、成长与发育。昔日由于位居沈水之阳而得名的沈阳城，今天已跨越河之两岸；成片而起的建筑以其自身形态记载与彰显着当今这一历史时期的巨大变化；活跃的思想、开放的门户给城市带来了中外各地的建筑文化。大量的建筑作品中凝聚着这个不平凡的时代所取得的巨大成就，展示着城市与建筑的空前繁荣。同时，由于这种超速的发展，为今后所带来的许多宝贵教训也固化在建筑之中。

1) 建筑设计思想从来没有今天这样活跃。沈阳建筑总是伴随着各种建筑思潮发展的脉搏，建筑面貌如实地折射出整个国家冲破羁绊，求“鲜”若渴，超然奋起，一派盛况。

2) 对城市生态环境的改善赋予了极大地关注。许多污染源得到了有效的治理和控制，绿化面积大幅度提高。城市景观变化明显，以工业环境为特征的昔日沈城，变成了今天对人居环境的强调与体现。

3) 沈阳建筑中最突出的问题在于经常不是以客观条件和科学规律作为建筑设计创作的依据，而是追随某些决策者的个人喜好和市场中的某些不良的、低层次的导向。过多地将注意力聚焦于建筑的外部形象等形式方面，甚至以“过时”、“时兴”、“流行”等带有片面性的标准取舍或指导设计。其结果常常是伴随着不同期段泛起的“欧陆风”、“韩流”等风潮，抄搬流行样式和套路的浮躁之风蔓延：带有“飘板”的复式屋面、仅为构图而作的高塔楼、超细柱和大挑檐、本无须遮阳作用的窗格片、纯装饰性的虚假外露构架和外露管道……热衷于将别人的创造东施效颦式的搬来搬去。其结果不仅是制造一批牵强附会、令人如同嚼蜡感受的低档货，更造成思想僵固、设计手法枯竭、设计能力日趋低下的后果，甚至出现对整座建筑模仿、搬套的现象。建筑设计的原创性受到了极大地玷污。

发展中的成绩与不足敦促着我们对沈阳建筑的未来发展进行深层的思考：

(1) 以“地域观”面对当今的城市与建筑设计。

对本地区的具体条件和客观环境作深刻的理解，对它的充分体现和表达是建筑创作的精髓。原创性的重要来源常常出自于此。沈阳地处祖国的东北，如何创造性地解决寒冷气候等特殊自然条件下的建筑设计问题，如何在建筑中充分反映当地的历史、社会等人文特点，又如何充分利用和体现当地的技术条件与优势形成有地域特色的建筑作品——这是“地域性建筑”思想的实质和目的，也是沈阳建筑未来发展必经的和正确的途径。

(2) 对建筑内在目标的实现。

建筑师的责任不仅仅在于创造一幢幢“经济、实用、美观”的建筑(这是必须做到的、最基本的要求)，而是以建筑为手段，去塑造更为合理、更为先进、更为理想的生活模式和人居环境。比如设计一所学校，不仅是为了扩大它的办学空间和使它如何赏心悦目，更重要的是为创造一种更为科学的办学方式所提供的建筑载体；设计一所医院，又在于为改善患者的看病环境、医护人员的工作条件和科研人员的研究成效，而创造更为理想的医疗模式……建筑师的职责虽涉及到自然科学、社会科学、艺术等宽博的知识领域，但说到底还应该是一个社会学家——一个以建筑为手段去解决社会问题，为人类创造新的生活方式的社会学家。

(3) 建筑工业化与手工业结合。

沈阳的强势在于工业，建筑工业化是沈阳建筑的出路与特色的潜在优势。建筑的工业化体系、结构、材料、施工等都应体现为它的一种特色。以致用工业语言去塑造建筑的形态——不是形式上虚假的“艺术加工”，而是从体系的建立入手，在形象上顺理成章的表达。不排除手工业的传统做法，而是在强力改变手工建筑业为建筑工业化的同时，精化手工业技术与做法，成为工业化产品的重要补充与重要“节点”。

(4) 充分体现地域特点的生态景观设计。

除去生态环境的一般意义之外，在每年占有很大时间比例的寒地气候条件下，沈阳比那些四季常青的地区更需要绿化和自然。这种对生态环境的渴求，既包括室外也包括室内。充分彰显和利用当地的生态条件，又有效地弥补当地的生态缺陷与不足，是沈阳建筑所面临的重要课题。

(5) 确保历史建筑在城市现代化建设过程中的重要成分。

历史与文化是构成沈阳现代文明不可或缺的部分。“特色沈阳”既来自当代建筑设计对本地区条件的体现，也来自对其历史的展示。此外，历史建筑保护是现代城市建设的重要内容。将对历史建筑与历史环境的保护纳入到城市的现代化建设之中，并使它们融成一个完整的体系，从整体上处理好这对矛盾，是建构未来沈阳城的重要策略。

建筑的地域性思想为我们认识和理解建筑、为我们的建筑设计开辟了新的视角，也为沈阳建筑的发展提供了丰富的营养和广阔的空间。

附：沈阳城与沈阳建筑概况

一、沈阳城

(一) 沈阳城溯源

沈阳人类的历史，最早可追溯到7200年前的新乐文化——原始社会的新石器时代(图1)。夏、商两代，这里则为幽州、营州所辖之地。周朝时，为中原王朝在东北的封地，归燕侯所辖。

图1　新乐遗址博物馆——展示沈阳最早的新乐文化

(二) 城的出现

两汉时期(公元前206年～公元220年)，开始形成城邑，叠土筑城，成为今天所说沈阳建城2300年的来源。此时沈阳的建制逐渐升格，并在沈阳正式设置了“侯城县”。

此后，该地一直是政治与军事争斗的目标——曹操的魏军、高句丽、唐(曾在此设安东都督府，后被撤销)、渤海国、契丹国等均有染指。城池也是毁了建，建了毁，但主要是修补，而未建新城。

辽代初，将原位于渤海国的一座名为“沈州城”的全城人口强迁到此，在此重建城池，并仍用“沈州”为此新城命名，作为辽太宗直辖的“私城”。这个名字一直沿用了辽、金、元三个朝代。

这时的沈州城为夯土城墙，四周各辟一城门，十字形街道，规模不大，一直延续到明代。

金代(1116年)将原辽代的“私城”性质改回为军城，归当时金朝的东京(辽阳)所辖，设“节度使”(后降格为“刺史”)，城市人口和规模有很大增长，成为东北地区仅次于东京的第二大城市。

金代，金与蒙古(铁木真称帝：成吉思汗)展开拉锯战，蒙军几进几出，城市多次被毁。

1233年蒙古军占领辽沈地区，元代再修沈州城。又将路制由辽阳迁到沈州，于是沈阳升格为“沈阳路”(元代省级以下依次为路、道、府、县等)——历史上第一次出现“沈阳”之称。归辽阳行省所辖。

明朝为控制此地的女真、蒙古、高句丽等少数民族，仍将沈阳作为一座重要的军城。在此设卫所——沈阳中卫、左卫、右卫。明洪武二十一年(1388年)沈阳中卫指挥闵忠对沈阳中卫城进行了大规模的扩建——将土城改为砖城，规模扩大但城市格局未变：仍为4门、十字街、中间建有中心庙(图2)。

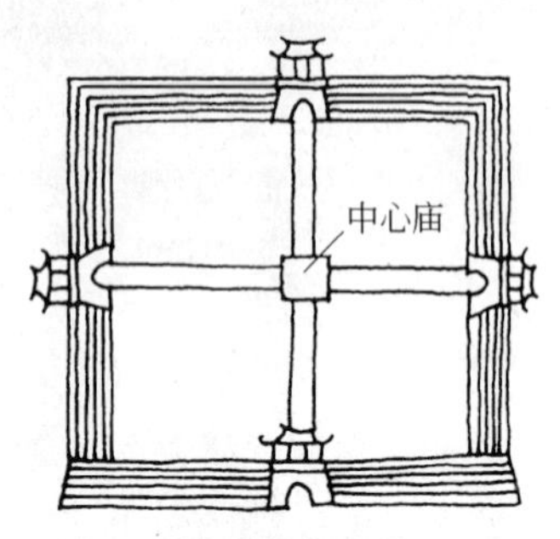

图2　明代沈阳中卫城

(三) 都城建设

1) 天命十年(1625年)努尔哈赤迁都沈阳。迁都决定突然紧促，对明代的中卫城未得事先改建，边用边修。

(1) 在中卫城的格局下，确定了宫殿、汗王宫、王府、衙署和兵营在城中的位置；

(2) 由于十字形的街道系统，宫殿无法居中，于是设于十字街交点的东南处；

(3) 汗王宫建于北门(后称"九门")内——具有满式特色：宫与殿分而设之：殿位于城市中心部位，而宫设于城门附近；

(4) 各王府主要围绕宫殿区的两侧和北面，衙署主要位于南面。

2) 皇太极即位(1626年)，放缓了入主中原的步伐，却在政治、军事、经济上为一统中国作着充分的准备：

(1) 改女真为满族——以扩大民族范围与影响；

(2) 改军政协商为集权——实现了皇帝独自面南而坐；

(3) 缓和民族矛盾——建汉、蒙八旗，启用汉人……

(4) 改革生产体制，改变生产关系，加速后金社会的封建化进程；

(5) 改"大金"之称为"大清"；

……　……　……

在此背景下，于天聪五年(1631年)，皇太极开始重建沈阳城——有创造性地部分借鉴了中原的"王城"做法：方形城池，旁两门，井字街，宫殿居中，面朝后市，左祖右社…… 又在城外五里处建四塔四寺、城中建钟鼓楼……(图3)

3) 康熙年间又修筑了外城——以井字街向外延伸，

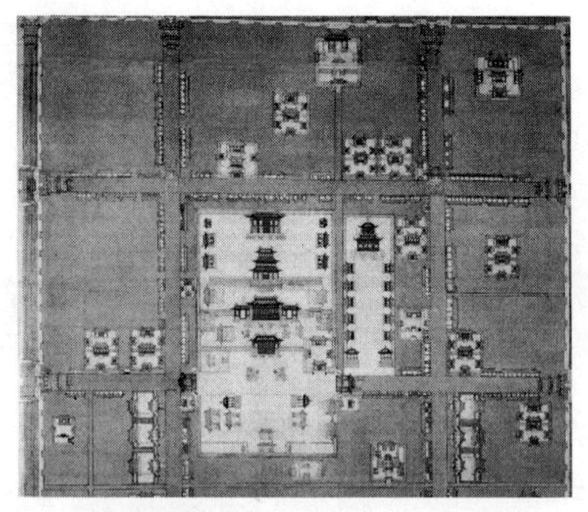

图3　盛京城阙图(皇太极时期)

与外城交汇处修建八个"边门"。外城近圆形，有曼陀罗之说。

4) 清代缪东霖在《陪都杂述》中对沈阳城的规划作了"易学寓意"评价："……城内中心庙为太极，钟鼓楼象两仪，八门象八卦。郭圆象天，城方象地。角楼敌楼各三层共三十六象天罡，内池七十二象地煞。角楼敌楼共十二象四季，城门瓮城各三象二十四气……"

曼陀罗之说、易学之说究竟有何依据？至今尚无考证。但毕竟十分玄妙，也十分精彩。

(四) 近代城市"板块结构"的形成

——至今沈阳城市版图上留下的历史痕迹。

1) 古代城市延续下来的传统老城区——位于今城市中偏东，内城外郭，井字形街道系统至今仍十分清晰；

2) 1905年日俄战争以后，日建成南满铁道附属地(1908年规划，1920年对该规划进行了补充与发展)，位于今西起沈阳站东至和平大街之间的区域；

3) 鸦片战争之后西方列强以传教士为先遣队，从牛庄登陆进入沈阳，当局于1906年被迫为列强开辟了"商埠地"(包括正界、北正界、副界、预备界)，这里自此成为西洋建筑文化的集中地。沈阳的商埠地位于老城区与满铁附属地之间；

4) 奉系势力为与外国势力抗争，通过铁道竞赛和对奉海大市场的建设，形成了大东(大东新市区)、皇姑(西北工业区——今惠工广场周围)民族工业区，位于今沈阳城的东部和北部；

5) 1932～1937年出台并开始实施的"大奉天都邑计划"，将位于沈阳城西部的铁西作为该都邑计划规划的内容之一，边规划边建设。1934～1937年为第一期建设，1937～1941年为第二期建设而形成雏形。解放以后，铁西工业区得到了大规模的建设和发展，成为沈

图 4　当代沈阳城

阳城内大型工业企业集中区。

(五) 当代沈阳城(图 4)

沈阳市是辽宁省的省会城市，是全省的政治、经济、文化中心；是东北地区最大的中心城市；是中国重要的工业基地；是国家历史文化名城和旅游城市。

1) 城市人口规模：全市人口约 700 万，其中中心城区居住人口约 445 万。

2) 用地规模：全市土地总数 12980km^2。

3) 市域城镇体系

市域城镇体系等级结构按：中心城区、卫星城、小城镇三级设置。

(1) 中心城区包括：核心区(总用地 468km^2)、六个副城和两个组团。

(2) 六个卫星城。

(3) 五十个小城镇。

二、沈阳建筑概述

沈阳是一座文明古城，至今已有 2300 年的历史。它经历了几个世纪的蹉跎岁月：封建社会的遗迹、半封建半殖民地社会的烙印、社会主义新中国的脚步，都详尽地记载于沈阳的建筑之中。悠久的历史、复杂的社会背景，造成了现存沈阳建筑的多样性。目前沈阳市内的建筑主要可以分为五种类型：

(一) 清前及具有民族气息的传统建筑(图 5～图 11)

沈阳作为都城也已有三百多年的历史。城市中的宫殿、陵寝、庙宇、佛塔、官署、民宅等建筑物，传统气息浓郁，又融汇进了满民族的生活与文化传统和喇嘛教的宗教观念，与典型的汉族古建文化有所不同。直至今日，方城一带还保持着传统的城市格局："井"字形的街道结构和具有传统特色的建筑旧观。沈阳不仅是我国的工业重镇，又是一座对国内外游人颇具吸引力的文明古城，是蕴藏着体现我国古代城市建设理论和珍贵建筑遗产的宝库。

图 5　故宫航拍

图 6　故宫鸟瞰

图 7　凤凰楼

图 8　清昭陵全景

图 9　清福陵碑亭

图 10　大东区公安分局

图 11　张氏帅府

（二）西洋古典式建筑（图 12～图 19）

图 12　原吉顺丝房

图 13　小南天主教堂

图 14　张氏帅府大青楼

图 15　张氏帅府红楼群 2 号楼

图 16　原张廷栋寓所

图 17　原京奉铁路辽宁总站

图 18　原东三省官银号

图 19　原东北大学理工楼

帝国主义列强侵占中国，对我国人民进行了十分贪婪和疯狂的掠夺。与此同时，他们也在某种程度上起到了打破长期以来封建专制、闭关自守大门的客观作用。于是，西方文化趁机渗入了中国，同时，在其植地过程中又受到本土文化的影响，沈阳市也出现了很多西洋古典形式与中国传统文化相结合的建筑。它们广泛分布在市内，很多于近代建成的银行、洋楼式小住宅、商店建筑等都是在此背景下的产物。

(三) 日本占领时期的建筑(图 20～图 25)

自日俄战争特别是“九一八”事变以后，日本帝国主义侵入中国。他们为了达到长期霸占我国东北的目的，并企图以此作为进而吞并整个中国的根据地，在东

图 20　原满铁社宅

图 21　沈阳站

图 22　市公安局

图 23　辽宁宾馆

图 24　市政府大楼

图 25　原东拓银行

北建立了满洲国。他们从沈阳的城市规划入手，建造了很多东洋式的建筑，意在把这里作为日本国土的扩延并借其表达其眷恋故土之情。日本人同时也将从欧洲学回来的东西，大量的批发到沈阳，又进一步地摸索把东洋与西洋文化结合起来。当年由日本人设计的这些建筑至今在沈阳市内仍占有一定的地位。

(四) 苏联建筑思想影响下的建筑(图 26～图 27)

建国初期，我们的设计理论和能力都比较薄弱，又缺少大规模的建设经验，开始向苏联学习。沈阳现存的工业建筑、公共建筑和居住建筑中受苏联设计思想影响的依旧为数不少。

图 26　西塔东正教堂

图 27　黎明公司住宅

（五）现代建筑（图 28～图 33）

图 28　北站地区鸟瞰

图 29　辽宁体育馆

图 30　长途客运站

图 31　辽宁大剧院及博物馆

图 32　桃仙机场（老楼）

图 33　五里河建筑群

解放以后沈阳的建筑事业得到了迅速的发展。特别是改革开放以来，国内外先进的设计思想和设计理念体现在城市建筑之中，沈阳城市面貌得到了日新月异的变化，沈阳以国际化大都市的面貌出现在世人面前。

现代校园中的历史情结

2005年 ——沈阳建筑大学新校区文脉传承的实践

沈阳建筑大学新校区位于沈阳市东南部的浑南开发区，占地 80 万 m^2，第一期工程建筑面积 30 万 m^2。校区建设自 2000 年设计开始，历经三年时间，2003 年第一期工程告竣并投入使用。校园主要分为三大部分(图 1)：教学区、生活区和体育活动区，三者是“品”字形布局。教学区与生活区之间由一条“千米长廊”连通(图 2、图 3)。长廊被局部架空，廊下一条矩形的带状水面一端通向位于校园北面的主入口广场，另一端以体育中心收头。这条水带作为校园中最重要的景观轴，也对教学区和生活区起到自然的划分作用。水面周围分布着办公楼、水景广场、建筑博物馆、图书馆和一处微型自然保护区。教学区由教学用房和试验中心两部分组成。平面以 80m×80m 网格为基本单元呈网络状布局。建筑内部相互连通，从内部可抵达建筑的任何部位。建筑在南北方向上底层架空，打破了格构间一个个独立庭院空间的封闭感(图 4)。生活区除为学生提供了条件优越的宿舍、食堂之外，还设计有一条内容丰富的商业街。其中设有餐馆、咖啡吧、书斋、洗衣店及维修点等，附近还分布着超市、银行、公共浴池与大学生活动中心等设施。

图 2　建艺长廊

图 3　千米廊内景

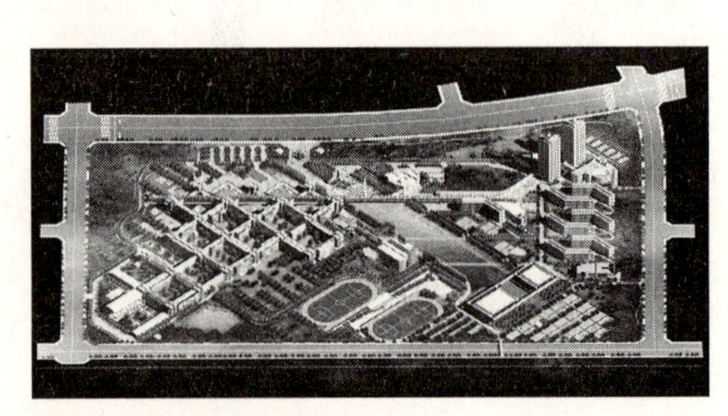

图 1　沈阳建筑大学鸟瞰

图 4　教学区庭院

这是一座完全现代化的大学校园。然而，现代化并无法截断人们的历史情结，历史与文化的底蕴又会提升现代化的魅力和品位。这也更是作为文化殿堂的大学校园最需要的品质。其实，这种品质上的升华并不在于建设投资的增加，倒在于设计思想上的认同和巧妙的构思。在沈阳建筑大学新校区的建设中，这种思想被潜心地融入到校园设计的各个部位，又从不同的角度渗透出来，而采用的方法却是一种与可持续发展思想相关联的建筑手段。让我们用下面校园建设中的几个片段展示校方和设计者在其中的良苦用心。

(1) 老校门的搬迁。沈阳建筑大学有着 6 年的建校历史。位于沈阳城区中的老校区虽然空间相对局促，但其中的建筑很有特色，环境优美。学校的这一次大迁移，老校区被置换作为商品住宅开发用地，人们那些美好的记忆将伴随着老校园的拆迁而失去载体。因此，学校决定将原校园中那座非常具有特点与代表性，且凝结着人们深刻记忆与情怀的柱门整体吊装到新校区的主入口广场上，作为新校区一组重要的纪念性雕塑和学校的标志物(图 5、图 6)。整个迁移过程所耗用的十余万元费用，全部来自校友的主动馈赠，也为老校友和校园今天与未来的主人留下了一抹永恒的记忆。

(2) 校部办公楼前一面具有装饰和引导作用的墙体是用从老校区建筑上拆下来的红砖砌成。钢筋混凝土的墙体框架与历经沧桑的红砖墙作为几十面代表专业的旗帜的背景，展示着学校的发展历程和辉煌的前景。

(3) 同样的老砖墙面延展到室内装修之中。在建筑与城规学院的走廊上，来自老校的红砖被用作柱子的饰面(图 7)，隐喻着学校培养人才继往开来和可持续发展的设计主张，也在这座十分现代化的教学楼中植入了文化与历史的内涵。

图 5　老校门雕塑

图 6　原校区校门

图 7　建筑内的旧墙装饰

(4) 三年前，这块被城市规划确定大学城的地方还是一片稻田。千百年来，这里一直是金浪碧水，方地飘香。今天在这一畦畦的稻池上建起了网络状布局的教学大厦。这种建筑平面的布局形式，既来自多学科相互交流与渗透的办学理念，来自为避免东北地区寒冷气候给室外联系所带来的不便，同时又是建筑师以建筑语言对稻田历史的深情记录。景观设计师又延展了这一构思，以一池池的水稻与荞麦、冬小麦相互搭配构成了校园内颇有特色的绿化景观。我国著名水稻专家袁隆平院士的题词一语点出了这一构思的内在含义：“校园飘稻香，育米如育人”。是的，这正是校方与设计师如此构思的寓意所在。尤其是每年由学生集体参加的插秧、收割等活动将育土与育人的过程更加直接地融为一体，成为对院士题词的一种最为直观的诠释。其实，当每一位教工秋季手捧校园中自产的“绿色粮食”，品尝着香气扑鼻的东北大米时，又悟出了这其中的另一层“味道”，稻、麦地给学校带来的经济效益——它不但省去了种养和维护大片草坪所需要的大笔费用，反倒带来了意义颇深的经济产出。

(5) 在校园的入口广场上，一片颇有特色的条石铺地(图 5)向人们讲述着一段有趣的故事：这些石子来自遍及沈阳城的条条街路。新校区的建设过程中，正值沈阳市市政设施的全面改造。随着一条条街路的重新铺设，旧的路缘石被替换下来。学校将它们收集起来，铺在了这块广场上。建筑大学与城市建设在这里得到密切结合，也为校区建设节省了一笔可观的开销。

(6) 新校区的建成使学校的面貌和教学条件得到了极大的改善。为了向人们展示这一变化，学校特地将老校区中用过的旧桌椅集中布置在几间教室之内。它们与全新的校舍和其他教室内舒适而时尚的家具形成了如此强烈的对比。这里既包含着一种对历史的回味与体验，也包含着对时代发展与变化的记录。

(7) 校园中，一个由中、英学生携手设计的“土木广场”展示出他们对环境保护和可持续发展思想的理解。当他们发现校园附近一条街道两侧高大的行道树由于城市道路改造的需要而惨遭砍伐，十分痛心。于是将那些残留下来的树桩挖出来，作为土木广场空间构成的主题性元素，重新组合植于广场上面，创造了一块颇有特点与内涵的校园空间。

(8) 在沈阳建筑大学学习过的校友，谁也不会忘记它——一个巨大的铁滚。当年，为了平整运动场他们曾多次拉着它，自己动手为开展课内外体育活动而洒下了汗水。新校区建成后，它得到了所应获得的历史地位——被置于千米长廊的起始端：被命名为“滚滚向前”的广场上面，成为校园中一处十分抢眼的实景雕塑。雕塑家又为它设计了一组人物群雕，动态逼真的一群学生连拉带推着这个巨大的铁流，生动地再现了当年学习生活的场景(图 8)。每一届毕业生都将为这组雕塑上一个人像，直到整个作品的最终完成。这里已成为老校友和友人参观时最为动情的地方。

(9) 文脉在校园中得到充分传承的理念，发生在校园的各个角落之中：中、德学生利用废弃的石块共同设计铺砌的庭中小路、原先散落在老校园中的巨石配景、过去教务排课使用过现已废弃的配课台板、还有以前学生食堂加工豆腐用过的石磨(图 9)……都在新校园中找到了它们新的位置，成为沟通学校昨天、今天与明天的时间链条，成为积淀校园文化与历史情结的寄托物。

图 8　人物群雕

图 9　昔日磨盘 今日纪念

在这一片现代化的大学校园之中，凝聚着设计师的心血，也融入了校方对设计意图的不断延展与深化。在这里，让我们向为这座美丽校区的设计献出了聪明才智的建筑设计师汤桦先生和景观设计师愈孔坚先生致以最诚挚的谢意。

在欧洲城市中生长着的现代建筑

1998年

欧洲是一个传统文化与时代精神并存的大陆。当年古罗马、古希腊的建筑文明曾令世人折服，而许多新的思想、新的技术也曾在这里孕育、成长并走向世界。

20世纪20年代，现代建筑首先产生于欧洲。今天，现代建筑在这里又有了新的发展，它再次向人们表明，欧洲不愧是一个有着不断创新传统的大陆。一大批出类拔萃的现代建筑师，集欧洲以至世界科学文化之大成，创造了众多令人赞叹的作品，不断地为这块大陆增添斑斓色彩。

建筑现象是复杂的，建筑的发展又是有规律的。这个规律并不在于建筑本身，而是取决于它新依附的客观背景：经济、生产、科技、地理等物质条件，以及政治、文化、宗教、法规等上层建筑情况。欧洲现代建筑的产生与发展过程，是特定环境的特殊产物，以其自身的特点而区别于“国际式建筑”。

一、传统城市的保护与现代建筑的成长

欧洲各国大多有着悠久的历史，其灿烂的古代文明在城市中随处可见。这常常是欧洲人引以自豪的资本。他们大多存在着强烈的怀旧心理，这不仅表现在对古城和历史性建筑的保护、旧城的改造、传统生活方式的维护等方面都制定有明确而严格的法规、建立有完善的研究机构、掌握有多种技术手段和实施办法、设立有培养专门人员的教育部门；也表现在各种创造性的活动之中。每当出现一种新思潮、新事物，他们总要反复衡量由此可能对旧有城市和传统生活所产生的影响，甚至在新思潮、新事物的内部也往往包含有历史的成分。尽管这种观念具有明显的滞后性，但它在总体上并没有构成对进步的阻碍。其中一个重要的原因，在于他们采取了一种动态的思路去处理两者的矛盾。比如，面对旧城改造的任务，一方面，他们注意强调对城区的历史面貌从总体上加以维护(街道的宽度、建筑与环境空间的尺度城市的总体形象、建筑的组合方式、重点的历史景观人们的生活模式等等)，小心翼翼地保持着文化与生活的连续性，使新建筑穿插其中，既显得多姿多彩，为城市增添情趣，又终未占据主导地位；另一方面，他们不是用风格或手法上的协调或模仿作为清规戒律，去束缚新建筑的产生和存在，而是既要使“新”与“旧”能够和谐相处，又要表达出时代更迭与建筑演化的过程。重在用风格、形式和技术等方面的对比去表达建筑的时代感，用体量、色彩和空间构成等方面的协调取得大环境的整体效果。卢浮宫扩建工程、柏林威廉新教堂等都是成功的示例。如果沿着静态处理问题思路，忽略对建筑发展过程的表达，在老区新建的建筑一概要求采用形式上模仿或片面的“协调”做法，必将导致新旧难辨、鱼目混珠，使欧洲的古代文明逐渐消失在后期形成的假古董之中，实则是对历史建筑与传统文化的破坏。

欧洲的许多城市也采取了另辟新区的做法，把新建筑从旧区剥离出来集中建造，从而新区建筑可以从容地放开手脚，呈现千姿百态的面貌。在这里，为各路新流派、各种新风格提供了广阔的天地。比如，巴黎的德方斯、伦敦的道克兰、斯德哥尔摩的格劳本、奥斯陆的水滨区等新区都出现了许多令人耳目一新，并引起世人关注的成功之作。

同时，他们也十分注意传统在新建筑中的体现或与新建筑的结合。斯图加特美术馆新馆在原居民经常穿越该地段的位置留出一条人行通道，又在平台上保存了原址废墟的标志，使新建筑自然地“落户”于居民的传统

生活之中。这个城市的玛谢餐馆除了在建筑的空间设计和装修设计中吸取了传统手法之外，还将副食摊位组织到餐馆之中，这一传统的生活方式吸引了大量顾客。

为了保持城市景观的延续性或保留某幢历史性建筑的外观，在欧洲，一个非常普遍的作法是保留原有立面，而对其内部空间进行重新设计和改造，有的甚至完全改变了建筑的使用功能。这类任务被列为建筑保护工作的一项重要内容。巴黎奥尔赛博物馆就是由原火车站改造而成的。建筑外观依然如故，但其内部的空间和功能都做了脱胎换骨的改造。大量的公共建筑和民宅，多是根据现代生活的要求，对建筑内部重新布局和装修，并安装现代的设备，使旧房子与新生活相适应，既符合人们的怀旧心理，又满足了生活舒适与工作高效的需求。这种作法是非常普遍的。

二、城市规划中的人本主义倾向

按照现代派的城市规划主张——以不同的功能类型为原则划定城市区域的思路，越来越不符合欧洲人的口味。因为这种分区模式不仅无法承受随城市人口爆炸而带来的城市规模拓展的负担，而且在城市交通、旧城保护、工作与生活的便利性等多方面都愈发暴露出它的弱点。最根本的原因则在于这种划分并非出自人的本性，而是不得已而为之的一种被动行为。特别是当生产和科技水平提高到一定程度之后，对不同功能建筑之间的相互干扰与污染等问题不再单纯地依赖于把它们之间在平面位置上的相互隔离作为惟一的解决手段时，按不同功能划分区域的原则就趋于破裂了。如英国的“新城”理论就是在这种情况下产生的众多新思路之一。瑞典斯德哥尔摩的城市分区很有特色，也十分合理。由于斯德哥尔摩是一个群岛城市，老城区的扩展不能按照同心圆的方式发展，从而也就自然地避免了世界许多大都市发展过程中新暴露出来的越来越多的隐患。斯德哥尔摩市所采取的是另外一种分区方式，以自然岛屿为单位，将城市划分为若干个区域，每个区都建有各自的中心。中心的形成是围绕着一个步行广场布置公共建筑和服务性设施等。这里为居民提供了各种日常生活的必要设施(如商店、邮局、剧场、俱乐部、餐馆、图书馆等)，在其周围分布着住宅、工厂、办公楼等居住、工作用地。在全城又设有一个城市中心，这里集中了全城的政治、商业、娱乐等主要建筑。按照他们的想法，更希望将工作区与居住区穿插在一起，这样可以使生活更加方便，也更增加城市中的人情味。至于干扰与污染所带来的问题，应该用技术手段和必要的设备去解决。每一个区域的规模应该考虑到人的步行能力和工作、生活的方便程度，尽量减少区域之内的交通流量。各个区域中心之间，采用地上、地下的立体交通系统相互联系起来，并又分别与整个城市的中心相沟通。这种构成形式对城市的扩大、旧城改造、古城保护、方便工作与生活、减少交通负荷、城市绿化、集中设置市政设施等问题的解决都带来了方便，也更符合人们对人情化的追求趋向。

除新区之外，在欧洲大多城市中的建筑保持着较低的层数，高层、超高层的建筑甚少，这是欧洲现代建筑区别于美国的又一显著特点。这不仅出于人们对高层建筑会带来诸多不便的担心，更因为欧洲人对传统习俗与自然环境的强烈要求。低层建筑更接近自然，更接近旧式生活，更接近人的尺度，也才更具有人情味。

三、环境意识与生态思想成为现代建筑的重要标志

回归自然、保护环境随着社会的发展愈来愈成为人类的强烈呼声。在欧洲，人们对自然和生态环境的追求表现得尤为狂热。夏天，到处可以看到人们在阳光下尽快地享受日光浴。在瑞典，室外座椅从来都置于阳光之下，树阴下是找不到座椅的。广场上你经常会发现一排排座椅象在教堂里那样整齐地排列着，许多人都愿意坐在那里享受日光的抚摸和观看城市景色。

现代建筑中的自然主义思想主要体现在两个方面：一是，建筑随功能空间要求的自然表达。按照黑格尔的评价：“它(自然美)的逻辑结构是合理而匀称、相互联系而丰富多彩”。柯布西耶则认为：“要使我们与自然法则一致，达到和谐”。现代主义的功能主义就是这种思想的体现。根据功能要求的自然发展，形成建筑的结构与形态，排除一切多余的人造装饰，达到人与自然的统一。法国巴黎伯西体育馆，耶夫勒“无尽的生命”教堂都是对自然主义思想的坦率表述。二是，在人工环境中对生态因素的强调与突出。在建筑中大量引入自然景观、使用天然材料，充分利用和保护自然环境，将建筑与环境尽可能地合于一体，这是欧洲现代建筑中新表现出来的一种普遍追求。赫尔辛基泰姆黑奥基欧教堂和斯德哥尔摩地铁都把原址的岩石表露于室内得到了大众的喜爱。德国藤格包姆等人主张的景观办公室理论和玻璃顶下布置植物的“绿厅”作法被人们广泛接受，并风行欧洲，有的将柱子做成树枝状，形成“人工自然”的景观。太阳能的利用、热交换技术、垃圾的处理与利用……对生态因素的考虑普遍地体现于建筑之中。建筑与自然环境结合得如何，成为人们衡量建筑

的重要标准。比如在住宅设计时，除对室内阳光、通风、绿化、朝向，以至于对周围环境的充分利用和建筑建成后对自然环境可能带来的影响等等，同样要做统一的考虑。而且对室外质量标准的要求是严格的，不容忽略的。从当年阿尔托主张的“有机论”到欧洲近年来十分流行的生态建筑思潮，都是出自人们对自然的膜拜。

四、现代建筑对高科技、高质量的追求与强调

工业技术发达的欧洲国家喜好精细和准确，对产品高质量、高科技含量的高品位的要求素有传统，粗制滥造绝无出路。从建筑方案到每一个节点设计，从施工组织到每一道工序，都要求井井有条，交待清楚。甚至要求把精致、准确的机器美同样反映到建筑之中。这一特点在欧洲新建筑中带有广泛的普遍性。德国法兰克福好利获公司悬挂结构的总部办公楼、伦敦某办公楼更是这一特色的代表。

高技术在现代建筑中得到普遍的应用。柏林国际会议中心除采用电脑管理系统和各式先进的设备之外，建筑本身就好似一部精确的大机器：宴会厅的天棚可以升降、舞台的墙壁可以封闭或开启、建筑的结构暴露在外……，体现了一种对高质量与高技术的追求。斯德哥尔摩的“共生房”则把建筑本身作为一个大型热交换器：通过收集到的太阳能在建筑内部各空间之中流动，达到充分利用能源和节约能量的目的。巴黎蓬皮杜文化艺术中心更是曾经在法国制造了具有轰动效应的高技派的典型代表作。

这种对高质量和高技术的强调，既需有相应的高科技条件作为保证，又是欧洲人价值观的一种反映。

欧洲近年来现代建筑的发展过程，在一定程度上可以作为世界建筑发展的一个缩影。同时，它又具有自身的特点，而在世界建筑发展史上占有重要的地位。它也为我们探索和创造有中国特色的现代建筑之路提供了有益的参考与借鉴。

建筑的思想性

1990年

一、从“独一居”谈起

从一座为大家所熟悉的建筑——“独一居”，我们可以发现建筑设计中一个非常重要的问题——对建筑思想性的强调，并得到有益的启示。

“独一居”以其浓郁的乡土气息赢得了无论是专家还是群众的赞许。它主要的成功之处，并不在于设计师对复杂的功能关系的妥善处理，它只不过是一个使用要求比较简单，所含内容并不繁杂的小餐馆，不在于以精美、昂贵的建筑材料和复杂的技术手段所换取的那种阳春白雪式的艺术感染力，它仅是以廉价的民间材料，在建筑中特别是重点部位进行了有特色的艺术塑造；也并非是对当代高超的科技水平的表现，它仅仅是对一座原先十分简陋的平房略施改造而成。独一居的魅力主要来自设计师在这座原本毫无活力的旧房中，注入了自己对传统文化和民间习俗的理解，使它成为一座散发着泥土芳香、有浓郁地方风味的山东餐馆。仅从使用功能、建筑艺术、科技手段等方面去认识建筑及其创作活动是不够的。建筑的精髓在于它的思想性，在于建筑师设计意匠的体现。当然，那些无论其创作立意多么具有特色，其内涵多么深奥，却不能满足基本的使用要求，或者看起来毫无美感，或者没有科学依据而无法建造，也肯定是行不通的。因为它们没有满足作为建筑设计所必须满足的前提条件。但是，建筑师决不能停留在这个水平上，它仅仅属于建筑的社会和工程性层次。建筑的艺术属性对设计者提出了更高的要求。这就是建筑应该是不断创新的，应该时刻在向旧的格局冲击，走向新的高度；每座建筑应具有自己的特色与个性，这不仅表现在其外部形态上，而且应融汇于建筑的方方面面；建筑不仅要给人以美好的第一感觉，而且应唤起人们的联想以及更深层次的精神感受。因此，只有设计师为自己的作品注入鲜明而深刻的思想性，它才会实现以上职责，成为充满活力的、有灵魂的、真正的建筑。格罗皮乌斯说“建筑是什么？是人的最高尚思想的纯净的表现，他的热情，他的人道，他的忠诚，他的宗教的纯净的表现……给一千种有用的东西——住宅、办公楼、车站、市场、学校、水塔、贮气柜、消防站、工厂等等——以美好的形式，还算不上建筑。这些东西的‘效用’是我们借以生活的手段，但跟我们的职业没有关系。”

严格说来，任何一幢建筑都不同程度地具有各自的思想性，都体现着建筑师对世界、对生活、对美等各方面的理解，体现着他的建筑观。设计者总是有意识或者无意识地按照自己的设计哲学进行着创作，也许有的体现为某种哲学观的物化(如解构主义建筑)，有的体现为人与环境的关系(如莱特设计的落水别墅)，有的体现为现代科技的进步(如巴黎的蓬皮杜艺术文化中心)，有的体现为当代与传统的接续(如青年建筑师李傥的“功宇”方案)。当然，也有的仅仅体现为单纯的实用功能或局限于某种流行的套路。总之，任何一种建筑都是作者某种设计思想的表达。不过，有的思想性强些，有的弱些；有的是作者自觉实现的，有的是不自觉的；有的层次高些，有的低些，有的可以称作真正的建筑，甚至成为人类文明的珍品，有的充其量不过是间“房子”。当今的建筑要求我们提高设计思想的档次，在满足建筑的功能、艺术、技术要求的基础上，在建筑的创作立意及其表达方面不吝更大的投入，并以此为主线贯穿于建筑设计的始终。建筑设计必须摆脱单纯生产过程的性质，而真正纳入创作过程之中。

二、建筑思想性的实现

柯内勒(Kneller)提出了创作构思过程的5段模式：首次洞察(First Insight)——问题的形成；准备(Preparation)——在解决问题上有意识地想办法，酝酿(孵化)(Incubation)——尚未自信地努力，启发(Illumination)——设想忽然出现；考证(Vertification)——有意识地发展。

建筑的思想性正是通过建筑的立意、构思等一系列思维活动注入到建筑中去的。它不过是设计者将自己对客观世界的认识上升到理性阶段，形成了自己的建筑观，再结合每项设计的具体情况输入到作品中去的设计哲学的物化和具体化。因此，建筑思想性的实现决不会像公式一样，查查书就可以顺手拈来应用到建筑设计中去，而必须要求设计师对建筑的认识有一个飞跃式的输入过程，然后还要能够有目的、有选择、有针对性地将其释放到每一个具体项目之中。

建筑思想性的范围是十分广泛的，可以涉及到建筑的各个领域。如果我们就建筑创作思想的发展特点来说，可以将其分为创造型和个性型两种类型。

1. 创造型

建筑仅在某一方面或在某几个方面都跨入了前人没有涉猎或没有得到解决的领域，给人以耳目一新的感觉，对建筑的发展有着开拓作用。就其创造性的程度来说，有的可能会对今后建筑的发展产生巨大的影响；有的虽具新意，但限于具体条件或局部范围，对建筑的发展有一定影响，又要受到某些限制，也有的则因考虑不周，由此带来了其他方面的问题，就设计本身来讲未必是成熟的，但也可以给人们带来启迪，为建筑的发展提供可贵的线索和尝试。密斯以玻璃和钢代替了传统的建筑材料，而开辟了建筑的新纪元；波特曼的共享空间创造了室内设计的新天地，丰富了现代建筑理论；蓬皮杜艺术文化中心以高科技手段强烈地震撼了现代美学观念；清华大学建筑系的作品——中国儿童剧院改建工程采用以新衬老的手法，为旧建筑改造和古建筑保护做出了很好的尝试；上海龙柏饭店采用坡墙面，为新旧建筑的协调和改善建筑造型创出了新路。笔者在这方面也曾作过一些尝试。拙作("北方农宅1616系列设计")采用一种板型、六种规格的一间，按统一的使用要求、施工条件和经济性指标等制约条件，组合成16种不同标准、不同造型的住宅类型。这一设计的目的就在于要探索一条农村住宅标准化与多样化的途径，更在于希望为计算机辅助设计在建筑设计方面的应用提供更加广阔的前景(目前有关方面已将此纳入计算机辅助设计开发项目，并取得初步成果)。一代建筑巨匠勒·柯布西耶，堪称世界上最伟大的创造型建筑大师。他从不拘于世人和自己已取得的成就，不断向新的领域开拓，总是率先步入建筑的新境界。当然，在一般情况下创造型设计很难尽善尽美。相对传统的东西，甚至多数都存在着这样或那样的毛病。传统的东西所以能够被积淀下来，正因为它具有合理性，并经反复修改与调整，愈加接近理想状态。但是，恰因如此它又显示出惰性，不利于进一步提高。因此，对于创造型的设计从总体上讲，应予以鼓励。对那些不够成熟的作品，只要于今后有所裨益就应捕捉住其中的积极因素，使之逐步完善。这不仅仅是建筑师应该注意的事情，全社会都应为创造型设计提供存在和发展的条件。创造型设计涉及到建筑理论的各个层次，可以是宏观的、微观的，也可以是局部的创造。具有较高的建筑理论水准、丰富的设计实践经验，经常注意掌握建筑发展动态以及具有不懈的进取精神，这都是建筑师提高创造能力的源泉。

2. 个性型

从建筑所涉及到的某一个方面入手，立足于具体条件，经过科学的分析选定和提炼最具表现力的东西作为立意主线，并以此为脉络逐层展开，使设计具有鲜明的特色。其个性可以表现在方方面面：可能是功能性的，可能在于表达某种结构特点，可能建立在环境处理的基点上，也可能意在突出空间的心理感受。一、悉尼歌剧院充分利用了它得天独厚的自然地理位置，以生动且富有想象力的构思，被塑造成一代佳作；意大利工程师乃尔维的作品，强调结构自身的艺术表现力，把人们引入了力与美的境界；中国建筑者之家设计，采取了平易近人的空间尺度、朴实优美的建筑造型、灵活而丰富的平面组合，使人感到亲切如归，也勾画出建筑师源于群众、服务于人民的社会地位与职责，大连开发区新建成的"商业街"，以商业博览会为立意，在建筑造型、色彩处理、空间构图等方面，进行了大胆的夸张、强调和渲染，造成了一种热闹、繁华、多彩的强烈气氛，堪称国内一绝。笔者参加全国城市中小学建筑设计竞赛的一个方案"南方18班小学校设计"意在根据实际地段的环境条件，设计成一座有地方特色的坡地学校建筑。该方案把地段内仅有的一块平地留作了运动场(这是学校中不可缺少的部分)，教学楼则依山就势建造在坡地上。它一反常态，呈垂直等高线布置。因为采取了逐层跌落的作法，不但减少了土方工程量，而且为儿童课间活动取得了以班级为单元的活动场地——独立且又相互连通的屋面平台。立体化的活动场地腾出了许多用地去丰富校园绿化，改善校园环境。垂直等高线的建筑布局满足了全部教室取得南北朝向的要求，为采光与通风带来了良好的条件，也使得教学楼的建筑造型和室外空间层次有可能做得更加丰富和具有特色。作为个性型设计，一般情况下应尽量使主题思想纯化和突出，并围绕着它进行构思和采取种种有利于加强其效果的手法和技巧。凡有碍主题或对其有削弱作用的任何手段，哪怕再巧妙、再有魅力，都应忍痛割爱。我们也不宜在一项设计中形成多主题、多重点。否则，不但不能使个性更加突出，反而会因它们之间的相互抵消和冲突造成杂乱无章，而降低了设计特色的质量。

三、建筑思想性的质量

建筑创作应该具有较强的思想性，这里还有一个思想性的质量问题。只有在设计中体现出高质量的思想性，它才更具有建筑艺术的魅力。否则，不但与创作无益，反而可能导致怪诞、扭曲与不合逻辑的结果产生，甚至使创作走上歧途。

任何设计的思想性质量，首先在于它是否具有真理性，即它的主要构想是否正确。往往由此而决定着方案的成败。对于持有不同建筑价值观的设计师，其设计活动总要受到两种不同思想的支配：有的把建筑创作作为一种对人类需求的满足，并以此为基点建立起自己的设计哲学，提出各种推理与设想；有的把建筑创作仅仅当作一种自我意识的表露，当作“建筑师创作个性的表现”，而忽视客观实际问题的解决，忽略任何作品的思想性质量仍要在客观世界中受到检验这一绝对过程。后一种设计观念必将导致某些为群众不可理解、难以接受，又不顾社会需求的作品的产生。持有不端正的建筑价值观和盲目接受外来建筑理论，又不加分辨、不加扬弃的轻率行为，恰恰是产生这种错误的根源。因此，建筑思想性的质量首先要看其是否真正符合客观世界的要求，是否是正确的。

另一方面，欲输入到设计作品中的思想性应具有为建筑语言表达的可能性，否则这种思想性就无法得到实现。建筑语言的表达能力是有限度的。对于某项具体设计来说，并不是一切想法都适于在该建筑中表达出来。各种不同的项目，也各有其易于表达和难于表达的角度。因此，在确定建筑立意之前，对其正确性与表达可能性的审视是必不可少的过程。特别是一些初涉建筑学专业的学生，他们常常陷入这样的苦恼：在建筑立意确定之后，却无从找到一种充分表达这种构想的方式和手段，使设计客体与美好的主观愿望相悖，或不能挂起钩来。当然，这里面有对建筑语言掌握的纯熟程度的因素，但更需要回过头来审查一下自己的立意是否具有易表达性。这可能是打破僵局的转折点。

建筑思想性的质量还表现在创作思想是否在建筑设计中得到了充分且恰到好处的表述。一个优秀的作品给人的印象往往是深刻的、令人激奋的，任何书面介绍都难以使人达到身临其境的感受。比如，笔者在亲眼目睹共享空间之前，对波特曼的作品和理论曾多次拜读，并在自己的设计中做过尝试性的发挥。尽管有比较充分的思想准备，但在亲身置于他的杰作——亚特兰大桃树中心这个庞大的中庭空间之内时，仍然为其壮观的景象、错综变化的空间效果、闪烁运动着的灯光和人、自然与人工产品的相互融合所震惊。深感若非亲眼所见，仅从书本和图片上是难于领略其中的场面与意境的。从而，这也使我对波特曼的思想有了进一步的理解。不过，我们也常常可以看到另一些设计，作者的介绍及其文字说明是那样的头头是道，内容之丰富，含义之深刻，哲理之充分，匠心之良苦，令人折服。但观其设计本身，却有被愚弄之感。因为它竟是那样平淡、干瘪、乏味和缺乏特色。从其作品中全然看不出或很难理解到作者的意图。人们所相信的还是自身从建筑中所获得的直接感受。语言和文字不能替代建筑设计本身。因此，我们必须在如何充分地使自己思想中的无形的东西，变为建筑上的形象的东西方面下功夫，把我们想说的转译成别人能够看得见摸得着的客观实在。努力使我们的设计意图在建筑中取得淋漓尽致的表达。

总之，建筑思想性的实现属于建筑创作的较高层次，是建筑的精髓所在。只有在设计中正确把握住它的真理性、表述的可能性和做到充分的建筑表达，才能达到高质量、高层次的创作目标。

The Measurement Standard of Timber Components in the Imperial Palace of the Qing Dynasty in Shenyang

2006

The Imperial Palace of the Qing Dynasty in Shenyang (清沈阳故宫) as the world only existent palace for the minority's local authority is the architectural masterpiece designed and constructed by the Manchu (满族) people who just underwent the economic change from the hunting, fishing and gathering economy to the farming economy. They designed and constructed the palace in accordance with their national social system, their habits and customs, and their aesthetic conception. They absorbed and learned the construction technology and arts from the Han (汉) nationality as well as the Mongolian nationality, Tibetan nationality and other minorities. The architectural layout, construction technology and architectural adornment of the palace make it the masterpiece with unique features among Chinese and foreign palaces. The palace is known as one of the most outstanding examples in the regional architectural remains of all nationalities. It represents the highest achievement on architecture in the Northeast Asian region. It is also an outstanding example of cultural integration of the regional culture with the architectural culture of the central plains.

The paper takes the Imperial Palace of the Qing Dynasty (清朝) in Shenyang as its research targets. Through the detailed mapping of the main timber components in the palace and the conversion of the data into Qing chi (清尺), we compared the data we got with the data in the *Kung-Ch'eng Tso-Fa* " (《工程做法》), summed up the weighing characteristics of the main timber components of the architectures in the early Qing Dynasty (before entering the central plains), and revealed the unique construction methods of the palace under the influence of the integration of the regional culture with the architectural culture of the central plains.

1. The Measurement Standard of Timber Components with Brackets (斗栱) (Table 1)

Among the architectures constructed during the period of Emperor Taizu of the Qing Dynasty(清太祖) and the period of Emperor Taizong of the Qing Dynasty (清太宗), only the Dazheng Hall (大政殿) has brackets. None of the other major buildings has bracket, including Emperor Taizong's Chongzheng Hall (崇政殿). Table 1 gives the actual measured values of the main timber components in the Dazheng Hall built in 1642. From the table we can see the measurement characteristics of the buildings with brackets constructed during the period of Emperor Taizu of the Qing Dynasty.

1) It still takes tou-k'ou (斗口) as the basic module, which is in accordance with the traditional Chinese

According to *Zhongguo Lidai Duliang Hengkao*(《中国历代度量衡考》), the chi in the late Ming dynasty is 31.91cm and the chi in the early Qing Dynasty is slightly more than 32cm.

construction principles. The peristyle column (檐柱) is 71 tou-k'ou. The hypostyle column (金柱) is 86 tou-k'ou. The diameter of eave-rafter (檐椽) and flying-rafter (飞椽) is 1.5 tou-k'ou, similar to the general practice in the Qing Dynasty.

The Measuring Standard of the Main Timber Components with Brackets Unit: mm/tou-k'ou Table 1

type	component name	height	thickness	diameter
column	peristyle column (檐柱)	5896/71		395/4.7
	hypostyle column (金柱)	7200/86		460/5.5
	leigong column (雷公柱)	1300/15.6		480/5.8
	hypostyle column of double eaves (重檐金柱)	9300/112		503/6
lintel	upper lintel (上檐额枋)	218/2.6	484/5.8	
	lintel (大额枋)	225/2.7	356/4.4	
	plate (平板枋)	258/3	406/5	
	eave-purlin lintel (承椽枋)	388/4.6	196/2.3	
rafter	eave-rafter (檐椽)			160/2
	flying-rafter (飞椽)	120/1.4	120/1.4	

2) As Shenyang geographically is far away from the central plains, there had been a lot of northern minorities since the ancient times. Thus the region has unique local culture and national culture, especially in the late Ming and early Qing Dynasty (明末清初). With the rise of Manchu people in the East of Liaoning (辽宁), Manchu culture grew as the dominant regional culture. The architectures in that period show distinct regional characteristics. In comparison with the official buildings in the central plains, they are more creative and flexible. First of all, the diameters of the main components in the Dazheng Hall are 1.3～1.1 tou-k'ou, all smaller than the general practice in the Qing Dynasty. The ratio of column height and column diameter is bigger than the general practice in the Qing Dynasty, so in the condition of satisfying the same load, the architectures in the Imperial Palace of the Qing Dynasty in Shenyang save more material. Moreover, the architectures have no beam with huge section and no Suiliang beam (随梁). The sectional dimension of Paliang beam (趴梁) is much smaller and its height and thickness is a little bit bigger than half of the general practice in the Qing Dynasty, but the ratio of its height and thickness is 1.35, bigger than the general practice in the Qing Dynasty—1.25. In the same way, the ratio of height and thickness of the eave-purlin lintel (承椽枋) is 2, also bigger than the general practice in the Qing Dynasty. From the perspective of mechanics, this kind of using material is more scientific and rational than the practice in the middle and late Qing Dynasty.

2. The Measurement Standard of the Main Wooden Components Without Brackets (Table 2)

From Table 2, we can see the measurement standard's characteristics of the architectures without brackets constructed in that period.

1) It takes the peristyle column diameter as the basic module, which is in accordance with the standards of Chinese ancient architectures.

2) Generally speaking, the material used in these buildings is less than the general practice. The sectional dimension of the main beams is all 0.5 tou-k'ou smaller than that described in the *Kung-Ch'eng Tso-Fa*, but the beams all met the ratio requirement of height and span. The peristyle purlin (檐檩), the hypostyle purlin (金檩) and the ridge purlin (脊檩) are also 0.1 tou-k'ou smaller than those described in the *Kung-Ch'eng Tso-Fa*. The eave-rafter and the flying-rafter are 0.05 tou-k'ou smaller than those described in the *Kung-Ch'eng Tso-Fa*. On the basis of satisfying the structural requirements, appropriately using less material, according to the actual conditions, shows

that there were fewer restrictions on the material usage in the early architectures in the Imperial Palace of the Qing Dynasty in Shenyang and the material usage had certain flexibility. This unique construction style are reflected almost everywhere in the palace. The size of the hypostyle column in the Chongzheng Hall, after converted into peristyle column diameter, is larger than the prescription in the *Kung-Ch'eng Tso-Fa*, because this column is more than 5.2 meters high. According to the general practice that the ratio of column length and column fineness is 1/11～1/10, the column diameter should be 472～520 mm which is entirely consistent with the measured data. This shows that the material usage of the early buildings in the palace is scientific. The diameter of the gable column (山柱) is only *D* + 0.6 cun (寸) while the general practice in the Qing dynasty is *D* + 2 cun, 1 cun larger than the diameter of hypostyle column. Because the Chongzheng Hall belongs to the Yingshan (硬山) building, its gable has certain bearing functions and the capacity of resisting horizontal load, which reduces the force the gable column should bear, therefore clever craftsmen seized the opportunity to reduce the diameter of the gable column. Similarly, the height of the beams in the Rihua Tower (日华楼) is *D*, however the general practice in the Qing dynasty is 1.5*D*. Its sectional dimension can still satisfy the ratio of height and span. The measured span is 391 meters, so the height of the beams should be 488～325 mm. The current height of the two-step beams is 390 mm which both met the structural demand and saved material.

The Measuring Standard of Timber Components Without Brackets

Unit: Peristyle Column Diameter (*D*) **Table 2**

type	component name	height	thickness	diameter	remark
column	peristyle column				square section
	peristyle column			*D* +3～5 cun	
	gable column			*D* +0.5/3.5/5.5 cun	
beam	beam with huge section (抱头梁)	1.1*D*			carved into the dragon shape
	7 purlin beam (七架梁)	1.6～2*D*	1.2～2*D*		
	5 purlin beam (五架梁)	1/1.5*D*	1.2*D*		
	3 purlin beam (三架梁)	1.2～1.4*D*	1.25/0.95*D*		
purlin	peristyle purlin (檐檩)			0.8～1*D*	wrapped by the whole timber under the eave
	hypostyle purlin (金檩)			0.85～1*D*	
	ridge purlin (脊檩)			0.8～1.2*D*	
soleplate & post	eave soleplate (檐垫板)				wrapped by the whole timber
	hypostyle purlin soleplate (金檩垫板)		0.6～0.7*D*	0.2～0.25*D*	Some sections are round
	hypostyle king-post (金瓜柱)			0.65～0.85*D*	Some sections are round
	king-post (脊瓜柱)			0.65～0.85*D*	Some sections are round
rafter	eave-rafter	1∶4*D*	1∶4*D*		
	flying-rafter	1∶3.5*D*	1∶3.5*D*		

3) Since wars were very frequent at the time and the productivity was still relatively backward, the economy as a whole was relatively backward. The architectures at that time showed that the measuring of components was not very reasonable. For example, the diameter of the gable columns in the

Qingning Palace (清宁宫) is D + 3.5 cun, but the general practice in the Qing dynasty is D + 2 cun, 1 cun larger than the diameter of hypostyle column. Although the Qingning Palace belongs to the Yingshan building, its gable has certain bearing functions and the capacity of resisting horizontal load, which reduces the force the gable column should bear. However the craftsmen did not reduce the diameter of the gable columns, instead they increased the diameter. Moreover, the height of the 3 purlin beams in the Left-wing Prince Pavilion (左翼王亭) is 0.8D and the width is 0.58D, but the general practice in the Qing Dynasty is 1.25D and 0.95D respectively. The sectional dimension is unable to meet the minimum ratio of height and span. The measured span of the 5 purlin beams is 5.2 meters. According to the mechanics, the height of the beams should be 650～433 mm, but the current height of the 5 purlin beams is 390 mm, therefore many beams have cracks.

3. The measurement standard of the basic components of the brackets (Table 3)

The components of the buildings with brackets in the Imperial Palace of the Qing Dynasty in Shenyang constructed in the early Qing Dynasty all take tou-k'ou as their basic module. The bracket itself is a major component of timber structure. Its weighing also strictly abides by the module system. From Table 3 we can see the width and thickness of the da-tou of the intermediate set and the set on column are larger than the prescription in the *Kung-Ch'eng Tso-Fa*, 0.3～0.5 tou-k'ou, but the height is similar to the prescription in the *Kung-Ch'eng Tso-Fa*. The width and thickness of the da-tou of the corner set are larger.

The Size of the Basic Components of the Brackets

1 tou-k'ou=83 mm **Table 3**

type	component name	length	width	height	thickness
bracket of intermediate set (平身科)	da-tou (大斗)		280/3.3	168/2	279/3.3
	zheng-xin-gua-gong (正心瓜栱)	631/7.6		186/2.2	80/1
	zheng-xin-wan-gong (正心万栱)	907/11		180/2.2	80/1
	tou-ang (头昂)	970/11.6	83/1	fore 125/1.5 back 125/1.5	
	er-ang (二昂)	1526/18		fore 125/1.5 back 125/1.5	
	ma-zha-tou (蚂蚱头)	174021	96/1.1	169/2	
	cheng-tou-mu (撑头木)	210525	96/1.1	240/2.9	
	dan-cai-gua-gong (单材瓜栱)	632/7.6		122/1.46	86/83
	dan-cai-wang-gong (单材万栱)	766/9.2		122/1.46	86/83
	xiang-gong (厢栱)	627/7.6		122/1.46	86/83
	san-dou (十八斗)	151/1.8		80/1	80/1
	san-dou (三才升)	148/1.7		83/1	
bracket of set on colum (柱头科)	da-tou (大斗)		357/4.3	170/2	290/3.5
	tou-ang (头昂)	970/11.6		fore127/1.5 back125/1.5	
	er-ang (二昂)	1520/18		fore120/1.44 back122/1.46	

Continuous Table 3

type	component name	length	width	height	thickness
bracket of corner set (角科)	da-tou (大斗)		387/4. 6	178/2. 1	328/4
	slope-ang (斜头昂)			fore 125/1. 5 back 125/1. 5	
	behind da-jiao-zheng-tou-ang with zheng-xin-gua-gong or zheng-xin-wan-gong (搭交正头昂后带正心瓜、万栱或正心枋)			fore 125/1. 5 back 125/1. 5	
	behind da-jiao-nao-tou-ang with dan-cai-gua-gong or dan-cai-wan-gong (搭交闹头昂后带单材瓜栱或单材万栱)			fore 125/1. 5 back 125/1. 5	
	behindslope-ang with wan-gong (斜二昂后带万栱)			fore 125/1. 5 back 125/1. 5	
	behind da-jiao-zheng-er-ang with zheng-xin-wan-gong or zheng-xin-fang (搭交正二昂后带正心万栱或正心枋)			fore 125/1. 5 back 125/1. 5	
	behind da-jiao-nao-er-ang with dan-cai-gua-gong or dan-cai-wan-gong (搭交闹二昂后带单材瓜栱或单材万栱)			fore 125/1. 5 back 125/1. 5	
	behind da-jiao-zheng-ma-zha-tou with zheng-xin-wan-gong or zheng-xin-fang (搭交正蚂蚱头后带正心万栱或正心枋)		96/1. 1	169/2	
	behind da-jiao-nao-ma-zha-tou with dan-cai-wan-gong or zhuai-fang (搭交闹蚂蚱头后带单材万栱或拽枋)		96/1. 1	169/2	
	behind da-jiao-zheng-cheng-tou-mu with zheng-xin-fang (搭交正撑头木后带正心枋)				
	behind da-jiao-nao-cheng-tou-mu with zhuai-fang (搭交闹撑头木后带拽枋)				
	li-lian-tou-he-jiao-dan-cai-gua-gong dan-cai-gua-gong (里连头合角单材瓜栱)			122/1. 46	86/1
	li-lian-tou-he-jiao-dan-cai-wan-gong (里连头合角单材万栱)			122/1. 46	86/1
	li-lian-tou-he-jiao-dan-cai-xiang-gong (里连头合角单材厢)			122/1. 46	86/1
	da-jiao-ba-bi-xiang-gong (搭交把臂厢栱)			122/1. 46	86/1
	zheng-xin-fang (正心枋)		86/1	203/2. 44	
	zhuai-fang, jing-kou-fang or ji-fang (拽枋、井口枋、机枋)		83/1	126/1. 5	

than the prescription in the *Kung-Ch'eng Tso-Fa*, 1～1.6 tou-k'ou. Using more material in the da-tou of the corner set in the Dazheng Hall is scientific because the da-tou of the corner set should bear the pressure from two directions, therefore the pressure area should be increased. Taking this into account in the Dazheng Hall leads to its success. The out-zhuai & in-zhuai (内外拽) of the bracket of the Dazheng Hall is the same, so the fore height and the back height of the tou-ang and the er-ang are all equal, 1.5 tou-k'ou, which does not abide by the prescription of "fore height 3, back height 2" in the *Kung-Ch'eng Tso-Fa*. The other components of the bracket are the same with or similar to the prescriptions in the *Kung-Ch'eng Tso-Fa*, but the height of the components is slightly lower than the prescribed height.

Conclusion:

In summary, since the Imperial Palace of Qing Dynasty in Shenyang was constructed in the northeast border during the late Ming and early Qing Dynasty by Manchu people who just underwent the economic change from hunting and fishing economy to the farming economy, on the one hand its architectures absorbed and inherited the construction technology from the central plains, on the other hand the Imperial Palace of Qing Dynasty in Shenyang as the palace for Manchu people before they moved to Beijing (北京) has clear distinction from the official buildings of Qing style on the overall layout, construction framework, detail arrangement and architectural adornment. The buildings in the northeast region of China have their own characteristics and evolution processes. Although they were influenced by the culture of the central plains, we can not deny their own development. As the Manchu architectures of post-Jin period (后金), they were definitely influenced by the Jin architectures greatly, and to some extent inherited their traditions and formed their own flexible, practical, economical style of material usage which was clearly reflected in the above. This is the geographical features of the Imperial Palace of Qing Dynasty in Shenyang. Meanwhile we can also see that the material usage sometimes was not scientific and rational. On the one hand after Jin moved to Shenyang, due to years of war, destruction of production, food shortages and chaotic order, the productivity was still relatively backward, the economy was far worse than in the developed central plains, the technology was also relatively backward and the material usage in the construction was not very standardized. On the other hand as the Emperor Taizong advocated austerity, the construction scale was relatively small, so was the size of the building. It is the integration of the culture of the central plains and the culture of the northeast region that created the material usage style in the Imperial Palace of the Qing Dynasty in Shenyang.

Discussion on Features and Origin of Architecture Layout in East-section & Mid-section of Shenyang Imperial Palace

2006

Although the architecture history of Man nationality is not so long and there are many types of architecture which developed from very simple to prosperous, there is no fixed type of itself. The palace construction is a good example on this point. Shenyang Imperil Palace is a model when palace construction of Man nationality came into its prosperous period. Although the East-section & Mid-section of Shenyang Imperial Palace were built within a few years during Nurhachi and Huangtaiji period, architecture layout in those two sections is totally different. This is actually caused by the different historical stages between the two emperors and this is reflected in politics, economy, culture and living style in the fast developing period of Man nationality.

The East Section of Shenyang Imperial Palace was built by Nurhachi in 1625. It reflects the architecture image of riding & hunting economy as well as fighting background of Nuzhen people. After 6 years, the Mid-section was built by Huangtaiji in1631. It reflects agricultural economy and centralized politics of Manchu.

The great change in architecture is an eruption after the accumulation of history and culture among those 6 years. Generally speaking, the development of architecture is lagging comparing with economy and politics. Meanwhile, different people may have different conceptions on architecture and society. Those make the development of architecture and social image experience different times. This phenomenon is typically reflected in the East-section & Mid-section of Shenyang Imperial Palace.

(1) Riding & hunting economy as well as fighting background in the East-section

Architecture is a physical image of history. Different architecture image reflects the economy, politics and culture in different times. In other words, architecture is the symbol of times.

Nuzhen people were living in mountains in their early times and they made living on riding & hunting. After they moved to Jianzhou and Shenyang, there were frequent fights and communications between Nuzhen people and Han nationality. In this way, they got familiar with advanced economy, techniques and culture. They began to realize their disadvantages and actively absorb and plunder all the civilization. When they evolve from Nuzhen to Manchu within several decades, they made great historical changes and they have begun their agricultural life. With the improvement of their productive force and political base, Manchu people have great political expectation. The East-section & Mid-sections just reflected those times and they became the symbols of early stage and heyday.

Nurhachi is an excellent leader and representative for the rise of Nuzhen. He spent most of his life on riding and hunting economy as well as the transitional period to agricultural economy. At the same time, he experienced many years of fighting and victories. He deserved an emperor with ambition and innovation. The time background and personal experience were fully reflected in the design of the East section.

The layout of the East-section includes one palace and ten pavilions—Dazheng Hall was in the middle and the ten pavilions were built on the two sides with outer eight shape (picture). This layout is unique in both Chinese and foreign history. It all origins from the innovation based on that period. It is the idea of Nuzhen and Huangtaiji which could reflect in palace architecture as well as the perspective theory of the architects in order to show their respect to the emperor.

- **Extroversion**

Traditional palace model in China is an introversion and closed image. The typical method is to surround the quadrangle with walls. The palaces are closed to the outside, but they were quite powerful internally. The palaces in China and western countries took the opposite way on this point. The palaces in western countries would like to show their elegant to the outside without any surrounding. However, the east section of Shenyang palaces is quite similar to the western model. There was no wall surrounding it and there was no courtyard to show the relationship between the construction and people. It makes the palaces face the town directly without careness of secretes. It stresses the status and the position of the palace in a direct way. Such kind of architecture layout reflects the straightforward characteristic of Nuzhen and its political background. From this point of view, they have great difference with most of the Chinese culture-civilization, goldern mean of Confucianism and exquisite.

- **Symbolism**

Symbol is a common way used by both Chinese and foreign architects, but there are some differences in the expression way and content caused by different culture and tradition backgrounds. The east section of the palaces focused on the significance of number 8 was believed as elegant and happiness and it has close relationship with 8 banners system. The 8 banners system is one of the excellent innovations of Nurhachi. It was the basic military and administrative mechanism of Manchu (Nuzhen) in its early times. It made Manchu have great achievements in military, production and administration. When Huangtaiji came into power, he weakened the 8 banners system. In this case, number 8 was regarded as utmost importance.

Although there was Dazheng Hall and ten Kings' pavilions on its two sides, East-section was an administrative area actually. The ten Kings' Pavilions broken the traditional layout and were built in a capital 8 shape. The main build in the front which is called Dazheng Hall did not follow the tradition of Hurhachi. It took an innovative structure—8 angles, which was first used in Dongjing Town in Liaoyang. So every building in this section has some relationship with number 8 (8 angles, 8 banners and capital 8) by symbolism and this realized the psychological effect. Among those constructions, we could understand the design purpose easily. They changed their hunting and riding custom into a fixed palace form and it is easy for us to imagine how 8 banners' troops marching forward under the direction of Nurhachi and left wing and right wing kings as well as the scenery of settling down troops. We could also imagine the grand banquet hold by emperor and how did emperor and kings settle their tents. We could even imagine the scenery when Emperor Qianlong met with foreign leaders and diplomats in a golden color tent in Summer Palaces of Chengde In addition, we could think that Nurhachi and several kings were dealing with some affairs together with its military and administration system from such kind of structure layout.

In addition, the tent shape layout reflects the culture and characteristic of Manchu. It also shows the relationship between Manchu and Mongolian. When they were preparing for toppling the Ming Dynasty, they have to take some time to deal with the threats from Korea and Mongolian. While they adopted different policies. They used military power to Korea who was not so strong and they take both stick and carrot to Mongolian so as to cooperate Mongolian to fight against Ming Dynasty. Meanwhile, they used politics, cultural and religion, even marriage to strengthen the communication and cooperation with Mongolian. During this time, many Mongolian civilizations were absorbed to Manchu. From those, it is not so different for us to find the reason—why Nurhachi would like to build his palace in tent shape. This design has special significance on both politics and culture aspects.

The designer of the palace used simple architecture language to express the political, cultural and economic background in a wise and precise style.

- **Application of Perspective Theory**

Perspective theory was seldom used in Chinese architecture history. Just like the Chinese painting, we use points perspective method instead of integrated space relationship and we pay much attention to make the audience appreciate every detail of the picture. In this way, we could feel movement from a still life. The traditional architecture which is a branch of traditional Chinese arts combines the art method with space design. It usually attracts the people to go inside by different courtyards. When we move further inside, the scenery was changed with different atmosphere and connotation. This makes the influence of time on spaces. This is different from the perspective in western countries. The perspective in western countries focuses on strong perspective sense to describe the space effect. As the representative of Nuzhen, Nurhachi expressed his difference from tradition in central plains. They neglected the time issue in their architecture. However, they focused on the space sense. This was revealed in the external 8 layout of Dazheng Hall and ten king pavilions. This is a good example on the use of perspective theory. The distance between the pavilions on the end is larger than that of the pavilions close to the Dazheng Hall. If we stand on the opposite side of the Dazhang Hall, we could feel that the distance between us and the hall is enlarged by perspective effect. This also enlarges the distance between common people and emperor. At the same time, This makes us focus on Dazheng Hall at last and the hall is regarded as a paramount level.

The similar perspective methods were popular used in the design of Renaissance Square in western countries. There obvious feature in this time was the adoption of internal 8 shape. Based on the geometry achievement in Renaissance, people used trapezoid to correct the visual misunderstanding of the square and visual square was created.

By taking perspective theory, the square of Dazhang Hal and ten king pavilions as well as European Renaissance Square used internal 8 and external 8 as its layout separately. But the space effects are totally different with similar elegance. We could not prove the relationship between those two squares but we are quite surprise to find that the two constructions have the similar method in different time and country.

(2) Mid-section architecture in agricultural economy and centralized politics

During the Huangtaiji period, Daqing Gate—Chongzheng Palace—Phoenix Tower—Qingning Palace which is the Mid-section was built. The layout of this section reflects the traditional courtyards combination of central plains and the culture of Manchu has great influence on those architectures.

- **The Traditional Economy and Politics Changed the Layout Feature of Mid-section**

Architecture is a fixed physical image of the history. Since Manchu came into Shenyang area, they have changed their economic system step by step. When Huangtaiji came into power, he slowed down the speed to the central plains and he focused on the strategies of developing economy and improving productivity. Hunting and Riding economy was replaced by agriculture and finally, agriculture economy became the main body of the country. Huangtaiji also fought many political competitors and centralized many powers; he grasped all the powers from several kings at last. There was less battles and the society was relatively stable during his time. Feudalism was gradually formed and this lasted for a long time. While those accumulations were accumulated for a long period and it was reflected with Huangtaiji's Power. He built his Mid-section palaces just in this period and there was a clear difference between this section and East-section which was built by Nurhachi. The space in Dazhang Hall and ten king pavilions is quite open and extroversion. Meanwhile, the Mid-section was quite independent and close as well as centralized. This is suitable to the agricultural economy and self-supplement with feudalism. This also reflected that the royal power is utmost important. So the architecture layout changes with the politics and economy.

There are same changes in single courtyard. Daqing Gate is the main gate of the Mid-section and it is the gate which divided the palaces into internal and external areas. Huangtaiji took centralized system and all the officials would wait for conference at the gate. Those officials would stand on the east and west sides in order to show their respect to the emperor. A narrow road was in the middle which was prepared only for the emperor Huangtaiji. Chongzheng Hall is the center of the Mid-section and it is the office of Huangtaiji. It was different from Dazheng Hall. Chongzheng Hall was only used by Huangtaiji. The two warehouses (Dragon pavilion and Phoenix pavilion) were built on its two sides and they have no administration function as the ten king pavilions in the East-section.

Architectural layout in the Mid-section is an abstract of Manchu quadrangle.

The Mid-section of Shenyang Imperial Palace was full of Manchu feature in architecture layout. Manchu usually built their houses either on the backbone or the south side of the mountain. Most of the courtyards are separated and located in vertical way. Comparing with quadrangles in Beijing, there was no crosswise connection between those quadrangles.

The Mid-section of Shenyang Imperial Palace accepted the quadrangle space layout of Manchu. From Daqing Gate and Chongzheng Hall to Phoenix Tower and Qingning Palace, it developed from south to north in an axis direction. During Qianlong period, the east and west side houses were built on the two sides of the Mid-section and they were separated from the original section. This is quite different from the situation in Beijing. Since the function of each build is different, there is no connection between the buildings in the Mid-section and the East-section. The current Dongye Gate was built after the establishment of P. R. China. In addition, the size of the courtyard and its space layout reflected the space feature and living customs of Manchu quadrangle. When the West-section was built in Qianlong Period, there were some crosswise connections between the West-section and Mid-section because of the function request and Han nationality's influence.

According to the architectural status in China, the office palace should be the double eaves. However, Huangtaiji took Yingshan structure for his palaces because this was the main structure for Manchu in history. As the main architecture in Huangtaiji's palaces, Chongzheng Hall was only changed in color and decoration so as to reflect the royal power.

The whole layout of the Mid-section accepted the tradition of central plains for the first time. The Daqing Gate and Chongzheng Hall were the administration areas which were located in the front part. Phoenix Tower and 5 palaces are the living areas for emperor and empress. However, there were platforms under the hall and palaces in Forbidden City of Beijing. They were in different height. Generally speaking, palace is lower than hall in feudalism. There is another exception in Yuan Dynasty. There are two groups of palaces and halls in capital of Yuan Dynasty. Each group is separated from the other and there is a corridor connecting the two parts. The front part is the administration area and the backyard is the living area. So we could find that the platforms of hall and palace in Yuan Dynasty are in the same height.

The palaces were on a 3.8-meter platform which was higher than the office hall. However, three halls in Beijing (Taihe Hall, Zhonghe Hall and Baohe Hall) were built on marble platforms in Forbidden City of Beijing. So the hall is higher than palace in Beijing.

Why Huangtaiji preferred hall is lower than palace? This is because Nuzhen people were accustomed to living in higher building. When they were living in mountains, they usually build their houses on the mountain. The houses is higher than the houses in front it. This is also useful for watch and safety. The higher their building is, the higher position is. Then this became a custom. Though there were moving from mountains to plains and did not need watching anymore, they still prefer to living in a higher place. They thought this was symbol of position. Therefore, the rich people built their houses in an artificial platform to show their wealth. The courtyard on platform is the symbol of noble in Manchu and every king has their residence on platform. The 5 palaces of Huangtaiji was reconstructed from the old king residence. But the new palaces were much higher than the former residence because of safeguard. Shengjing Palace was a special palace with many connections to the town and its safeguard facilities was not so perfect. Besides the outer wall, there was no palace wall in Shenyang except a small safeguard wall around each courtyard. This is different from three layers' wall of the Forbidden City in Beijing. In the early times of Nurhachi, the main conflicts came from external threats and the internal conflicts were neglected. So the East - section in the period of Nurhachi was full of extroversion and openness. When Huangtaiji came into power, the politics is relatively stable and he needs to care about the internal conflicts. The safety issue of the emperor is very important. According to the situation at that time, building high platform is critical to the safety of the palace. In the traditional defense, many layers' of plan surrounding is quite important. Therefore, town within town and wall within wall is supposed as the best defense method. Emperors were always staying in the center with many layers' walls. Meanwhile, castle is a good defense body in height. The high platform is an ideal way of defense in both plan and dimensional aspects. This is an effective defense method found by Manchu and this is quite similar with the castle in western countries.

Since there is a big height difference between the hall and the palaces, a tall phoenix tower is a ideal transition on safeguard and space division. The tower is the connection and transition between the two sides and it is also the peak of the Town. It stressed the importance of the Mid-section among those sections. Meanwhile, it is a good background for Chongzheng Hall which is the main part in the Mid-section. From the point of view of defense, the tower is the entrance of 5 palaces and it formed a defense system together with the high platform.

The platform courtyard of living palaces is different from other palaces, it has many Manchu features.

If we make a comparison between this courtyard in Shenyang and the central palace of Forbidden City, we could have a better understanding of Manchu culture. The 5 palaces around this courtyard are the bedrooms of the emperor and empress and 4 concubines. Those bedrooms include Qingning Palace, Guanjiu Palace, Linzhi Palace, Yanqing Palace and Yongfu Palace. There are also two sub-palaces on the east and west side as well as phoenix tower. The courtyard was built on a 3.8 - meter platform made by earth. The central palaces in Forbidden City include Qianqing Palace, Jiaotai Palace and Kunning Palace from Qianqing Gate to Kunning Gate. Qianqing Palace is the bedroom of the emperor; Kunning Palace is the bedroom of emperess and Jiaotai Palace which is in square shape means the connection between Yin and Yang. Those three palaces are located on a platform from south to north. The corridors surround it into a closed courtyard. Then what's the difference between the platforms in Shenyang and Beijing?

The 5 palaces in Shenyang Imperial Palace were above the ground, but there is no height difference among the buildings on this small square. While there are only 3 palaces (Qianqing Palace, Jiaotai Palace and Kunning Palace) in the center of Forbidden City in Beijing on the platform. This is an obvious difference in platform construction between Manchu and Han nationality.

The quadrangle which was surrounded by central

Qingning Palace and other 4 palaces is in small size and it has centripetal force. The quadrangle is a living space with affinity. People who lived there could not notice that they were living on a platform which is about 4 meters above the ground. There were Narrow Street surrounding the platform and guards would patrol around it. While in Qianning Palace, Jiaotai Hall and Kunning Palace of Forbidden City in Beijing, there was no courtyard with centripetal force. On the contrary, there were only corridors outside. It was located in the center of the courtyard and reflects an exocentric space. Those 3 palaces are on a 4-meter and 3-layer base so as to reflect the grand power of emperor and empress. Such a layout likes a stage rather than for living. It's a stage to show regulation and royal power. It seems that affinity and convenience is not important comparing with regulation and royal power here. That's why emperor does not like to live here. He'd like to choose a secrete and convenient place for daily life, such as Yangxin Hall.

Man Nationality believes Saman Religion, Qingning Palace which is the central palace is a very important sacrifice place for emperor and empress. According to the principle of the religion, the entrance is not in the middle line of the palace. However, there is an entrance in the east part of the palace. There is a platform in front of the palace which is connected with the base of the palace.

The main stairs are still in the middle, while the sub-stairs are in the east. In this way, the layout of stairs matches the feature of the palace. There is a Suolun Pole in front of Phoenix Tower which is close to sub-east palace-Yanqing Palace. It is used for sacrificing the God. Generally speaking, the architecture layout of the palaces is vertically axial symmetric. However, the axis is located further east because of the entrance of Qingning Palace, its stairs and Suolun Pole. This brings some vivid atmosphere and Manchu living style to the strict space layout of the Palace.

The East-section & Mid-Section of Shenyang Imperial Palace which was built in early times reflects the typical Manchu and regional cultures. Meanwhile, there are also differences in space layout between the East-section & Mid-Section caused by different political and economic backgrounds.

This article found the important effect of the political and economical background to the formation of architecture by analyzing the East and Mid-section of Shenyang Imperial Palace. It just reflects a basic principle: architecture is an art with subjective innovation as well as a result of restriction by social and material conditions.

Manchu and Han Nationalities' Mixing Culture Reflecting by Space Layout in Ancient Town of Shengjing

2006

As an ancient town with thousands of years' history and many swift changes, Shenyang becomes an important city in the northeast area of China gradually. Especially in 1625, Aisin-Gioro Nurhachi occupied Shenyang with his 8 banners troop and Shenyang was firstly become a capital in history. After Aisingioro Huangtaiji ascended throne, he did a large scale of constructions and reconstructions to the town and renamed the town as Shengjing. Since the town was extended, it became an important model and representative in the field of architecture system, town scale and space layout. This could fully reflect the culture and urban planning concept of Manchu.

During several decades' development, Manchu was evolved from an undeveloped tribe to the ruler of China which experienced the heyday of politics, economy and culture. From its fast development, we could find many factors which influenced the development of this nationality. Manchu is good at studying from others. This makes it absorb much cultural nutrition from Han nationality, Tibetan and Mongolian. Manchu culture is a mixing culture. Such kind of culture is also reflected in the urban plan and architecture of the town. We could experience the strong influence from Shengjing Town and its constructions.

1. Interactive Alternation and Permeation between Shengjing Palace and Its Urban Space

China is a country with "Wall" in history. The town was existing because of the wall. The town has two functions: one is for defense and the other is for controlling its citizens. According to the tradition, the town has three to four walls, such as Nanjing and Beijing in Ming Dynasty. The palace is definitely in the internal town and people prefer to build another palace wall around it. In this way, it could guarantee the safety of the emperor. Especially for the capital of Han nationality, Changan Town is a typical capital in history. Although the palaces were built by the emperors from different generations and the buildings were located in different parts of the town, they were all surrounded by palace walls. Most of the town spaces were occupied by those 5 palaces (Fig. 1). The later Daxing Town in Sui Dynasty included 3 wall systems which divided the spaces into many functional areas, such as palace, office buildings and markets areas. This is believed as the beginning of the regular urban plan in Chinese history (Fig. 2). The Changan Town in Tang Dynasty, Luoyang Town and Dongjing Town in Song Dynasty, Dadu in Yuan Dynasty and Beijing in Ming and Qing Dynasties are the further development and continuous of such model. The royal palace is the town within town which is never changed and this layout was strengthened in history. No one could change this tradition and everyone must obey this rule without any excuse.

This kind of layout is determined by the ruler's political interests. The town with many layers is

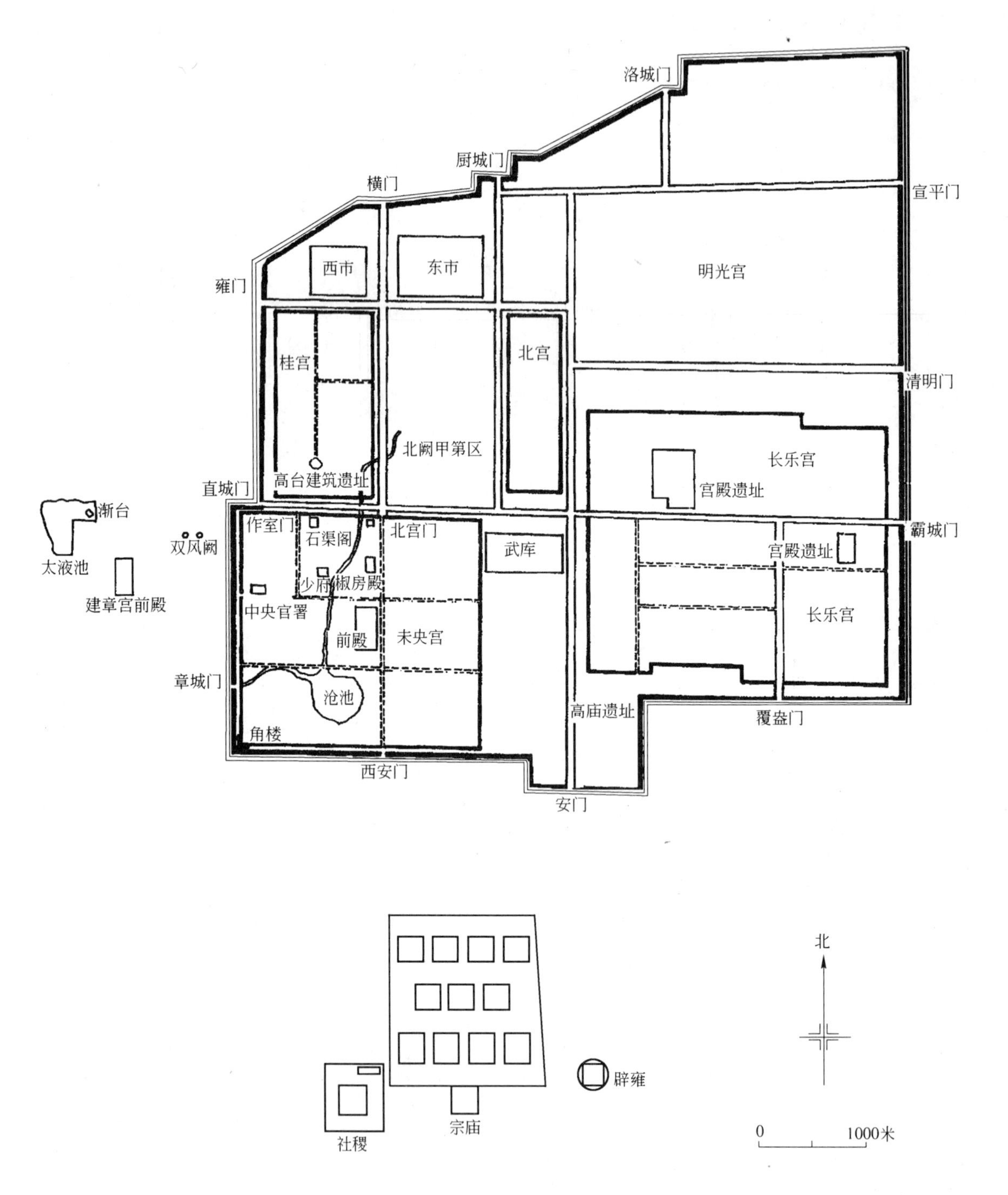

Fig. 1 Picture of Chang'an in Han Dynasty

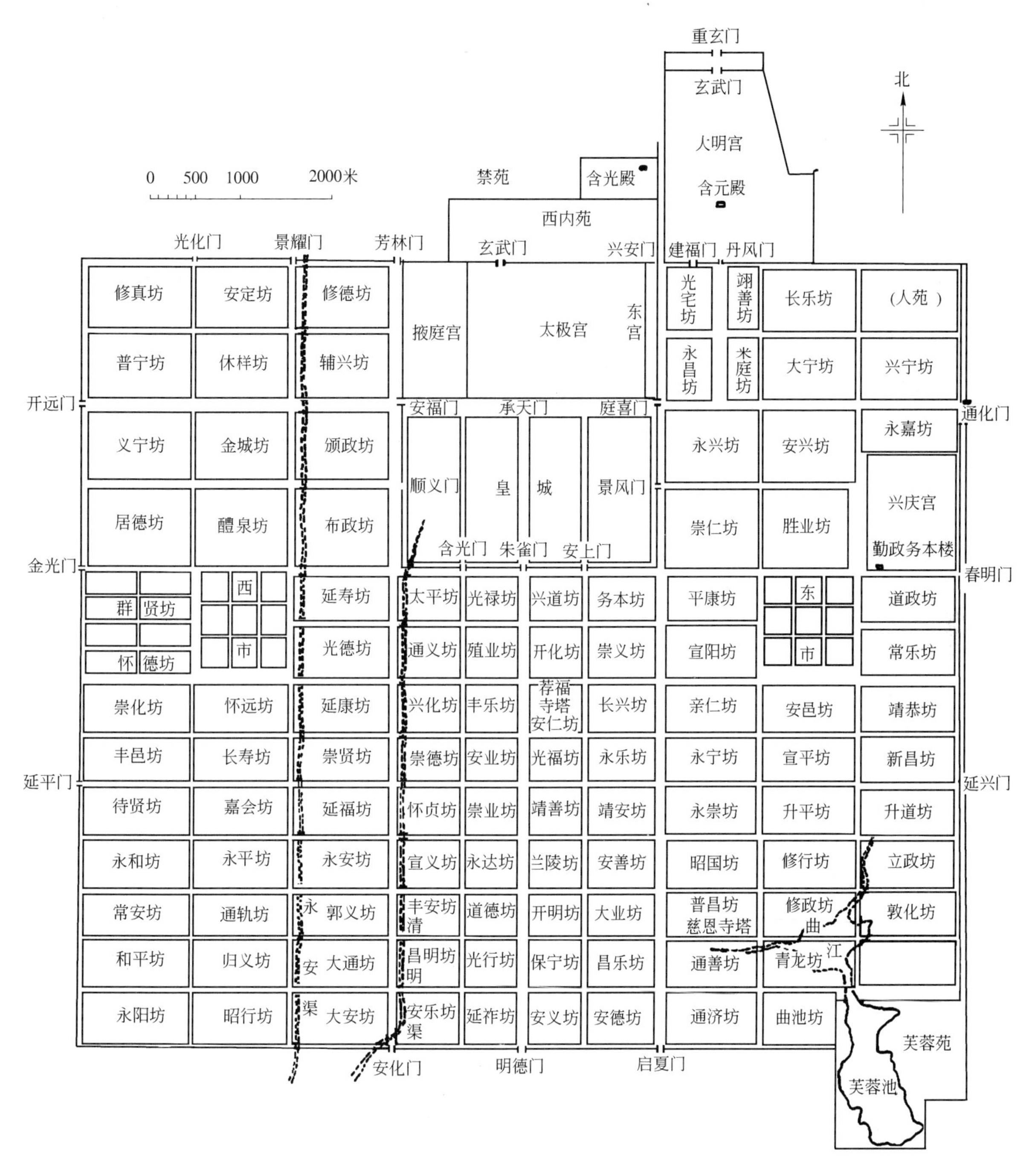

Fig. 2 Daxing Town in Sui Dynasty (Chang'an in Tang Dynasty)

defense strategy to protect the town from external attacks which reflected in architectural image. Meanwhile, it could also defense the attack of the people from the town. The wall could separated the royal family from the others, at the same time, it could also separated the citizens into several districts and this is easy for management. This method began at Spring & Autumn Period, last to Sui and Tang Dynasty. During Yuan Dynasty, lane system was fixed. Each architecture way was directly originated from the solution of different social conflicts. This is a concrete display of internal and external defense in urban space image.

However, the rulers in the rising period of Qing Dyansty (Fig. 3) faced different conflicts. They looked on the internal and external conflicts with different

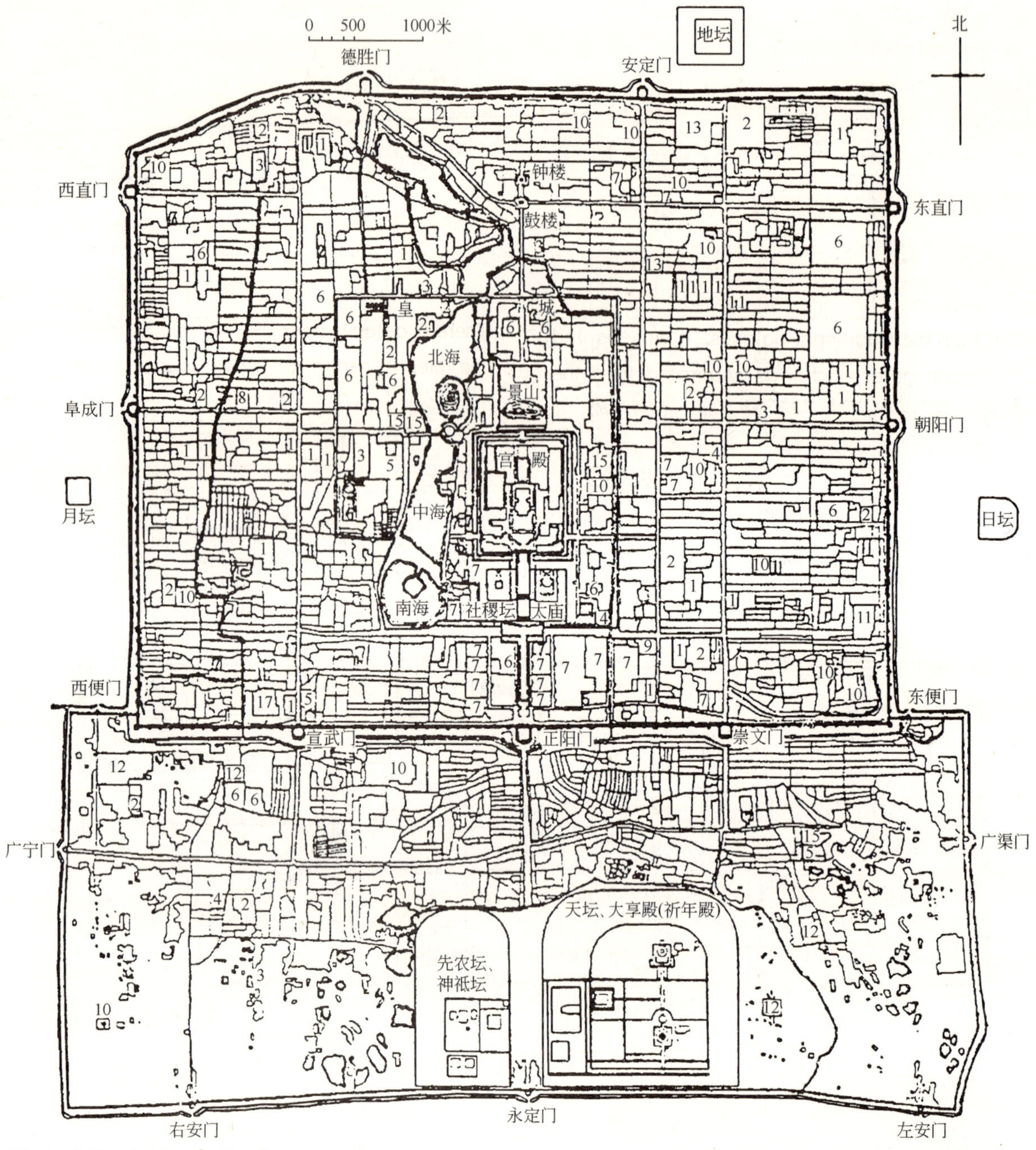

Fig. 3 Beijing in Ming & Qing Dynasty

attitude. The external conflicts are much serious than the internal conflict. Manchu looked on Ming Government as its main defense target; meanwhile, it had to solve the threats from Korea and Mongolian. Those external stresses overcome many internal conflicts. The 8 banners system of Manchu and the later 8 banners of Han nationality and Mongolian combined together and this made the group sharing the common interests. The ruler became a commander at this moment and he focused his power on how to deal with the external threats rather than the internal conflicts. So the architecture reflected the social situation during that special history. From Foala Town to Hetuala Town, from Jiefancheng Town to Shaerhu

Town, from Dongjing Town of Liaoyang to Capital Shengjing of Shenyang, they all represent the unique social background of Manchu. The emperors from two generations did not follow palace town pattern of Han nationality which separated their palace from others constructions by enclosing wall. They made interactive alternation and permeation between palaces and town spaces (Fig. 4). There were no wall in the east section built by Nurhachi and it looked like a city square. The current red wall was built by the later generations. The palace where he lived was also different from the traditional palaces. It was located near the north gate which was separated from the office area. So the emperor had to pass the downtown area every working day. This made the palace and the town integrity mix and it has became an example which gone against the tradition in history. For the palace of Huangtaiji, it absorbed the quadrangle system, but there was no town wall. Huangtaiji restructured the palaces as well as the Shenyang Town. The current street-Shenyang Road which is the main road of Well-structure system, guarantees the integrity of the city space and enlarges the scale of the city effectively. This reflects the power of the emperor and enlarges the scale of the palace. If we make cooperation between Shengjing Town and Beijing in later Qing Dynasty, the effect could be quite obvious. The total occupation area of Beijing is 73 acres and this is 12 times large than Shengjing Palaces. But there was a re-surrounding to the palaces in Beijing which separated the royal family form the city, this also makes the space image of the palaces weaken. That's why the scale of Shengjing Palace is better than Beijing Palace in visual effect.

2. Man and Han Nationalities' Mixing Culture Reflecting by Space Layout in the Town

Shengjing Town was mainly built during Huangtaiji period, but town image reflects the typical architecture style of central plains. There was clear regulation on the layout and model of town in Kaogong Ji-Yingguo in Zhou Dynasty. Capital Picture gave a direct explanation by using pictures (Fig. 5). There is actually no such a town which could follow all the rules in central plains. People believed that the capitals of Lu State and Beijing in Yuan Dynasty are two typical capitals in history, but there are still differences comparing with the rules. Emperors and architects in different times were always design their towns by considering the different situation of the town and the traditional rules. So those towns have their common features as well as unique characters.

Shenyang (Shengjing) did a lot of capital reconstruction works based on ancient town. The base of the town was built by Han nationality in the middle of Ming Dynasty. The old town scale, space layout and main structure have great restriction to the town development. On the one hand, they were following the old construction style of Han; on the other hand, they combined their culture and tradition

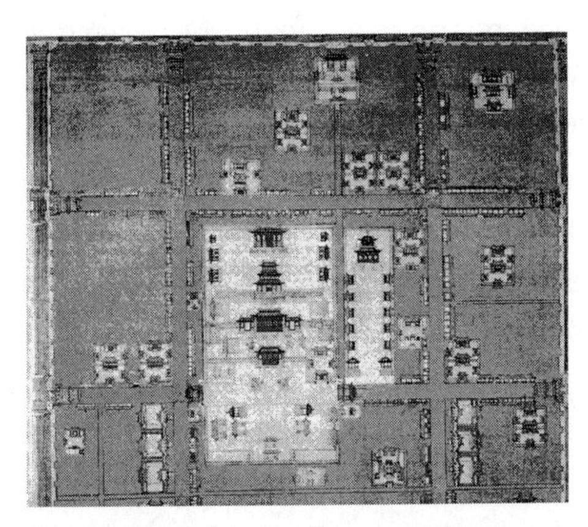

Fig. 4 Map of Shengjing Town

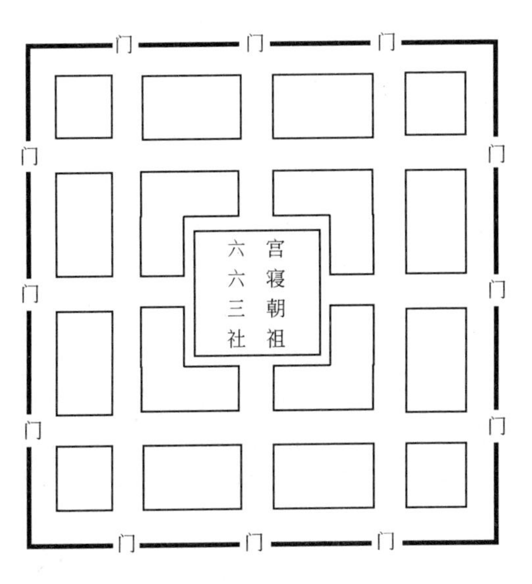

Fig. 5 Map of Capital

with the situation of Shenyang. In this way, they built a town similar with Han capital and full of Manchu features as well.

We could make some comparison in architecture design between Shenyang and traditional central plains concept.

(1) Internal town and outer wall

Most of the capitals in central plains have both internal and outer towns; Shengjing Town is the same with them. You could find a double-layered town in Fig 6. The administration buildings and markets were in the internal town and most of the people were living between the two walls (outer town)

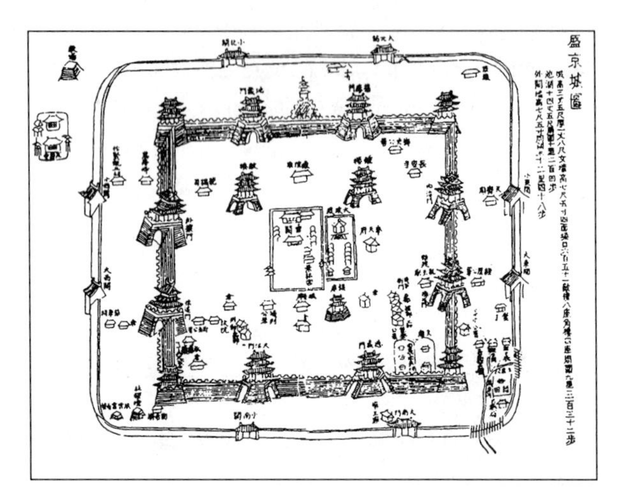

Fig. 6 Town Map of Sheng Jing

It is very difficult to tell whether Shengjing follow the Han system or Manchu system from this point of view. The ancient Nuzhen town which was built by Nurhachi also has double-layer town walls. This is same from the first town Foala (Fig. 7) to Hetuala Town (Fig. 8) and Jiefan Town as well as Sharhu Town. While the town built on the mountain was built along the hill and the town was not in regular shape. The wall of the town was usually built on the backbone of the mountain so as to save the construction material and the wall was naturally taller and difficult to attack. However, Shenyang Town was built on plain. It absorbed the square shape tradition from Han style and this made the town full of the feature of central plains.

The outer wall of Shengjing was built during Kangxi period while the internal wall was built by Huangtaiji.

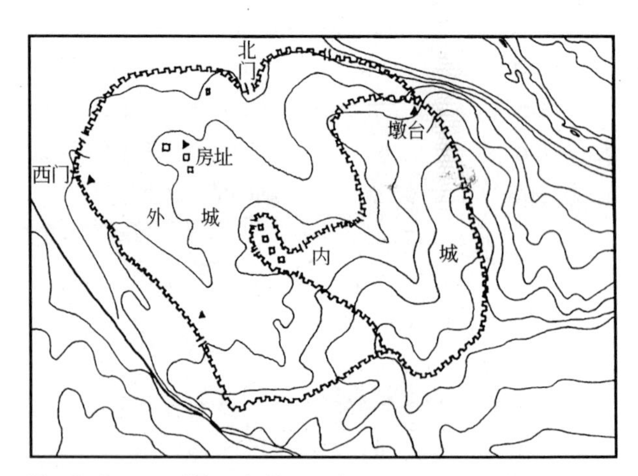

Fig. 7 Layout of Fotuala Town

There was a river surrounded the town at that time. In this way, there were 8 gates which were called big south gate, big north gate, small south gate, small north gate, etc. One of the features of the town is outer round and internal square. The internal town is a regular square while the outer town is quite close to a circle. Someone explained this with traditional concept of round sky and squared ground while someone explained this with the special political and cultural relationship between Manchu and Tibet as well as the Tibetan religion which was accepted by Manchu. They believe that round outer wall means Mantuoluo concept. Although those two explanations may have their own reason, there was no direct foundation.

(2) Checkerboard style town layout

According to the Three Side Gates in *Kaogong Ji* and 9×9 street layout, checkerboard layout was formed. The well-shape street system divided the space into 9 parts and the size of each part was determined by the palaces. The designer was really smart in dealing with the space scale at that time. When they built the outer town, they follow the same system. This made the whole town harmonious in space structure and street size. Meanwhile, the town is integrated without the influence of two separated walls. It seems that they were built at the same time. The street size of Shenyang and the quadrangle size of Beijing are quite different. They were all reflecting the checkerboard structure, but they represented different architecture

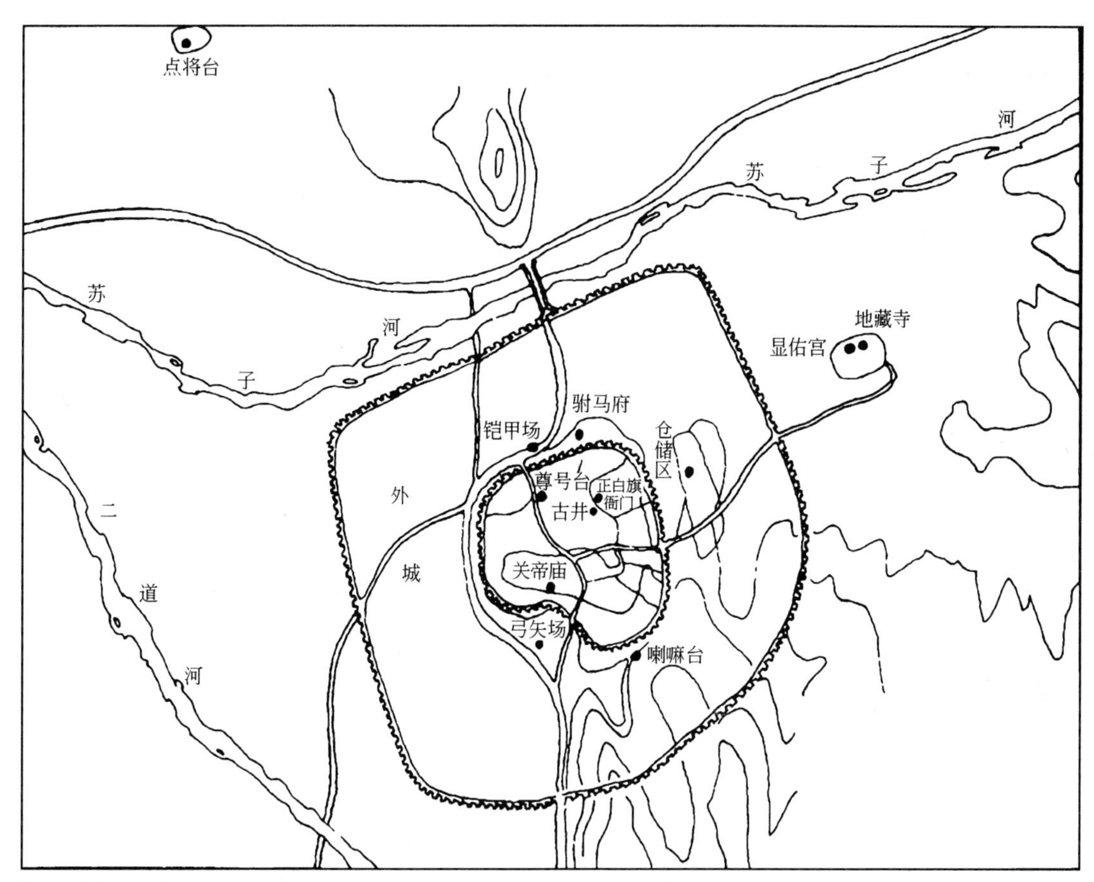

Fig. 8 Hetuala Town

concepts and living style.

(3) Functional layout—Ancestor Temple on the lift while God Temple on the right, front offices and back market (notes: origin from *Kaogong Ji-Yingguo*)

The palaces were located in the right center of the town which was a typical capital model. It is more standard than the Forbidden City in Beijing. Is this a certain choice or a coincidence? To answer this question, we have to consider Nurhachi and Huangtaiji. There was no such a tradition to build the palace in the center of the town in Manchu's history. They prefer to build building according to the ground condition. Shenyang is located on Liaohe Plain and there are only two geography folds on the ground surface. One is on the north of the town and it was chosen as the place to build tombs for both Nurhachi and Huangtaiji. The other one is in the center of the town which was the highest place and it was selected by Nurhachi to build the palace naturally. When Huangtaiji came into power, he built his palace next to his father's palace and two palaces are combined together. In this case, the palace was located in the right center coincidently. But such kind of layout is same to the traditional layout in central plains. Anyway, Shengjing is quite suitable to the traditional Chinese capital in history.

On this base, the six ministries and two departments were all built on the street in front of the palace. While the houses of those kings were located in the east, west and north of the palace.

There is a shopping street which is called Middle Street behind the palace. It is still the shopping center nowadays. There is an ancestor temple on the lift and God Temple on the right.

The town is designed with the tradition. In addition, there were troops in the internal town dividing by 8 banners. In this way, the town has a clear function with both Han system and architecture concept of

Manchu. It is a town image with the cultural combination of Han nationality and Manchu.

(4) *Three side gates* and *two side gates*

According to the ancient books of *Kaogong Ji and Capital Picture*, the capital model should have 3 gates on each side. Therefore, the layout of the internal streets was set by those gates. However, this tradition neglected the function of town and may ring some troubles to the town.

(*A*) Since the palace is in the center of the town, the communications from south to north and east to west will be disturbed. This brought a lot of troubles to Beijing and it also affects the urban construction nowadays.

The Shengjing Town absorbed the basic concept of *Three Side Gates* when Huangtaiji made the reconstruction work of the town. He took *Two Side Gates* as its layout. Therefore, there are 8 gates in the town, well-shape streets and nine-palace town space. The architects put the Imperial Palace in the middle of the town and made the basic size of the street according to the other living factors. The *Two Side Gates* system is suitable to the royal regulation which the palace should be centralized and it is also an ideal solution to the traffic problem. At the same time, this system could guarantee the other functions of the town, especially for Shengjing which was a town changed from military town into a capital. Although the town did not strictly follow the *Three Side Gates* , its absorbed the regulation system while gave up the mechanical copy of the traditional system. It's a successful example from this point of view.

(*B*) There were no single town which followed all the rules of *Three Side Gate* in history, each town made some modification according to its situation. There is certainly no standard rule which is suitable to all urban constructions. We tried to find out a suitable and reasonable plan by absorbing some successful and reasonable experiences of Chinese architecture history and combining with each different situation.

Shengjing Town is full of cultural connotation and special urban spaces. It has important status in the history of Chinese urban construction.

General Idea on the Creation of China's Beijing-Shenyang Qing (Dynasty) Cultural Heritage Corridor

2006

1. Introduction

Heritage corridor is the new developing domain for the world cultural heritage protection. It is a strategic method of regional heritage protection originated from the United State of America and is the product of combining development of green passageway with regionalization of cultural heritage protective range. A good working definition of a Heritage Corridor is: "A region whose natural, cultural, historical, and recreational resources combine to form a cohesive, distinctive landscape arising from patterns of human activity shaped by geography." The objectives of a corridor are generally to "Preserve, Protect, and Promote" [1]. So far as its idea concerned, heritage corridor is a protective measure with greater range that is taken while different countries are protecting their own historical culture in the world, and a linear heritage concentrated site formed due to the special condition of cultural development, which has the common cultural topic. It is a method of protecting cultural heritage started with the overall historical cultural environment.

2. Study on the Heritage Corridor Abroad is at the Stage of Being Gradually Deepened

Heritage corridor is the strategic method of protecting regional heritage originated from the USA. Its protection is under the jurisdiction of the American National park system. The entire course of designating, planning and management are legally guaranteed and vigorously supported by all departments of government. In 1984 the USA congress designated the first heritage corridor: Illinois & Michigan National Heritage Corridor. As of 2001, the USA congress had designated and confirmed 23 similar projects (Table 1). By added heritage regions established by states as well as other projects that are making greater efforts towards regular designation and reorganization, its quantity amounts to 100 projects or more. The concept and approach of heritage corridor is at the stage of being gradually deepened in the United States of America. In spite of some typical successful cases, systematic protective measures are still to be approached in depth. There are some approaches involving similar heritage corridor in Europe. In 1993, Pilgrimage Road in Borstera, Dekam, Sandiag of Spain was listed in the list of world cultural heritage. In 1994, with the help of Spain government, a specialist symposium on the world cultural heritage was convened in Madrid. Now, under ICOMOS there is a special agency (The ICOMOS International Scientific Committee on Cultural Routes, which is responsible for the study and management on the similar heritage of cultural routes. There are also some cultural routes such as Culture Itineraries of South Eastern Europe, Going Back Millennia and Rhodope Holy Mountain in Europe.

List of National Heritage Areas of U. S. A — Table 1

No.	Heritage Areas	Year
1	Illinois & Michigan National Heritage Corridor	1984
2	John H. Chafee Blackstone River Valley National Heritage Corridor	1986
3	Delaware & Lehigh National Heritage Corridor	1988
4	Southwestern Pennsylvania Industrial Heritage Route-Path of Progress	1988
5	Cane River National Heritage Area	1994
6	Quinebaug & Shetucket Rivers Valley National Heritage Corridor	1994
7	Cache La Poudre River Corridor	1996
8	America's Agricultural Heritage Partnership-Silos & Smokestacks	1996
9	Augusta Canal National Heritage Area	1996
10	Essex National Heritage Area	1996
11	Hudson River Valley National Heritage Area	1996
12	National Coal Heritage Area	1996
13	Ohio & Erie Canal National Heritage Corridor	1996
14	Rivers of Steel National Heritage Area	1996
15	Shenandoah Valley Battlefields National Historic District Commission	1996
16	South Carolina National Heritage Corridor	1996
17	Tennessee Civil War Heritage Area	1996
18	MotorCities-Automobile National Heritage Area	2000
19	Wheeling National Heritage Area	2000
20	Yuma Crossing National Heritage Area	2000
21	Schuylkill River Valley National Heritage Area	2000
22	Lackawanna Heritage Valley National Heritage Area	2000
23	Erie Canalway National Corridor	2000

3. "China's Beijing-Shenyang Cultural Heritage Corridor" Has Rich Cultural Heritage

Creation of China's Beijing-Shenyang Qing (Dynasty) Cultural Heritage Corridor posed in this paper is the heritage corridor with unique Chinese characteristics. This corridor has a common topic - Qing (Dynasty) culture and this topic runs through the whole corridor. The linear region from Beijing to Shenyang is the concentrated place of China's Qing Dynasty cultural heritage. As a result, raising the idea of creating "Beijing-Shenyang Qing (Dynasty) Cultural Heritage Corridor" is to better protect these Qing (Dynasty) cultural heritage.

Beijing-Shenyang Qing (Dynasty) Cultural Heritage Corridor starts from Beijing city in the south, by way of Hebei and Liaoning provinces, to Shenyang city, including 17 cities in total with full length of over 600 kilometers (Fig. 1). This route is China's economic and cultural history in Qing Dynasty, an important record, witness and carrier of regional social, cultural and economic development history, which occupies an important position in the history of Qing Dynasty. Its cultural significance not only reflects that of composing various heritage elements of the corridor, but also the cultural significance of Qing Dynasty cultural route as a whole. Its valuable carrier not only comprises substantial cultural heritage, but also nonmaterial culture heritage constituting cultural routes of corridor.

There are lots of plentiful unique architectural cultural heritage of Qing Dynasty from Beijing to Shenyang. These architectural cultural heritages form a linear

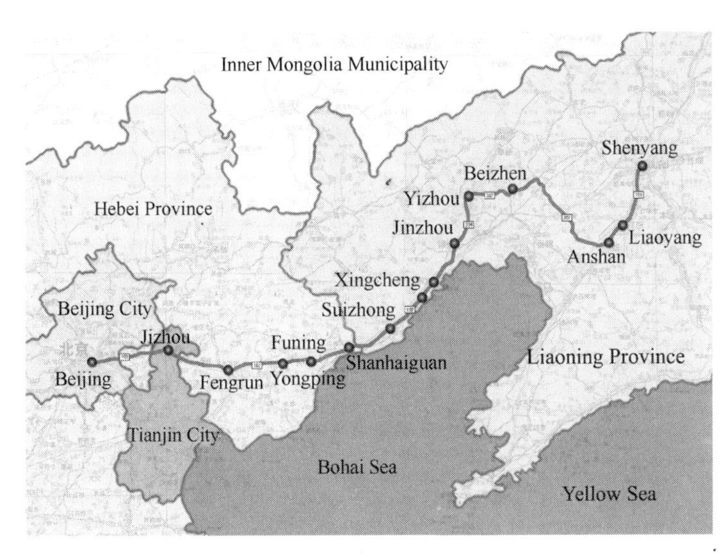

Fig. 1 The Map of China's Beijing-Shenyang Qing (Dynasty) Cultural Heritage Corridor

cultural landscape. On this linear landscape, there are a great number of architectural heritages and archaeological places, composing important joint elements of Beijing-Shenyang Qing (Dynasty) Cultural Heritage Corridor. They recorded the traces of cultural development and dissemination for Qing Dynasty. This line of corridor is composed of more than 50 important joint elements, of which 6 elements, for instance, Qing East Tomb, Shanhai Pass, Jiumenkou Great Wall, Qing (Dynasty) North Tomb, Qing (Dynasty) East Tomb and Shenyang Imperial Palace (Fig. 2); 12 state key relics protective units, for example, Mengjiannu Ancestral Temple, Beizhen Temple (Fig. 3), Dule Temple, Xingcheng City Wall; 18 provincial - level relics protective units such as Zuyue Temple, Longquan Temple, Shisheng Temple, and Yongan Bridge were listed in the protective sites of world cultural heritage. At these joints there are important heritages before Qing (Dynasty) went inside Shanhaiguan Pass and wars between Ming and Qing Dynasty in the course of going inside the pass, for example, Ming-Qing Dynasty great decisive battle - Songshan and Jinzhou, the place of Songshan-Jinzhou battle, and Ningyuan Town, the place of the last battle of Qing ancestor Nuerhachi; stay station that the emperors of past dynasties made inspection tour in the east (Fig. 4) and remains built, such as Yanjiao Imperial Palace for short stays, Baijian Imperial Palace for short stays, Xinglong Mountain, Tiantai Mountain and Xing Mountain; architectural cultural remains of Tibet Buddhism and Yuan (Dynasty) and Mongolia culture that was led into northeast region, for example, Shisheng Temple, Falun Temple, and many other existing temple buildings all have artistic color of Zang (Tibet) architecture; historical cultural remains that Man and Han nationalities are jointly lived, for instance, Xingcheng Cultural Temple and a great number of Manzhu private residence remains in northeast region; many resources of natural landscape, such as

Fig. 2 Shenyang Imperial Palace

Fig. 3 Beizhen Temple

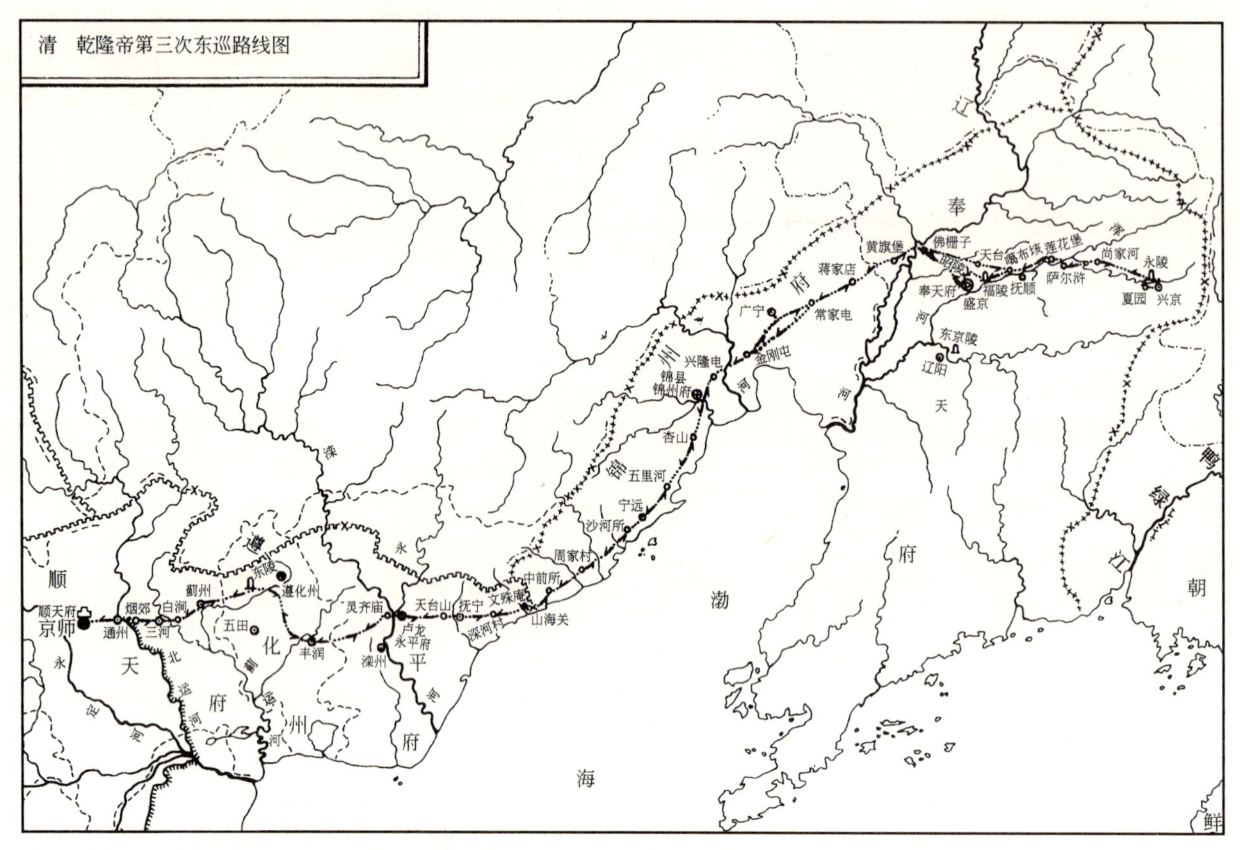

Fig. 4 The Map which Emperors of Qing Dynasty Made Inspection Tour in the East

wellknown Yowulu Mountain, Bijia Mountain, beautiful Bohai Bay and big and small Ling Rivers, and also extremely valuable non - materials Qing (Dynasty) cultural heritage, such as Qing Dynasty dressings, SaMan face-piece (mask) of Manzhu and many handcraft technique and so on.

Beijing - Shenyang Qing (Dynasty) cultural heritage corridor has such an abundant cultural heritage (including non-materials cultural heritage), but framework of heritage corridor is still lacked of in protection and building system to those building cultural heritage. Through the investigation and study of historical data on Beijing and Shenyang historical culture of Qing Dynasty, the author poses the creation of "Beijing - Shenyang Qing (Dynasty) Cultural Heritage Corridor". Beijing - Shenyang Qing (Dynasty) Cultural Heritage Corridor comprises a great deal of joint elements. On-the-spot investigation and research as well as investigation and verification of historical data are required to be made to the buildings contained in these joints or archaeological contents, geographical position as well as range of domains, properties and state of natural background. Materials or non-materials inheritance existed in these joints, literature records and evidence of other aspects all need to be sorted out in uniform manner, protected in systematic way, and integrally constructed. Through making a great quantity of field investigation and verification to the historical literature, authors are going to make study of and analyze the background and place that the historical events took place and to carry out investigation to the concrete places one by one, make study of them as a whole by stringing them together, and draw a map of Beijing-Shenyang Qing (Dynasty) Cultural Heritage Corridor with "Qing (Dynasty) Culture" as subject, and then work out protective program and construction imagining to this corridor and every joint. Authors hope to attain the purpose of effectively protect this corridor through making study of this line of heritage corridor in a meticulous and deep-going way.

4. Creating "China's Beijing-Shenyang Qing (Dynasty) Cultural Heritage Corridor" to Pursuing Multiple-winning Objective

Many regions in China all possess actual strength of becoming heritage corridor having unique characteristics. Among numerous historical cultural heritage of China, linear cultural landscape heritage or linear-like cultural landscape heritage is an extremely plentiful variety. Included in these heritages, there are well-known Silk Road and Great Canal in the world and even there are lots of linear cultural heritages that occupy an important position in the history of regional culture, such as Beijing-Shenyang cultural heritage corridor, Sword Door and paths of Sichuan. However, no sufficient great attention has been attracted to protecting this sort of linear cultural landscape at present. Protecting this kind of linear cultural landscape needs to build China heritage corridor.

Beijing-Shenyang Qing (Dynasty) cultural heritage corridor has very rich and unique cultural heritage of Qing Dynasty. On this heritage corridor there are a large number of joints of historical culture. Some results of study have been achieved for individual places of these joints presently, but the completely involved joints of the entire corridor have not yet been made study of and even no study has been made by stringing these joints together as an integral System. Authors suggest that integral research should not only be made to this corridor, but it is much more important that these joints should be included in the integral system which has a common cultural topic, that is, "with Qing (Dynasty) culture" as topic. This paper proposes to create "Beijing-Shenyang Qing (Dynasty) cultural heritage corridor" in order to enable plentiful cultural wealth left for us by these unique and brilliant Qing (Dynasty) cultural heritage to be fully explored and reflected, and pose the idea and program of protecting and constructing this cultural corridor.

Authors pose to create Beijing-Shenyang Qing (Dynasty) cultural heritage corridor, explore historical, practical value of heritage corridor and suggest the program of protecting and constructing this corridor; comb out historical basis, principle of protection and construction of heritage corridor theoretically and thus work out planning for protecting and constructing in practice with a view to attaining the purpose of protecting this heritage corridor, and playing directive role in implementing construction and protection in the future. Opening heritage corridor on Beijing-Shenyang line having plentiful historical, cultural and natural landscape will better protect natural and cultural heritage resources left over from Qing Dynasty, display the diversity and typicality of this linear regional nature and cultural landscape, and also will promote prosperity and economic development in corresponding cities and surrounding regions.

Beijing-Shenyang Qing (Dynasty) cultural heritage corridor is of historical importance (records a part of events in the history of Qing Dynasty and development course of regional culture), importance of building culture (historical cultural ruins and some unique forms of building), importance of natural and cultural resources (many natural landscape are included in the corridor), economic importance (which can promote tourist industry and economic development) as well as has extremely valuable non-material Qing (Dynasty) cultural heritage (regional, national nature and folk custom). This line of corridor emphasizes "Qing (Dynasty) culture" as a topic to construct a linear region in which cultural heritages are concentrated, and construct an united cultural system as the integral environment of both protecting the entire corridor and protecting every joint in the corridor. Cultural significance and natural value of Beijing-Shenyang Qing (Dynasty) cultural heritage corridor highlights both protection of building cultural heritage and natural protection, pursuing multi-objective protection and construction plan of multi-winning in heritage protection, regional rejuvenation, cultural tourism and education.

5. Conclusions

Today that linear cultural landscape heritage has increasingly been paid close attention, Chnia's similar heritage has not yet been paid great attention far away. By drawing lessons from the thinking and method of heritage protection for simultaneously carrying out both historical and natural protection to the heritage corridor, we need to perfect and build Chnia's heritage protection system, create a plentiful linear cultural landscape heritage with "Beijing - Shenyang Qing (Dynasty) cultural heritage corridor" as representative in China, thus cultural landscape will show much greater diversity and typicality, and will also promote prosperity and economic development of corresponding rural and urban tourist industry at the same time. It will undoubtedly become very meaningful. Creating Beijing - Shenyang Qing (Dynasty) cultural heritage corridor is both the need to protect this linear cultural landscape heritage and to construct high - efficient and prospective ecological infrastructure against the background of quickening urbanization as well, and even the need to further develop culture tourism simultaneously. Particularly in today that no adequate close attention that has been attracted to the heritage protective method of heritage corridor with unique Chinese characteristics is of important significance much more.

Mandala Art of Shenyang City Pattern in Qing Dynasty

2006

Shenyang, an ancient city on the north-east edge of China, is a historical and cultural city in China. It established in Xi Han Dynasty on 140 B. C, and the urban form of nowadays Shenyang Old City mainly formed during the Qing Dynasty.

1. Formation and Construction of Shanyang City in Qing Dynasty

The first capital of Qing Dynasty was Xing Jing (old city of Xin Bin), also called Hetuallo. Later, the emperor Noorharchi moved the capital to Liaoyang, Dongjing City. In 1625, when the Dongjing City had not finished yet, Noorharchi decided to move the capital to Shenyang City.

After Huangtaiji came into the emperor, he ordered engineering department to design the city plan and enlisted capable artisans to construct Shenyang City. In 1631, they completed the project of expansion of the Ming city. According to *Shenyang County Records*: The city wall was five Zhang and three Chi high, one Zhang and eight Chi thick, and its perimeter increased to 9 Li and 332 paces, covering the area about 1.3 square kilometer, with a fencing river 14 Zhang and 5 Chi wide, 10 Li and 4 paces long. There was parapet on the city wall with 651 battlements. The number of city gates increased to eight from four, they were: big south gate, small south gate, big west gate, small west gate, big north gate, small north gate, big east gate and small east gate. The pattern of streets in the city was transformed from "十" cross to "井" cross, with nine blocks. There were drum and bell towers on the upper crossings of the "井" streets. There were 72 ponds to collect the excess water in the city being called "72 Disha (地煞)".

In 1643 (Chongde 8th), the Emperor Huangtaiji constructed four Buddhist towers on all directions (east, south, west and north) outside of the city. That is, the east tower in the YongGuang (fore-light) temple, the west tower in the YanShou (postpones-life) temple, the south tower in the GuangCi (wide-benefit) temple, and the north tower in the FaLun (Buddha-wheel) temple. In 1680 (Kangxi 19th), the Qing government added a circular exterior wall outside the Square City, called round enceinte. The wall was 7 Chi and 5 inch high, and its circumference was 32 Li and 48 paces. There were eight barriers in Guanxiang, the intermediate zone between the city wall and the exterior wall. At the same time, the government built eight gates around the barrier wall, named side doors, facing to the eight gates of the inner Square City. There were eight streets to connect the gates of Square City with the gates of the barrier wall, and all these eight streets came into being a radiation shape. By then, the whole structure of Qing Dynasty Shenyang City had come into being: "the inner square city, the outer circle enceinte, the eight radiation streets to connect the square city and the exterior wall, and the four Buddhist towers and temples around the wall".

2. Buddhism Spread in Shenyang Area in Qing Dynasty

According to historical documents, Huangtaiji announced that Qing has become the name of the country. The religious reason was that the Mongolia lama delivered the gold Buddhism to respect the Qing Empire, and the political reason was that the rest Mongol tribes changed their allegiances to the Qing Dynasty. At the time of Mongolia patrician carrying on politics' alliance with Manchu nobility, Huangtaiji was also called "big emperor of the Manzu". The high reputation resulted in the emperor Huangtaiji sustained the religion movement instead of restricted.

In fact, by discovering the data from the Allahtan, the 4th Dalailama, Yundenjachu (1589～1616 A. D.) disseminated Buddhism to Manju at the late 16th century They alleged that the Dalailama was the reincarnation of Kwan-yin, the Manchu emperor was the reincarnation of Manjushiri, and the Mongolia cham (khan) was the reincarnation of Vajarpani. Through this way, they expected the allies mutually. The Another data *the Whole Study of Continuous Literature in Qing Dynasty* also said: "…CongDe 7th (during the Huangtaiji times), Dalailama preached big emperor of the Manzu as saint and paied intribute. And the second year, send emissaries to Shenyang and worship the emperor of the Manzu as Manjushiri…" This paragraph of meaning also can be found in *Qing History Contribution TaiZong (Huangtaiji) Record*. Obviously, the dominators of Tibet and Manchu glorified mutually and enounced the other was the bodhisattva for their alliance. The emperor Kangxi once speaked without fear the ground: "At Mongolia region 'set up one temple, win to keep 100000 soldiers'."

Meantime, *Shengyang County annals* also indicated the Qing government assaulted the Mongolia district and seized some monks and Lamas to Shenyang before they moved the capital. Hence Tibet Buddhism spread abroad by the Qing government and became the state religion finally. In 1643 (Congde 8th), the emperor Huangtaiji authorized the government to build four Buddhism towers and four Buddhism temples to solidify his regime.

All of these made clear that emperor Huangtaiji push their policy and religion united as one by attaching importance to Tibet Buddhism and carriying through a series of Buddhism constructions in Shenyang. Gradually, Shenyang became the holy region of "the Tibet Buddhism".

3. Tibetan Buddhism and Mandala

When Buddhism came to Tibet, with the introduction of Buddhism faith, ethic and philosophy, highly developed forms of Buddhism art had also spread into China. Gradually, Mandala Art became one of the most representative art forms in Tibetan Buddhist.

The Way of Tibetan Buddhism is different from the two sectors of vajra-dhatu (金刚界) and garbha-dhatu (胎藏界). The difference lies in that Vajra-dhatu Mandala tenet implies spiritual world (wisdom and virtue), but garbha-dhatu Mandala implies material world (sense). The antetype of Mandala is the circle or square platform which is built to avoid the devil inrush during the period of cultivating religious doctrine, and it is an abstract form of the diverse objects in the world. Mandala is the artistic form of Tibetan Buddhism, and emblematizes the Gongde (merits and virtues) of Buddha, also called "the golden gallery" (金廓), "the vine grips" (蔓扎).

Generally, Mandala is not only the world intention—the concrete pattern of the universe and the ideal world, but also the religious philosophy of consciousness, and it becomes one of the most mysterious and characteristics religious art that showed by the simple figure of circle or square. For the monkhoods, they think they could communicate with the spirital world through these figures.

4. Reflection of Mandala Art in Shenyang City Pattern

According to the historical documents, from Tiancong five years to rebuild the inner city pattern to Congde eight years to constructed the four Buddhist towers untill Kangxi 19 years to finish the construction of "outer round rampart", it took approximately half century the time to make the Shenyang City layout complete.

After the Emperor moved the capital to Beijing, Shenyang had been decided as the second capital, but the Qing government still enlarged Shenyang city.

Obviously, there were factors of two respects: on the one hand, the Qing government wanted to have a backlash leeway after the Manchu nationality moved to Beijing; on the other hand, perhaps more important, they wanted to complete the whole Shenyang layout to have the inner "Square City" and the outer "Circle Ring", and the four Buddhist towers around. As for streets, there were eight radial avenues from the Square City to the round rampart. So the whole city plane form just like a wheel (Fig. 1).

The plane form of Shengyang City implicates the garbha-dhatu Mandala. That is to say, if the "井" streets and the "Square City" symbolize "wheel hub" (轮毂), eight roads radiated from the "Square City" to the "round rampart" symbolize eight spokes, then the ring-like outer rampart will imply the "wheel felloe" (轮辋).

In addition, the four towers and temples outside around the city implied the Five Buddhists in Tibetan Buddhism—the Goechi Buddha (五智如来). Each tower and temple was located at each side (east, south, west, and north), and the place for Mahavairocana (注梵文: 大日如来) was located in the middle of city, where the Qing's emperor lived. Such layout indicated that the Emperor is the incarnation of the Mahavairocana, and he owns the highest power. (Fig. 2).

At the same time, the arrangement of these four towers is similar to the layout of Sangye Temple in Tibet, which was built in Tubo Dynasty, by Lotus Master, an eminent monk from India, according to the pattern of Achiyannabuni temple (阿旃延那布尼寺) in India. The plane form of Sangye Temple completely imitated Mandala model of Mitsumune (密宗). The Wuzi main hall, located in the middle of the whole temple, emblematizes the Xumi Mountain in Buddhism philosophy, as the intermediate yard in Mandala, the international center. There are twelve accidental halls at all directions of the main hall, which emblematize the four big continents and eight small continents in Buddhism, as the outside yard of Mandala. The king-kong-wall with the shape of cross and break angle to constitute the main hall is completely according to the characteristic of Mandala modle, and the circular enclosure outside the temple looks like the king-kong-ring of Mandala modle. Thus, we can find that the plane form of Sangye Temple is similar to that of Shenyang City in Qing Dynasty, and the concepts of construction have the same cultural and religionary origin (Fig. 3).

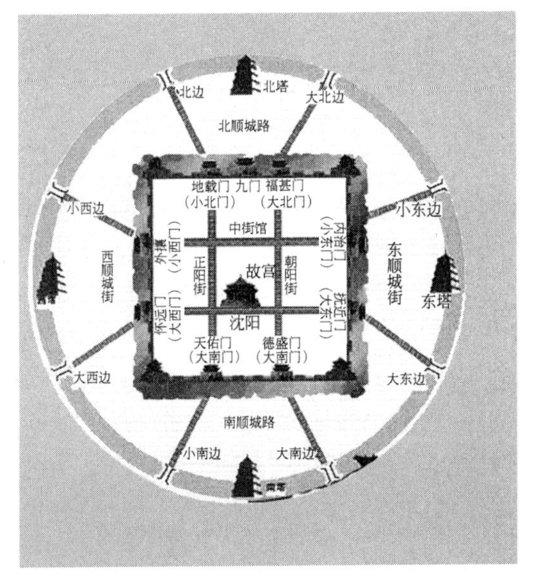

Fig. 1 Shenyang City sketch

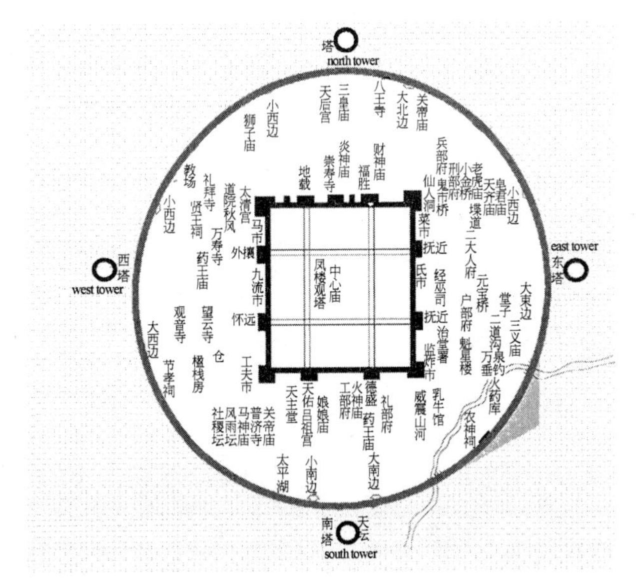

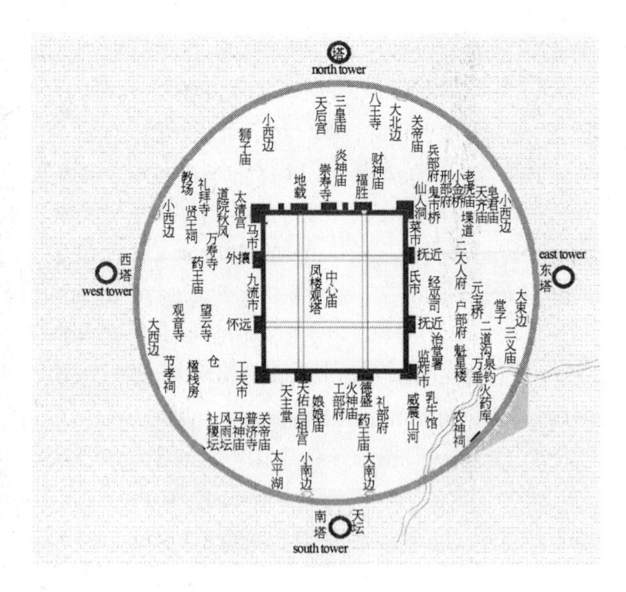

Fig. 2 Mandala and Shenyang City Sketch

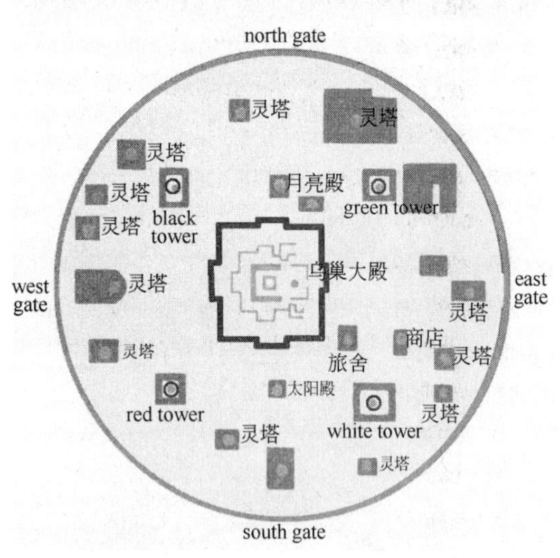

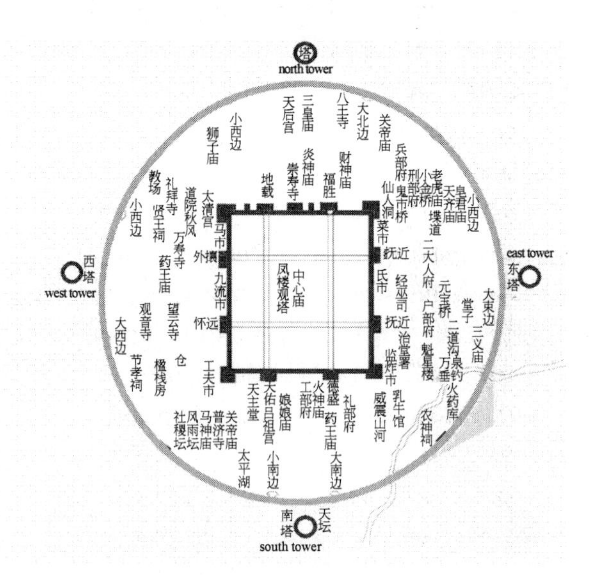

Fig. 3 Sanye Temple and Shenyang City Sketch

All of these show that Shenyang City has been built on the idea of Mandala Art, and the influence of Tibetan Buddhism has formed the City pattern of "sky round and land square" (天圆地方), which can be regarded as unique in China cities. The concept of Shenyang City construction based on Mandala Art, formed the deep-rooted structural feature of Shenyang urban culture, and it is very important for us to catch on the structural form and unique charm of Shenyang City.

建筑教育

备课重点探析

1988年 ——听卡彭特教授讲课的启示

备课备什么？我认为，虽然教学内容的准备是前提，而教学方法的准备则是备课的重点。因为，尽管教学内容要随时代的变化而不断充实和更新，除新开课的教师外，课前在教学内容方面的调整和准备总是有限的，而备课的大量工作还在于讲授内容的逻辑组织、时间的合理分配、觅求调动学生学习兴趣和易于接受的授课方式、板书的技巧、讲演姿态等。但目前我国高等学校的教学中恰恰在课前对于这些方面的准备很不够。可能有人认为，大学生接受能力较强，教师可以不必像中小学那样，注重教学方法。但事实上，高校教学的授课方法得当与否，同样直接影响着教学效果。为什么有的学识渊博、才华出众的学者，讲课效果赶不上有的学术水平不及他的教师，关键问题则出在教学方法上。大学生的理解能力、一次接受容量和思维方式，有其特点，也同样有一定的限度。如果任凭教师把讲授内容一股脑地倾泻，而缺少对学生收纳条件的分析和采取相应的输出手段，其教学效果必然要打折扣。倘若方法得当，其讲授内容易于被接受和消化，学生就可以把更多的精力投入到深化知识和扩大知识面中去。因此，高校教师在教学过程中同样需要进行深入研究教学方法，只是这与中小学教学相比，则是更高层次研究而已。

我曾在重庆建工学院参加过美国著名学者卡彭特教授讲授的一个完整单元的景观设计课的学习。他把自己对知识的深刻理解，经过严密的逻辑归纳和整理，以十分活泼、生动的方式向学生讲授，课堂气氛轻松、活跃，具有极深的感染力和吸引力，效果很好。他的教学方式给我留下了深刻的印象和启示，使我对高校启发式教学有了进一步认识。该单元教学内容为重庆朝天门广场景观设计。教学时数为 3 天，计 24 学时。教学过程包括：调研、分析、构思、方案设计、图面表现、方案介绍、评价和总结。可以看到，在很有限的学时里，他要讲授内容的分量非常重，其工作效率却非常高。卡彭特教授将他的课程安排为四个部分（六个子单元）进行，每个子单元为半天（4 学时）。

一、定题（A 子单元）

首先，卡彭特教授十分简要地结合地形图介绍了拟设计的地段在重庆市的地理位置、作用等情况。然后，他请学生分析：对广场应赋予什么性质、布置些什么建筑物合适，提出自己的见解。在他的倡导下，学生七嘴八舌、各抒己见。他一项不漏地把大家的意见记录在黑板上，直到学生讲完各自的见解。他将大家的意见大致归为三类，并写在黑板上面（表 1）。

卡彭特教授所记录的意见表　　表 1

广场性质	该广场需建子项
旅游服务中心	旅馆、地方特产市场、城市标志物、索车、风味小吃店、餐馆、海关、货运、码头、公共车站……
城市景观中心	城市标志物、游乐场、小吃店、码头、公共交通、绿化小品、影剧院、下沉广场
商业中心	市场、商店、娱乐设施、饮食建筑、绿化小品、公共交通、影剧院、广告牌

根据这 3 个题目编为 3 个组，学生自由选择参组，每组合作一个设计。

二、调研（B 子单元）

学生分组以后，卡彭特教授带领学生到现场进行了一个小时的调研。在调研过程中，他并不作过多指导，只是偶尔针对一些具体环境条件提出问题，以便引起学生的注意，并随时听听学生的意见；主要让学生自己去看、去分析，并把调研情况用文字、图画、速写、照相等手段记录下来。

回校后，卡彭特教授立即组织学生进行讨论，使学生的调研收获得到总结和升华。讨论课不是由他唱主角，而是以学生为主体，根据大家调研所见，进行热烈的讨论和争辩，非常活跃。他仅用几个浅显的问题，就撬开了学生的嘴巴，使大家的情绪兴奋起来。比如，他指着地图问，一滴水放在这里会往何处流，放在那里会往何处流；这座楼房是什么颜色，几层楼，这个方向开了几个窗户，是什么结构形式；广场上有几座楼房，几座平房；广场上有多少棵乔木，多少棵灌木，多少块草地，画出它们都在哪里；公共车站在哪里，都是几路，从哪到哪的车……他提出了一系列问题，每次话声一落，都引起了学生热烈的讨论。他在提问过程中，始终让学生充分发表见解，自己不下结论。从卡彭特教授的这些问题中，我们可以分析出这个广场的地势、环境、绿化、交通、人流、视觉条件、空间特点等一系列设计要素，为进行下一步设计准备好第一手资料。卡彭特教授提的问题为什么能够造成如此活跃的课堂气氛呢？原因在于他在备课时经过充分思索，把调研中该得出的主要结论变成一些异常通俗简单的问题提出来，让学生自己去总结。这些问题的浅显程度，几乎是小学生也可以张口答出的。于是，这就完全冲破了学生的心理障碍，使大家觉得所提问题的答案都是刚刚看到的，尽管有些当时可能没太注意，但多少有点印象，所以尽管去说、去争，即使说错了也觉得没有关系。卡彭特教授又为什么对学生的争论不置可否，最终也不给出正确的答案呢？这恰恰反映了他明确的教学思想，即讨论的意义并不在于要对这次调研的结果得出正确的解答，而在于教会学生今后如何去进行调研，每次调研都该了解些什么。另外，教师一给出答案，会使答错的学生在下个问题的争论中，产生畏缩心理而缄口，或依赖教师去作结论。而学生争论得越激烈，对这个问题的印象就会越深刻。

三、讲评(C 子单元)

卡彭特教授把这个环节的教学分为两部分。

(1) 第一部分：要求学生将调研结果用专业语言(图示语言)表达出来，作出分析，并以此作为开展设计的依据。于是各组学生分别绘制出广场的建筑分布图、视线分析图、功能现状图、交通流线图、剖面图、景观现状图等。

(2) 第二部分：各组推选一名学生代表，把图挂在黑板上，进行口头讲述(主要讲述地段的客观现状，不涉及主观构思问题)。每个学生代表的发言，严格地控制在 5 分钟之内。头两位学生不习惯这种短暂的总结式发言，都超过了时间。这时，教师总是不客气地中断了他们的发言，并进行下一项内容。卡彭特教授对此向学生说明，这种 5 分钟发言的目的，在于训练大家善于抓住重点，在短时间内把方案的主要特点描述详尽的能力。这对将来的工作很有益处。每个学生介绍之后，卡彭特教授都要对该组的调研分析图进行讲评，指出其中的优缺点，并提出分析过程中不够严谨之处。从中反映出他备课的精细、严密，也反映出他高深的专业造诣。他在讲评中，还对学生的讲述方法给予指导。如介绍方案时，眼睛应盯着业主或甲方代表。讲话不应总是“我认为”，而应该说“我们认为”，最好说“如果你在场，你也会这样认为”等。总之，要尽力使对方也站到你的立场上来考虑问题，理解你的思路、方案。他这种“学为用”的教学，不仅提高了教学效率，并使学生懂得了现在怎样学习，将来怎样工作。

四、分组设计和总结(D、E、F 子单元)

在分组设计过程中，卡彭特教授要求学生的构思过程要从整体到局部，由环境到单体，由浅到深，要求创作思维有条理、有依据，而不仅凭主观想象。每一个子单元要完成一个阶段的设计，逐渐深化直至完满。他在学生的设计过程中给予及时的指导，但从不要求学生将方案作这样或那样的修改，而是帮学生分析这样作的优缺点，并指出各种处理方式的可能性，让学生自己去判断、分析和做出新的构想。在 D 和 F 子单元中，又分别组织了各组代表的 5 分钟方案介绍，反复锻炼学生的表述能力。他要求代表能够真正讲清楚全组同学的设计意图。他的每次总结都使学生的认识得到了进一步的提高。通过这种方式，使大家学会统一思想，合作工作，增强责任感。

从卡彭特教授的教学过程中，我们可以总结出这样几条经验：

(1) 他把备课重点放在教学方法上。即如何使课堂气氛生动活泼，诱发学生的学习兴趣；如何深入浅出地表达讲授内容，学生易于接受；如何启发学生自己去思考，自己去提高；如何使学生自觉地把学习重点放在学会分析和解决问题的能力上；如何努力提高教学效率。

他的这种以教学方法为重点的备课方式，是建立在对教学内容十分熟悉，做到心中有数的基础之上的。教学内容准备不充分，就无从去谈教学方法的准备。因此说，把备课重点放在教学方法上，是对备课更高层次的要求，也是我们所应该这样去做的。

(2) 卡彭特教授给我们的另一条启示是要把课堂教学与实际工作密切地结合起来，使学生时时感到一种为工作而学习的责任感，而不是作分数的奴隶。教师要把教学的主要目标放在培养学生实际工作的能力上。

(3) 课堂上以启发式教学为主，强调学生的主动思维。教师尽量不发表结论性意见，而引导学生自己去判断、分析，并找出正确的解答。

我们很多教师，在教学方法的研究方面，做过许多有益的探索，应该提倡认真的总结和推广。卡彭特教授教学中的成功之处，也值得我们借鉴和学习。

突破旧模式　建构新框架

——对建筑学专业MD课程体系的探讨

1994年

高校深化改革的核心在于教学改革。如何提高教学效果，主动适应社会对人才的需求，这是高校改革的最终目的。在全国各条战线加快发展步伐，不断将改革推向深入的今天，我们经过对社会需求、建筑专业的发展前景、自身所具备的条件以及其他院校情况的广泛调查和深入分析，我们感到建筑学专业旧的教学模式已经暴露出越来越多难以解决的问题：理论教学与生产实践的矛盾，教学过程系统性与工程任务突发性的矛盾，课堂教学与现场设计的矛盾，建筑设计及其理论课为主线与保证辅导课程自成系统性之间的矛盾，要求教师对教学全力投入与教师参与工程设计的矛盾，社会对宽专业面人才的要求与目前教学和专业划分过细的矛盾……这些矛盾的产生，不仅在于旧模式原本的"先天不足"，更由于有计划经济向市场经济转轨过程中应运而生的一系列新问题。因此，改革这种旧教学模式已成为必然。我们对建筑专业(5年制)的课程组织框架重新进行组合，即：从课程组织着手，创造一种新的、有活力的课程框架，这就是MD课程体系产生的客观条件，所谓MD课程体系，即以教学模块(M)为组成基础，以教学过程的动态平衡(D)为时空特点的课程组织体系。

一、建立教学模块(M)系统

传统的教学体系是以每一门独立的课程作为基本单位，再按照它们所需要的学时及其先后次序排列起来所构成的教学框架。这种模式的特点，主要是有利于保证每门课程各自的系统性和独立性，这是一种从局部到整体的建构思路。因而，它又必然带来另一方面的问题：各课程之间的联系被淡化，相互之间的关系很难达到协调。就建筑学专业来说，这种不协调常常表现在许多方面：各门课程为保持各自的完整性，互相间的局部重叠就难于避免；课程之间各争风采，却模糊了主从关系，混淆了专业目标；辅助课程为强调自身的系统性，又弱化了本专业所要求的内容，或扭曲了专业特点，降低了教学效果……表现在学生的学习中，往往是使他们弄不清某些课程的学习目的，或造成严重偏斜，或不懂得怎样将它们与建筑设计结合起来，甚至出现在校学习成绩很好，毕业后从事设计工作却力不从心的状况。在教师的教学工作中，特别是辅助课教师，常表现为仅了解所任课程的情况，仅对该课程负责，而对教学对象所要从事的工作和所应掌握的知识却知之甚少，甚至对学生所学的专业根本不懂。因此，我们需要用系统论的方法，将建筑学专业作为一个整体，去组织它的课程体系。有些学校对此曾做过大胆的探索和尝试。瑞典皇家工学院建筑学院实行了一种全新的课程体系。在他们的教学计划上，只有一门课程——建筑设计，它作为一条主线贯穿于大学本科教育的始终。其他课程统统被拆散，根据建筑课的进程和对不同内容的需要插入到不同的设计阶段之中。相关课程的任课教师也同时参与设计课的教学和辅导过程。这一改革大大改善了各个课目与主干课程之间的关系。各课开设的目的性明确，学以致用，具有一定的效果。但是，由此又必然削弱了除主干课之外各课程相对的独立性和系统性，弱化了基础训练的过程。其优点和不足都是明显的。当然它不失作为我们引以为鉴的方式之一，去构想我们的新模式。MD课程体系正是综合了这两种方案的长处，又避免它们各自的不足，所形成的一种新的思路。

MD课程体系是将建筑专业的教学过程作为一个整体，再按照它的培养目标，将其分解为四大部分和一条主线：基础教学模块、主体教学模块、专业方向模块和综合训练模块。在这四个模块中，主体教学模块是整个教学体系中的重点，而建筑设计及其理论课又是贯穿整个教学过程的主线。

主体教学模块突出对建筑设计能力的培养，并注重相关知识在建筑设计过程中的应用与配合。根据教学的阶段性，设计类型、施教重点等要求，又将它分成 A、B、C 三个子单元。

1. A 子单元教学

于第 3 学期完成。这是学生涉入建筑设计领域的初始阶段，主要使学生建立起对建筑空间和环境的想象能力、塑造能力、表现能力。并学习如何用建筑手段去满足人对建筑的基本使用要求。设计题目的规模由小到大、内容由浅入深，循序渐进。四个具体设计题目分别是：对建筑造型和满足简单功能要求的训练(如大门设计)、对建筑空间的认识与组织的训练(如小住宅设计)、小型公共建筑环境的创造(如冷热饮店设计)和特殊为少年儿童使用的空间与环境的塑造(如幼儿园、小学校设计等)。主要配合课程为建筑初步课。初步课教师同时介入建筑设计的教学工程，使初步课与设计课的教学内容、作业、学时、辅导和教学工作量等相互穿插。特别突出模型、建筑表现和构想在设计中的份量。

2. B 子单元教学

于第 4 学期完成。在这一单元中除建筑设计及其理论课本身的教学内容之外，将强调建筑构造知识的教学和实践。使学生较早在接触构造知识，并开始付诸于建筑设计的过程之中，这也是加强建筑设计及其理论课教学工程技术性因素的措施之一。本单元的两个具体设计题目，一是居住空间与环境的塑造(如城市住宅设计)；二是单元性空间组合的训练(如门诊部设计等)。建筑构造作为建筑设计及其理论课的相关课程，除要求较系统地介绍有关原理之外，构造课教师也以指导教师的身份介入设计辅导。将设计作业中的构造部分与构造课作业统一起来。在第一个设计中，结合构造课的内容完成部分节点详图。第二个设计则要达到部分施工图的完整性，也使它与设计课紧密地结合起来，学生在实际设计工程中对构造知识能够有进一步的理解和消化，也使建筑设计达到一定的深度。

3. C 子单元教学

包括第 5～7 学期的教学。这个单元所应完成的教学内容和要求达到的教学目标，除扩展对不同类型建筑设计原理的掌握和对基本设计方法与能力的训练之外，更要结合相关课程的原理教学，在建筑设计中去理解和满足建筑设计规范等各项在本单元中将触及到的相关知识的要求，以及对快速设计和实际工程能力的培养。这个单元所设的相关课程有建筑设计规范、建筑结构、建筑物理等。这些课程的教学也同样要求与设计统一计划并且相关课程教师介入设计辅导。本单元所设计的具体题目有：高层建筑(如高层旅馆)、观演建筑(如影剧院建筑)、不同功能与结构类型空间及其室内外环境的组织(如全国大学生设计竞赛题目或俱乐部等)。各相关课程与设计题目的联系十分紧密。这不仅表现在课程组织过程中各辅助课之间的相互联系与前后顺序要求，更注重它们与具体设计题目之间的相互配合。比如，按建筑物理课原先的讲法，是将其三个部分(建筑热工、声学和光学)从理论上一气呵成，而与设计课在教学过程中没有实质性的联系。在 MD 课程体系中，考虑到声、光、热三部分之间并非密不可分，将它们拆开讲，仍能保证其在理论上各自的系统性和完整性，而将它们按不同设计题目的要求分别插入到不同建筑类型的设计之中：声学与影剧院设计安排在同一学期，使声学课教师能够在完成理论讲授的基础上，介入观众厅声学设计的教学过程；建筑热工课与俱乐部设计安排在相应的环节，使俱乐部设计的侧重点之一是能够反映建筑的热工要求；光学课与工业建筑设计结合设置，在设计中有目的地强调光学理论知识在工业建筑设计中的应用和加强在这一方面的指导。基于这种构想，对其他相关课程的安排，都着重在这一点上进行认真而周密的分析和探索。

总之，以建筑设计及其理论课作为主线，其他相关课程穿插其中，各门课程既要保持各自相对的完整性，又要打破其自我为中心的状态，相互融合。形成一个完整的建筑教学体系，这是主体教学模块的主要特点。基础教学模块主要设置于第 1、2 学期，所要求完成的任务是对学生的基础理论的教学和对作为建筑师所需掌握的专业基本功的训练，是为学生进入建筑设计领域打基础的阶段。所设的相关课程主要包括民用建筑设计原理、建筑初步和阴影透视及工程制图等。特别是其中的民用建筑设计原理课，必须突破单纯理论讲授的方法。结合建筑的局部设计和小型设计题目，使学生对原理的掌握更加透彻，也真正达到学以致用的目的。

在这一单元所设的外语课教学，根据建筑学专业的特点，采取高力度、高密度的强化训练，结合以不同形式的连续性外语教学，达到提高教学质量的目的。具体做法是在一年级集中外语课学时，加大课时密度，并采取一系列措施(主要在课程的学时、门类上为之创造条件）减少其他课程的干扰。使学生的外语水平在一年之内有突破性的进展，也为日后参与外籍教师的专业课教学打下坚实的基础。在以后各学期，除增加专业外语课的学时之外，还利用聘请外教讲授专业课和本系教师用外语教学等不同形式，对学生进行连续性训练，令其外语得到巩固和进一步的提高。

专业方向模块是针对原学生入学即按较细的专业分班，所造成专业面和工作适应性都过窄的情况所采取的一种改革措施。根据社会对科技人才素质的要求，建立了一种“大专业、宽基础、后期分流、有所专长”的培养机制。即：在建筑学专业之内，增加共性课程。立足于对学生从城市整体到建筑单体，从室内空间到室外环境，对规划、设计和装修等方面的基本理论和设计能力的全面培养，从而打下较宽的专业基础。并在后期进行专门化分流，使学生具备某种专长，有利于其毕业后在该专业领域工作的进一步深入。这个教学模块，设在较靠后面的第8学期，将建筑学专业分成建筑设计、城市规划和室内设计3个专业方向，分别设课。根据市场需求，以及学生的特长和喜好，确定各专业方向的规模，并进行分班。这种专门化的教学并非是封闭性的：除了在专门化分流之前的大多专业和基础课程共同开设之外，专门化分班之后，学生对本班以外的课程亦可在精力允许的情况下自主选修，以扩大专业知识范围。

综合训练教学模块包括第9和第10学期的设计实习与毕业设计两个部分。此模块的教学重点，一是将学过的理论知识进行全面的总结与归纳，并应用于建筑设计之中；二是紧密地与工程实践相结合，尽量做到“真题真做”熟悉实际工程的设计程序，这是对毕业后从事设计院工作的一个演习。与此同时，也要避免单纯设计院式的工作环境，发挥学校教学的系统性、严密性、建筑设计的创造性和建筑表现艺术性的特点，使这一模块的教学具有显著的效果。

二、教学过程中“时空的动态平衡”（D）

由于传统的教学模式追求一种在理论教学上的完美，加之学校与设计、生产部门之间所形成的自我封闭体制，所带来的负作用即反应在理论与实践的脱节。作为建筑学专业的培养目标，主要是为了培养有较高专业素质的建筑设计师。除了使学生在校学习期间能够掌握必要的理论知识之外，还要使他们具备较强的工程设计的动手能力。因此，要求教学过程与生产过程在一定程度上结合起来。这种结合的效果应该反映在教与学的双方，教师具有理论与实践能力的全面素质，再加上教学与生产过程的有效结合，才有利于真正使科技面向经济建设的主战场，才能培养出符合社会生产实践需要的全面发展的毕业生。

MD课程体系突破了教学时间、教学场所以至教学内容上以往那种静态的、固定的和课程设置相对独立的传统模式，力求达到“时空上的动态平衡”。以往建筑设计及其理论课教学，一般是在每个学期安排两个大设计（每个周期为半学期）和两个8小时的快速设计，即“2＋2”式的设计教学。这种形式的主要优点是符合教学规律，有利于对学生进行系统的专业训练。大设计重在培养学生的设计能力，使其能够达到一定的深度和保证较高的设计质量，这正是为毕业以后的工作打下良好基础的必要过程。快速设计的目的，则在于训练学生的快速思维和快速表现能力，以适应实际工程的需要（研究生考试也为8小时的快速设计）。但是，这种静态的、固定的教学模式很难适应实际工程的需要，很难使教学过程与生产过程真正结合起来。其主要障碍就在于：一般工程项目要求设计方案的出图周期在2～3周左右，工程任务的深度、规模和对建筑类型的要求也不尽相同。这些都与系统性、秩序性很强，周期性较长的教学过程在时间、设计深度和选题等方面难于形成一致。因而，教学过程与生产实践相结合的矛盾甚大。在这种情况下，不是迁就教学忍痛割爱地牺牲工程机会，就是迁就工程而使教学受到很大影响，使教师精力、教学系统性和正常教学秩序等方面受到很大冲击，从而付出巨大的代价。为克服这些障碍，MD课程体系将原先的“2＋2”模式改为“5＋1”模式：即在有的学期之中，安排1个周期相当于半学期长的大设计和5个快速设计（其设计周期分别为3周、2周、2周、8小时和8小时）。大设计保证了学生在立意、构思、设计深度和建筑表现上达到一定质量的目的，并使各个学期的大设计相互之间能够由浅入深、循序渐进，并能覆盖某些主要建筑类型与空间塑造的系统性。而快速设计（8小时者除外）虽然事先根据教学规律安排了计划性的题目，但可根据实际工程的需要随时调整和修改设计的选题与内容。题目的数量和设计周期也可根据工程的要求做灵活调整。这种快图在速度上有利于对学生毕业以后适应工程短周期要求的能力培养，而真题真做、真刀真枪式的教学也利于使学生和教师更加了解工程过程、新的技术动态，以及发现和及时解决教学中存在的问题。快速设计事先根据大设计的要求，穿插于其中各个适当的阶段之间，但这种计划性的安排又可随工程要求而灵活变更。

只要工程一上，大设计可随时刹车，以工程内容去替代在内容、难度等方面都相应的快速设计题目，工程一告结束，大设计则继续上马。由此，既可满足工程的突发性和短周期要求，又不失教学秩序的稳定性，这就是时间上呈动态平衡的内涵。另一种 8 小时的快速设计则完全按教学要求命题和安排在大设计教学之中的适当部位。

MD 课程体系在课时安排上，也为教与学双方冲破课堂教学与社会实践的界限创造了条件，教师有可能根据需要将学生拉出去，把课堂设在工程设计现场上，把单纯的教学过程同时转化为一种为建设服务的生产过程，使教学在空间上的动态平衡得以实现。

这种教学在时空上的动态平衡的结果，又是将分别投入教学与投入工程的力量集中利用的一种有效方式，它把教师单纯进行教学任务和单纯参与工程实践两种不同的工作有机地统一在一起，变两份精力投入两项成果为一份精力投入两项成果，使教师的精力和时间在效率上都得到了充分的发挥，也有利于以整体实力争取实际工程的机会，并使获得工程机会不等的教师达到了心理上的平衡。

建筑学专业 MD 课程体系是在改革的实践和深化过程之中提出来的，也将在其中得到检验和不断地调整、完善与落实。这一过程将体现为更加艰苦和更深层次的工作，它也恰恰是提出这一新的教学体系的目的之所在。因此，随着教学改革的深入，我们将为此做出坚实的努力。

应突出对严谨与创造性思维能力的培养

——从美国乔治亚理工学院建筑设计课教学中受到的启迪

1990年

建筑是艺术家族中的一员，但它又与其他艺术门类存在着质的不同，这就是它的工程属性。一幢建筑的艺术价值，不仅在于它的美观，还在于它的构造是否精美、结构是否合理、材料是否得当、技术是否先进，以及它能否满足人们对物质和精神功能方面的种种要求等。因此，建筑设计包含着严密的逻辑思维和精确的制图过程，属于一种工程设计。建筑设计课的主要任务之一，就是要培养学生这种“工程师式”的严谨素质。当然，建筑的魅力还在于它千姿百态的造型，物化和形象化了的建筑师的设计哲学，以及如诗如画、耐人寻味的建筑意境，这是建筑设计作为艺术创作的另一属性。所以，建筑设计课的任务，又在于培养学生具备艺术家的创造性素质。

目前，我们对这个问题的认识是明确的，也采取了种种措施，做出了多方面的探索，积累了一些经验，已逐步形成了我们自己的教学系统和特色。对此，应该不断地总结和坚持。但是，随着教学改革的不断深入，我们也逐渐意识到，对学生严谨与创造性思维能力的培养，在具体的教学环节上，还缺少有效的办法和成熟的形式，存在着一些问题。最近，我们对美国乔治亚理工学院的教学情况进行了短期的考察，发现他们的建筑设计课教学很有独到之处，从中可以得到有益的启示。

乔治亚理工学院的设计课是以 Studio 的组织形式展开的。所谓 Studio，相当于我们的一个设计小组，由 1 名教师和 12 名学生组成。每个 Studio 的教学完全由该教师独立掌握，根据每个教师的专长与喜好，相互之间可以有所区别。每个建筑设计的周期大约为 10 周。下面我们以题为“大门”的设计为例，具体分析一下他们建筑设计课的教学特色。其每个课程设计一般都分为三步进行。

第一步：对现实情况的分析。要求学生对某个现存的大门分头进行测绘，包括尺度、造型、材料、构造、色彩等等。学生的观察可以有所侧重，要求学生将测绘结果画出来。这些图有十分严谨的工程图，也有效果表现图，有整体图，也有局部图。在放大比例尺的局部图上，要分别反映节点构造、建筑材料及其质感、光感、阴影效果、季节变化情况等等。在这个教学环节中，他们的美术课与设计课得到了很好的结合，使美术知识与技巧有效地应用到设计过程之中。通过这一步的学习，对培养学生观察与分析问题的能力和严谨的设计态度，都是十分重要的。

（注：在这里，可以看到我们的不足：我们设计课教学的深度不够，学生观察问题、分析问题和处理问题的能力较弱。这表现在：设计中往往注意到大效果，常常忽略对细部设计和潜在问题的考虑；或感到无从下手。例如，同样的大门，仅仅在图上画一个线条框了事，更深的表达或思考却被略掉，甚至认为是多余的。因此，思考问题的层次和建筑设计的深度都较为肤浅。这种情况，有碍于学生对建筑设计的工程属性的理解和严谨的科学作风的树立。这是我们设计课教学中有待加强的。）

第二步：想像设计。仅以大门作为线索，再无其他制约，完全脱开具体的时间、地点和环境，由学生自己去创造。比如，有一个学生设计的是一座从地球到天堂的大门。他就要设法了解有关天体和宗教方面的知识，找到地球与天堂之间的联系，发挥积极的想像力。另一个学生则按照狄更斯小说中的情节，遵其描写，设计一个古典式的大门。因此，他就要去涉猎文学领域，了解当时的历史与文化情况、社会情况、风俗习惯等等，将设计课的研究范围有意识地扩大到人文科学及其他学科之中。这一步骤的根本目的，就在于对学生创造力的培养。

(注：创造力首先来源于丰富的想像力，而广博的知识领域和宽阔的思路又是想像力形成的前提。因此，建筑学专业的学生，除了要学习工程科学和艺术方面的课程之外，对社会科学和人文科学方面知识的学习也是十分必要的，这就应该对我们的教学框架进行必要的调整与充实。另外，我们对设计题目的要求往往过于具体，又缺乏为启发想像的专题设计，而阻碍了学生想像力的发挥，设计成果也就必然缺乏创新和个性。乔治亚理工学院的这种“想像设计”无疑是对想像力和创造力培养的一种很有效的形式，是将它直接纳入到我们的设计教学之中，还是采取其他诱发学生想像力的教学手段，这并非是问题的关键，重要的在于我们的确应该加强这一教学环节，因为这是培养真正的建筑师素质的重要方面。)

第三步：在这一阶段，要求学生按照十分具体的地点和条件展开设计，要求想像与实际相结合，设计方案要具有一定的思想性和现实性。学生必须在对实际情况进行深入的分析以后，通过充分的想像和构思，提出现实可行的方案。这个阶段的设计图面效果既要有一定的表现力，其制图又要与设计事务所的要求一样严格，甚至包括某些详图设计。

从他们的设计三步曲来看，是有其特色的。无疑，我们也有自己的长处；但对比之下，也可发现我们的不足。我们的设计课在一定程度上局限于就事论事，把注意力和教学重点更多地放在相当于他们的“第三步”设计上。由此看来，我们对学生在观察事物、分析问题和严谨思维方面的能力的培养(第一步)是欠缺的；同时，对学生创造力的培养(第二步)也是不够的。在我们的教学中，又由于人文科学和社会科学方面的内容份量不足，也不利于培养学生思考问题的广度与深度。从这里，可以为我们的设计课教学改革汲取一些有益的启示。

另外，我们也发现，在乔治亚理工学院的建筑设计课中，非常大量和普遍地应用了模型构思和模型表现的手段。在方案阶段，只要有了初步的草图，就开始动手用模型来深化和调整设计，使建筑设计尽早地进入到立体化的推敲阶段。学生将大量的时间花在用模型推敲方案是有道理的，也是我们应努力改进的。当然，问题也有另外一面。目前，国内存在着这样一种认识：现代西方建筑教学把对美术和建筑图面表现能力的要求降低了，因此，我们也应该把对建筑图面表现方面训练的注意力转移到模型表达方面。应该说，这种看法是偏激的、片面的。建筑模型固然有其优点，但它并不能完全代替图面的表达。不应因此而轻视了我们当前这种对于图面手头基本功和表现方法的训练。图面表现的手段依然是十分有效的，也有它的长处，这是我们与国外一些建筑院校比起来的优势。在学习别人优点的同时，不应轻率地、盲目地否定和放弃我们的特长。只有坚持自己的特色，并把他人的优点为我所用，才是正确的选择。

把外教教学纳入开放式教学体系

2000年

一、对外籍教学人员作用认识上的一个偏差

开放式教学体系的建设已成为高等教育改革的一项重要内容。"开放"不仅要面向国内，也要面向国际，使高等教育在办学模式、培养手段、教学内容、教学水平等各方面能够适应当今时代的发展，走向世界。目前国内高校普遍开展了"走出去"、"请进来"的工作。在"请进来"的工作中，聘请外籍教学人员授课是目前高校外语教学的一种普遍做法，事实也早已证明对学生外语能力提高起到了不可替代的重要作用。但也存在着一种认识上的偏差，即仅将外教的作用体现在学生身上而忽视了另一重要方面：事实上，聘请外教的作用更应该体现在对教师的影响上，体现在当前所进行的教学改革上。我们应该充分利用外教授课的机会，了解国外高校当前的教学体系、教学内容、教学方法、教材建设、教学管理等方面的情况，收集有关教学资料和专业信息，与传统的教学情况进行对比与分析，探索教学改革的方向和途径，也要有目的地利用外教教学的机会培养自己的教师，使他们接触国外的先进科技与教学信息。如此受益的将不仅是那些获得与外教面对面学习机会的少量学生，而将使更多的学生与教师从聘请外教的开放式办学和教学改革的成果中得到更多的、更长远的收益。

二、组织外教教学工作的几个观点

在多年聘请外籍教师参与教学工作的过程中，我们逐渐摸索出了一套行之有效的方法。在组织外教教学工作时，一定要对如下几个观点进行再剖析、再认识。

1."放"的观点

中国的高等教育与国外存在着许多不同点，从培养目标到教学观念，从教学内容到教学手段，从课堂讲授到课外作业，从教授方式到学习习惯……都与国外不尽相同。对此，我们应有清晰的思路。一方面，在自己的长处方面勇于坚持，不断深化；另一方面，要积极汲取国外高等教育中好的内容、好的方法和先进的手段。同"国际接轨"并不意味着一切都按国外的标准和办法行事，但是要想提炼国外教学中的优秀之处，就必须要研究它、分析它，而第一步就是去了解它。这种了解越客观、越深入、越具体，就越有利于我们下一步的工作。对外教来说，只要他们不搞反华、反共的东西，不搞反科学、伪科学的东西，希望他们把在国外的那套内容和教法原封不动地搬到我们的教学中来，希望是"原汁原味"的、"原装"的进口货。在这点上我们应该打消几种顾虑：

(1)"担心外教的教学不合国情"。这种担心未免多余。我们派出去的留学生所学的课程，都不会是专为中国学生设计的，更不会考虑到适合中国的国情。但是一旦他们学成之后，无论是留在国外还是回到国内，为数不少都成为时代的佼佼者。所以一两个外教插入到我们的教学过程之中，即使与国情有一定距离也并没有什么可怕，这也并不一定是什么坏事。让他们用许多精力去研究我们的国情以及怎样去适应，莫不如让他们全力以赴地研究如何按其自己的习惯做法组织好每一个教学环节。

(2)"担心外教影响教学质量"。这种担心有一定的道理。因为，外教的教学方法、语言以及对学生的要求都可能会令中国学生感到不习惯、不适应，使学生的学

习质量受到影响。但是事物总有两个方面，外教的教学对学生来说又具有一定的新鲜感，他们以新的内容、新的方法、新的面孔出现在学生面前，又往往容易激起学生的学习兴趣和积极性。即使在质量上有一些影响，最多也只局限在这个班的学生之内，从教学改革的全局来看，从得与失的利弊分析，这种损失仅是局部的、暂时的、相对微小的。

(3)"担心外教的教学冲击教学计划"。这种情况是必然要发生的。既然要求外教按照自己的模式去设计教学的全过程，就很难将他们的那套体系十分得体地"安装"到教学计划之中，若强行要求他们适应我们的计划要求，就等于要他们放弃所习惯的教学体系。对此，我们应该从教学改革的大局来看待这个问题。毕竟外教所教的课程在整个教学计划中所占的比重不会很大，局部的损失与我们从中吸取营养，进一步改革和完善教学体系相比较，明显利大于弊。因此，以开放的思想组织外教的教学活动，应是在聘请外教教学工作中的重要原则之一。

2."改"的观点

不要求外教在教学中去适应我们的国情，不等于在掌握了外教的教学体系之后不需要改造而全部照搬过来。"改"是必须的，主要得依靠我们自己的教师去完成这个重要的工作。最了解中国国情、最了解校情、最了解中国学生的，莫过于我们自己的教师。让外教去做这个事情，他必须要花费很多的精力，甚至比他在正常教学中需要投入的还大得多的精力去研究课程之外的东西——中国的学生和中国的国情，这对他们来说往往是力不从心的事，对我们又是得不偿失的。正像让洋人建筑师设计中国式建筑，往往做得不伦不类，让洋人搞中国革命和建设也难于搞出名堂。走有中国特色的路，有靠我们自己。我们的教师首先要吃透外教的那一套东西，经过认真的咀嚼和品尝，找到他们的优点和长处，并结合教学中的优势，按照中国学生口味烧出一道道更加上口的中式佳肴，从而丰富和形成新的教学体系。

3."效益"观点

有人认为，只要要求外教达到足够的教学工作量和足够的听课人数就可以保证较高的教学效益。这是一种表面的，甚至是片面的效益标准。若用这个标准衡量教学，外教的实际价值不过相当于用高价雇来的高级打工匠。更重要的是，按照这个标准必然要限制我们的教师介入外教的教学过程。因为，本来应该由外教一个人完成的任务量就不需要更多的人去承担，多一个人就等于降低了一倍的效益。这是一种不科学的效益标准。聘请外教的效益，并非完全地体现在让其所承担的教学工作量上，更主要应体现在对教学改革所产生的作用上。外教上课，最好配有中方教师作辅助教师，而且最好不让他另外承担更多的教学工作量。表面上看起来，是两个人完成一个人的事，实际上他们两人完成的那部分工作量仅属于授课的那一部分任务，而他们更要完成教研任务——这虽未体现在教学时数上，却是更为重要的工作部分。所以，那种"本有一名外教上课，现又'搭'上一个中国教师，聘请外教上课在经济上不划算"的看法是一种"简单的经济观点"，是十分短视的。

当然，聘请专业外教比聘请语言外教更为有利。专业外教虽在语言教学上比不上语言外教，但他们作为操外语的专业教师本身就必然可以在专业和外语两个方面为学生创造很好的学习条件，这往往比单纯的外语学习更有益处。

三、外教辅助教师的职责

作为外教的辅助教师虽应承担起外教的"助教"职责，但并非仅仅是一个助教。他既要帮助外教顺利地完成教学任务，帮助学生尽快适应外教的教学方法和采取有效措施使学生取得最佳学习效果，又要在教学全过程中，学习外教的专业知识、教学内容、教学方法，以及对整个教学过程的设计与组织。更要在注意分析外教教学体系的基础上，与中国的教学体系相比较，并提出新的改革方案。所以，他既是一名学生，又是一名助教，更是一名改革者。

1. 外教辅助教师的选择

选择好外教的辅助教师与选择一位好的外教同样重要。当前的教学质量好坏在外教，而长远的教改能否成功，关键在辅助教师。作为外教的辅助教师不仅要有较好的外语基础，还要具备以下几种素质：

(1) 高度的事业心和责任感。要深刻理解自己的任务，明确自己的责任，致力于教学改革。踏实勤奋，善于开动脑筋，思考问题，又肯于做好每一件具体的细致的工作。能够独立思考，独立钻研，独立地从事教学研究。

(2) 勤奋好学，具有强烈的求知欲。对新的信息、新的知识反映敏锐，主动接受新鲜事物，能够发现和抓住问题的关键，善于学习，具有较强的上进心。

(3) 较扎实的专业根基。其专业能力不仅包括他在所任教的那个专业"领域"的自身素质，也包括教学经验和对教学规律的理解。如此，才可能敏锐地发现外教教学中那些可圈可点之处，也才可能对外教教学中的优劣做出正确的判断和分析。

(4) 较高的悟性和较强的开拓精神。既不墨守外教的套路，又不拘泥“于”我们传统的教法。能够深刻地理解外教教学的内在用意，对其教学内容和教学方法进行准确的提炼，并找到适合于中国情况的新型教学方式。

2. *外教辅助教师的任务*

辅助教师应该承担起两类任务：第一类任务是作为外教助教所应完成的工作。外教助教与中国教授的助教在工作内容上有所不同，其工作侧重点不在帮助教师，而在帮助学生。在外教的教学方面，并不要求过多的介入，尽量少地影响外教对教学过程的设计，仅是帮助外教熟悉生活、工作中的环境，以及解决一些困难和问题。而在帮助学生方面的要求要多一些。外教给本科生上课，语言上的沟通存在一定困难(要尽量选择设计类、试验类等理论讲述要求相对较少的专业课)，外教辅助教师要在课下采取有效的方式和措施，帮助学生理解外教课内所教授的内容。最重要的是，辅助教师不是翻译。无论是在课上还是课下，都不能把外教的授课内容用汉语再重复一遍。若如此就会导致外教讲述时，学生形成思维惰性，精力集中不起来，而消极地等待着辅助教师的汉语重复。不仅会令外教失去讲课激情，也使学生失去对教学过程的积极参与和学习外语的必要压力。辅助教师应该做的是在课下采取一些有效的方式，帮助学生理解外教的授课要点，比如学生讨论会、课下提问会等等。要使学生在专业和外语上取得双重收获。此外，辅助教师还要帮助外教做好学生的思想工作，诸如学习态度、上课纪律、完成作业要求以及生活问题等，使外教的教学效果得到保证，也使学生的学习积极性被调动起来。

第二类是对教学改革的准备。如前面所述，辅助教师的主要任务并不在于“辅助”，而在于改革。在辅佐外教(也许不仅一个外教)教学的过程中，了解到国外的那些应该被引进、吸收的内容和做法，加以分析和加工，并结合我们的情况对目前的课程体系进行重新组织和改造，提出新的方案。所以，他所应完成的具体工作要包括：

对外教教学全过程的深入了解和记录——外教的授课内容、教学方法、提问内容与方式、作业题目与要求、课内外辅导、实习试验内容与要求、讲批等。应尽可能地把外教的教学过程记录详细，捕捉住每一处精彩的内容和场面。

教学资料的收集——包括外教的授课计划、备课笔记、教材(讲义)、教学参考资料、板书内容、图纸等等，也可以结合课堂教学、实习试验、课外活动等，以录像、照片等形式做必要的记载，作为教改的基础性资料。因为这项工作涉及到个人的经验和成果，因此，最好征得外教的合作，使我们的教学改革作为双方共同的研究成果，将更有利于教学改革的顺利进行。

对课程体系的分析、比较研究——应随时将外教的教学与我们传统的教学情况作比较、分析，以敏锐的眼光和客观的态度，发现双方各自的优、缺点和结合点，为设计出一种新的互补型的方案做好准备。

教改新方案的构思与策划——与上面的“分析、比较研究”工作，不应是辅助教师个人的行为，必须有系或教研室的共同介入和参与，集中大家的经验和智慧，提高教改成果的质量。辅助教师是这一系列活动中直接的参与者和对全过程研究的具体执行者。因此，在改革方案的构思过程中必将发挥重要的作用。

新方案确定之后，应在一定范围内进行试点运作，在此基础上再予推广。在试点实行的每个阶段，都要与其他按原教学体系运作的学生班级的效果作对照分析，随时总结、随时调整、不断完善，这也是开放式教学中的一个重要环节。因此，并不是新方案实行之日就意味着外教在教改中的作用的终结。教学改革是不断深化、不断发展的，所以对外教教学的这种辅助和研究也是一种周而复始的过程。

注册建筑师考试与建筑教育

1996年

今年6月，我国将正式实行建筑师注册制度，这一制度的正式确立以及它的建立过程，对建筑学教育必将产生极大的影响。并且，这种影响已经在我国正在开展的建筑学专业评估和注册建筑师考试中体现出来。特别是1995年11月举行的首次全国一级注册建筑师考试，一方面使我们欣喜地看到了我国的建筑教育取得了一定的成绩，使建筑业进入了一个新的发展阶段；另一方面也使我们从事建筑教育的同志深切认识到，为适应建筑师注册制度的要求，必须对我们目前的课程设置和教学内容等教学现状进行改革的重要性和迫切性。

当前，摆在我们面前有两个“大纲”：“建筑学专业教育评估大纲”和“注册建筑师考试大纲”。我们建筑教育的依据究竟是什么？怎样看待注册建筑师考试对建筑教育的影响？

建筑学专业教育评估是建筑师注册制度的一个组成部分，其目的是为保证建筑师培养过程中较高的质量标准。建筑学专业教育评估大纲本身，不仅包含注册建筑师考试对教学过程的主要要求，也包含着注册建筑师考试大纲要求之外，建筑教育所应达到的对其他培养目标的要求。因此，应该说建筑学专业教育评估大纲，是办好建筑教育所应遵循的基本依据。但在执行评估大纲的过程中，决不可排除注册建筑师考试对建筑教育的一些具体影响。这种影响是客观的，其影响力是巨大的。只有随时总结考试中反映出来的问题，对我们的建筑教育加以调整和完善(包括对评估大纲的完善)，把它作为对建筑教育过程的一种检验和反馈，才能使我们的建筑教育充分满足社会生产的需要，达到我们的教育目标。事实上，这种反向作用已经对建筑教育现状发出了不容怠慢的信号。

在1994年的辽宁试点考试和1995年的全国注册考试之后，一些令人深思的问题摆到了我们面前：“考试中的许多内容竟是在建筑学专业大学课程中从未接触过的”；“许多建筑学专业毕业的‘科班建筑师’反倒不如一些其他专业毕业的‘改行建筑师’考得从容”。“学校中的高才生、毕业后屡屡中标的设计尖子，在考试中却未显示出他们的‘实力’，或许还会被设计能力平平者甩在后面”。

这些问题向我们今天的建筑教育提出了质疑：建筑教育的改革在注册建筑师考试的冲击下，已不以人们意志为转移地再次成为了引人注目的焦点和势必解决的课题。

应该说，注册建筑师考试在一定程度上对建筑教育具有导向的作用。建筑学专业的培养目标主要是为国家培养具有较高专业素质的建筑师。由学校培养出来的人才能否符合社会的要求，真正地具有执业能力，一个重要的标准在于能否通过注册建筑师考试的检验。这种检验，不仅是针对建筑师个人，也是对我们建筑教育的一个验收过程。因此，建筑学专业教学必须适应注册建筑师考试的要求。

用注册建筑师考试的标准来审视我们目前的教学情况，就会发现诸多方面的不协调。

首先，反映在建筑学本专业课程的设置和教学内容上。归纳起来，主要存在这样几方面的不足：①对有关法律、规范教学内容的明显缺陷。这不仅表现在课程设置与教学内容的涵盖面上，也反映在对有关知识的应用方面。②对工程能力培养和训练上的差距。由于我们的教学侧重于对建筑师所应具有和掌握的基本理论、基本素质和基本功的教授与培养(这本是正确的)，但是在处理现实工程中的具体问题、在充分满足建筑的技术和经济要求、在综合解决不同矛盾的能力等方面都暴露出较多的教学弱点。③对建筑设计逻辑性培养与要求的不足。由于一些教师对建筑创作内涵理解上的偏颇，特别是近几年来市场要求的片面导向，使得教学中出现了一种对建筑形式、建筑外观和表现手法上的过分追求，而对建筑设计的整体性和深入性有所忽视，甚至影响了建筑师设计思维过程的顺序与方法。注册建筑师考试恰恰在这一点上向我们提出了较高的要求。

其次，在相关课程的教学方面也暴露出不少问题：①课程设置有待调整。由于建筑师注册制度立足于与国际接轨，所以注册考试的科目与国内目前的教学设计课存在较大的差异，比如设计前期工作、场地设计、设计业务管理等考试科目，在我国许多院校的建筑学专业教学中虽也涉及到有关方面的知识，但并非作为一门独立的课程设置，知识内容也不够系统。②对照注册建筑师考试之中的建筑材料、建筑设备、建筑结构、施工等科目，在教学内容、侧重面、要求深度等方面也都对我们现行的教学大纲提出了改进要求。看来，注册建筑师考试对建筑学教学的导向和检验作用是不可忽视的。

那么，是不是可以把注册建筑师考试的标准认同于建筑学专业的教学标准呢？不是的。注册建筑师考试的标准是建筑师职业的准入标准，或者说，是检验建筑师是否具备开业能力的最低标准。这一原则具体体现于注册考试从科目到考题设计的各个层面，也体现于从出题到评分的每个过程。相对建筑学专业的教学要求，它们之间存在着多方面的不同：

注册考试侧重应用能力，而不将基本原理作为考核重点。它从工程实际出发要求建筑师掌握解决问题的具体原则和手段。而作为教学过程却不能仅仅局限于此：既要教给学生结论，更要教给他们产生结论的原因和事物发展的科学原理，以及采取不同措施的依据。要使学生知其然又知其所以然。随着科学和社会的发展，解决问题的原则和手段都可能发生变化，只有掌握了基本理论，才能适应这种发展，才能提出有创见性的新思路。

注册考试侧重设计逻辑性，而未将建筑创意和艺术性列入考试内容。它仅考核建筑师是否能够在设计过程中满足建筑对实用、坚固、经济等这些最基本的要求。而我们的教学目标不仅要求学生能够做到这一点，更要使他们建立起较高的专业修养、文化修养、艺术修养和坚实的基本功，具有创造出高水平、高品位建筑作品的潜力和底气。从这个意义上说，建筑学专业的教学标准相对注册建筑师的考试标准具有更高的层次。

注册考试侧重技术条件，而不将设计技巧和表现技巧作为考核重点。对一名执业建筑师来说，最基本的要求是能够解决各种技术性问题。至于解决问题的技巧，仅反映其设计水平和层次的高低，所以不作为注册考试的主要内容。然而，学校的专业教育不仅要教会学生掌握解决问题的科学方法，也要使学生掌握一些必要的设计与表现技巧。因为没有这些，建筑师就难于得心应手地用建筑语言去思考和充分地表达自己的思想，也难于把自己的作品形象地展现出来。这虽是使建筑创作得到进一步升华的先决条件，却不需要作为建筑师职业准入的考核重点。因此，注册考试标准与在建筑学教学标准在这里又一次被加以区别。

由此，我们可以说：注册考试标准≠建筑学教学标准。如果我们以麻木不仁的态度对待注册考试，不思教学改革，一味坚持传统的教学模式，是不可取的。但是若完全以注册考试为目的去改造我们的教学也是错误的。建筑学专业的教学改革要求我们既要主动、敏感、不失时机地捕捉注册考试对教学所提出的每一个课题，及时调整我们的工作(当然，并不是所有的问题都必须在学校的专业教育阶段得以解决，也要在工程实践中继续提高，掌握和达到注册建筑师所应具备的全部能力和水平)，又要遵循自身的教学规律和培养目标，逐渐形成一套科学与完善的教学标准体系。

如何参照注册建筑师考试所提出的各项要求调整我们的教学工作呢？在首次全国一级注册建筑师考试刚刚结束的今天，似乎很难一下子做出完善的改革方案。但是，由于我们经历了辽宁试点考试和首次全国考试的两次全过程。并通过参与考前辅导、考试评卷、考后总结，以及编写备考教材等工作的体会，对这个为大家所瞩目的问题有些初步的思考和探讨，更有待建筑界的同行对此做进一步的研究。

1. 调整课程设置

在目前教学大纲中规定开设课程的基础上，适当增加和调整某些科目，使大学中设置的课程与注册考试的内容有所呼应，如：应增设设计前期工作、场地设计、建筑法规等课程。在调整过程中，一方面要对某些课做些删减或合并，另一方面又不能削弱那些为培养学生方案构思能力、建筑文化素养、建筑技术与工程设计能力、建筑艺术性等为目的的重要课程。应目标明确，抓住重点，具有一定的涵盖面，注意课程间的相互联系，保证教学与知识的系统性，形成科学的课程体系。

2. 调整教学内容

对每门课的内容也需根据注册考试标准和建筑教学

标准的双重要求做必要的调整。比如，建筑设计课应在传统教学过程的基础上，加强结构设计、构造设计、水、暖、电设计等内容。特别是对这些相关课程(如建筑力学、建筑材料、建筑施工、建筑设备……)，应在如何使它们更能反映建筑学专业的要求和特点方面进行着探索。应该看到，由于参与注册建筑师考试出题工作的同志大多是来自设计实践第一线的建筑专家，他们根据自己工程设计的丰富经验和深刻体会，本着建筑师在设计工作中对所应掌握的相关专业知识的内容、范围和深度的基本要求，设计每一道考题。这个思路往往比侧重于从知识结构、专业体系和某一学科自身的系统性来决定相关专业内容纳入建筑学专业教材的作法更具有实用性和针对性，也更有益于提高教学效率。因此，参照注册考题组织相关专业课程的教学内容，并注意知识的系统化、理论化，将会是十分有效的方式。

3. 提高师资队伍的能力与水平

教学改革的关键和动力是教师。教师除应全面提高自身的素质之外，还应积极参与教学改革的实践。一方面要注意从注册建筑师考试中了解设计实践对专业知识需求情况的反馈信息，及时调整教学内容和方法，注重注册考试导向作用的发挥；另一方面又应积极参加工程设计实践，直接从中吸取营养，如此才能保证在实践环节上先于学生，在设计能力上高于学生。以往在高校中工科教师脱离工程，建筑学教师脱离设计实践的现象并不鲜见，它无可怀疑地影响了我们的教学质量。近年来，在这一点上有所好转。注册建筑师考试更加深了我们对其必要性的认识和体会。它将是提高建筑教学质量的关键之一。

建筑师注册制度给建筑教育提出了新的课题，又为建筑教育的发展带来了生机，教育改革必将迈上一个新的台阶。